中国科学院大学研究生教材系列

计算机代数

陈玉福　张智勇　编著

科学出版社

北京

内 容 简 介

计算机代数是研究符号计算的算法设计、理论分析和计算机实现的学科. 本书介绍计算机代数的基本知识、算法及其理论依据. 主要内容包括数据的表示与基本运算、结式与子结式、整系数多项式的模算法、特征列方法、Gröbner 基方法、实系数多项式的根、实闭域上的量词消去以及形式积分等. 本书侧重陈述经典方法, 并采用通俗的语言解说算法的数学理论.

本书可作为高等院校数学专业和计算机科学专业高年级学生及研究生的教材, 也可为其他专业研究者和工程技术人员提供参考.

图书在版编目(CIP)数据

计算机代数/陈玉福, 张智勇编著. —北京: 科学出版社, 2020.10
中国科学院大学研究生教材系列
ISBN 978-7-03-065518-9

Ⅰ.①计… Ⅱ.①陈… ②张… Ⅲ.①电子计算机-数值计算-研究生-教材
Ⅳ.①TP301.6

中国版本图书馆 CIP 数据核字(2020) 第 101780 号

责任编辑: 张中兴 龙嫚嫚 孙翠勤 / 责任校对: 杨聪敏
责任印制: 张 伟 / 封面设计: 蓝正设计

科 学 出 版 社 出版
北京东黄城根北街 16 号
邮政编码: 100717
http://www.sciencep.com
固安县铭成印刷有限公司 印刷
科学出版社发行 各地新华书店经销
＊
2020 年 10 月第 一 版 开本: 720×1000 B5
2023 年 3 月第四次印刷 印张: 16 3/4
字数: 338 000
定价: 79.00 元
(如有印装质量问题, 我社负责调换)

前　　言①

　　计算机代数是这样一门学科, 它为那些能用数学公式表达的问题提供精确求解算法, 并使这些算法通过软件在计算机上实现. 这需要研究如何在计算机上表示和处理数学概念、符号, 演绎数学理论, 显示和分析数据与图形, 把有限的和无限的数学对象及结构用有限的形式表示出来, 使计算机能够进行符号的和抽象的计算. 近几十年来计算机和数据处理技术的快速发展, 使得在计算机上进行公式的自动推导和符号计算成为可能, 计算机代数这门学科应运而生. 现在, 计算机代数已被用来有效回答数学、计算机科学、自然科学和工程等各个领域的一些重要问题, 正在得到越来越广泛的应用.

　　计算机代数在最广泛意义下把抽象代数、算法与计算机科学联结起来, 其理论的 “根” 是 19 世纪及 20 世纪初成熟起来的数学理论和算法, 应用的 “叶” 是科学和工程技术各个学科, 而实现的途径却是计算机科学的算法设计与软硬件应用. 因此, 从数学角度, 计算机代数的主要任务就是有效实现已有的数学算法, 将抽象的存在性理论尽可能地转化为算法, 提出新的构造性理论和算法. 而从计算机科学角度来看, 计算机代数的任务主要是做好算法设计、复杂性分析, 并形成方便实用的通用软件和专业软件. 应用是计算机代数的另一宏大任务. 因此, 计算机代数的发展必然紧密联系其他各个学科, 并能极大地促进各个学科的发展.

　　本书主要从数学角度讲述各种符号计算的算法及其理论依据, 包括数的计算、多项式计算、模运算、实代数数的计算及量词消去、形式微分和积分等, 共九章. 第 1 章简要陈述计算机代数与计算机代数系统的功能和发展状况, 并给出描述算法所使用的语言 —— ALGEN 语言; 第 2 章介绍大整数和多项式的表示与基本运算 (加法、乘法和带余除法). 以 Sylvester 结式为主的结式理论及其计算形成了第 3 章. 第 4 章以模运算为主题介绍了多项式最大公因子的求法、因子分解方法、多项式不定方程求解. 主要方法有 Newton 迭代、Berlekamp 算法、Hensel 提升等. 第 5、6 章介绍处理多项式系统的两个经典方法: 特征列和 Gröbner 基. 第 7、8 章专门处理实代数系统, 包括实系数多项式根的构造、实代数数的计算、半代数集的柱形代数分解等. 第 9 章从代数和计算角度看待微积分, 主要介绍有理函数、初等函数的形式微分和不定积分算法. 作者以为, 前四章是基本计算方法, 后五章是高级论题, 但这些内容都是计算机代数的基本知识, 因为其他方面的符号计算算法及应用大多

---

　　① 本书由中国科学院大学教材出版中心资助.

都可以此为基础构造出来的.

　　非常感谢高小山研究员、李子明研究员和申立勇教授, 他们在本书编写过程中提出了很好的意见和建议. 感谢郭来刚、张晓晶等同学, 他们仔细阅读了书稿, 并演绎了大量的习题, 纠正了一些书写错误.

　　本书在选材、陈述、编写方面定还有许多不妥之处, 请读者提出宝贵意见.

作　者

2019 年 10 月 1 日

目　　录

本书所用的特殊记号和含义

Bsc —— 多项式组的基本列

card —— 集合中元素个数

Char —— 多项式组的特征列

cls —— 多项式的类

coef —— 系数

cont —— 多项式的容度

CRA —— 中国剩余算法

$\mathbb{C}$ —— 复数域

det —— 矩阵的行列式

detpol —— 行列式多项式

Disc —— 判别式

Discm —— 判别矩阵

EEA —— 扩展 Euclid 除法

For —— 多项式的 Fourier 序列

gcd —— 最大公因子

Idea —— 零化理想

ini —— 多项式的初式

Ker —— 同态映射的核

k —— 数域

lc —— 多项式的首项系数

lcm —— 最小公倍式

ldeg —— 多项式的主次数

lt —— 多项式的首项

lv —— 多项式的主变元

$\mathbb{L}$ —— 代数闭域

mod —— 取模

nfm —— 多项式的范式

pp —— 多项式的本原部分

pquo —— 伪商

prem —— 伪余式

Proj —— 投影多项式集

psc —— 子结式的主系数

quo —— 带余除法的商

$\mathbb{Q}$ —— 有理数域

rank —— 秩

rem —— 带余除法的余式

res —— 结式

$\mathbb{R}$ —— 实数域

sgn —— 符号函数

span —— 生成线性子空间

spol —— s-多项式

sres —— 子结式

Stm —— 多项式的 Sturm 序列

supp —— 多项式的支撑集

Syl —— 多项式的 Sylvester 矩阵

tail —— 多项式去掉首单项式部分

tdeg —— 多元多项式的 (全) 次数

Zero —— 零点集

$\mathbb{Z}$ —— 整数环

$\langle P \rangle$ —— 多项式组 P 生成的理想

($\Leftarrow$ —— 充分性

$\Rightarrow$) —— 必要性

:= —— 表示赋值

第 1 章　引　　言

1.1　计算机代数介绍

截至 20 世纪 80 年代, 提到计算机和应用数学的结合, 对于大多数人来说想到的都是数值计算. 数值计算是研究实数演算的学科, 更确切地说, 数值计算是寻找适当的有理数去逼近实际问题的实数解. 这类问题往往通过代数、微分、积分或者其他类型的方程以及适当的初、边值条件来表达. 因为计算机还不能准确地表达实数, 所以通过数值计算得到的结果是近似的.

实际上, 对于科学与工程技术以及数学研究本身, 不仅需要数值计算, 还需要公式推导、表达式化简、精确地求解各种方程等计算. 后面这三项计算的特点是对一些符号按确定的规则进行演算, 并且计算过程都是精确的, 人们称之为符号计算. 但是这种计算随着问题复杂程度的提高, 需要占用大量的时间和精力. 如, 1847 年, 法国天文学家 Delaunay 花了 10 年时间推导出了月球轨道公式, 又花 10 年时间检查他的结果, 并于 1867 年公布于世, 报告长达 128 页. 另一个典型的例子是海王星的发现, 也是由于人们在推导中发现天王星的实际运行轨道与当时的理论不符, 从而猜想其他未知行星的存在, 经仔细观测发现了海王星.

如何用机器代替人的这些繁琐复杂的机械计算, 从而提高效率, 节约人的时间和精力, 是每个研究工作者及实际工作者所希望的. G. W. Leibniz 曾有过推理机器的设想. 他为此研究过逻辑, 设计并造出了能做乘法的机器, 进而萌发了设计万能语言和造一台通用机的构想. 他的努力促进了 Boole 代数、数理逻辑以及计算机科学的研究. 后人沿着这一方向形成了定理机器证明的逻辑方法. D. Hilbert 更是明确地提出了公理系统中的判定问题: 有了一个公理系统, 就可以在这个系统基础上提出各式各样的命题, 那么有没有一种机械的方法, 即算法, 对每个命题加以检验, 判明它成立与否呢? 现代计算机技术的发展为实现这种愿望提供了基础, 计算机代数这门学科也应运而生. 它是研制、开发和维护符号计算软件并研究其数学理论的学科. 计算机代数作为新的计算工具, 在理论物理、高能物理、天体力学、化学化工、机械学、机器人设计、控制论、信息科学以及计算机的各种应用领域都得到了广泛应用, 同时也成为数学研究和教学的有力工具.

计算机代数的发展包括三个方面, 即系统、算法和应用. 系统即程序语言和相应符号计算软件的开发, 而算法是指操作多项式、有理函数及更广泛函数类的有效数学计算的方法. 计算机代数的应用极为广泛, 同时也刺激了系统和算法的发展. 1953 年, 美国 Temple 大学的 Kahrimanian [1] 和麻省理工学院的 Nolan [2] 分别撰文给出在数字计算机上实现分析学中求导计算的程序, 与此同时, 英国的 Hazelgrore 利用 EDSAC-1 进行了群论中的 Toss-Coxte 计算. 之后这类计算的自动化进程一直徘徊不前, 直到 1961 年美国麻省理工学院的 Slagle [3] 给出了第一个自动符号积分程序 SAINT. 这是最早将 LISP 语言用于在计算机上实现数学的符号计算. 随后, 几个基于 FORTRAN 和 LISP 的符号计算系统, 如 FORMAC, ALPAK, PM, MATHLAB 等相继出现. 这些早期的系统主要是在美国的麻省理工学院、贝尔实验室和 IBM 公司研制开发的. 到目前为止, 已经开发出许多通用软件 (如 Maple, Mathematica, Reduce, MuPAD, Axiom, Derive, Macsyma 等) 和专用软件 (如 CoCoA, GAP, Lie 等). 这些软件系统的主要功能如下.

(1) 提供基本的命令集, 可使机器做许多复杂计算, 包括数值的和符号的计算.

(2) 提供一种能定义高层命令或扩展原始命令的程序语言, 使得系统具有可开发性.

(3) 具有下列多种计算功能:

① 数的计算, 包括整数、有理数、实数和复数的计算, 既可进行浮点计算, 也可进行精确计算;

② 多项式函数、有理函数、三角函数等初等函数的各种计算;

③ 矩阵的计算, 其元素可以是符号的;

④ 数学分析中的微分、积分、级数和微分方程等的计算;

⑤ 其他各种代数的计算.

近几十年来, 专家和学者们的实践证明, 计算机代数有很多优越之处.

(1) 它使用户避免大量的繁琐运算.

(2) 它使用户容易使用先进的数学技术 (例如, 因式分解、特征列、Gröbner 基、符号积分等).

(3) 它能帮助研究者通过大量例子进行试验, 发现新结论.

(4) 它能帮助人们推理论证一些有价值的猜想.

(5) 它使得一些古老的数学问题获得新生. 例如, 大整数的素数判定和分解, 该问题在编码中有重要作用.

(6) 它促使研究者改进已知的算法和发明新的算法.

(7) 从某种意义上来说, 它恢复了研究有效方法的理论需求 ——"对于哪一类问题我们可以通过算法求解?"

例 1.1   假设我们观察到两架放置在走廊两侧墙壁上的梯子, 一架梯子长 7 米, 另一架长 5 米, 两架梯子相交的高度是 2 米. 试求走廊的宽度.

解   设走廊的宽是 x 米, 其他尺寸如图 1.1 所示. 根据假设, 可以得到以下方

程组:

$$x^2 + y^2 = 49$$
$$x^2 + z^2 = 25$$
$$x = a + b$$
$$2x = az$$
$$2x = by$$

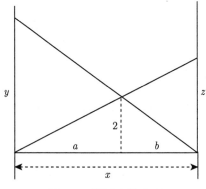

图 1.1　测量走廊宽度

显然, 利用手算解这个方程组将比较困难. Maple 软件中的 solve 程序很容易给出该方程组精确解的根式表示, 由此可以得到任意精度的实数解. 也许有人认为近似解 $x \approx 3.955$ 可以满足所有实际需要, 而且可以通过几何作图和相似理论得到, 为什么要醉心于精确解呢? 精确解的一个优点是可以通过它来计算任意精度的近似解, 还可以给出一般形式. 如, 上面问题可以参数化: 将已知两梯子长度分别换成 s 和 t, 相交高度换成 h, 则可以关于这些参数求解, Maple 给出用这些参数表出的解, 然后将这些参数用具体数值替换, 即得到具体问题的解. 这样就将该问题一般化了, 这不正是数学研究问题的基本任务和方法吗?

但是, 计算机代数软件也有它的局限性.

首先, 采用计算机表示数学对象是十分有限的. 例如, 高于 5 次的一般一元多项式方程的解不能保证用系数的根式和四则运算表示, 而计算机代数要显示给用户这样的信息也是通过代数方程的形式给出的, 如, 表示 $x = \sqrt{2}$, 在屏幕上是这样的符号, 但对于符号计算来说, 运算时是将 x^2 用 2 来替换. 对于一般的代数数, 计算机代数在它能表示的范围内 (比如说, 能用四则运算及根式表示), 是用该数的极小多项式来代表的 (当然还有其他信息). 所以, 对于不能用根式及四则运算表示的实数, 有相当一部分, 计算机软件不能表示, 特别是非代数数, 计算机代数软件对其精确表示更是能力甚微. 有时, 符号计算软件 (比如 Maple) 甚至对 "显而易见" 的结果置之不理. 例如,

solve $(\sin(x) = 3x/\pi, x)$; 执行的结果为

$$\text{RootOf } (3\_z - \sin(\_z)\pi)$$

实际上, 我们知道这个方程的根是 0 和 $\pm\pi/6$.

符号计算软件的另一大弱项是计算机代码的局限性. 在利用计算机代数软件时, 会比预期更早遇到在通常的时间和空间方面的限制. 其原因一方面在于运用的是准确运算和表达式. 一个常见的问题是**中间表达式膨胀**. 这是因为我们在试图用计算机代数系统解决类似于手算但规模更大的问题, 我们没有仔细分析中间表达式的规模与输出表达式规模的依赖关系. 它们之间的关系可能是线性的, 也可能是指数的, 还可能是双指数的. 原因的另一方面在于缺乏有效的算法.

还有一个缺陷是难于管理的输出. 这在前面的例子中已经看到, 也可以理解. 如何给出简洁的输出结果 (如果可能的话), 仍是计算机代数理论研究和程序开发致力于解决的问题之一.

1.2　计算机代数系统简史

由于计算机代数年轻的形象, 我们略去它古老的历史 (尽管代数和算法两个词都有很长的历史).

1953 年, 美国 Temple 大学的 Kahrimanian 和麻省理工学院的 Nolan 分别撰文提出在数字计算机上实现微积分中的求导计算. 与此同时, 英国的 Hazelgrore 利用 EDSAC-1 进行了群论中的 Toss-Coxte 计算. 在 20 世纪 60 年代早期, 用于表处理的计算机语言 LISP 在美国开发成功, 尽管计算机代数系统大部分由 C 语言写成, LISP 在计算机代数软件中起了重要作用. 由 James Slagle 写的第一个符号积分程序, 以及稍后由 Joel Moses 写的符号积分程序都是用 LISP 语言写的. 这些程序和 William Martin 的努力是 Macsyma 项目的前奏. Macsyma 是第一个基于 LISP 的通用计算机代数软件. Macsyma 的第一版于 1971 年问世, 它提供了计算极限和解方程的功能. 在 20 世纪 80 年代, 麻省理工学院把 Macsyma 转让给 Symbolic 公司, 该公司专门开发专家系统和 LISP 机器. 最近, Macsyma 又被转让给专业公司 Macsyma Inc. Macsyma 系统的命运代表了符号计算软件在 20 世纪中后期发展的三个阶段: 60 年代的专门化程序、70 年代的通用程序和 80 年代的商业化软件.

总之, 在过去的几十年内, 计算机代数系统软件以巨大的速度增长. 据 Pavelle, Rothstein 和 Fitch 的估计, 在过去的半个多世纪中有 60 多个计算机代数软件系统被开发. 这里, 除上面提到的 Macsyma, 再列出一些著名的软件.

Reduce, 由 A. C. Hearn 用 LISP 语言开发, 最初用于力学和高能物理中的计算, 后来成为一个广泛应用的通用软件;

MuMATH, 是由 David Stoutemyer 将计算机代数系统在小型 PC 上实现的, 鉴于 PC 的限制, 这些计算机代数系统的功能是惊人的. 这一软件先命名为 MuMATH, 后以 Derive 为名字投入市场. 这一系统已经装入 HP 公司的袖珍计算器 HP-95 并能处理大约 80% 的大学教学内容.

Maple, 用 C 语言编写, 由加拿大 Waterloo 大学的 Keith Geddes 和 Gaston Gonnet 在 20 世纪 80 年代发起的一个科研项目演变而成, 该项目的本来为用户提供应用计算机代数的工具. 与其他计算机代数系统相比, Maple 的效率较高. 这是由于它的设计特点: 系统的核心由尽可能小的关于最基本运算的程序组成, 这些运算包括指令翻译, 整数、有理数和多项式运算, 空间管理. 该软件的其余部分是由 Maple 语言写成的软件包. 这些数学软件包的管理很灵活, 用户可以加入、改变和删除函数. 目前已有大量的专用软件包.

Mathematica, 也是用 C 语言写成的, 是由 Stephen Wolfram 组织编写的. Stephen Wolfram 早期曾编写 8MP 系统. Mathematica 有很新颖的特点. 如, "代数发动机" 和用户接口有本质的差别; 它综合了符号计算、数值计算和作图功能; 它具有结构清晰的用户编辑语言; 在某些机器上 (如, Macintosh, NeXT, PC MS-DOS Windows) 有 "笔记本" 的功能, 利用该功能可以编译数学公式、Mathematica 程序、预先设计好的计算和图形等. 与其他系统相比, Mathematica 成功地吸引了很多学术界以外的注意, 是最引人注目的商业系统.

SCRATCHPAD, 用 LISP 语言编写, 由 IBM 公司的 Jenks 和 Griemer 组织编写的. 它综合了重写规则和幂级数动态赋值的想法. SCRATCHPAD-II 能够系统地处理诸多类型的代数数据. SCRATCHPAD-II 的下一代是 AXIOM, 由 NAG Ltd. 开发.

CAYLEY 系统, 由 John Canon 在悉尼开发, 主要用于群论和组合学.

20 世纪 90 年代以后, 研究者的主要目标转移到开发行之有效的算法和应用上. 其他相关的研究课题是开发符号计算的语言概念、友好的用户界面、各种代数对象的图形显示 (如, 代数曲线、曲面等), 适合于符号运算操作的计算机结构设计等等.

计算机代数研究最主要的动机是其在生物学 (如, RNA 的第二构造)、化学 (如, 化学过程的平衡属性)、物理学 (如, Feynman 图的评估)、数学 (如, Macdonald-Morris Conjecture)、计算机科学 (如, IEEE 标准算法的设计) 以及机器人 (如, 多连杆机器人的反动态解) 等众多学科的应用. 特别值得一提的是, 计算机代数在求解微分方程方面的研究和程序开发, 近几年来取得了很大进步, 利用 Maple 系统和 Mathematica 系统编写的处理微分方程问题的专用程序有上百个. 如求微分方程的无穷小对称、可积条件、微分多项式方程组的 Wu-Ritt 约化算法、微分 Gröbner 基方法等等. 我国在这方面的研究也已经取得了很好的成果.

随着计算机代数系统的流行和广泛使用, 计算机代数的研究也越来越活跃. 国际计算机协会 (Association for Computing Machinery) 支持的学术研讨会 ISSAC (International Symposium on Symbolic and Algebraic Computation) 每年夏天都举行一次. 在亚洲各国举办的 ASCM(Asian Symposium on Computer Mathematics) 也逐渐成为报告计算机代数研究成果的重要园地. *Journal of Symbolic Computation* 是发表计算机代数研究成果的主要国际期刊, 此外, 计算机代数应用方面的研究成果也越来越多地出现在其他重要杂志和期刊上.

关于计算机代数系统更为详细的说明可以在相应的网站查到, 如

Axiom (http://arch.axiom-developer.org),

CoCoA (http://cocoa.dima.unige.it),

Maple (http://www.maplesoft.com),

Mathematica (http://www.wolfram.com/products/mathematica),

Reduce (http://www.uni-koeln.de/REDUCE),

Singular (http://www.singular.uni-kl.de).

此外, 2003 年出版的一本 *Computer Algebra Handbook—Foundation, Application and Systems* (《计算机代数手册》)[4] 也是很好的参考书.

1.3　计算机代数系统 Maple 简介

传统的科学计算语言, 如 C, FORTRAN 等, 都是对于固定精度的实数进行计算, 计算的结果都是问题答案的近似值, 像 x 这样不确定的量也不能进行代数计算, 因而那些能够反映事物间关系的表达式不能显示出来, 给人们观察现象、发现规律带来困难. 相比之下, 现代符号计算系统支持精确的有理计算、任意精度的浮点计算以及代数表达式的运算, 它的目标是支持全方位的数学计算. 本节以 Maple 系统为例, 简要介绍计算机代数系统的功能及其程序操作, 便于读者对于计算机代数系统的认识和使用.

Maple 有一个友好的工作界面, 既可以输入, 又可以显示输出结果, 同时可以编写程序. 输入内容紧跟 ">" 号后面, 每个输入语句的结束用分号 ";" 和冒号 ":" 分别表示显示计算结果和不显示计算结果. 每个注释行以 "#" 开始, "%" 代表上次计算结果.

1. 数的精确计算

有理数域

```
> 33!/2^20+31^12;
```

$$8281056994259560031709068549761$$

```
> 41!/(2^32-1);
```

$$\frac{1311863788751521847379218119742774575510400000000}{16843009}$$

复数域和有限域

```
> (3+2*I)*(2-I),2*(1-I)^(1/2);
```

$$8 + I, \quad 2\sqrt{1-I}$$

```
> 2^3*3^10*7^14 mod 129;
```

$$93$$

带有任意常数以及在代数扩张域中

```
> a:=sin(Pi/3)*exp(1+ln(Pi));
```

$$a := \frac{1}{2}\sqrt{3}\mathrm{e}^{(1+\ln(\pi))}$$

任意精度

```
> evalf(a,30);
```

$$7.39562677840266521267150737035$$

2. 多项式计算

随机产生多项式

```
> randpoly(x);
```

$$-56 - 7x^5 + 22x^4 - 55x^3 - 94x^2 + 87x$$

```
> randpoly([x, y]);
```

$$-82x + 80x^2 - 44xy + 71y^2 - 17x^2y - 75x^4y$$

```
> randpoly([x, y], terms = 10,degree=6);
```

$$7x - 89y + 65xy + 12x^4 - 25xy^3 - 96y^4 + 50x^5 - 60y^5 - 42x^5y + 7y^6$$

```
> randpoly([x, sin(x), cos(x)]);
```

$$-83\sin(x)^2\cos(x) + 98x^3\sin(x)\cos(x) - 48x^2\sin(x)^2\cos(x) - 19x^2\cos(x)^3$$
$$+62\sin(x)^4\cos(x) + 37\sin(x)\cos(x)^4$$

```
> RandomTools[Generate](polynom(integer(range=-10..10),
  x, degree=4));
```

$$-6 - 9x - 7x^2 + 9x^3 + 6x^4$$

一般计算

```
> f:=(x+y)^8-(x-y)^8;
```

$$f := (x + y)^8 - (x - y)^8$$

```
> expand(f);
```

$$16x^7y + 112x^5y^3 + 112x^3y^5 + 16xy^7$$

```
> rem(f,x^2+y-1,x,'q');
```

$$16(y^6 - 7y^5 + 14y^4 - 15y^3 + 10y^2 - 3y + 1)yx$$

```
> q;
```

$$16x^5y + 16(7y^2 - y + 1)yx^3 + 16(7y^4 - 7y^3 + 8y^2 - 2y + 1)yx$$

```
> g:=(x^4-y^4)/(x^3+y^3)-(x^5+y^5)/(x^4-y^4);
```

$$g := \frac{x^4 - y^4}{x^3 + y^3} - \frac{x^5 + y^5}{x^4 - y^4}$$

```
> normal(g);
```

$$-\frac{x^3y^3}{(x^3 - x^2y + xy^2 - y^3)(x^2 - xy + y^2)}$$

```
> normal(f/g);
```

$$-\frac{16(x^3 - x^2y + xy^2 - y^3)(x^2 - xy + y^2)(x^6 + 7x^4y^2 + 7x^2y^4 + y^6)}{x^2y^2}$$

因式分解与最大公因式

```
> factor(x^5+x^4-x^2+x-1);
```

$$x^5 + x^4 - x^2 + x - 1$$

```
> factor(x^3-3*x^2+3*x-1);
```

$$(x - 1)^3$$

```
> Factor(5*x^4-4*x^3-48*x^2+44*x+3) mod 13;
```

$$5(x + 10)(x + 12)(x^2 + 11x + 8)$$

```
> factor(x^12-y^12);
```

$$(x - y)(y^2 + x^2 + xy)(x + y)(x^2 - xy + y^2)(y^2 + x^2)(x^4 - x^2y^2 + y^4)$$

```
> alias(a=RootOf(x^4-2));
> factor(x^4-2);
```

$$x^4 - 2$$

```
> factor(x^4-2,a);
```

$$(x^2 + a^2)(x + a)(x - a)$$

```
> alias(b=RootOf(x^4+3));
```

$$a, b$$

```
> Factor(x^4-2,a) mod 5;
```

$$(x + 4b)(x + 2b)(x + b)(x + 3b)$$

```
> evalf(b);
```

$$0.930604859102100 + 0.930604859102100I$$

3. 微积分

求极限

```
> limit(tan(x)/x,x=0);
```

$$1$$

```
> limit((1+1/n)^n,n=infinity);
```

$$e$$

微分

```
> diff(ln(sec(x)),x);
```

$$\tan(x)$$

```
> diff(x*sin(y)+x^y,x,y);
```

$$\cos(y) + \frac{x^y \ln(x)y}{x} + \frac{x^y}{x}$$

```
> alias(f=f(x,y,z));
```

$$f$$

```
> diff(f,x$2,y,z)+diff(f,x,y$2)^2-diff(f,z);
```

$$\left(\frac{\partial^4}{\partial z\partial y\partial x^2}f\right)+\left(\frac{\partial^3}{\partial y^2\partial x}f\right)^2-\left(\frac{\partial}{\partial z}f\right)$$

积分

```
> int((3*x^2-7*x+15)*exp(x)+3*sin(x)/(1+cos(x)),x);
```

$$3e^x x^2-13e^x x+28e^x-3\ln(1+\cos(x))$$

```
> int(1/sqrt(1-sin(x)),x=0..Pi/3);
```

$$-\operatorname{arctanh}\left(\frac{\sqrt{2}}{2}\right)\sqrt{2}+\operatorname{arctanh}\left(\frac{\sqrt{2}}{4}+\frac{\sqrt{2}\sqrt{3}}{4}\right)\sqrt{2}$$

```
> with(student):
> Doubleint(sin(x*y),x=0..Pi/2,y=0..Pi/2);
```

$$\int_0^{\frac{\pi}{2}}\int_0^{\frac{\pi}{2}}\sin(xy)\mathrm{d}x\mathrm{d}y$$

```
> value(%);
```

$$\gamma-2\ln(2)+2\ln(\pi)-\operatorname{Ci}\left(\frac{\pi^2}{4}\right)$$

```
> int(int(sin(x*y),x=0..Pi/2),y=0..Pi/2);
```

$$\gamma-2\ln(2)+2\ln(\pi)-\operatorname{Ci}\left(\frac{\pi^2}{4}\right)$$

级数

```
> series(tan(sinh(x))-sinh(tan(x)),x=0,12);
```

$$\frac{1}{90}x^7+\frac{13}{756}x^9+\frac{1451}{75600}x^{11}+O(x^{12})$$

```
> series(BesselJ(0,x)/BesselJ(1,x),x,15);
```

$$2x^{-1}-\frac{1}{4}x-\frac{1}{96}x^3-\frac{1}{1536}x^5-\frac{1}{23040}x^7-\frac{13}{4423680}x^9-\frac{11}{55050240}x^{11}+O(x^{13})$$

4. 解方程

矩阵与行列式

```
> with(LinearAlgebra):
> V:=VandermondeMatrix([x,y,z]);
```

$$V:=\begin{bmatrix}1&x&x^2\\1&y&y^2\\1&z&z^2\end{bmatrix}$$

```
> Determinant(V);
```

$$xy^2 - x^2y - xz^2 + x^2z + yz^2 - y^2z$$

> factor(%);

$$-(-z+y)(x-z)(x-y)$$

> MatrixInverse(V);

$$\begin{bmatrix} \dfrac{yz}{-xy+yz+x^2-zx} & -\dfrac{zx}{-zx+xy-y^2+yz} & \dfrac{xy}{-zx+xy+z^2-yz} \\[2ex] -\dfrac{y+z}{-xy+yz+x^2-zx} & \dfrac{x+z}{-zx+xy-y^2+yz} & -\dfrac{x+y}{-zx+xy+z^2-yz} \\[2ex] \dfrac{1}{-xy+yz+x^2-zx} & -\dfrac{1}{-zx+xy-y^2+yz} & \dfrac{1}{-zx+xy+z^2-yz} \end{bmatrix}$$

线性方程组

> eqn1:=(1-s)*x-2*y-4*z-1=0; eqn2:=(3/2-s)*x+3*y-5*z-2=0;
  eqn3:=(5/2+s)*x+5*y-7*z-3=0;

$$eqn1 := (1-s)x - 2y - 4z - 1 = 0$$

$$eqn2 := \left(\frac{3}{2} - s\right)x + 3y - 5z - 2 = 0$$

$$eqn3 := \left(\frac{5}{2} + s\right)x + 5y - 7z - 3 = 0$$

> sols:=solve({eqn1,eqn2,eqn3},{x,y,z});

$$sols := \left\{ x = \frac{1}{2(2+13s)}, \quad z = -\frac{2+17s}{4(2+13s)}, \quad y = \frac{1+7s}{4(2+13s)} \right\}$$

> subs(s=10^(-2),sols);

$$\left\{ y = \frac{107}{852}, \quad z = \frac{-217}{852}, \quad x = \frac{50}{213} \right\}$$

多项式方程

> h:=x^2*y*(1-x-y)^3;

$$h := x^2y(1-x-y)^3$$

> eqn4:=diff(h,x); eqn5:=diff(h,y);

$$eqn4 := 2xy(1-x-y)^3 - 3x^2y(1-x-y)^2$$

$$eqn5 := x^2(1-x-y)^3 - 3x^2y(1-x-y)^2$$

> solve({eqn4,eqn5},{x,y});

$$\left\{ y = y, x = 0 \right\}, \left\{ x = \frac{1}{3}, y = \frac{1}{6} \right\}, \{y = y, x = 1-y\}, \{y = y, x = 1-y\}$$

5. 微分方程

常微分方程

```
> deqn:=diff(y(x),x$2)+t*diff(y(x),x)-2*t^2*y(x)=0;
```

$$\text{deqn} := \left(\frac{\mathrm{d}^2}{\mathrm{d}x^2} y(x) \right) + t \left(\frac{\mathrm{d}}{\mathrm{d}x} y(x) \right) - 2t^2 y(x) = 0$$

```
> inits:=y(0)=t,D(y)(0)=2*t^2;
```

$$\text{inits} := y(0) = t, \quad D(y)(0) = 2t^2$$

```
> dsolve({deqn,inits},y(x));
```

$$y(x) = -\frac{1}{3} t e^{(-2tx)} + \frac{4}{3} t e^{(tx)}$$

偏微分方程

```
> wave:=diff(u(x,t),t,t)-c^2*diff(u(x,t),x,x);
```

$$\text{wave} := \left(\frac{\partial^2}{\partial t^2} u(x,t) \right) - c^2 \left(\frac{\partial^2}{\partial x^2} u(x,t) \right)$$

```
> solw:=pdsolve(wave,u(x,t));
```

$$\text{solw} := u(x,t) = \mathrm{F1}(ct + x) + \mathrm{F2}(ct - x)$$

6. 编写程序

```
> Cheby:=proc(n,x)
    local T,i;
    T[0]:=1; T[1]:=x;
    for i from 2 to n do
      T[i]:=expand(2*x*T[i-1]-T[i-2]);
    od;
    return(T[n]);
> end:
> Cheby(8,x);
```

$$128x^8 - 256x^6 + 160x^4 - 32x^2 + 1$$

7. 绘图

二维绘图

```
> plot(sin(x)/x,x=0..infinity);
```

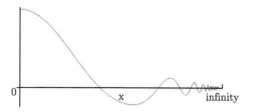

三维绘图

```
> plot3d(sin(x*y),x=0..Pi/2,y=0..Pi/2);
```

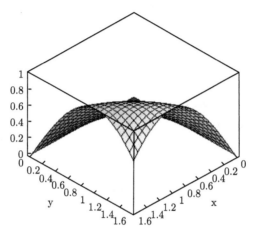

1.4　描述算法的一些术语和记号

　　为了更好地描述算法, 我们需要表意清晰的语言. 为了使各个算法的特性突出, 我们采用构架良好的高级计算机语言, 这里我们采用 Maple 语言. 有时为了突出算法的主要思想, 我们也常常省略不重要的实现细节, 不用一个完整的高级计算机语言描述, 而只是将算法写到伪代码这个层次. 这里我们用称为 ALGEN 语言的代码规则, 它介于 ALGOL 语言和 Maple 语言之间, 符合人们通常的表达习惯.

　　(1) 变量类型的声明. 在 ALGEN 语言中, 只作简单的变量类型区别, 它们是 `integer`, `real`, `bool` 和 `char`. 这主要考虑到对这些对象进行操作 (或运算) 的特殊要求. 所有操作 (或运算) 过程都理解为精确的. 当需要考虑数值计算的精度时, 需在适当的位置加语句 `digit:= n`; 表示保留小数点后 n 位. 这个约束的作用从该语句开始直到出现语句 `end{digit}` 时结束. 此外, 用 `evalf(a,n)` 表示对数值 a 保留 n 位有效数字; 用 `floor(a)` 表示小于或等于数值 a 的最大整数, 用 `ceil(a)` 表示大于或等于数值 a 的最小整数.

(2) 保留字. 变量的命名是以字母开头的字母与数字及下划线组成的字, 区分大小写, 但不准采用保留字, 这里的保留字主要包括以下几部分.

逻辑符: and, or, not, true, false.

结束符: exit, return, end, break, continue.

语句关键字: if, elif, then, else; for, from, by, to, do, while, in, loop, until.

关系符: $<$, $>$, =, $\leqslant$, $\geqslant$, $\neq$, …….

(3) 对变量的赋值采用 v:=expr; 其中 v 是变量, expr 是一个 (表达式的) 值.

(4) for 循环语句.

```
for i from a by s to b do
    statements;
end{for}
```

当起始值 a 为 1 时, from a 可以省略; 当步长 s 为 1 时, by s 可以省略;

```
for i in S conds do
    statements;
end{for}
```

S 可以是一个集合、序列或表, conds 表示约束条件, 可根据情况选取或不选取, 所以是可选项.

(5) while 循环与 loop 循环语句.

```
while conds do
    statements;
end{while}
loop
    statements;
until conds;
end{loop}
```

(6) if 条件语句.

```
if cond0 then
    statement0;
elif cond1 then
    statement1;
....................
elif condk then
    statementk;
else
```

```
    statements;
end{if}
```

这里, elif, else 及它们后边的语句都是可选项. 条件 cond0, cond1, ···, condk 之间都是不相交的.

(7) case 条件语句. 为使用方便, ALGEN 也使用 case 条件语句, 格式如下:

```
case
    c1: statement 1;
    ·················.
    ck: statement k;
else statement;
end{case}
```

其中, else 是选项, 而前面的 k 种情况不能为空, 且所有情况之间是相互排斥的.

(8) 进程: name (formal parameters).

进程是指独立完成一个任务的程序段. 一个进程可以调用其他进程, 也可以被其他进程所调用. 这里的进程有两种, 一是纯过程, 它可能会改变输入参数, 但没有返回值; 另一类有返回值, 称为函数. 前者的调用方式为 name(actual parameters); 后者的调用方式为 v:=name(actual parameters); 因而, 后者必须带有语句 retrurn(expr); 指出返回的内容. 而前者是通过全局变量将信息返回给调用它的进程的. 主进程的返回信息被存在内存中.

一个进程的完整格式为

```
name (formal parameters)
    global variables;
    local variables;
    statements;
end{name}
```

(9) break 强制结束当前循环体; continue 强制跳过本次循环; exit 强制结束当前进程; return 强制结束当前进程并返回后跟其括号中的内容; end 是任何进程代码结束的标志符.

(10) go to label 从当前位置转到带有标号 label 的语句, label后跟冒号 ":". 这个语句用于跳出 while 循环体以及跳出递归程序体都是比较方便的, 但尽量少用, 因为它可能会使整个程序的逻辑关系变得晦涩难懂.

(11) 数组是所有数据结构的基础, 这里用 A[1..n] 表示一个长为 n 的一维数组, 它的第 i 个元素记为 A[i], 而 A[k..m] 表示子块, 它是该数组的一个连贯部分: 从元素 A[k] 到元素 A[m]. 二维数组定义为 A[1..m,1..n], 它对应于一个 $m \times n$ 矩阵.

更高维的数组可类似定义, 它们的子块也可类似表示. 给数组赋值通过给元素赋值完成.

(12) 有时为叙述方便简洁, ALGEN 允许使用数学表达式和自然语言, 但含义必须是清楚明确的.

(13) 每个执行语句都以; 号结尾; 注释语句的每一行都以双斜杠//开始.

每个程序都将以模块形式组成, 每个模块都要阐明其输入与输出. 各个模块之间可以相互调用, 调用时只需写出该模块的名字, 并填好所用参数值即可. 当采用递归算法时, 模块也可以调用自身. 被调用模块执行完毕, 或者返回一个值, 或者返回到调用模块. 对于每个模块, 我们都将证明其正确性以及在有限步内结束的性质.

例 1.2   用 Euclid 算法 (辗转相除法) 计算两个正整数的最大公因数. 在下面给出的算法 1.1 中, 用 rem(X,Y) 表示 X 被 Y 除的余数.

算法 1.1   Euclid 算法 GCD(求两个整数的最大公因数)

输入: 两个正整数 X, Y
输出: X, Y 的最大公因数
    if $X < Y$ **then**
        $[X, Y] := [Y, X]$;
    end{if}
    while X 不能整除 Y **do**
        $[X, Y] := [Y, \mathrm{rem}(X, Y)]$
    end{while}
    return Y

命题 1.4.1   程序 GCD 能够正确计算出两个正整数的最大公因数.

证明   设 $\langle X_0, Y_0 \rangle$ 是输入的两个正整数对, 而且 $\langle X_1, Y_1 \rangle, \langle X_2, Y_2 \rangle, \cdots, \langle X_n, Y_n \rangle$ 是各次执行 "while-do" 时计算的结果. 因为 $Y_1 > Y_2 > \cdots > Y_n$, 且它们都是正整数, 所以, 程序 GCD 一定在有限步内结束.

对于每个 $0 \leqslant i < n$, X_i 和 Y_i 的公因数也一定是 Y_{i+1} 的因数; X_{i+1} 和 Y_{i+1} 的公因数也一定是 Y_i 的因数, 因为

$$X_i = QY_i + Y_{i+1}, \quad X_{i+1} := Y_i$$

所以 $\mathrm{GCD}(X_0, Y_0) = \mathrm{GCD}(X_1, Y_1) = \cdots = \mathrm{GCD}(X_n, Y_n) = Y_n$, 即, 程序 GCD 返回结果是已知正整数 X 和 Y 的最大公因数.   ■

习 题 1

1.1 确定 a 的值, 使得下述线性方程组有唯一解:

$$\begin{cases} ax_1 + a^2 x_2 - x_3 = 1, \\ a^2 x_1 - x_2 + x_3 = a, \\ -x_1 + x_2 + ax_3 = a^2 \end{cases}$$

试用一个计算机代数软件 (譬如, Maple) 求解该方程组, 并比较手算结果.

1.2 试求下列不定积分:

(1) $\int x/(1 + \mathrm{e}^x)\mathrm{d}x$; (2) $\int \sqrt{(x^2 - 1)(x^2 - 4)}\mathrm{d}x$; (3) $\int \sqrt{(1 + x)(1 - x)}\mathrm{d}x$;

(4) $\int 1/\ln x \, \mathrm{d}x$; (5) $\int (\ln x)/(1 + x) \, \mathrm{d}x$; (6) $\int (2x + 1)/(x^2 - 5x + 4) \, \mathrm{d}x$.

1.3 求解微分方程的初值问题

$$\begin{cases} y' - xy = x^3, \\ y(0) = a \end{cases}$$

并用计算机代数软件验证你的答案.

1.4 用 Maple 软件编写一个求两个整数 a, b 的最大公因数 d 的程序, 并给出表达式

$$d = sa + tb$$

的系数 s, t.

1.5 浏览一下计算机代数软件 Maple, Mathmatica, Reduce 及以数值计算为主的软件 MATLAB, 试作些比较.

第 2 章　数据的表示与基本运算

计算机代数研究诸如整数、多项式、理想等具有基本代数结构的对象, 讨论它们的构造性质、符号计算方法. 本章讨论这些抽象对象的表示及基本运算, 也包括同余运算和中国剩余定理. 更进一步的符号计算涉及较多的抽象代数理论, 在本章的最后一节概述了一些必要的交换代数知识. van der Waerden (范德瓦尔登)[5] 的 *Algebra*(《代数学》) 是一本很好的参考书. 在算法方面, *Modern Computer Algebra* (《现代计算机代数》)[6] 是非常值得参考的.

2.1　大整数的表示与运算

对于一个 32 位计算机来说, 一个机器字 (word) 能够表示一个介于 0 到 $2^{32} - 1$ 的整数. 但是在符号计算中, 经常会碰到更大的整数. 例如, 求两个多项式

$$f = -7x^6 - 5x^5 - 8x^4 + 4x^3 + 3x^2 + 8x - 3$$
$$g = 5x^6 - 4x^5 - 2x^4 + 3x^3 - 10x^2 - 9x + 4$$

的最大公因式, 采用 Euclid 算法并在计算中把每一步得到的余式都去掉分母, 则最后得到的余数是

3602939910287727195326496470246063377742979576221135972814976231921\
46619250900682585261804349663289975868362974706471669487655162811\
27929687500000000

由此可以知道这两个多项式互素.

这样大的数不再是单精度的机器数, 在一个 32 位计算机上表现为一个多精度数, 可以用一个 "字串" 表示

$$s \cdot 2^{31} + n + 1, \quad a_0, a_1, \cdots, a_n$$

即

$$a = (-1)^s \sum_{0 \leqslant i \leqslant n} a_i \cdot 2^{32i}$$

其中 $s = 0, 1$ 代表数 a 的符号, $n+2$ 代表字串的长度, 所有的 a_i 都是单精度数. 称 $n+1$ 为整数 a 的长度, 记作 $\lambda(a)$, 显然

$$\lambda(a) = \lfloor \log_{2^{32}} |a| \rfloor + 1 = \left\lfloor \frac{\log_2 |a|}{32} \right\rfloor + 1$$

比较两个多精度表示的正整数的大小, 首先比较它们的位数, 位数长的大; 位数相等的两个正整数则比较表示它们的字串 (去掉表示符号部分), 从右向左, 第一个大的字出现的字串所代表的数为大.

2.1.1 大整数的加法

先说明两个正整数的加法运算. 在大整数的表示方法中用一个大的整数 B 替换 2^{32}, 得到 B 进制表示

$$a = \sum_{0 \leqslant i \leqslant n} a_i \cdot B^i$$

如果 $b = \sum_{0 \leqslant i \leqslant m} b_i \cdot B^i$ 是另一个正整数, 那么 $a + b$ 可以像十进制数的加法一样, 从个位加起, 当 $a_i + b_i \geqslant B$ 时进位. 具体算法如算法 2.1 所示.

算法 2.1 多精度整数加法

输入: 两个多精度整数 $a = \sum_{0 \leqslant i \leqslant n} a_i \cdot B^i$, $b = \sum_{0 \leqslant i \leqslant m} b_i \cdot B^i$, $n \geqslant m$.

输出: a 与 b 的和 $c = \sum_{0 \leqslant i \leqslant n+1} c_i \cdot B^i$.

  $r_0 := 0$;
  if $n > m$ **then**
    for k **from** $m+1$ **to** n **do**
      $b_k := 0$;
    end{for}
  end{if}
  for i **from** 0 **to** n **do**
    $c_i := a_i + b_i + r_i$; $r_{i+1} := 0$;
    if $c_i \geqslant B$ **then** $c_i := c_i - B$; $r_{i+1} := 1$; **end**{if}
  end{for}
  $c_{n+1} := r_{n+1}$;
  return $\sum_{0 \leqslant i \leqslant n+1} c_i \cdot B^i$

关于大整数的减法, 与加法类似, 不过是把 "进位" 改成 "借位", 如算法 2.2 所示.

算法 2.2 多精度整数的减法

输入: 两个多精度整数 $a = \sum\limits_{0 \leqslant i \leqslant n} a_i \cdot B^i$, $b = \sum\limits_{0 \leqslant i \leqslant m} b_i \cdot B^i$, $a \geqslant b$.

输出: a 与 b 的差 $c = \sum\limits_{0 \leqslant i \leqslant n} c_i \cdot B^i$.

$r_0 := 0$;
if $n > m$ **then**
  for k **from** $m + 1$ **to** n **do**
    $b_k := 0$;
  end{for}
end{if}
for i **from** 0 **to** n **do**
  if $a_i - r_i \geqslant b_i$ **then**
  $c_i := a_i - b_i - r_i$; $r_{i+1} := 0$;
  else $c_i := a_i + B - b_i$; $r_{i+1} := 1$; **end{if}**
end{for}
return $\sum\limits_{0 \leqslant i \leqslant n} c_i \cdot B^i$

有了正整数的加、减法, 就容易给出一般整数的加、减运算了. (略)

2.1.2 大整数的乘法

两个多精度的正整数

$$a = \sum_{0 \leqslant i \leqslant m-1} a_i \cdot B^i, \quad b = \sum_{0 \leqslant i \leqslant n-1} b_i \cdot B^i, \quad m \geqslant n$$

的乘法也和通常的十进制表示数的乘法式子一样, 可以如下列出:

$$
\begin{array}{cccccccc}
B^0 & B^1 & \cdots & B^{n-1} & \cdots & B^{m-1} & B^m & \cdots & B^{m+n-2} \\
a_0 b_0 & a_1 b_0 & \cdots & a_{n-1} b_0 & \cdots & a_{m-1} b_0 & & & \\
& a_0 b_1 & \cdots & a_{n-2} b_1 & \cdots & a_{m-2} b_1 & a_{m-2} b_1 & & \\
& & \cdots \cdots & & & & & \\
& & a_0 b_{n-1} & \cdots & a_{m-n} b_{n-1} & a_{m-n+1} b_{n-1} & \cdots & a_{m-1} b_{n-1}
\end{array}
$$

这里需要注意 $a_i b_j$ 可能不小于 B, 但是一定会小于 B^2, 所以在对位相加时还需要进位, 如果已经向该位进位数为 q, 则该位数的值应该是余数 r_{i+j}: $a_i b_j + q = q_{i+j}B + r_{i+j}$. 于是得到乘法算法如算法 2.3 所示.

算法 2.3 多精度整数的乘法

输入: 两个多精度整数 $a = \sum\limits_{0 \leqslant i \leqslant m-1} a_i \cdot B^i, b = \sum\limits_{0 \leqslant i \leqslant n-1} b_i \cdot B^i, m \geqslant n.$

输出: a 与 b 的乘积 $c = \sum\limits_{0 \leqslant i \leqslant n+m-1} c_i \cdot B^i.$

  for k **from** 0 **to** $n+m-1$ **do** $c_k := 0;$ **end{for}**
  for j **from** 0 **to** $n-1$ **do**
    $q := 0;$
    for i **from** 0 **to** $m-1$ **do**
      $t := a_i b_j + c_{i+j} + q;$
      $c_{i+j} := \text{rem}(t, B);$
      $q := \text{quo}(t, B);$
    end{for}
    $c_{j+m} := q;$
  end{for}
  return $\sum\limits_{0 \leqslant i \leqslant n+m-1} c_i \cdot B^i$

命题 2.1.1 在上述算法中的中间变量满足: $q < B, t < B^2.$

证明 显然, a_i, b_j, c_{i+j} 均不超过 $B-1$. 对于任意的 j, 在里层循环 $i = 0$ 的计算中, 记初始的 q 为 q_0, 则有 $q_0 = 0$. 于是

$$t_0 = a_0 b_j + c_j + q_0 < (B-1)^2 + B < B^2$$

所以 $q_1 < B$, 从而

$$t_1 = a_1 b_j + c_{j+1} + q_1 < (B-1)^2 + B - 1 + B = B^2$$

由此又得 $q_2 < B$. 一般地, 如果假定 $q_{i-1} < B$ 成立, 则

$$t_i = a_i b_j + c_{j+i} + q_{i-1} < (B-1)^2 + B - 1 + B = B^2$$

从而 $q < B$. ∎

如果把每一次单精度计算作为一个单位, 则上述乘法的复杂度为 $O(mn)$. 下面给出的大整数乘法算法将降低复杂度, 它是由 A. Karatsuba [7] 提出的. 我们假定 $m = n = 2^k$, 并将两个整数表示为

$$a = \sum_{i=0}^{n/2-1} a_i \cdot B^i + \left(\sum_{i=n/2}^{n-1} a_i \cdot B^{i-n/2} \right) B^{n/2}$$

$$b = \sum_{i=0}^{n/2-1} b_i \cdot B^i + \left(\sum_{i=n/2}^{n-1} b_i \cdot B^{i-n/2} \right) B^{n/2}$$

并记

$$v_1 = \sum_{i=0}^{n/2-1} a_i \cdot B^i, \quad u_1 = \sum_{i=n/2}^{n-1} a_i \cdot B^{i-n/2}$$

$$v_2 = \sum_{i=0}^{n/2-1} b_i \cdot B^i, \quad u_2 = \sum_{i=n/2}^{n-1} b_i \cdot B^{i-n/2}$$

则有 $a = u_1 B^{n/2} + v_1$, $b = u_2 B^{n/2} + v_2$, 于是

$$ab = u_1 u_2 B^n + (u_1 v_2 + u_2 v_1) B^{n/2} + v_1 v_2$$
$$= u_1 u_2 B^n + ((u_1 - v_1)(v_2 - u_2) + v_1 v_2 + u_1 u_2) B^{n/2} + v_1 v_2$$

可见, 为计算两个 n 位整数乘法, 需做 3 次 $\dfrac{n}{2}$ 位整数的乘法: $u_1 u_2, v_1 v_2$ 和 $(u_1 - v_1)(v_2 - u_2)$, 而乘法以外的运算不超过 $O(n)$ 步. 如果令 $T(n)$ 表示按上述方案计算两个 n 位整数相乘的计算量, 则有

$$T(1) = 1$$
$$T(n) \leqslant 3T\left(\frac{n}{2}\right) + cn$$

其中 c 为一个正的常数. 解上面的递推关系式得

$$T(n) \leqslant 3T\left(\frac{n}{2}\right) + cn$$
$$\leqslant 3^2 T\left(\frac{n}{2^2}\right) + \frac{3cn}{2} + cn$$
$$\leqslant 3^3 T\left(\frac{n}{2^3}\right) + \frac{3^2 cn}{2^2} + \frac{3cn}{2} + cn$$
$$\cdots\cdots$$
$$\leqslant 3^k T\left(\frac{n}{2^k}\right) + \frac{3^{k-1} cn}{2^{k-1}} + \cdots + \frac{3cn}{2} + cn$$

注意到 $n = 2^k$, 有

$$T(n) \leqslant 3^k + cn\frac{(3/2)^k - 1}{3/2 - 1} < 3^k + 2cn\left(\frac{3}{2}\right)^k$$

又 $k = \log_2 n$, 所以

$$T(n) < 3^{\log_2 n} + 2cn\left(\frac{3}{2}\right)^{\log_2 n}$$
$$= n^{\log_2 3} + 2cn^{1+\log_2(3/2)}$$
$$= (2c + 1)n^{\log_2 3}$$

$\log_2 3 \approx 1.585$, 所以 $T(n) = O(n^{1.585})$.

算法 2.4　　Karatsuba 算法

输入: B 进制 n 位多精度整数 a, b; n 是 2 的方幂.

输出: 乘积 $c = a \cdot b$.

if $n = 0$ **then return** $(a \cdot b)$;

else

　　$c := \mathrm{sgn}(a) \cdot \mathrm{sgn}(b)$;

　　$a_1 := |a|$ 的前 $n/2$ 位数值;

　　$a_2 := |a|$ 的后 $n/2$ 位数值;

　　$b_1 := |b|$ 的前 $n/2$ 位数值;

　　$b_2 := |b|$ 的后 $n/2$ 位数值;

　　$m_1 := \mathrm{Karatsuba}(a_1, b_1, n/2)$;

　　$m_2 := \mathrm{Karatsuba}(a_2, b_2, n/2)$;

　　$m_3 := \mathrm{Karatsuba}(a_2 - a_1, b_1 - b_2, n/2)$

　　$c := c \cdot (m_2 B^n + (m_1 + m_2 + m_3)B^{n/2} + m_1)$;

　　return (c);

end{if}

2.1.3　大整数的除法

　　像十进制数的除法一样, 大整数的除法经过试商后, 就可以用乘法和减法表示出来. 假定被除数为 a, 除数是 n 位数 b, 且 $a \geqslant b$.

$$b = \sum_{i=1}^{n} b_i \cdot B^{n-i} = b_1 B^{n-1} + \cdots + b_{n-1}B + b_n$$

$$a = \sum_{j=1}^{n+k} a_j \cdot B^{n+k-j} = \left(a_1 B^{n-1} + \cdots + a_{n-1}B + a_n\right) B^k + a_{n+1}B^{k-1} + \cdots + a_{n+k}$$

$$= \left(a_1 B^n + \cdots + a_{n-1}B^2 + a_n B + a_{n+1}\right) B^{k-1} + a_{n+2}B^{k-2} + \cdots + a_{n+k}$$

在试商过程中, 首先比较

$$a_1 B^{n-1} + \cdots + a_{n-1}B + a_n \text{ 与 } b_1 B^{n-1} + \cdots + b_{n-1}B + b_n$$

如果前者不小于后者, 则开始试商 $\hat{q}$; 否则, 比较

$$a_1 B^n + \cdots + a_{n-1}B^2 + a_n B + a_{n+1} \text{ 与 } b_1 B^{n-1} + \cdots + b_{n-1}B + b_n$$

此时一定是前者大于后者, 而且 $a_1 \leqslant b_1$, 前者与后者的商小于 B. 所以试商过程只需考虑被除数是 n 位和 $n+1$ 位两种情形.

情形 2.1.1 $a = \sum_{i=1}^{n} a_i \cdot B^{n-i} = a_1 B^{n-1} + \cdots + a_{n-1}B + a_n$, 且 $a_1 \geqslant b_1$.

命题 2.1.2 如果 $a_1 = b_1$, 则 $\hat{q} = 1$; 如果 $a_1 > b_1$, 则 $\underline{q} \leqslant \hat{q} \leqslant \bar{q}$, 其中

$$\bar{q} = \left\lfloor \frac{a_1}{b_1} \right\rfloor, \quad \underline{q} = \max\left\{ \left\lfloor \frac{a_1 B + a_2 - B + 1}{b_1 B + b_2} \right\rfloor, 1 \right\}$$

证明 假设 a_1 除以 b_1 的商和余数分别为 $\bar{q}, r_1$, 则 $r_1 < b_1, \bar{q} \leqslant B - 1$, 于是

$$a - (\bar{q}+1)b = \sum_{i=1}^{n} \left(a_i - (\bar{q}+1)b_i\right) B^{n-i}$$

$$= (r_1 - b_1)B^{n-1} + \sum_{i=2}^{n} \left(a_i - (\bar{q}+1)b_i\right) B^{n-i}$$

$$\leqslant (r_1 - b_1)B^{n-1} + (B-1)\sum_{i=2}^{n} B^{n-i}$$

$$= (r_1 - b_1)B^{n-1} + B^{n-1} - 1$$

$$= (r_1 - b_1 + 1)B^{n-1} - 1$$

$$\leqslant -1 < 0$$

即 $\frac{a}{b} < \bar{q}+1$, 从而 $\hat{q} \leqslant \bar{q}$. 另外

$$\frac{a_1 B + a_2 - B + 1}{b_1 B + b_2} = \frac{(\bar{q}b_1 + r_1 - 1)B + a_2 + 1}{b_1 B + b_2}$$

$$\leqslant \bar{q} + \frac{(r_1 - 1)B + a_2 + 1}{b_1 B + b_2}$$

$$\leqslant \bar{q} + \frac{r_1 B}{b_1 B + b_2} < \bar{q} + 1$$

可知 $\underline{q} \leqslant \bar{q} \leqslant B - 1$. 再者,

$$
\begin{aligned}
a - \underline{q}b &= \sum_{i=1}^{2}(a_i - \underline{q}b_i)B^{n-i} + \sum_{i=3}^{n}(a_i - \underline{q}b_i)B^{n-i} \\
&\geqslant \sum_{i=1}^{2}(a_i - \underline{q}b_i)B^{n-i} + \sum_{i=3}^{n}(-\underline{q}b_i)B^{n-i} \\
&\geqslant \sum_{i=1}^{2}(a_i - \underline{q}b_i)B^{n-i} - \sum_{i=3}^{n}(B-1)^2 B^{n-i} \\
&\geqslant \sum_{i=1}^{2}(a_i - \underline{q}b_i)B^{n-i} - B^{n-1} + B^{n-2} \\
&\geqslant \big((a_1 - \underline{q}b_1 - 1)B + (a_2 - \underline{q}b_2 + 1)\big)B^{n-2} \\
&= \big(a_1 B - B + a_2 + 1 - \underline{q}(b_1 B + b_2)\big)B^{n-2} \\
&\geqslant 0
\end{aligned}
$$

即 $\dfrac{a}{b} \geqslant \underline{q}$. ∎

情形 2.1.2 $a = \sum\limits_{i=1}^{n+1} a_i \cdot B^{n+1-i} = a_1 B^n + \cdots + a_{n-1}B^2 + a_n B + a_{n+1}$, 且 $a_1 \leqslant b_1, a > b, a < bB$.

命题 2.1.3 $\hat{q} \leqslant q^*$, 当 $b_1 \geqslant \lfloor B/2 \rfloor$ 时, $\hat{q} \geqslant q^* - 2$, 其中

$$q^* = \min\left\{\left\lfloor \frac{a_1 B + a_2}{b_1} \right\rfloor, B - 1\right\}$$

证明 设 a 除以 b 的商和余数分别为 q, r. 当 $q^* = B - 1$ 时, $q = \dfrac{a-r}{b} \leqslant \dfrac{a}{b} \leqslant B - 1 = q^*$. 当 $q^* = \left\lfloor \dfrac{a_1 B + a_2}{b_1} \right\rfloor$ 时, 设 $a_1 B + a_2 = q^* b_1 + r^*$, 则 $0 \leqslant r^* \leqslant b_1 - 1$, 且

$$a_1 B + a_2 \leqslant q^* b_1 + b_1 - 1$$

$$q^* b_1 B^{n-1} \geqslant a_1 B^n + a_2 B^{n-1} - b_1 B^{n-1} + B^{n-1}$$

于是

$$
\begin{aligned}
a - q^* b &= a - q^*(b_1 B^{n-1} + \cdots) \\
&\leqslant a - q^* b_1 B^{n-1}
\end{aligned}
$$

$$\leqslant a - (a_1 B^n + a_2 B^{n-1}) + b_1 B^{n-1} - B^{n-1}$$

$$= a_3 B^{n-2} + \cdots + a_n B + a_{n+1} - B^{n-1} + b_1 B^{n-1}$$

$$\leqslant b_1 B^{n-1} \leqslant b$$

由 $a - (q-1)b = r + b \geqslant b$ 得

$$(a - q^* b) - (a - (q-1)b) < b - b = 0$$

$$((q-1) - q^*)b < 0$$

$$q - 1 < q^*, \quad q^* \geqslant q$$

当 $b_1 \geqslant \lfloor B/2 \rfloor$ 时, 用反证法证明 $q + 2 \geqslant q^*$. 首先, $q^* \leqslant \dfrac{a}{b_1 B^{n-1}} < \dfrac{a}{b - B^{n-1}}$, $q > \dfrac{a}{b} - 1$. 若 $q^* \geqslant q + 3$, 则有

$$\frac{a}{b - B^{n-1}} - \frac{a}{b} + 1 > 3, \quad \frac{a}{b}\left(\frac{a}{b - B^{n-1}} - 1\right) + 1 > 3, \quad \frac{a}{b}\frac{B^{n-1}}{b - B^{n-1}} + 1 > 3$$

由此得 $\dfrac{a}{b} > 2\dfrac{b - B^{n-1}}{B^{n-1}} = \dfrac{2b}{B^{n-1}} - 2 \geqslant 2b_1 - 2$. 但 $q \leqslant q^* \leqslant B - 1$, 于是

$$B - 1 - 3 \geqslant q^* - 3 \geqslant q = \left\lfloor \frac{a}{b} \right\rfloor \geqslant 2b_1 - 2$$

即 $\dfrac{B}{2} \geqslant b_1 + 1$, 与条件 $b_1 \geqslant \left\lfloor \dfrac{B}{2} \right\rfloor$ 矛盾. ∎

注　对于条件 $b_1 \geqslant \left\lfloor \dfrac{B}{2} \right\rfloor$ 不满足的情况, 我们可以做变换: $k = \left\lfloor \dfrac{B}{b_1 + 1} \right\rfloor, \bar{a} = ka, \bar{b} = kb$ 使新的数满足该条件. 这样, 试商的范围就会很小, 从而降低计算复杂度.

2.1.4　最大公因数

根据大整数的除法运算, 任何两个整数 $a, b \neq 0$ 都可以唯一地表示为

$$a = qb + r, \quad 0 \leqslant r < |b|$$

这里 q, r 都是整数, 分别称为 a 除以 b 的商和余数, 记作 $\mathrm{quo}(a, b), \mathrm{rem}(a, b)$. 当 $r = 0$ 时, 我们说 b 整除 a; a 叫 b 的倍数, b 叫 a 的因数. 如果 c 同时是 b 和 a 的因数, 而且能够被 b 和 a 的任何公因数整除, 则说 c 是 b 和 a 的最大公因数. b 和 a 的正的最大公因数记作 $\gcd(a, b)$.

考虑两个不为零的整数 b 和 a 及下面的带余除式:

$$a = q_0 b + r_0, \quad r_0 \neq 0$$

$$b = q_1 r_0 + r_1, \quad r_1 \neq 0$$

$$r_0 = q_2 r_1 + r_2, \quad r_2 \neq 0$$

$$\cdots\cdots$$

$$r_{m-2} = q_m r_{m-1} + r_m, \quad r_m \neq 0$$

$$r_{m-1} = q_{m+1} r_m$$

因为余数 r_i 不断减小, 所以上述计算必到某一步停止. 容易证明 r_m 就是整数 b 和 a 的最大公因数. 上述过程称为 Euclid 辗转相除法 (EA), 如果从倒数第二个式子开始反代, 并关于 b 和 a 整理, 必然得到最大公因数的表示式

$$\gcd(a, b) = sa + tb$$

实际上, 还可以要求 $|s| < |b|, \quad |t| < |a|$, 除非 $|a| = |b| = 1$.

命题 2.1.4 两个整数 b 和 a 互素的充分必要条件是存在整数 s, t, 使得

$$1 = sa + tb$$

分析 Euclid 辗转相除法, 第一个式子给出 $r_0 = 1 \cdot a + (-q_0) \cdot b$, 第二个式子与第一个式子一起给出 $r_1 = (-q_1) \cdot a + (1 - q_0) \cdot b$. 一般地, 如果前 k 个式子给出

$$r_{k-2} = s_{k-2} \cdot a + t_{k-2} \cdot b, \quad r_{k-1} = s_{k-1} \cdot a + t_{k-1} \cdot b$$

则利用第 $k+1$ 个式子 $r_k = r_{k-2} - q_k r_{k-1}$ 就得

$$r_k = r_{k-2} - q_k r_{k-1} = (s_{k-2} - q_k s_{k-1}) \cdot a + (t_{k-2} - q_k t_{k-1}) \cdot b$$

上述关系式可以整理成如下迭代公式:

$$q_k = \mathrm{quo}(r_{k-2}, r_{k-1})$$

$$r_k = r_{k-2} - q_k r_{k-1}$$

$$s_k = s_{k-2} - q_k s_{k-1}$$

$$t_k = t_{k-2} - q_k t_{k-1}$$

据此, 我们得到求两个整数 b 和 a 的最大公因数及其表达式系数 s, t 的算法, 称为的扩展 Euclid 除法.

算法 2.5　整数的扩展 Euclid 算法 (EEA)

输入: 两个非零的整数 a, b.

输出: a 和 b 的最大公因数 $\gcd(a,b)$ 及表示系数 s, b, 使得 $\gcd(a,b) = sa + tb$.

    if $|a| \geqslant |b|$ **then** r[0]:=|a|; s[0]:=1; t[0]:=0; r[1]:=|b|; s[1]:=0; t[1]:=1;

    else r[0]:=|b|; s[0]:=0; t[0]:=1; r[1]:=|a|; s[1]:=1; t[1]:=0;

    end{if}

    while r[1]<>0 **do**

      q:=quo(r[0],r[1]);

      r[2]:=r[0]−q·r[1]; s[2]:=s[0]−q·s[1]; t[2]:=t[0]−q·t[1];

      r[0]:=r[1]; s[0]:=s[1]; t[0]:=t[1]; r[1]:=r[2]; s[1]:=s[2]; t[1]:=t[2];

    end{while};

    if a<0 **then** s[0]:=−s[0]; **end{if}**

    if b<0 **then** t[0]:=−t[0]; **end{if}**

    return gcd(a,b)=s[0]·a+t[0]·b

注: 这里的 c[i] 代表序列 $c_0, c_1, \cdots, c_n, \cdots$ 中的元素 c_i.

2.2　多项式的表示和运算

2.2.1　一元多项式

整系数多项式

$$f(x) = a_m x^m + a_{m-1} x^{m-1} + \cdots + a_1 x + a_0, \quad a_i \in \mathbb{Z}$$

如果 $a_m \neq 0$, 则说 $f(x)$ 是 m 次多项式, m 称为 $f(x)$ 的次数, 记作 $\deg(f)$. a_m 称为首项系数, 记作 $\mathrm{lc}(f)$. 两个多项式相加仍是一个多项式, 它的各项的系数等于相加的两个多项式的对应项的系数相加. 多项式 $f(x)$ 与多项式

$$g(x) = b_n x^n + b_{n-1} x^{n-1} + \cdots + b_1 x + b_0, \quad b_i \in \mathbb{Z}, \ b_n \neq 0$$

的乘积也是一个多项式

$$h(x) = f(x)g(x) = \sum_{k=0}^{m+n} c_k x^k, \quad c_k = a_k b_0 + a_{k-1} b_1 + \cdots + a_0 b_k$$

当 $k > m$ 时, $a_k = 0$; 当 $k > n$ 时, $b_k = 0$. 我们可以类似于正整数乘法形成多项式乘积的算法, 不过这里不需要进位 (假定 $m \geqslant n$):

$$x^0 \quad x^1 \quad \cdots \quad x^n \quad \cdots \quad x^m \quad x^{m+1} \quad \cdots \quad x^{m+n}$$
$$a_0b_0 \quad a_1b_0 \cdots a_nb_0 \cdots \quad a_mb_0$$
$$a_0b_1 \cdots a_{n-1}b_1 \cdots a_{m-1}b_1 \quad a_mb_1$$
$$\cdots\cdots$$
$$a_0b_n \cdots \quad a_{m-n}b_n \quad a_{m-n+1}b_n \cdots \quad a_mb_n$$

算法 2.6 多项式乘法

输入: 两个一元多项式 $f(x) = \sum\limits_{0 \leqslant i \leqslant m} a_i x^i$, $g(x) = \sum\limits_{0 \leqslant i \leqslant n} b_i x^i$.

输出: $f(x)$ 与 $g(x)$ 的乘积 $h(x) = \sum\limits_{0 \leqslant i \leqslant n+m} c_i x^i$.

for k **from** 0 **to** $n+m$ **do** $c_k := 0$; **end{for}**
for j **from** 0 **to** n **do**
  for i **from** 0 **to** m **do**
    $c_{i+j} := a_i b_j + c_{i+j}$;
  end{for}
end{for}
return $\sum\limits_{0 \leqslant k \leqslant n+m} c_k x^k$

假设多项式 f 和 g 的次数都不高于 d, 则上面所述的算法的时间复杂度为 $O(d^2)$. 多项式乘法计算也是计算机代数的基本问题, 算法上已经有很大改进. 例如 Karatsuba 提出的分治算法 (同于大整数乘积的 Karatsuba 算法) 的时间复杂度为 $O(d^{1.585})$; 快速 Fourier 变换算法 (FFT) 的时间复杂度为 $O(d \log d)$. 详细的算法描述参看文献 [5].

对于整系数多项式的带余除法, 我们先考虑除式的首项系数为 ± 1 的情况. 如果 $m < n$, 则带余除式为

$$f(x) = 0 \cdot g(x) + f(x)$$

如果 $m \geqslant n$, 记 $f_1(x) := f(x) - \dfrac{a_m}{b_n} x^{m-n} \cdot g(x)$, 则 $f_1(x)$ 是一个次数不超过 $m-1$ 的整系数多项式; 再讨论 $f_1(x)$ 为被除式、$g(x)$ 为除式的带余除式. 这样的过程一定在有限步内结束, 因而, 存在整系数多项式 $q(x), r(x)$, 使得

$$f(x) = q(x) \cdot g(x) + r(x), \quad r(x) = 0 \text{ 或 } \deg(r(x)) < \deg(g(x))$$

这个带余除式中的 $q(x), r(x)$ 被 $f(x), g(x)$ 唯一确定, 分别称为 $f(x)$ 除以 $g(x)$ 的商和余式, 记作 $\mathrm{quo}(f(x), g(x)), \mathrm{rem}(f(x), g(x))$.

算法 2.7　多项式的带余除法

输入: 两个一元多项式 $f(x) = \sum\limits_{0 \leqslant i \leqslant m} a_i x^i$, $g(x) = \sum\limits_{0 \leqslant i \leqslant n} b_i x^i$, 且 b_n 可逆.

输出: $f(x)$ 被 $g(x)$ 除的商 $q(x)$ 和余式 $r(x)$, 使得 $f(x) = q(x)g(x) + r(x)$.

$r := f(x), q := 0;\quad n := \deg(g(x)), \quad k := \deg(r);$

while $r \neq 0$ **and** $k \geqslant n$ **do**

$$q := q + \left(\frac{\mathrm{lc}(r)}{b_n}\right) x^{k-n};$$

$$r := r - \left(\frac{\mathrm{lc}(r)}{b_n}\right) x^{k-n} g(x);$$

　　if $r \neq 0$ **then** $k := \deg(r);$ **end\{if\}**

end\{while\}

return (q, r)

注意到 $r := r - \left(\dfrac{\mathrm{lc}(r)}{b_n}\right) x^{k-n} \cdot g(x)$ 中, $b_n = \pm 1$ 保证了计算过程的整数性质. 所以, 上述算法对于 $b_n \neq \pm 1$ 是无效的, 但是 $r_1 := b_n r - \mathrm{lc}(r) x^{k-n} \cdot g(x)$ 却能保持整数性质, 此时 $b_n r = r_1 + \mathrm{lc}(r) x^{k-n} \cdot g(x)$, 被除式前边出现了一个系数. 于是得到伪除法: 存在整系数多项式 $q(x), r(x)$, 使得

$$b_n^{\delta} f(x) = q(x)g(x) + r(x), \quad r(x) = 0 \quad \text{或} \quad \deg(r(x)) < \deg(g(x))$$

其中 $\delta \leqslant \max\{m - n + 1, 0\}$. 如果 δ 取到最小, 则 $q(x), r(x)$ 由 $f(x), g(x)$ 唯一确定, 分别称为 $f(x)$ 除以 $g(x)$ 的伪商和伪余式, 记作 $\mathrm{pquo}(f(x), g(x))$, $\mathrm{prem}(f(x), g(x))$. 求伪余式的算法可以如下设计.

算法 2.8　多项式的伪除法

输入: 两个一元多项式 $f(x) = \sum\limits_{0 \leqslant i \leqslant m} a_i x^i$, $g(x) = \sum\limits_{0 \leqslant i \leqslant n} b_i x^i$.

输出: $f(x)$ 被 $g(x)$ 除的伪商 $q(x)$、伪余式 $r(x)$ 及前置指数 δ, 使得 $b_n^{\delta} f(x) = q(x)g(x) + r(x)$.

$r := f(x),\ n = \deg(g(x)),\ k := \deg(r),\ s := 1,\ q := 0,\ \delta := 0;$

while $k \geqslant n$ **do**

$\quad q := b_n q + \mathrm{lc}(r) x^{k-n},\ s := b_n s,\ \delta := \delta + 1;$

$\quad r := b_n r - \mathrm{lc}(r) x^{k-n} g(x);$

$\quad$**if** $r = 0$ **then break; else** $k := \deg(r);$ **end\{if\}**

end{while}

return (q, r, δ)

对于一个非零的整系数多项式

$$f(x) = a_m x^m + \cdots + a_1 x + a_0, \quad a_m \neq 0$$

称它的所有系数的最大公因数 $\gcd(a_0, a_1, \cdots, a_m)$ 为该多项式的**容度**, 记作 $\mathrm{cont}(f)$.
容度为 1 的整系数多项式称为**本原多项式**. $\mathrm{sgn}(a_m) f(x)/\mathrm{cont}(f)$ 称为多项式 $f(x)$
的**本原部分**, 记作 $\mathrm{pp}(f)$.

Gauss 引理 设 $f(x), g(x)$ 是两个整系数多项式, 则下面的等式成立:

$$
\begin{aligned}
\mathrm{cont}(f \cdot g) &= \mathrm{cont}(f) \cdot \mathrm{cont}(g) \\
\mathrm{pp}(f \cdot g) &= \mathrm{pp}(f) \cdot \mathrm{pp}(g)
\end{aligned}
\tag{2.2.1}
$$

证明 首先, 若 $\mathrm{cont}(f) = \mathrm{cont}(g) = 1$, 则 $\mathrm{cont}(f \cdot g) = 1$. 不然, 应有素数 p 整
除 $\mathrm{cont}(f \cdot g)$. 设

$$
\begin{aligned}
f(x) &= a_m x^m + \cdots + a_1 x + a_0, \quad a_m \neq 0 \\
g(x) &= b_n x^n + \cdots + b_1 x + b_0, \quad b_n \neq 0
\end{aligned}
$$

则存在 k, l 使得 $p | a_0, \cdots, a_{k-1}, p \nmid a_k$; $p \mid b_0, \cdots, b_{l-1}, p \nmid b_l$. 考虑 $f \cdot g$ 的 $k+l$ 次
项的系数

$$c_{k+l} = \cdots + a_{k-1} b_{l+1} + a_k b_l + a_{k+1} b_{l-1} + \cdots$$

从 $a_{k-1} b_{l+1}$ 向左的每个乘积项都有 a_i 被 p 整除; 从 $a_{k+1} b_{l-1}$ 向右的每个乘积项都
有 b_j 被 p 整除, 因而 p 能整除右端除 $a_k b_l$ 以外的每一项, 当然 p 整除 c_{k+l}, 因此
p 整除 $a_k b_l$, 但 p 是素数, 必然能够整除 a_k, b_l 之一, 矛盾.

对于一般情形, 注意到

$$f \cdot g = \mathrm{sgn}(a_m) \cdot \mathrm{sgn}(b_n) \cdot \mathrm{cont}(f) \cdot \mathrm{cont}(g) \cdot \mathrm{pp}(f) \cdot \mathrm{pp}(g)$$

由前面的结论, $\mathrm{pp}(f) \cdot \mathrm{pp}(g)$ 是本原的, 从而 $\mathrm{cont}(f \cdot g) = \mathrm{cont}(f) \cdot \mathrm{cont}(g)$, 再由本
原部分的定义得 $\mathrm{pp}(f \cdot g) = \mathrm{pp}(f) \cdot \mathrm{pp}(g)$. ∎

推论 2.2.1 设 $f(x), g(x)$ 是两个整系数多项式, 则下面的等式成立:

$$
\begin{aligned}
\mathrm{cont}(\gcd(f, g)) &= \gcd(\mathrm{cont}(f), \mathrm{cont}(g)) \\
\mathrm{pp}(\gcd(f, g)) &= \gcd(\mathrm{pp}(f), \mathrm{pp}(g))
\end{aligned}
\tag{2.2.2}
$$

有理系数多项式的表示关键是有理数的表示, 注意到任何一个非零的有理数都可以表示成两个互素的整数的分式

$$r = \frac{a}{b}, \quad a, b \in \mathbb{Z}, \quad \gcd(a, b) = 1$$

如果要求分母是正整数, 则 a, b 由 r 唯一确定. 注意到每个非零的有理数的倒数仍是有理数, 有理系数多项式的带余除法没有必要考虑伪除法. 一般地, 假如数域 $\mathbb{k}$ 上的加、减、乘、除 (除数不为零) 均可计算, 那么, 数域 $\mathbb{k}$ 上的一元多项式的加、减、乘、除 (带余除式) 也都能计算. 进而可以类似于求两个整数的最大公因数地求出数域 $\mathbb{k}$ 上两个一元多项式的最大公因式, 并有完全类似的 Euclid 算法和扩展 Euclid 算法.

如果 R 只是一个整环, 而且其上的加、减、乘都可计算, 则 R 上的两个一元多项式的加、减、乘都可计算; 至于带余除法, 我们必须要求除式的首项系数在 R 中可逆, 否则只能考虑伪带余除法. 以下给出求域上两个多项式最大公因式的 Euclid 扩展算法.

算法 2.9 多项式的扩展 Euclid 算法 (EEA)

输入: 两个一元多项式 $f(x), g(x) \in \mathbb{k}[x]$.

输出: $\gcd(f(x), g(x))$ 及其表出系数 $s(x), t(x) \in \mathbb{k}[x]$, 使得

$$\gcd(f(x), g(x)) = s(x)f(x) + t(x)g(x)$$

if $\deg(f) \geqslant \deg(g)$ **then**

    $r_0 := f$; $s_0 := 1$; $t_0 := 0$; $r_1 := g$; $s_1 := 0$; $t_1 := 1$;

else $r_0 := f$; $s_0 := 0$; $t_0 := 1$; $r_1 := g$; $s_1 := 1$; $t_1 := 0$;

end{if};

while $r_1 \neq 0$ **do**

  $q := \text{quo}(r_0, r_1)$;

  $r_2 := r_0 - q \cdot r_1$; $s_2 := s_0 - q \cdot s_1$; $t_2 := t_0 - q \cdot t_1$;

  $r_0 := r_1$; $s_0 := s_1$; $t_0 := t_1$; $r_1 := r_2$; $s_1 := s_2$; $t_1 := t_2$;

end{while};

$c := \dfrac{1}{\text{lc}(r_0)}$; $d := c * r_0$;

$s := c * s_0$; $t := c * t_0$;

return (d, s, t)

命题 2.2.1   设 $\mathbb{k}$ 是一个域, $f(x), g(x) \in \mathbb{k}[x]$ 都是具有正次数的多项式, 则存在 $u(x), v(x) \in \mathbb{k}[x], \deg(u) < \deg(g)$, $\deg(v) < \deg(f)$ 使得

$$\gcd(f, g) = u(x)f(x) + v(x)g(x) \tag{2.2.3}$$

特别地, $f(x), g(x)$ 互素的充要条件是存在 $u(x), v(x) \in \Bbbk[x]$, 使得

$$1 = u(x)f(x) + v(x)g(x) \tag{2.2.4}$$

证明   由扩展 Euclid 算法知道存在 $u(x), v(x) \in \Bbbk[x]$ 满足 (2.2.3) 式. 根据带余除法, 存在 $q(x), r(x) \in \Bbbk[x], s(x), t(x) \in \Bbbk[x]$, 使得

$$u(x) = q(x)g(x) + r(x), \quad \deg(r) < \deg(g)$$
$$v(x) = s(x)f(x) + t(x), \quad \deg(t) < \deg(f)$$

代入 (2.2.3) 式得

$$\gcd(f, g) = r(x)f(x) + t(x)g(x) + (q(x) + s(x))\, f(x)g(x)$$

比较两端项的次数可知 $(q(x) + s(x))\, f(x)g(x) = 0$. ∎

命题 2.2.2   设 $f(x), g(x) \in \Bbbk[x]$ 是两个互素的多项式, $h(x) \in \Bbbk[x]$, 则存在唯一的多项式 $u(x), v(x) \in \Bbbk[x]$, 满足

$$u(x)f(x) + v(x)g(x) = h(x), \quad \deg(u) < \deg(g) \tag{2.2.5}$$

若 $\deg(h) < \deg(f) + \deg(g)$, 则 $\deg(v) < \deg(f)$.

证明   将 (2.2.4) 式两端乘以 $h(x)$, 得 $u(x)h(x)f(x) + v(x)h(x)g(x) = h(x)$. 由带余除法, 存在多项式 $q(x), r(x) \in \Bbbk[x]$, 使得 $u(x)h(x) = q(x)g(x) + r(x)$, $\deg(r) < \deg(g)$, 于是 $r(x)f(x) + (q(x)f(x)h(x) + v(x)h(x))\, g(x) = h(x)$, 这证明了存在性.

如果 $s(x), t(x) \in \Bbbk[x]$ 也具有 (2.2.5) 式的性质, 则 $(u(x) - s(x))f(x) = (t(x) - v(x))g(x)$, 因为 $f(x), g(x)$ 互素, 所以 $g(x)|(u(x) - s(x))$, 比较次数, 这只有 $u(x) - s(x) = 0$, 因而 $t(x) - v(x) = 0$, 这证明了唯一性.

设 $\deg(h) < \deg(f) + \deg(g)$, 由 (2.2.5) 式, $v(x) = (h(x) - u(x)f(x))/g(x)$, 因而 $\deg(v) = \deg(h - uf) - \deg(g)$. 如果 $\deg(h) \geqslant \deg(uf)$, 则 $\deg(v) \leqslant \deg(h) - \deg(g) < \deg(f)$; 如果 $\deg(h) < \deg(uf)$, 则 $\deg(v) \leqslant \deg(uf) - \deg(g) < \deg(g) + \deg(f) - \deg(g) = \deg(f)$. ∎

定理 2.2.1   设 $f(x), g(x) \in \Bbbk[x]$ 是两个非零的多项式, $h(x) \in \Bbbk[x]$, $\gcd(f, g)|h(x)$, 则存在唯一的多项式 $u(x), v(x) \in \Bbbk[x]$, 满足

$$u(x)f(x) + v(x)g(x) = h(x), \quad \deg(u) < \deg(g) - \deg(\gcd(f, g)) \tag{2.2.6}$$

若 $\deg(h) < \deg(f) + \deg(g) - \deg(\gcd(f, g))$, 则 $\deg(v) < \deg(f) - \deg(\gcd(f, g))$.

2.2.2　多元多项式

1. 有理数域 $\mathbb{Q}$ 上的二元多项式

在有理数域 $\mathbb{Q}$ 上有

$$f(x,y) = a_{0,0} + a_{1,0}x + a_{0,1}y + a_{1,1}xy + \cdots + a_{m,n}x^m y^n$$

它的每个单项为 $a_{i,j}x^i y^j$, 当 $a_{i,j} \neq 0$ 时, $x^i y^j$ 为该单项的支撑, $i+j$ 为该单项的次数; $f(x,y)$ 的所有单项的支撑的集合称为它的支撑 (集), 记作 $\mathrm{supp}(f)$. $f(x,y)$ 的所有单项的次数的最高值称为它的 (全) 次数, 记作 $\mathrm{tdeg}(f)$. 两个支撑相同的单项称为同类项, 两个二元多项式相加仍然是一个二元多项式, 计算时只需将同类项的系数相加即可. 设

$$f(x,y) = \sum_{\substack{0 \leqslant i \leqslant m \\ 0 \leqslant j \leqslant n}} a_{i,j}x^i y^j, \quad g(x,y) = \sum_{\substack{0 \leqslant i \leqslant k \\ 0 \leqslant j \leqslant l}} b_{i,j}x^i y^j$$

则这两个多项式的乘积仍然是一个二元多项式,

$$h(x,y) = \sum_{\substack{0 \leqslant i \leqslant m+k \\ 0 \leqslant j \leqslant n+l}} c_{i,j}x^i y^j, \quad 其中 c_{i,j} = \sum_{\substack{p+s=i \\ q+t=j}} a_{p,q}b_{s,t}$$

一元多项式的带余除法有多种方法推广到二元多项式. **一种方法**是将二元多项式的支撑排序, 确定一个最高项. 比如, 按照分次字典序

$$x^i y^j < x^k y^l \Leftrightarrow i+j < k+l, \quad 或 \quad i+j = k+l \ \ 且 \ \ i < k$$

多项式

$$f = 1.5x^2 y + 2xy^2 - 3xy + 4x - 5$$

的最高项就是 $1.5x^2 y$, 该项的系数 1.5 称为 f 的首项系数, 记作 $\mathrm{lc}(f)$, 该项的支撑 $x^2 y$ 称为 f 的首项, 记作 $\mathrm{lt}(f)$. 假定 g 是非常数多项式, 如果 f 的所有支撑都不能被 $\mathrm{lt}(g)$ 整除, 则多项式 f 关于 g 是约化的.

如果 f 关于 g 不是约化的, 则有 $t \in \mathrm{supp}(f)$, 使得 $\mathrm{lt}(g)|t$, 取这样 t 之最高者, 则 f 可以表示为

$$f = f_h + at + f_l$$

其中 f_h 是 f 中比 t 高的单项之和, f_l 是 f 中比 t 低的单项之和, f_h 中的单项都不能被 $\mathrm{lt}(g)$ 整除. 设 $t = s \cdot \mathrm{lt}(g)$, 令 $f_1 = at + f_l - (as/\mathrm{lc}(g))g$, 则 f_1 中的项都低于 t. 如果 f_1 关于 g 不是约化的, 则对 f_1 做类似的处理, 得到 f_2. 如此下去, 因为项总在降低, 必到某一步停止, 得到一个多项式 f_r, 它关于 g 是约化的. 注意到

$$f = (as/\mathrm{lc}(g))g + f_h + f_1 = q_0 g + f_{0,h} + f_1$$

$$f_1 = q_1 g + f_{1,h} + f_2$$

$$\cdots\cdots$$

$$f_{r-1} = q_{r-1} g + f_{r-1,h} + f_r$$

得

$$f = (q_0 + q_1 + \cdots + q_{r-1})g + f_{0,h} + f_{1,h} + \cdots + f_{r-1,h} + f_r$$

这里诸 $f_{i,h}$ 和 f_r 关于 g 都是约化的, 因而它们的和关于 g 也是约化的.

命题 2.2.3 给定项序 $<_A$, 则对于任意多项式 $f, g \in \mathbb{Q}[x,y], \deg(g) \geqslant 1$, 存在多项式 $q, r \in \mathbb{Q}[x,y]$, 使得

$$f = q \cdot g + r, \quad \text{且 } r \text{ 关于} g \text{ 是约化的} \tag{2.2.7}$$

根据上面的分析, 不难构造求带余除式 (2.2.7) 的算法, 更一般的讨论在第 6 章.

另一种方法是伪除法. 二元多项式 $f = 1.5x^2 y + 2xy^2 - 3xy + 4x - 5$ 可以写成关于 y 的一元多项式 $f = (2x)y^2 + (1.5x^2 - 3x)y + (4x - 5)$, 不过每项的系数是一个关于 x 的多项式. 如果记 $R = \mathbb{Q}[x]$, 则 $\mathbb{Q}[x,y] = R[y]$. 每个二元多项式都可以表示为

$$g = A_d y^d + A_{d-1} y^{d-1} + \cdots + A_1 y + A_0, \quad A_d \neq 0, \ A_i \in \mathbb{Q}[x]$$

此时, A_d 是 g 关于 y 的首项系数, 记作 $\mathrm{lc}_y(g)$; d 称为 g 关于 y 的次数, 记作 $\deg_y(g)$. 这样, 就可以把 f, g 看作整环 R 上的一元多项式而进行伪除法.

命题 2.2.4 对于任意多项式 $f, g \in \mathbb{Q}[x,y], \deg_y(g) \geqslant 1$, 存在多项式 $q, r \in \mathbb{Q}[x,y]$, 使得

$$\mathrm{lc}_y(g)^\delta f = q \cdot g + r, \quad \text{且} \quad \deg_y(r) < \deg_y(g) \tag{2.2.8}$$

其中 $\delta \leqslant \max\{\deg_y(f) - \deg_y(g) + 1, 0\}$.

2. 可计算域 $\Bbbk$ 上的 n 元多项式

可计算域是指加、减、乘、除都有计算程序的域, 可计算环是指加、减、乘都有计算程序的环. n 变元 $x_1, x_2, \cdots, x_n$ 多项式的每个单项式形如

$$a_{i_1,i_2,\cdots,i_n} x_1^{i_1} x_2^{i_2} \cdots x_n^{i_n}, \quad \text{其中 } a_{i_1,i_2,\cdots,i_n} \in \Bbbk$$

为表述清晰, 记 $\alpha = (i_1, i_2, \cdots, i_n)$, $\boldsymbol{x}^\alpha = x_1^{i_1} x_2^{i_2} \cdots x_n^{i_n}$, 当 $a_{i_1,i_2,\cdots,i_n} \neq 0$ 时, 称 $|\alpha| = i_1 + i_2 + \cdots + i_n$ 为该单项式的次数, $\boldsymbol{x}^\alpha$ 称为该单项式的支撑. 域 $\Bbbk$ 上的 n 元多项式就是有限个 n 元单项式的和. 多项式 $f(x_1, x_2, \cdots, x_n)$ 所有单项式的支

撑的集, 称为 f 的支撑, 记作 $\mathrm{supp}(f)$, 这样, $f(x_1, x_2, \cdots, x_n)$ 可以简单地表示为 $f = \sum\limits_{\boldsymbol{x}^\alpha \in \mathrm{supp}(f)} a_\alpha \boldsymbol{x}^\alpha$. 两个多项式 f 与 $g = \sum\limits_{\boldsymbol{x}^\alpha \in \mathrm{supp}(g)} b_\alpha \boldsymbol{x}^\alpha$ 相加可以简单表示成

$$f+g = \sum_{\boldsymbol{x}^\alpha \in \mathrm{supp}(f) \cap \mathrm{supp}(g)} (a_\alpha + b_\alpha)\boldsymbol{x}^\alpha + \sum_{\boldsymbol{x}^\beta \in \mathrm{supp}(f) \backslash \mathrm{supp}(g)} a_\beta \boldsymbol{x}^\beta + \sum_{\boldsymbol{x}^\gamma \in \mathrm{supp}(g) \backslash \mathrm{supp}(f)} b_\gamma \boldsymbol{x}^\gamma$$

两个多项式相乘可以表示为

$$f \cdot g = \sum c_\gamma \boldsymbol{x}^\gamma, \quad \text{其中} \quad c_\gamma = \sum_{\substack{\alpha+\beta=\gamma \\ \boldsymbol{x}^\alpha \in \mathrm{supp}(f) \\ \boldsymbol{x}^\beta \in \mathrm{supp}(g)}} a_\alpha b_\beta$$

与二元多项式类似, 可以用两种方式将一元多项式的带余除法推广到 n 元多项式. 这样, 可计算域上的多项式的加、减、乘、除 (带余除法) 也都是可以计算的.

2.3　同余与中国剩余定理

2.3.1　整数的同余

给定一个正整数 m, 我们说整数 a 与 b 关于 m 是同余的, 如果 m 能够整除 $b-a$, 记作 $a \equiv b \bmod m$, 即

$$a \equiv b \bmod m \quad \Leftrightarrow \quad m|(b-a) \tag{2.3.1}$$

例如, 设 $m = 5$, 则与 3 同余的整数有

$$\cdots, -12, -7, -2, 3, 8, 13, \cdots, \quad \text{即 } 5k+3, \quad k \text{ 可以是任意整数}$$

命题 2.3.1　同余具有如下运算性质:

$$\left. \begin{array}{l} a \equiv b \bmod m \\ c \equiv d \bmod m \end{array} \right\} \Rightarrow \left\{ \begin{array}{l} a \pm c \equiv b \pm d \bmod m, \\ a \cdot c \equiv b \cdot d \bmod m \end{array} \right. \tag{2.3.2}$$

证明　以第二个关系式为例, 因为 $bd - ac = (b-a)c + b(d-c)$, $m|(b-a), m|(d-c)$, 所以 $m|(bd-ac)$, $ac \equiv bd \bmod m$. ∎

例 2.3.1　判定整数 327844639 能否被 9 整除.

327844639

$= 9 + 3 \times 10 + 6 \times 10^2 + 4 \times 10^3 + 4 \times 10^4 + 8 \times 10^5 + 7 \times 10^6 + 2 \times 10^7 + 3 \times 10^8$

$\equiv 9 + 3 \times 1 + 6 \times 1^2 + 4 \times 1^3 + 4 \times 1^4 + 8 \times 1^5 + 7 \times 1^6 + 2 \times 1^7 + 3 \times 1^8$

$$\equiv 9+3+6+4+4+8+7+2+3$$

$$\equiv 1$$

所以 9 不能整除 327844639.

命题 2.3.2 (Fermat 小定理) 如果 p 是素数, 则对于任意整数 a,b 有

$$(a+b)^p \equiv a^p + b^p \bmod p \tag{2.3.3}$$

$$a^p \equiv a \bmod p \tag{2.3.4}$$

若 p 不能整除 a, 则

$$a^{p-1} \equiv 1 \bmod p \tag{2.3.5}$$

证明 (2.3.3) 式比较明显, 因为左端的二项式展开式中, 第一项和最后一项即是 a^p, b^p, 而其余的项为 $[p(p-1)\cdots(p-k+1)/k!]\, a^{p-k}b^k$ $(k=1,\cdots,p-1)$, 其系数 $p(p-1)\cdots(p-k+1)/k!$ 是一个整数. 但 p 是素数, 分母中因数都小于 p, 故 $(p-1)\cdots(p-k+1)/k!$ 是一个整数, 对应的项应该与零同余.

同余式 (2.3.4) 可以利用 (2.3.3) 式证之. 为证 (2.3.5) 式, 只需注意到 p 与 a 互素, $p|a(a^{p-1}-1)$, 故 $p|(a^{p-1}-1)$, 得 (2.3.5) 式. ∎

对于任意整数 n, 如果 $n=5l+r, l, r$ 都是整数, 则 n 和 r 就会关于 5 同余. 因为任何整数 n 被 5 除的余数可以是 $0,1,2,3,4$ 之一, 所以, 模 5 的剩余类只有以下 5 个:

$$[0]=\{5k|k\in\mathbb{Z}\}=\{\cdots,-10,-5,0,5,10,\cdots\}=\{5k|k\in\mathbb{Z}\}=[0]$$

$$[1]=\{5k+1|k\in\mathbb{Z}\}=\{\cdots,-9,-4,1,6,11,\cdots\}=\{5k+1|k\in\mathbb{Z}\}=[1]$$

$$[2]=\{5k+2|k\in\mathbb{Z}\}=\{\cdots,-8,-3,2,7,12,\cdots\}=\{5k+2|k\in\mathbb{Z}\}=[2]$$

$$[3]=\{5k+3|k\in\mathbb{Z}\}=\{\cdots,-7,-2,3,8,13,\cdots\}=\{5k-2|k\in\mathbb{Z}\}=[-2]$$

$$[4]=\{5k+4|k\in\mathbb{Z}\}=\{\cdots,-6,-1,4,9,14,\cdots\}=\{5k-1|k\in\mathbb{Z}\}=[-1]$$

每个类可取一个元作代表, 所有的代表元放在一起就构成分类的一个代表系, 如, $0,1,2,3,4$ 就是模 5 分类的一个代表系, 此系称为**标准代表系**. 一般地, 模正整数 m 的标准代表系为 $0,1,\cdots,m-1$; 而满足 $-m/2 < j \leqslant m/2$ 的所有整数 j 也构成模 m 的代表系, 称为**约化代表系**. 如模 5 的约化代表是 $-2,-1,0,1,2$. 用 $\mathbb{Z}_5$ 记模 5 的剩余类的集合, 则

$$\mathbb{Z}_5 = \{\,[0],[1],[2],[3],[4]\,\} = \{\,[-2],[-1],[0],[1],[2]\,\}$$

考虑给 $\mathbb{Z}_5$ 一个加法运算

$$[0]+[k]:=[k], \quad [1]+[1]:=[2], \quad [1]+[2]:=[3], \quad [1]+[3]:=[4], \quad [1]+[4]:=[5]=[0]$$

即 $[k]+[l]=[k+l]$. 同样, 可以给 $\mathbb{Z}_5$ 赋予一个乘法运算

$$[k]\times[l]=[k\times l], \quad 如 \quad [4]\times[4]=[16]=[1],\cdots$$

对于一般的正整数 p, 此时 $a\equiv b \mod p$ 与 $[a]=[b]$ 是一个意思. 当 p 是素数时, $\mathbb{Z}_p$ 中的每个非零元 $[k]$ 在 $\mathbb{Z}_p$ 中都有逆元. 这是因为 k 与 p 互素, 存在整数 s,t 使得 $sk+tp=1$, 于是 $sk\equiv 1\mod p$, 即 $[s][k]=[1]$, $[s]$ 即是 $[k]$ 在 $\mathbb{Z}_p$ 中的逆元. 可见 $\mathbb{Z}_p$ 是一个域.

例 2.3.2　模大素数计算整数元素的行列式

$$A=(a_{ij})_{n\times n}\in\mathbb{Z}^{n\times n}, \quad d=\det(A)\in\mathbb{Z}$$

Hadamard 不等式　令 $B=\max\{|a_{ij}|\,|\,i,j=1,2,\cdots,n\}$, 则有 $|\det(A)|\leqslant n^{n/2}B^n$.

注意到以下两个事实:

(1) 只要正整数 $p>2|d|$, 则由 $r\equiv d\mod p, -p/2<r\leqslant\lfloor p/2\rfloor$ 即可推得 $r=d$.

(2) 根据行列式的定义

$$d=\sum_{j_1j_2\cdots j_n}(-1)^{\tau(j_1j_2\cdots j_n)}a_{1j_1}a_{1j_2}\cdots a_{1j_n}$$

$$d\bmod p=\sum_{j_1j_2\cdots j_n}(-1)^{\tau(j_1j_2\cdots j_n)}(a_{1j_1}\bmod p)(a_{1j_2}\bmod p)\cdots(a_{1j_n}\bmod p)$$

即 $\det(A)\bmod p=\det(A\bmod p)=\det(a_{ij}\bmod p)_{n\times n}$.

如果要求每一步计算中, $a\bmod p$ 的代表元 a 都满足 $-p/2<a\leqslant\lfloor p/2\rfloor$, 则模 p 计算的行列式结果 r 必满足 $-p/2<r\leqslant\lfloor p/2\rfloor$. 若取 p 满足 $-p/2<d\leqslant\lfloor p/2\rfloor$, 则必然有 $|d-r|<p$, 从而由 $d\equiv r\mod p$, 得 $d=r$. 根据上述分析, 只要取 $p>2n^{n/2}B^n$ 即可.

例如, $A=\begin{pmatrix}4&5\\6&-7\end{pmatrix}$, $n^{n/2}B^n=2^1\cdot7^2=98$, 取 $p=199$, 则 $\det(A\bmod 199)=\det\begin{pmatrix}[4]&[5]\\[6]&[-7]\end{pmatrix}=\det\begin{pmatrix}[4]&[5]\\[0]&[85]\end{pmatrix}=[-58]$ (注意到 $[4]^{-1}=[50]$). 所以 $\det(A)=-58$.

2.3.2　多项式的同余

对于整系数多项式, 譬如 $12x^3+11x^2+2x$, 可以用一个正整数 m, 譬如 5, 去模它的系数,

$$12x^3+11x^2+2x\equiv 2x^3+x^2+2x \quad \mod 5$$

即 $[12]x^3 + [11]x^2 + [2]x = [2]x^3 + [1]x^2 + [2]x$(在 $\mathbb{Z}_5[x]$ 中看), 通常情况下, 如果我们知道模数, 则上述系数中的中括号可以去掉不写, 也就是说, 在 $\mathbb{Z}_5[x]$ 中多项式 $12x^3 + 11x^2 + 2x$ 和 $2x^3 + x^2 + 2x$ 是同一个. 注意到整数同余与带余除法的关系

$$\text{若 } n = q \cdot m + r, \quad 0 \leqslant r < m, \quad \text{则 } n \equiv r \ \text{mod} \ m$$

我们可以将整数同余概念推广到多项式环 $\Bbbk[x]$ 上去, 其中 $\Bbbk$ 是一个 (数) 域.

给定多项式 $m(x)$, 我们说两个多项式 $a(x), b(x)$ 是模 $m(x)$ 同余的, 如果 $m(x)$ 能够整除 $b(x) - a(x)$, 记作 $a(x) \equiv b(x) \ \text{mod} \ m(x)$, 即

$$a(x) \equiv b(x) \ \text{mod} \ m(x) \quad \Leftrightarrow \quad m(x)|(b(x) - a(x)) \tag{2.3.6}$$

如果 $m(x)$ 是 d 次多项式, 则任何一个多项式 $f(x)$ 都模 $m(x)$ 同余一个次数小于 d 的多项式, 这个多项式就是 $f(x)$ 被 $m(x)$ 除所得的余式 $r(x)$: $f(x) = q(x) \cdot m(x) + r(x)$.

命题 2.3.3(余数定理) 对任何多项式 $f(x)$, 有 $f(x) \equiv f(a) \ \text{mod} \ (x - a)$.

证明 设 $f(x) = q(x)(x - a) + r(x)$, 则 $r(x)$ 是常数多项式. 将 $x = a$ 代入得 $r(a) = f(a)$. ■

命题 2.3.4 多项式同余具有如下性质:

$$\left.\begin{array}{l} a(x) \equiv b(x) \ \text{mod} \ m(x), \\ c(x) \equiv d(x) \ \text{mod} \ m(x) \end{array}\right\} \Rightarrow \left\{\begin{array}{l} a(x) \pm c(x) \equiv b(x) \pm d(x) \ \text{mod} \ m(x), \\ a(x) \cdot c(x) \equiv b(x) \cdot d(x) \ \text{mod} \ m(x) \end{array}\right. \tag{2.3.7}$$

例 2.3.3 取 $m(x) = x^2 - x - 1$, 则

$$x^3 \equiv 2x + 1, \quad x^2 + 2x \equiv 3x + 1$$

所以

$$\begin{aligned} (x^3 + 1)(x^2 + 2x) - x^3 &\equiv ((2x + 1) + 1)(3x + 1) - (2x + 1) \\ &\equiv (6x^2 + 8x + 2) - (2x + 1) \\ &\equiv (14x + 8) - (2x + 1) \\ &\equiv 12x + 7 \quad \text{mod} \ (x^2 - x - 1) \end{aligned}$$

$$(4x + 1)(3x^2 + 2x) = 12x^3 + 11x^2 + 2x, \quad \text{在 } \mathbb{Z}[x] \text{ 中};$$

$$(4x + 1)(3x^2 + 2x) = 2x^3 + x^2 + 2x, \quad \text{在 } \mathbb{Z}_5[x] \text{中};$$

$$2x^3 + x^2 + 2x = 2(x^3 + 4x) + x^2 - 6x, \quad \text{在 } \mathbb{Z}[x] \text{ 中};$$

$$2x^3 + x^2 + 2x = 2(x^3 + 4x) + x^2 + 4x, \quad 在 \, \mathbb{Z}_5[x] \, 中$$

由此得, 在 $\mathbb{Z}_5[x]$ 中, $(4x+1)(3x^2+2x) \equiv x^2 + 4x \mod (x^3 + 4x)$, 因而, 在 $\mathbb{Z}_5[x]/(x^3 + 4x)$ 中

$$(4\alpha + 1)(3\alpha^2 + 2\alpha) = \alpha^2 + 4\alpha$$

其中 $\alpha \equiv x \mod (x^3 + 4x)$, 在 $\mathbb{Z}_5[x]$ 中.

命题 2.3.5　设 f, g 都是整系数多项式, p 是素数, 则

$$(f + g)^p \equiv f^p + g^p \mod p$$

2.3.3　插值与中国剩余定理

1. 多项式的 Lagrange 插值

$$f(x) \in \Bbbk[x], \quad f(x) = a_0 + a_1 x + \cdots + a_{n-2}x^{n-2} + a_{n-1}x^{n-1}$$

$$u \in \Bbbk, \quad f(u) = a_0 1 + a_1 u + \cdots + a_{n-2}u^{n-2} + a_{n-1}u^{n-1}$$

$$= (1 \quad u \quad \cdots \quad u^{n-2} \quad u^{n-1}) \begin{pmatrix} a_0 \\ a_1 \\ \vdots \\ a_{n-2} \\ a_{n-1} \end{pmatrix}$$

如果给定 n 个不同值 $u_0, u_1, \cdots, u_{n-2}, u_{n-1} \in \Bbbk$, 并令 $v_i = f(u_i), i = 0, 1, \cdots, n-1$, 则

$$\begin{pmatrix} v_0 \\ v_1 \\ \vdots \\ v_{n-2} \\ v_{n-1} \end{pmatrix} = \begin{pmatrix} 1 & u_0 & \cdots & u_0^{n-2} & u_0^{n-1} \\ 1 & u_1 & \cdots & u_1^{n-2} & u_1^{n-1} \\ \vdots & \vdots & & \vdots & \vdots \\ 1 & u_{n-2} & \cdots & u_{n-2}^{n-2} & u_{n-2}^{n-1} \\ 1 & u_{n-1} & \cdots & u_{n-1}^{n-2} & u_{n-1}^{n-1} \end{pmatrix} \begin{pmatrix} a_0 \\ a_1 \\ \vdots \\ a_{n-2} \\ a_{n-1} \end{pmatrix} \tag{2.3.8}$$

因为各个 u_i 互不相同, (2.3.8) 式中间的范德蒙德矩阵可逆, 所以两边的向量可以相互确定.

命题 2.3.6　给定一组互不相同的数 $u_0, u_1, \cdots, u_{n-2}, u_{n-1} \in \Bbbk$ 及另一组数 $v_0, v_1, \cdots, v_{n-2}, v_{n-1} \in \Bbbk$, 则存在 $\Bbbk$ 上唯一的次数小于 n 的多项式 $f(x)$, 满足

$$v_0 = f(u_0), v_1 = f(u_1), \cdots, v_{n-1} = f(u_{n-1})$$

求多项式 $f(x)$ 可以通过解线性方程组 (2.3.8), 也可以如下构造: 令

$$l_0(x) = \frac{(x-u_1)(x-u_2)\cdots(x-u_{n-1})}{(u_0-u_1)(u_0-u_2)\cdots(u_0-u_{n-1})}$$

$$l_1(x) = \frac{(x-u_0)(x-u_2)\cdots(x-u_{n-1})}{(u_1-u_0)(u_1-u_2)\cdots(u_1-u_{n-1})}$$

$$\cdots\cdots$$

$$l_{n-1}(x) = \frac{(x-u_0)(x-u_1)\cdots(x-u_{n-2})}{(u_{n-1}-u_0)(u_{n-1}-u_1)\cdots(u_{n-1}-u_{n-2})}$$

一般地,

$$l_i(x) = \frac{(x-u_0)\cdots(x-u_{i-1})(x-u_{i+1})\cdots(x-u_{n-1})}{(u_i-u_0)\cdots(u_i-u_{i-1})(u_i-u_{i+1})\cdots(u_i-u_{n-1})}$$

$l_i(x)$ 具有下列性质:

$$l_i(u_i) = 1, \quad l_i(u_j) = 0, \quad j \neq i \tag{2.3.9}$$

因而

$$f(x) = v_0 l_0(x) + v_1 l_1(x) + \cdots + v_{n-1} l_{n-1}(x) \tag{2.3.10}$$

即是多项式 $f(x)$ 的 Lagrange 插值多项式.

$l_i(x)$ 的上述性质也可以描述成

$$\begin{aligned} l_i(x) &\equiv 1 \mod (x-u_i) \\ l_j(x) &\equiv 0 \mod (x-u_i), \quad j \neq i \end{aligned} \tag{2.3.11}$$

上述结论可以叙述为

命题 2.3.7 给定一组两两互素的一次多项式 $x-u_i, i=0,1,\cdots,n-1$, 则对于 n 个常数多项式 $v_0, v_1, \cdots, v_{n-1} \in \Bbbk$, 存在多项式 $f(x)$, 使得

$$f(x) \equiv v_i \mod (x-u_i), \quad i=0,1,\cdots,n-1$$

该命题可以推广到一般 Euclid 环上 (即可进行 Euclid 带余除法的对象, 如, 整数、数域上的一元多项式等, 下节将给出严格定义).

定理 2.3.1 (中国剩余定理) 给定 Euclid 环 R 中两两互素的 n 个元素 $m_1, m_2, \cdots, m_n$. 对于 R 中的任意 n 个元素 $v_1, v_2, \cdots, v_n$, 必存在 R 中的元素 r, 满足

$$r \equiv v_i \mod m_i, \quad i=1,2,\cdots,n \tag{2.3.12}$$

而且满足 (2.3.12) 式的两个解模 $\hat{m} = m_1 m_2 \cdots m_n$ 同余.

证明 令 $\hat{m}_i := \hat{m}/m_i = m_1 \cdots m_{i-1} m_{i+1} \cdots m_n$, $i=1,2,\cdots,n$. 由于 m_i 与 $\hat{m}_i$ 互素, 可以用扩展 Euclid 除法 (参看 2.4 节算法) 求出 $s_i, t_i \in R$, 使得

$s_i\hat{m}_i + t_i m_i = 1$, 因而

$$s_i\hat{m}_i \equiv 1 \mod m_i$$
$$s_j\hat{m}_j \equiv 0 \mod m_i, \quad j \neq i$$

可见, $r = v_1 s_1 \hat{m}_1 + v_2 s_2 \hat{m}_2 + \cdots + v_n s_n \hat{m}_n$ 即满足 (2.3.12) 式.

如果 $\bar{r}$ 是该问题的另外一个解, 则 $\bar{r} \equiv r \mod m_i$, 即 $m_i|(\bar{r}-r)$, $i = 1, 2, \cdots, n$, 根据互素性质, 有 $\hat{m}|(\bar{r}-r)$, 即 $\bar{r}$ 与 r 模 $\hat{m}$ 同余. ∎

同余方程 (2.3.12) 的通解是

$$r = q\hat{m} + r_0, \quad \forall q \in R \tag{2.3.13}$$

其中 r_0 是一个特解.

算法 2.10   中国剩余算法 (CRA)

输入: Euclid 环中一组两两互素元素为 $m_1,\ m_2,\ \cdots,\ m_n \in R$, 另一组元素为 $v_1,\ v_2,\ \cdots,\ v_n \in R$.

输出: $r \in R$, s.t. $r \equiv v_i \mod m_i$, $i = 1, 2, \cdots, n$.

$\hat{m} := m_1 m_2 \cdots m_n$

for i **to** n **do**

$\quad \hat{m}_i := \hat{m}/m_i$

$\quad$ 调用算法 EEA 计算 $s_i, t_i \in R$, s.t. $s_i\hat{m}_i + t_i m_i = 1$

$\quad c_i := \mathrm{rem}(v_i s_i, m_i);$

end{for}

return $\sum\limits_{1 \leqslant i \leqslant n} c_i \hat{m}_i$

例 2.3.4   《孙子算经》中有这样的问题: 今有物不知其数, 三三数之剩二, 五五数之剩三, 七七数之剩二, 问物几何? 我国明朝数学家程大位在他著的《算法统宗》(1593 年) 中就用四句很通俗的口诀暗示了此题的解法:

三人同行七十稀, 五树梅花廿一枝, 七子团圆正半月, 除百零五便得知.

(这四句口诀暗示的意思是: 当除数分别是 3, 5, 7 时, 用 70 乘以用 3 除的余数, 用 21 乘以用 5 除的余数, 用 15 乘以用 7 除的余数, 然后把这三个乘积相加. 加得的结果如果比 105 大, 就除以 105, 所得的余数就是满足题目要求的最小正整数解.)

用中国剩余算法 (CRA) 解释如下:

$$m_1 = 3, \quad m_2 = 5, \quad m_3 = 7, \quad \hat{m} = 105$$

$$\hat{m}_1 = 5 \times 7 = 35, \quad \hat{m}_2 = 3 \times 7 = 21, \quad \hat{m}_3 = 3 \times 5 = 15$$

$$2 \times 35 - 23 \times 3 = 1, \quad s_1 = 2$$

$$1 \times 21 - 4 \times 5 = 1, \quad s_2 = 1$$

$$1 \times 15 - 2 \times 7 = 1, \quad s_3 = 1$$

$$r = 2 \times 70 + 3 \times 21 + 2 \times 15 = 2 \times 105 + 23$$

例 2.3.5 计算整数元素的行列式

$$A = \begin{pmatrix} 4 & 5 \\ 6 & -7 \end{pmatrix}, \quad \begin{array}{ll} \det A \equiv 0 \mod 2, & \det A \equiv -1 \mod 3 \\ \det A \equiv 2 \mod 5, & \det A \equiv -2 \mod 7 \end{array}$$

$$\det A \equiv 0 \times \Box + (-1) \times (1 \times 70) + 2 \times (-2 \times 42) + (-2) \times (-3 \times 30) = -58 \mod 210$$

注意到 $\hat{m} = 210 > 2n^{n/2}B^n = 2 \times 98$, 所以 $\det A = -58$.

鉴于此例, 可以给出用模多个比较小的素数求整数行列式的一般算法.

算法 2.11 模小素数求行列式算法 (SPMD)

输入: 整数矩阵 $A = (a_{ij}) \in \mathbb{Z}^{n \times n}$.

输出: 矩阵 A 的行列式 $\det A \in \mathbb{Z}$.

计算 $B := \|A\|_\infty$;

$C := n^{n/2}B^n$; $r := \lceil \log_2(2C+1) \rceil$;

取 r 个不同的素数 $p_1, p_2, \cdots, p_r$;

for i **to** r **do**

求整数 d_i 满足 $d_i = \det A \mod p_i$, $-p_i/2 < d_i \leqslant p_i/2$;

end{for}

调用算法 CRA 求 $d \in \mathbb{Z}$, 满足

$$d \equiv d_i \mod p_i, \quad 1 \leqslant i \leqslant r \quad \text{且} \quad -p_1 p_2 \cdots p_r/2 < d \leqslant p_1 p_2 \cdots p_r/2$$

return d

---

2. Newton 插值公式

由中国剩余定理的证明可以看出, 给定同余问题的一个解可以表示成

$$r = c_1\hat{m}_1 + c_2\hat{m}_2 + \cdots + c_n\hat{m}_n$$

其中, $\hat{m}_i = \hat{m}/m_i, \hat{m} = m_1 m_2 \cdots m_n$. 将 $\hat{m}_1, \hat{m}_2, \cdots, \hat{m}_n$ 看作基 (称作均匀基), 中国剩余算法就是计算表出系数 c_i. 实际上, 同余问题的解也可以用混合基 $1, m_1,$ $m_1 m_2, \cdots, m_1 m_2 \cdots m_{n-1}$ 表示

$$r = d_0\breve{m}_0 + d_1\breve{m}_1 + \cdots + d_{n-1}\breve{m}_{n-1} \tag{2.3.14}$$

其中, $\breve{m}_0 = 1, \breve{m}_k = m_1 \cdots m_k, k = 1, \cdots, n-1$. Garner 给出了求表出系数 d_i 的算法. 为理解该算法, 我们从 (2.3.14) 式出发, 考虑如何求得诸系数 d_i. 两端依次用 $m_1, m_2, \cdots, m_n$ 模, 得

$$v_1 \equiv d_0 \breve{m}_0 \bmod m_1$$

$$v_2 - d_0 \breve{m}_0 \equiv d_1 \breve{m}_1 \bmod m_2$$

$$\cdots \cdots$$

$$v_n - (d_0 \breve{m}_0 + \cdots + d_{n-2} \breve{m}_{n-2}) \equiv d_{n-1} \breve{m}_{n-1} \bmod m_n$$

因为 $\breve{m}_0 = 1, \gcd(m_{i+1}, \breve{m}_i) = 1, i = 1, \cdots, n-1$, 我们可以逐次取

$$d_0 \equiv v_1 \bmod m_1$$

$$d_1 \equiv (v_2 - d_0 \breve{m}_0) \breve{m}_1^{-1} \bmod m_2$$

$$\cdots \cdots$$

$$d_{n-1} \equiv (v_n - (d_0 \breve{m}_0 + \cdots + d_{n-2} \breve{m}_{n-2})) \breve{m}_{n-1}^{-1} \bmod m_n$$

其中, $\breve{m}_i^{-1}$ 是满足以下关系式:

$$s_i \breve{m}_i + t_i m_{i+1} = 1$$

的元素 s_i, 可以用扩展 Euclid 算法求得. 直接验证可知, 如上取得的系数 d_i 确实给出同余问题的一个解.

算法 2.12 同余问题的 Garner 算法 (GRA)

输入: Euclid 环中一组两两互素元素 $m_1, m_2, \cdots, m_n \in R$, 另一组元素 $v_1, v_2, \cdots, v_n \in R$.

输出: $r \in R$, s.t. $r \equiv v_i \bmod m_i$, $0 \leqslant i < n$.

$\quad \breve{m}_0 := 1$; $\quad d_0 := v_1$; $\quad r_0 := d_0 \breve{m}_0$;

for i **to** $n-1$ **do**

$\quad \breve{m}_i := \breve{m}_{i-1} m_i$;

$\quad$ 调用算法 EEA 计算 $s_i, t_i \in R$, s.t. $s_i \breve{m}_i + t_i m_{i+1} = 1$

$\quad d_i := \mathrm{rem}((v_{i+1} - r_i) s_i, m_{i+1})$;

$\quad r_i := r_{i-1} + d_i \breve{m}_i$;

end{for}

return $\displaystyle\sum_{0 \leqslant i \leqslant n-1} d_i \breve{m}_i$

应用到例 2.3.4 中同余问题的求解

$n = 3, \quad m_1 = 3, \quad m_2 = 5, \quad m_3 = 7, \quad v_1 = 2, \quad v_2 = 3, \quad v_3 = 2,$

$\breve{m}_0 = 1, \quad \breve{m}_1 = 3, \quad \breve{m}_2 = 3 \times 5 = 15;$

$2 \times 3 - 5 = 1 \Rightarrow s_1 = 2; \quad 1 \times 15 - 2 \times 7 = 1 \Rightarrow s_2 = 1;$

$d_0 = 2; \quad d_1 = \text{rem}((3 - 2 \times 1) \times 2, 5) = 2; \quad d_2 = \text{rem}((2 - 2 \times 1 - 2 \times 3) \times 1, 7) = 1;$

得到一个解 $r = d_0 \breve{m}_0 + d_1 \breve{m}_1 + d_2 \breve{m}_2 = 2 + 2 \times 3 + 1 \times 15 = 23.$

将 Garner 算法用到数域上的一元多项式环, 得到 Newton 插值公式

$$f(x) = d_0 + d_1(x - x_1) + d_2(x - x_1)(x - x_2) + \cdots + d_{n-1}(x - x_1)(x - x_2) \cdots (x - x_{n-1})$$
$$(2.3.15)$$

事实上, 在插值问题中, $m_i = x - x_i, i = 1, 2, \cdots, n$, 它们是两两互素的, 令

$$\breve{m}_i = (x - x_1)(x - x_2) \cdots (x - x_i), \quad s_i \breve{m}_i + t_i m_{i+1} = 1$$

可以要求 s_i 的次数低于 m_{i+1} 的次数, 所以 s_i 是常数, 且

$$s_i = \frac{1}{(x_{i+1} - x_1) \cdots (x_{i+1} - x_i)}$$

由于 m_{i+1} 是一次多项式, 因而余式 $d_i = \text{rem}((r - r_i)s_i, m_{i+1})$ 都是常数, 而且是多项式 $(r - r_i)s_i$ 在 x_i 处的值. 于是, 得到

$$d_0 = v_0,$$
$$d_i = \frac{v_{i+1} - d_0 - d_1(x_{i+1} - x_1) - \cdots - d_{i-1}(x_{i+1} - x_1) \cdots (x_{i+1} - x_{i-1})}{(x_{i+1} - x_1) \cdots (x_{i+1} - x_i)},$$
$$i = 1, \cdots, n - 1$$
$$(2.3.16)$$

2.4 环 与 理 想

前面几节所处理的对象及建立的算法很多具有相似的性质, 这些相似性源于它们属于同一类对象. 描述这类对象的一个较合适的语言就是交换代数, 包括环、理想、同态映射等概念及一般性质, 多项式的计算和分解是其中重要的内容. 本节主要介绍环、整环、唯一分解环、Euclid 环、理想、同态映射、剩余类环等基本概念和性质, 它们在计算机代数中都是必要的基础知识.

2.4.1 环的概念

前几节处理的对象有: 整数集 $\mathbb{Z}$、有理数集 $\mathbb{Q}$、整系数多项式集 $\mathbb{Z}[x]$、二元有理系数多项式集 $\mathbb{Q}[x, y]$、数域上 n 元多项式集 $\mathbb{k}[x_1, x_2, \cdots, x_n]$、剩余类集

$\mathbb{Z}_m = \{[0], [1], \cdots, [m-1]\}$ 等, 所涉及的运算主要有两个: 加法和乘法. 它们有许多共同的性质, 可以概括为环的属性.

定义 2.4.1   环是赋予两个运算 (一个称为加法＋, 一个称为乘法 ·) 的集合, 记作 $(R, +, \cdot)$, 满足以下条件:

(i) 乘法和加法运算封闭, 即 R 中的两个元素经过这样的运算得到的仍是 R 中的元素.

(ii) 乘法和加法运算都满足结合律; 加法满足交换律, 而且乘法对加法有分配律.

(iii) R 中有零元 0, 使得 $\forall a \in R, a + 0 = a$.

(iv) R 中的每个元都在 R 中有负元, 即 $a \in R, \exists b \in R$, 使得 $a + b = 0$.

关于乘法满足交换律的环称为交换环. 环 R 的零元一般记作 0. 若环 R 中有元素 e 满足

(v) 对 R 的每个元 a 有 $ae = ea = a$, 则说 e 是环 R 的单位元 (通常写作 1).

若环 R 满足

(vi) $a \neq 0, b \neq 0 \Rightarrow ab \neq 0$, 则说 R 是无零因子环.

在有单位元的环中, 单位元一般记作 1. 有单位元、无零因子的交换环称为整环. 对于有单位元的环, 关于乘法有逆元的元素称为可逆元, 每个非零元都有逆元的交换环称为域.

环的例子:

整数环 $\mathbb{Z}$, 偶数环 $2\mathbb{Z} := \{2k | k \in \mathbb{Z}\}$, 有理数环 $\mathbb{Q}$, $\cdots$;

高斯整环 $\mathbb{Z}[\mathrm{i}] := \{a + b\sqrt{-1} | a, b \in \mathbb{Z}\}$, $\mathbb{Z}[\sqrt{2}] := \{a + b\sqrt{2} | a, b \in \mathbb{Z}\}$, $\cdots$;

多项式环 $\mathbb{Z}[x], \mathbb{Q}[x], \mathbb{R}[x], \mathbb{C}[x], \mathbb{Z}[x_1, \cdots, x_n], \cdots$, 剩余类环 $\mathbb{Z}_m$.

以上都是交换环; 但矩阵环 $\mathbb{Z}^{n \times n}, \mathbb{Q}^{n \times n}, \mathbb{R}^{n \times n}, \mathbb{C}^{n \times n}$, 当 $n > 1$ 时不是交换环.

域的例子:

有理数域 $\mathbb{Q}$, 实数域 $\mathbb{R}$, 复数域 $\mathbb{C}$, Gauss 域 $\mathbb{Q}[\mathrm{i}] := \{a + b\sqrt{-1} | a, b \in \mathbb{Q}\}$;

剩余类域 $\mathbb{Z}_p$, p 是素数.

值得注意的是, 在剩余类环 $\mathbb{Z}_6$ 中, 两个非零元 $[2], [3]$ 的乘积 $[2] \cdot [3] = [2 \times 3] = [6] = [0]$ 为零元, 可见 $\mathbb{Z}_6$ 有零因子, 它不是整环. 偶数环 $2\mathbb{Z}$ 没有单位元, 也不是整环.

2.4.2   环的理想

本节总假定所提到的环是有单位元的交换环.

定义 2.4.2   如果环 R 的一个非空子集 I 满足以下两个条件:

(i) $\forall a, b \in I$, 有 $b - a \in I$;

(ii) $\forall a \in I, r \in R$, 有 $ra \in I$.

则说 I 是 R 的一个理想.

理想的例子:

域只有平凡理想, 即零理想和域本身;

整数环 $\mathbb{Z}$ 的每个理想均具有形状 $\{md|m \in \mathbb{Z}\}$, 其中, d 是固定的非负整数;

多项式环 $\mathbb{Z}[x]$ 有一个特殊的理想是 $\{xf(x)|f(x) \in \mathbb{Z}[x]\}$, 它由所有常数项为零的多项式组成. 数域 $\mathbb{k}$ 上的一元多项式环 $\mathbb{k}[x]$ 中的每个多项式 $g_0(x)$ 都能生成一个理想, 即 $\{g_0(x)f(x)|f(x) \in \mathbb{k}[x]\}$, 而且 $\mathbb{k}[x]$ 的每个理想都是这样生成的.

一般地, 设 $a_1, a_2, \cdots, a_k$ 是环 R 的一组元素, 则 $I = \left\{ \sum\limits_{i=1}^{k} r_i a_i | r_i \in R \right\}$ 是 R 的一个理想, 称为 $a_1, a_2, \cdots, a_k$ 生成的理想, 记作 $\langle a_1, a_2, \cdots, a_k \rangle$. 可由一个元素生成的理想称为主理想; 如果环 R 的每个理想都是主理想, 则环 R 称为主理想环. 整数环 $\mathbb{Z}$、域上的一元多项式环 $\mathbb{k}[x]$、高斯整环 $\mathbb{Z}[\mathrm{i}]$ 都是主理想环, 但 $\mathbb{Z}[x]$ 不是主理想环, 因为生成理想 $\langle 2, x \rangle$ 不是主理想.

定义 2.4.3 (环的同态) 环 R 到环 R' 的映射 $\phi : R \to R'$ 称为环同态, 如果

$$(\forall a, b \in R) \ [[\varphi(a+b) = \varphi(a) + \varphi(b)] \wedge [\varphi(a \cdot b) = \varphi(a) \cdot \varphi(b)]]$$

同态映射 $\phi : R \to R'$ 的核是集合 $\mathrm{Ker}\phi = \{a \in R|\phi(a) = 0\}$.

定理 2.4.1 (环同态基本定理) 设 $\phi : R \to R'$ 是同态满射, 则

(1) 如果 I 是环 R 的理想, 则 $\phi(I) = \{\phi(a) \in R'|a \in I\}$ 是环 R' 的一个理想;

(2) 如果 I' 是环 R' 的理想, 则 $\phi^{-1}(I') := \{a \in R|(\exists a' \in I') \ [\phi(a) = a']\}$ 是环 R 的一个理想;

(3) $\mathrm{Ker}\phi$ 是环 R 的理想, $R/\mathrm{Ker}\phi$ 是一个环, 且同构于 R';

(4) 用 $I_{R'}$ 表示 R' 的全体理想, $I_R(\phi)$ 表示 R 中包含 $\mathrm{Ker}\phi$ 的全体理想. 则

$$\psi : \quad I \mapsto \phi(I), \quad \forall I \in I_R(\phi)$$

是集合 $I_R(\phi)$ 到 $I_{R'}$ 的一一映射, 而且具有下述性质:

$$\phi^{-1}(\phi(I)) = I, \quad I/\mathrm{Ker}\phi \cong \phi(I), \quad R/I \cong R'/\phi(I)$$

(证明略)

多项式环 $\mathbb{Z}[x]$ 到 $\mathbb{Z}_m[x]$ 的模同态是指

$$\phi : a_0 + a_1 x + \cdots + a_n x^n \mapsto [a_0] + [a_1]x + \cdots + [a_n]x^n$$

实际上, 它是由 $\mathbb{Z}$ 到 $\mathbb{Z}_m$ 的自然同态

$$a \mapsto [a], \quad \forall a \in \mathbb{Z}$$

开拓而来. 一般地, 如果已经有环 R 到环 $\bar{R}$ 的同态: $a \mapsto \bar{a}, \forall a \in R$, 则它可以开拓成多项式环 $R[x]$ 到 $\bar{R}[x]$ 的同态, 这类同态称为多项式的模同态. 多元多项式的模同态可以同样定义. 另一类特殊的同态是多项式的赋值同态. 多项式环 $R[x]$, E 是 R 的扩环, 给定 $v \in E$, 则有一个 $R[x]$ 到 E 的环同态

$$\phi_v : a_0 + a_1 x + \cdots + a_n x^n \mapsto a_0 + a_1 v + \cdots + a_n v^n$$

对于多元多项式, 可以就部分变元做赋值同态.

环 R 的理想常涉及如下几种运算:

(1) 和 (sum): $I + J = \{a + b | a \in I \text{ 且 } b \in J\}$;

(2) 交 (intersection): $I \cap J = \{a | a \in I \text{ 且 } a \in J\}$;

(3) 积 (product): $IJ = \left\{ \sum_{i=1}^{n} a_i b_i | a_i \in I, \ b_i \in J \text{ 且 } n \in \mathbb{N} \right\}$;

(4) 商 (quotient): $I : J = \{ a \in R | \ aJ \subseteq I \}$;

(5) 根 (radical): $\sqrt{I} = \{ a \in R | \ (\exists n \in \mathbb{N}^+) \ [a^n \in I] \}$.

这些运算具有下述性质:

(1) 和、交、积三种运算都满足交换律、结合律;

(2) 交与和运算满足模律 (亚分配律)

$$I \supseteq J \Rightarrow I \cap (J + K) = J + (I \cap K) \tag{2.4.1}$$

(3) 积对加运算满足分配律

$$I(J + K) = IJ + IK \tag{2.4.2}$$

(4) 积 "含于" 交

$$IJ \subseteq I \cap J \tag{2.4.3}$$

(5) 关于商运算有

$$I \subseteq I : J, \quad (I : J)J \subseteq I, \quad ((I : J) : K) = (I : JK) = ((I : K) : J) \tag{2.4.4}$$

$$\left(\bigcap_i I_i : J \right) = \bigcap_i (I_i : J), \quad \left(I : \sum_i J_i \right) = \bigcap_i (I : J_i) \tag{2.4.5}$$

(6) 关于根运算有

$$\sqrt{I} \supseteq I, \quad \sqrt{\sqrt{I}} = \sqrt{I}, \quad \sqrt{I \cap J} = \sqrt{IJ} = \sqrt{I} \cap \sqrt{J} \tag{2.4.6}$$

$$\sqrt{I} = (1) \Leftrightarrow I = (1), \quad \sqrt{I + J} = \sqrt{\sqrt{I} + \sqrt{J}} \tag{2.4.7}$$

2.4.3 唯一分解环

设 R 是整环, 我们可以像整数环一样建立整除、因子、公因子、最大公因子、倍式、最小公倍式等概念. 此外, 如果 R 中元素 a, b 满足: $a = b\varepsilon$, 其中 ε 是 R 中的可逆元, 则说 a 与 b 相伴. 对于任何一个非零元素 r, R 中的所有可逆元以及 r 在 R 中的相伴元都是 r 的因子, 这些因子称为 r 的平凡因子. r 的其他因子 (如果还有的话) 称为非平凡因子. 如果 r 既不是零元又不是可逆元, 而且 r 只有平凡因子, 则说 r 是不可约的 (或叫既约的). R 中元素 p 称为素元, 如果 p 既不是零元又不是可逆元, 而且 $p|ab \Rightarrow p|a$ 或 $p|b, \forall a, b \in R$. 直接推证可知, 素元一定是不可约元.

定义 2.4.4 整环 R 称为唯一分解环, 如果下述两条同时满足

(i) R 中任何一个非零、非可逆的元素 a 都能够分解成有限个不可约元素的乘积

$$a = p_1 p_2 \cdots p_k \tag{2.4.8}$$

(ii) 如果 a 还有另外的分解 $a = q_1 q_2 \cdots q_l$, 则 $l = k$, 且存在一个置换 σ, 使得

$$p_i \text{ 与 } q_{\sigma(i)} \text{ 相伴}, \quad i = 1, \cdots, k \tag{2.4.9}$$

对于唯一分解环, 不可约元与素元是等同的. 事实上, 唯一分解环的定义中的条件 (ii) 可以用下面的条件替换:

(ii') 不可约元一定是素元.

因此, 唯一分解环中的每个非零非可逆的元素都能够表示成有限个素元的乘积. 可以验证, 下列环都是唯一分解环: 数域 $\Bbbk$、整数环 $\mathbb{Z}$、数域上的一元多项式环 $\Bbbk[x]$、域上的多元多项式环 $\Bbbk[x_1, \cdots, x_n]$、整数环上的多项式环 $\mathbb{Z}[x_1, \cdots, x_n]$、高斯整环 $\mathbb{Z}[i]$ 等等.

但是整环 $\mathbb{Z}[\sqrt{-3}]$ 不是唯一分解环, 因为 $4 = 2 \times 2 = (1 + \sqrt{-3}) \times (1 - \sqrt{-3})$, 而 $2, 1 + \sqrt{-3}, 1 - \sqrt{-3}$ 都是整环 $\mathbb{Z}[\sqrt{-3}]$ 中的不可约元, 但 2 既不与 $1 + \sqrt{-3}$ 相伴, 也不与 $1 - \sqrt{-3}$ 相伴.

可以证明: 主理想环是唯一分解环.

定义 2.4.5 设 R 是整环, 如果存在映射 $\phi: R^* \to \mathbb{N}$, 使得对于 $\forall a, b \in R, b \neq 0$, 都有满足

$$a = qb + r, \quad r = 0 \text{ 或 } \varphi(r) < \varphi(b) \tag{2.4.10}$$

则说 R 是 Euclid 环. q, r 分别称为 a 除以 b 的商和余式, 记作 $\mathrm{quo}(a, b), \mathrm{rem}(a, b)$.

分别取 $\mathbb{Z}^* \xrightarrow{\phi_1} \mathbb{N}: z \mapsto |z|$, $\mathbb{Z}[i]^* \xrightarrow{\phi_2} \mathbb{N}: z \mapsto |z|^2$, $\Bbbk[x]^* \xrightarrow{\phi_3} \mathbb{N}: f(x) \mapsto \deg(f(x))$, 则容易验证 $\mathbb{Z}, \mathbb{Z}[i], \Bbbk[x]$ 都是 Euclid 环. Euclid 环一定是主理想环, 因而是唯一分解环.

命题 2.4.1 设 S 是 Euclid 环, 任意 $s_1, s_2, \cdots, s_l \in S$, 存在 $u_1, u_2, \cdots, u_l \in S$, 使得

$$\gcd(s_1, s_2, \cdots, s_l) = u_1 s_1 + u_2 s_2 + \cdots + u_l s_l \tag{2.4.11}$$

求两个整数的最大公因数及求两个多项式的最大公因式的算法 EEA 可以推广到 Euclid 环上, 求一组元素的最大公因子及其表出系数.

算法 2.13 Euclid 环中的扩展 Euclid 算法 (EEA)

输入: Euclid 环中的一组非零元素 $s_1, s_2, \cdots, s_l \in S$; # S 是一个 Euclid 环.

输出: 该组元素的最大公因子 $s = \mathrm{GCD}(s_1, s_2, \cdots, s_l) \in S$ 及表出系数 $(u_1, u_2, \cdots, u_l) \in S^l$, 使得 $s = u_1 s_1 + u_2 s_2 + \cdots + u_l s_l$.

    if $s_1 = s_2 = \cdots = s_l$ **then return** $(1, 0, \cdots, 0, s_1)$; **end{if}**

    # Assume that $\phi(s_1) \leqslant \phi(s_2) \leqslant \cdots \leqslant \phi(s_l)$.

    初始化队列 Q, 其元素如下:

$$(w_{11}, w_{12}, \cdots, w_{1l}, w_1) := (1, 0, \cdots, 0, s_1);$$

$$(w_{21}, w_{22}, \cdots, w_{2l}, w_2) := (0, 1, \cdots, 0, s_2);$$

$$\cdots\cdots$$

$$(w_{l1}, w_{l2}, \cdots, w_{ll}, w_l) := (0, 0, \cdots, 1, s_l);$$

    while $Q \neq \{\ \}$ **do**

      if $|Q| = 1$ **then**

        return $(w_{11}, w_{12}, \cdots, w_{1l}, w_1)$;

      end{if}

      取下 Q 的前两个元素:

$$(w_{11}, w_{12}, \cdots, w_{1l}, w_1), \quad (w_{21}, w_{22}, \cdots, w_{2l}, w_2);$$

      计算 $q := \mathrm{quo}(w_2, w_1), r := \mathrm{rem}(w_2, w_1)$;

      将 $(w_{11}, w_{12}, \cdots, w_{1l}, w_1)$ 插入队列 Q 之首;

      if $r \neq 0$ **then**

        将 $(w_{21}, w_{22}, \cdots, w_{2l}, w_2) - q \cdot (w_{11}, w_{12}, \cdots, w_{1l}, w_1)$ 插入队列 Q 之首;

    end{if}

  end{while}

为后面应用方便, 我们引入规范元概念.

定义 2.4.6 Euclid 环 R 的子集 N 称为规范集, 如果下述两个条件满足:

(i) R 的每个元 a 都可以唯一表示成 $a = \varepsilon \cdot n$, 其中 $n \in N, \varepsilon$ 是 R 中可逆元;

(ii) $\forall n_1, n_2 \in N$ 有 $n_1 n_2 \in N$.

规范集中的元素称为规范元. 如 $\mathbb{N}$ 是 $\mathbb{Z}$ 的规范集, $\{0,1\}$ 是域的规范集; 零和首项系数为 1 的多项式是 $\mathbb{k}[x]$ 的规范元. 对于 Euclid 环 R 上的一元多项式环 $R[x]$, 它的规范元是零多项式及首项系数为 R 中规范元的多项式. 例如 $\mathbb{Z}[x]$ 的规范元是零多项式和那些首项系数为正整数的多项式. 对于唯一分解环, 如果它有规范集, 则 $\gcd(a,b)$ 总是表示 a,b 的规范元最大公因子.

2.4.4 扩张定理

多项式 $x^2 - 2$ 在有理数域 $\mathbb{Q}$ 中没有零点, 但在 $\mathbb{Q}$ 的扩域 $\mathbb{Q}(\sqrt{2}) := \{a + b\sqrt{2} | a, b \in \mathbb{Q}\}$ 中有零点 $\pm\sqrt{2}$; 多项式 $x^2 + 2$ 在 $\mathbb{Q}[\sqrt{2}]$ 中没有零点, 但在其扩域

$$\mathbb{Q}(\sqrt{2}, \mathrm{i}) := \left\{ a + b\sqrt{2} + c \cdot \mathrm{i} + d\sqrt{2} \cdot \mathrm{i} | a, b, c, d \in \mathbb{Q} \right\}$$

中有零点 $\pm\sqrt{2} \cdot \mathrm{i}$, 这里 $\mathrm{i} = \sqrt{-1}$ 是虚数单位. 注意到 $a + b\sqrt{2}$ 满足一元二次方程 $x^2 - 2ax + (a^2 - 2b^2) = 0$, 同样 $\mathbb{Q}(\sqrt{2}, \mathrm{i})$ 的每个元素也满足以 $\mathbb{Q}$ 中元素为系数的某个一元多项式方程.

定义 2.4.7 设 $\mathbb{E}$ 是域 $\mathbb{k}$ 的扩域, $\mathbb{E} \supset \mathbb{k}$. 如果 $\mathbb{E}$ 中每个元素都满足以域 $\mathbb{k}$ 中元素为系数的某个一元多项式方程, 则称 $\mathbb{E}$ 为域 $\mathbb{k}$ 的代数扩域.

复数域 $\mathbb{C}$ 是实数域 $\mathbb{R}$ 的代数扩域, 因为任意复数 $a + bi$ 都满足一个一元二次实系数方程 $x^2 - 2ax + (a^2 + b^2) = 0$.

代数基本定理 次数大于或等于 1 的一元实系数多项式至少有一个复根.

这个定理可以推广为

扩张定理 域 $\mathbb{k}$ 上次数大于或等于 1 的一元多项式, 一定在 $\mathbb{k}$ 的某个代数扩域中有零点.

命题 2.4.2 设 $f(x) \in \mathbb{k}[x]$ 是 $\mathbb{k}$ 上不可约多项式, 则一定存在的代数扩域 $\mathbb{E}$, 使得 $f(x)$ 在 $\mathbb{E}$ 中有零点.

证明 因为 $f(x)$ 不可约, 所以剩余类环 $\mathbb{E} = \mathbb{k}[x] / \langle f(x) \rangle$ 是一个域. 在这个域中, 每个元素都是一个剩余类

$$\overline{g(x)} = g(x) + \langle f(x) \rangle \tag{2.4.12}$$

特别地, $\bar{x}$ 是这个域中的元素. $\forall a \in \mathbb{k}$, 则 $\bar{a} \in \mathbb{E}$, 由于 $f(x)$ 的次数大于或等于 1, 当 $a, b \in \mathbb{k}, a \neq b$ 时, 必然 $\bar{a} \neq \bar{b}$. 将 $\bar{a}$ 与 a 同等看待, 可认为 $\mathbb{E}$ 就是 $\mathbb{k}$ 的扩域. 设 $f(x) = a_0 + a_1 x + \cdots + a_n x^n$, 则

$$f(\bar{x}) = a_0 + a_1 \bar{x} + \cdots + a_n \bar{x}^n$$

$$= \bar{a}_0 + \bar{a}_1 \bar{x} + \cdots + \bar{a}_n \bar{x}^n$$
$$= \overline{a_0 + a_1 x + \cdots + a_n x^n} = \overline{f(x)} = \bar{0}$$

所以, $\mathbb{E}$ 中元素 $\bar{x}$ 是 $f(x)$ 的一个零点. 以下只需证明 $\mathbb{E}$ 是 $\mathbb{k}$ 的代数扩域. 对于 $\forall g(x) \in \mathbb{k}[x]$, 由带余除法,

$$g(x) = q(x)f(x) + r(x), \quad r(x) = 0 \text{ 或 } \deg(r(x)) < \deg(f(x)) = n$$

代入 (2.4.12) 式, 得

$$\overline{g(x)} = \overline{q(x)f(x) + r(x)}$$
$$= \overline{q(x)f(x)} + \overline{r(x)} = \overline{r(x)}$$

设 $r(x) = r_0 + r_1 x + \cdots + r_{n-1} x^{n-1}$, 则

$$\overline{g(x)} = r_0 + r_1 \bar{x} + \cdots + r_{n-1} \bar{x}^{n-1} \tag{2.4.13}$$

这说明 $\mathbb{E}$ 中任何一个元素都可由 $\bar{1}, \bar{x}, \cdots, \bar{x}^{n-1}$ 线性表出, 其中 $r_i \in \mathbb{k}$. 将 $\mathbb{E}$ 看作域 $\mathbb{k}$ 上的线性空间, 其维数应不超过 n(可以证明就是 n), 因而 $\mathbb{E}$ 中任何 $n+1$ 个元素在 $\mathbb{k}$ 上都是线性相关的. 特别地, $\forall \bar{e} \in \mathbb{E}, 1, \bar{e}, \cdots, \bar{e}^n$ 这 $n+1$ 个元素在 $\mathbb{k}$ 上线性相关, 即存在 $a_0, a_1, \cdots, a_n \in \mathbb{k}$, 使得 $a_0 + a_1 \bar{e} + \cdots + a_n \bar{e}^n = \bar{0}$, 即 $\bar{e}$ 满足方程 $a_0 + a_1 x + \cdots + a_n x^n = 0$, 说明 $\mathbb{E}$ 是域 $\mathbb{k}$ 的代数扩域. ∎

因为域 $\mathbb{k}$ 上任何次数大于或等于 1 的多项式都能分解成域 $\mathbb{k}$ 上不可约多项式的乘积, 由命题 2.4.2 即得扩张定理.

习 题 2

2.1 已知 $p = 17$, 试求出 $a = -272300$ 的 p-adic 表示, 即

$$a = c_0 + c_1 p + \cdots + c_n p^n$$

其中, c_i 是整数, 满足 $-p/2 < c_i \leqslant p/2$.

2.2 作为 y 的多项式, 按照 prem 的步骤求 $f = xy^3 - y^3 - xy^2 - x^2 y + 3x$ 关于多项式 $g = xy^2 - 2y + 1$ 的伪余式 r、伪商 q 及前置系数 k, 使得 $kf = qg + r$.

2.3 已知多项式

$$g_1 = x_1 x_4 + x_3 - x_1 x_2, \quad g_2 = 2x_4^2 - 2x_3 x_4 + 5x_1 x_2 x_4 - 5x_1 x_2 x_3$$
$$f = x_1 x_4^2 + x_4^2 - x_1 x_2 x_4 - x_2 x_4 + x_1 x_2 + 3x_2$$

令 $G = \{g_1, g_2\}$, 试分别采用字典序、分次字典序作为项序, 求 f 关于 G 的约化余式. 用 Maple 语言编写一个求一个多项式 f 关于多项式集 G 的约化余式 (给定项序) 的程序.

2.4　(1) 求整系数多项式 $f(x) = 28x^4 + 98x^3 + 36x^2 + 84x + 108$ 容度;

(2) 将 $g = x^2y^2 + x^2y + x^2 + 2xy^2 - xy + y^2 - 2y - 1$ 看作 $\mathbb{Z}[x]$ 上 y 的多项式, 求其容度.

2.5　设在 Euclid 环中有带余除式 $a = qb + r$, 证明 $\gcd(a, b) = \gcd(b, r)$.

2.6　用 Lagrange 插值算法求一个二元多项式 $f(x, y)$, 使得

$$f(x, 0) = 2x^2 + 3x + 1$$
$$f(x, 1) = x + 1$$
$$f(x, -1) = x^2 - 1$$

2.7　用中国剩余算法求一个次数最低的多项式 $f(x)$, 使得

$$f(x) \equiv x + 1 \bmod (x^2 + 1)$$
$$f(x) \equiv 1 \bmod (x^2 + 2x + 1)$$
$$f(x) \equiv x - 1 \bmod (x^2 - x + 1)$$

2.8　设 m_1, m_2 是两个互素的正整数, 整数 s, t 满足 $sm_1 + tm_2 = 1$. 证明: 对于任意整数 r_1, r_2, 整数 $r := r_1 + (r_2 - r_1)sm_1$ 满足

$$r \equiv r_1 \bmod m_1; \quad r \equiv r_2 \bmod m_2$$

并由此给出一个求解整数同余式组

$$r \equiv r_i \bmod m_i, \quad i = 1, 2, \cdots, k$$

的算法. 其中, $m_i, r_i (i = 1, 2, \cdots, k)$ 是已知的整数, 而且当 $i \neq j$ 时, m_i, m_j 互素.

2.9　求出 Gauss 整环 $\mathbb{Z}[\mathrm{i}] = \{a + b\mathrm{i} | a, b \in \mathbb{Z}\}$ 的所有可逆元, 其中 $\mathrm{i} = \sqrt{-1}$.

2.10　设 $p(x) \in \mathbb{k}[x]$ 是一个不可约多项式, 证明剩余类环 $\mathbb{k}[x]/\langle p(x) \rangle$ 是一个域.

第 3 章　结式与子结式

结式概念是 20 世纪初由 Burnside 和 Panton 首先提出的, 源于对多项式消元方法的研究. 结式理论是构造性代数几何中的基本工具, 现代计算机代数中的许多算法都用到结式计算. 结式与多项式组是否有公共零点关系甚为密切; 子结式链可以用来构造优化的多项式余式序列, 能够给出求多项式最大公因子的有效算法. 关于结式的更多性质和应用, 可以参考 Mishra [8] 所著的 *Algorithmic Algebra* (《算术代数》).

3.1　结式的概念和基本性质

已知多项式 f_1, f_2, 它们的零点分别是 $\alpha_1, \alpha_2, \cdots$ 和 $\beta_1, \beta_2, \cdots$, 这两个多项式有公共零点的判别式如下:

$$C \prod (\alpha_i - \beta_j) = C_{f_1} \prod f_2(\alpha_i) = C_{f_2} \prod f_1(\beta_j) = 0$$

因为这是关于 α_i, β_j 的对称多项式, 所以能够用 f_1, f_2 的系数表示. 按照 Burnside 和 Panton 的原始定义, 整理出的关于 f_1, f_2 的系数的式子即是结式.

考虑两个多项式 $f = x^2 + 3x + 2$, $g(x) = (x+1)^3$, 由 $\gcd(f,g) = x+1$ 可以推得矩阵

$$\mathrm{Syl}(f,g) := \begin{pmatrix} 1 & 3 & 2 & & \\ & 1 & 3 & 2 & \\ & & 1 & 3 & 2 \\ 1 & 3 & 3 & 1 & \\ & 1 & 3 & 3 & 1 \end{pmatrix}$$

的行列式为零. 事实上, 矩阵 $\mathrm{Syl}(f,g)$ 的行列式可以表示成

$$d = u(x)f(x) + v(x)g(x) \tag{3.1.1}$$

其中, $u(x), v(x)$ 的次数分别低于 $g(x)$ 和 $f(x)$ 的次数. 这是如下推导的: 将矩阵

$\text{Syl}(f,g)$ 第 j 列的 x^{5-j} 倍加到最后一列, $j = 1, 2, 3, 4$, 得到

$$\begin{pmatrix} 1 & 3 & 2 & & x^2 f(x) \\ & 1 & 3 & 2 & x f(x) \\ & & 1 & 3 & f(x) \\ 1 & 3 & 3 & 1 & x g(x) \\ & 1 & 3 & 3 & g(x) \end{pmatrix}$$

这个矩阵同 $\text{Syl}(f,g)$ 有相同的行列式, 将它按最后一列展开即得表出式 (3.1.1). 由表出式 (3.1.1) 知, 如果 $\text{Syl}(f,g)$ 的行列式不为零, 则多项式 $g(x)$ 和 $f(x)$ 必然互素, 与它们具有公因式 $x + 1$ 相悖.

设 S 是有单位元的交换环, 多项式 $A(x), B(x) \in S[x]$ 均具有正次数

$$A(x) = a_m x^m + a_{m-1} x^{m-1} + \cdots + a_0, \quad \deg(A) = m$$
$$B(x) = b_n x^n + b_{n-1} x^{n-1} + \cdots + b_0, \quad \deg(B) = n$$

定义 $A(x), B(x)$ 的 **Sylvester 矩阵**为

$$\text{Syl}(A, B) := \left. \begin{pmatrix} a_m & a_{m-1} & \cdots & & a_0 \\ & a_m & a_{m-1} & \cdots & & a_0 \\ & & \ddots & \ddots & \ddots & & \ddots \\ & & & a_m & a_{m-1} & \cdots & & a_0 \\ b_n & b_{n-1} & \cdots & \cdots & b_0 \\ & b_n & b_{n-1} & \cdots & \cdots & b_0 \\ & \ddots & \ddots & & \ddots & & \ddots \\ & & b_n & b_{n-1} & \cdots & \cdots & b_0 \end{pmatrix} \right\} \begin{matrix} n \\ \\ \\ \\ m \end{matrix}$$

$\text{Syl}(A, B)$ 的行列式称为多项式 $A(x), B(x)$ 的结式, 记作 $\text{res}(A, B)$. 此外, 补充结式定义

$$\text{res}(A(x), B(x)) = \begin{cases} a_m^n, & m = 0, n > 0; \\ b_n^m, & n = 0, m > 0; \\ 1, & m = 0, n = 0 \end{cases}$$

根据行列式的性质不难推得

$$\text{res}(B, A) = (-1)^{mn} \text{res}(A, B) \tag{3.1.2}$$

命题 3.1.1 设 $A(x), B(x) \in S[x]$ 是两个具有正次数 m, n 的多项式, 则存在多项式 $U(x), V(x), \deg(U) < \deg(B), \deg(V) < \deg(A)$, 使得

$$\text{res}(A(x), B(x)) = U(x) A(x) + V(x) B(x) \tag{3.1.3}$$

证明　这里给出另一种证明, 借以对结式能有更多的了解. 注意到

$$
\begin{pmatrix}
a_m & a_{m-1} & \cdots & a_0 & & & & \\
 & a_m & a_{m-1} & \cdots & a_0 & & & \\
 & & \ddots & \ddots & \ddots & & \ddots & \\
 & & & a_m & a_{m-1} & \cdots & a_0 \\
b_n & b_{n-1} & \cdots & \cdots & b_0 & & & \\
 & b_n & b_{n-1} & \cdots & \cdots & b_0 & & \\
 \ddots & \ddots & & \ddots & & \ddots & & \\
 & b_n & b_{n-1} & \cdots & \cdots & b_0
\end{pmatrix}
\begin{pmatrix}
x^{m+n-1} \\
x^{m+n-2} \\
\vdots \\
x^m \\
x^{m-1} \\
x^{m-2} \\
\vdots \\
1
\end{pmatrix}
=
\begin{pmatrix}
x^{n-1}A \\
x^{n-2}A \\
\vdots \\
1 \cdot A \\
x^{m-1}B \\
x^{m-2}B \\
\vdots \\
1 \cdot B
\end{pmatrix}
$$

$$(3.1.4)$$

将 (3.1.4) 式看作 $n + m$ 元线性方程组, 用 Cramer 法则解出 1, 即可得

$$
\det
\begin{pmatrix}
a_m & a_{m-1} & \cdots & a_0 & & & \\
 & a_m & a_{m-1} & \cdots & a_0 & & \\
 & & \ddots & \ddots & \ddots & & \ddots \\
 & & & a_m & a_{m-1} & \cdots & a_0 \\
b_n & b_{n-1} & \cdots & \cdots & b_0 & & \\
 & b_n & b_{n-1} & \cdots & \cdots & b_0 & \\
 & & \ddots & \ddots & & \ddots & \\
 & & b_n & b_{n-1} & \cdots & \cdots & b_0
\end{pmatrix}
$$

$$
= \det
\begin{pmatrix}
a_m & a_{m-1} & \cdots & a_0 & & & & x^{n-1}A \\
 & a_m & a_{m-1} & \cdots & a_0 & & & x^{n-2}A \\
 & & \ddots & \ddots & \ddots & & \ddots & \vdots \\
 & & & a_m & a_{m-1} & \cdots & 1 \cdot A \\
b_n & b_{n-1} & \cdots & \cdots & b_0 & & & x^{m-1}B \\
 & b_n & b_{n-1} & \cdots & \cdots & b_0 & & x^{m-2}B \\
 & & \ddots & \ddots & & \ddots & & \vdots \\
 & & b_n & b_{n-1} & \cdots & \cdots & 1 \cdot B
\end{pmatrix}
$$

等式左端即是结式, 右端按最后一列展开即得 (3.1.3) 式的右端.　　■

　　命题 3.1.2　设 S 是整环, $A(x), B(x) \in S[x]$ 是两个具有正次数 m, n 的多项式, 则 $\mathrm{res}(A(x), B(x)) = 0$ 当且仅当存在非零多项式 $U(x), V(x)$, 使得 $\deg(U) < \deg(B), \deg(V) < \deg(A)$, 且

$$U(x)A(x) + V(x)B(x) = 0$$

证明 必要性已经由命题 3.1.1 保证. 以下设多项式:

$$U(x) = u_{n-1}x^{n-1} + u_{n-2}x^{n-2} + \cdots + u_0$$
$$V(x) = v_{m-1}x^{m-1} + v_{m-2}x^{m-2} + \cdots + v_0$$

满足命题中等式, 比较两端同次项的系数, 得

$$a_m u_{n-1} + b_n v_{m-1} = 0$$
$$a_m u_{n-2} + a_{m-1}u_{n-1} + b_{n-1}v_{m-1} + b_n v_{m-2} = 0$$
$$\cdots\cdots$$
$$a_0 u_1 + a_1 u_0 + b_0 v_1 + b_1 v_0 = 0$$
$$a_0 u_0 + b_0 v_0 = 0$$

把它们看作是以 $u_{n-1}, u_{n-2}, \cdots, u_0; v_{m-1}, v_{m-2}, \cdots, v_0$ 为未知量的线性方程组, 其系数矩阵的转置即 Sylvester 矩阵 $\mathrm{Syl}(A, B)$, 即上述方程组可以表示为

$$\mathrm{Syl}(A, B)^{\mathrm{T}} \begin{pmatrix} u_{n-1} \\ \vdots \\ u_0 \\ v_{m-1} \\ \vdots \\ v_0 \end{pmatrix} = \begin{pmatrix} 0 \\ \vdots \\ 0 \\ 0 \\ \vdots \\ 0 \end{pmatrix} \tag{3.1.5}$$

因为 S 是整环, 齐次线性方程组 (3.1.5) 有非零解的充要条件是其系数行列式为零. ∎

命题 3.1.3 设 S 是唯一分解环, $A(x), B(x) \in S[x]$ 是具有正次数的多项式, 则 $\mathrm{res}(A, B) = 0$ 当且仅当 $A(x), B(x)$ 具有正次数的公因式.

证明 (⇐ 假定 $C(x)$ 是 $A(x), B(x)$ 的具有正次数的公因式, 则存在非零多项式 $U(x), V(x)$, 使得 $A(x) = C(x)V(x), B(x) = C(x)U(x)$, 而且 $\deg(U) < \deg(B)$, $\deg(V) < \deg(A)$. 于是

$$U(x)A(x) + (-V(x))B(x) = 0$$

由命题 3.1.2, $\mathrm{res}(A, B) = 0$.

⇒) 由命题 3.1.2, 存在非零多项式 $U(x), V(x)$, $\deg(U) < \deg(B)$, $\deg(V) < \deg(A)$ 使得

$$U(x)A(x) + V(x)B(x) = 0$$

于是 $U(x)A(x) = (-V(x))B(x)$. 将该式两端分解成不可约因式之积

$$A(x) = a_1(x)\cdots a_s(x), \quad B(x) = b_1(x)\cdots b_t(x)$$
$$U(x) = u_1(x)\cdots u_k(x), \quad -V(x) = v_1(x)\cdots v_l(x)$$

因为 $\deg(V) < \deg(A)$, 所以必有某个具有正次数的因子 $a_i(x)$ 整除 $B(x)$, 因而整除某个 $b_j(x)$, 但它们都是不可约的, 因而, 必然相伴, 即存在 S 中可逆元 ε, 使得 $b_j(x) = \varepsilon\, a_i(x)$, 这说明 $a_i(x)$ 是 $A(x), B(x)$ 的正次数公因式. ∎

结式不仅可以帮助判定两个多项式是否有非平凡的公因式, 进一步分析可知, 域上的两个多项式的最大公因式可以通过对 Sylvester 矩阵的初等变换计算出来.

命题 3.1.4　设 $\Bbbk$ 是一个域, $A(x), B(x) \in \Bbbk[x]$. 如果只允许使用初等行变换将 A, B 的 Sylvester 矩阵化为行阶梯形, 则最后一个非零行即为 A, B 的最大公因子的系数构成的向量.

证明　记 $M = \mathrm{Syl}(A, B)$, 则 $\mathrm{res}(A, B) = \det(M)$. 如果 $\mathrm{res}(A, B) \neq 0$, 由命题 3.1.3 知 A, B 的最大公因子是一个非零常数. 另外, 矩阵 M 可逆, 经过初等行变换后化成的行阶梯形是一个上三角矩阵, 最后一行只有最后一个元素非零, 以这一行向量为系数的多项式也是一个非零常数.

以下设 $\mathrm{res}(A, B) = 0$, 此时, 由命题 3.1.3 知 A, B 的最大公因子是一个具有正次数的多项式. 假设初等行变换对应的初等矩阵为 Q, 且 $QM = \hat{M}$ 为对应的行阶梯形矩阵, 以 $\hat{M}$ 最后一个非零行向量构成的多项式记为 $D(x)$. 将 (3.1.4) 式两端左乘矩阵 Q 得

$$QM\begin{pmatrix} x^{m+n-1} \\ \vdots \\ x^m \\ x^{m-1} \\ \vdots \\ 1 \end{pmatrix} = \hat{M}\begin{pmatrix} x^{m+n-1} \\ \vdots \\ x^m \\ x^{m-1} \\ \vdots \\ 1 \end{pmatrix} = Q\begin{pmatrix} x^{n-1}A \\ \vdots \\ 1\cdot A \\ x^{m-1}B \\ \vdots \\ 1\cdot B \end{pmatrix} \tag{3.1.6}$$

说明存在多项式 $U(x), V(x)$ 使得 $D(x) = U(x)A(x) + V(x)B(x)$, 因而 $\gcd(A,B)|D(x)$.

以下证明 $\deg(\gcd(A,B)) = \deg(D)$. 设 $\deg(\gcd(A,B)) < \deg(D)$, 将 $\gcd(A,B)$ 的系数向量左端添加零分量构成一个 $m+n$ 维行向量 C. 将命题 2.2.1 中的多项式 $u(x), v(x)$ 分别写成 $n-1$ 次和 $m-1$ 次多项式, 再按 $x^j A$ 和 $x^i B$ 整理, 则有 $m+n$

维行向量 P, 使得

$$C\begin{pmatrix} x^{m+n-1} \\ \vdots \\ x^m \\ x^{m-1} \\ \vdots \\ 1 \end{pmatrix} = \gcd(A,B) = P\begin{pmatrix} x^{n-1}A \\ \vdots \\ 1 \cdot A \\ x^{m-1}B \\ \vdots \\ 1 \cdot B \end{pmatrix} \tag{3.1.7}$$

结合 (3.1.6) 式得

$$\begin{pmatrix} QM \\ C \end{pmatrix}\begin{pmatrix} x^{m+n-1} \\ \vdots \\ x^m \\ x^{m-1} \\ \vdots \\ 1 \end{pmatrix} = \begin{pmatrix} Q \\ P \end{pmatrix}\begin{pmatrix} x^{n-1}A \\ \vdots \\ 1 \cdot A \\ x^{m-1}B \\ \vdots \\ 1 \cdot B \end{pmatrix} = \begin{pmatrix} Q \\ P \end{pmatrix}M\begin{pmatrix} x^{m+n-1} \\ \vdots \\ x^m \\ x^{m-1} \\ \vdots \\ 1 \end{pmatrix}$$

可见 $\begin{pmatrix} QM \\ C \end{pmatrix} = \begin{pmatrix} Q \\ P \end{pmatrix}M$, 这是不可能的, 因为由假设左端矩阵的秩为 $\mathrm{rank}(M)+1$, 而右端矩阵的秩不超过秩 $\mathrm{rank}(M)$. ∎

现在考虑环的同态映射对于结式的影响, 这对于模运算有益. 设

$$\phi: S \to S^*$$

是有单位元的交换环 S 到 S^* 的同态映射, 这个映射可以延拓成多项式环 $S[x]$ 到 $S^*[x]$ 的同态映射

$$\phi: S[x] \to S^*[x]$$

$$a_mx^m + a_{m-1}x^{m-1} + \cdots + a_0 \mapsto \phi(a_m)x^m + \phi(a_{m-1})x^{m-1} + \cdots + \phi(a_0)$$

显然, 如果 $A(x)$ 的次数为 m, 则 $\phi(A(x))$ 的次数不超过 m.

命题 3.1.5 设 $A(x), B(x) \in S[x]$ 分别具有次数 $m > 0$ 和 $n > 0$, 而且同态映射 ϕ 满足

$$\deg(\phi(A)) = m, \quad \deg(\phi(B)) = k \quad (0 \leqslant k \leqslant n)$$

则

$$\phi(\mathrm{res}(A,B)) = \phi(a_m)^{n-k}\mathrm{res}(\phi(A),\phi(B))$$

证明　考虑结式

$$\mathrm{res}(A,B)=\begin{vmatrix} a_m & a_{m-1} & \cdots & & a_0 & & & \\ & a_m & a_{m-1} & \cdots & & a_0 & & \\ & & \ddots & \ddots & & \ddots & & \ddots \\ & & & & a_m & a_{m-1} & \cdots & a_0 \\ b_n & b_{n-1} & \cdots & & \cdots & b_0 & & \\ & b_n & b_{n-1} & \cdots & & \cdots & b_0 & \\ & \ddots & \ddots & & & \ddots & & \ddots \\ & & b_n & b_{n-1} & \cdots & & \cdots & b_0 \end{vmatrix}$$

因为 ϕ 是同态映射, 而行列式等于不同行不同列的元素乘积的代数和, 所以有下面等式:

$$\phi\left(\mathrm{res}(A,B)\right)$$

$$=\begin{vmatrix} \phi(a_m) & \phi(a_{m-1}) & \cdots & & \phi(a_0) & & & \\ & \phi(a_m) & \phi(a_{m-1}) & \cdots & & \phi(a_0) & & \\ & & \ddots & \ddots & & \ddots & & \ddots \\ & & & \phi(a_m) & \phi(a_{m-1}) & \cdots & \phi(a_0) \\ \phi(b_n) & \phi(b_{n-1}) & \cdots & & \cdots & \phi(b_0) & & \\ & \phi(b_n) & \phi(b_{n-1}) & \cdots & & \cdots & \phi(b_0) & \\ & \ddots & \ddots & & & \ddots & & \ddots \\ & & \phi(b_n) & \phi(b_{n-1}) & \cdots & & \cdots & \phi(b_0) \end{vmatrix}$$

$$=\begin{vmatrix} \phi(a_m) & \cdots & \phi(a_{m-n+k+1}) & \phi(a_{m-n+k}) & \cdots & & \phi(a_0) & & \\ & \ddots & \ddots & & \ddots & \ddots & & \ddots \\ & & \phi(a_m) & \phi(a_{m-1}) & \cdots & \phi(a_{m-n+k}) & & \\ & & & \phi(a_m) & \cdots & & \phi(a_0) & & \\ & & & & \ddots & & \ddots & & \ddots \\ & & & & & \phi(a_m) & \cdots & \phi(a_0) \\ & & & \phi(b_k) & \phi(b_{k-1}) & \cdots & & \phi(b_0) & \\ & & & & \phi(b_k) & \phi(b_{k-1}) & \cdots & & \phi(b_0) \\ & & & & & & \ddots & & \ddots \\ & & & & & \phi(b_k) & \phi(b_{k-1}) & \cdots & \phi(b_0) \end{vmatrix}$$

$$=\phi(a_m)^{n-k}\cdot\mathrm{res}\left(\phi(A),\phi(B)\right)$$　　■

3.2 多项式的公共零点与重根判定

假设 $\Bbbk$ 是一个域, $(\alpha_1, \alpha_2, \cdots, \alpha_r) \in \Bbbk^r$ 是一组元素, 则多项式 $F(x_1, x_2, \cdots, x_r)$ $\in \Bbbk[x_1, x_2, \cdots, x_r]$ 在 $(\alpha_1, \alpha_2, \cdots, \alpha_r)$ 处的值记作 $F(\alpha_1, \alpha_2, \cdots, \alpha_r)$, 我们也可以用同态映射语言来描述: $\phi_{(\alpha_1, \alpha_2, \cdots, \alpha_r)} : \Bbbk[x_1, x_2, \cdots, x_r] \to \Bbbk$.

$$\phi_{(\alpha_1, \alpha_2, \cdots, \alpha_r)} : F(x_1, x_2, \cdots, x_r) \mapsto F(\alpha_1, \alpha_2, \cdots, \alpha_r) \tag{3.2.1}$$

这个映射由变量 $x_1, x_2, \cdots, x_r$ 的像集决定

$$x_1 \mapsto \alpha_1, \quad x_2 \mapsto \alpha_2, \quad \cdots, \quad x_r \mapsto \alpha_r \tag{3.2.2}$$

设 $A(x_1, x_2, \cdots, x_r), B(x_1, x_2, \cdots, x_r) \in \Bbbk[x_1, x_2, \cdots, x_r]$, $\deg_{x_r}(A) = m$, $\deg_{x_r}(B) = n$.

$$A(x_1, x_2, \cdots, x_r) = \sum_{i=0}^{m} A_i(x_1, x_2, \cdots, x_{r-1}) x_r^i$$

$$B(x_1, x_2, \cdots, x_r) = \sum_{j=0}^{n} B_j(x_1, x_2, \cdots, x_{r-1}) x_r^j$$

把 $A(x_1, x_2, \cdots, x_r), B(x_1, x_2, \cdots, x_r)$ 看作是 $S[x_r]$ 中的多项式, 而定义它们的 Sylvester 矩阵 $\mathrm{Syl}_{x_r}(A, B)$ 和结式 $\mathrm{res}_{x_r}(A, B)$, 其中 $S = \Bbbk[x_1, x_2, \cdots, x_{r-1}]$ 是整环. 显然 $\mathrm{res}_{x_r}(A, B) \in S$, 而且由命题 3.1.1 有下面表达式:

$$\begin{aligned}
&\mathrm{res}_{x_r}(A, B) \\
&= U(x_1, \cdots, x_{r-1}, x_r) A(x_1, \cdots, x_{r-1}, x_r) \\
&\quad + V(x_1, \cdots, x_{r-1}, x_r) B(x_1, \cdots, x_{r-1}, x_r)
\end{aligned} \tag{3.2.3}$$

命题 3.2.1 A, B 同上, $\Bbbk$ 是一个代数闭域, $C(x_1, \cdots, x_{r-1}) := \mathrm{res}_{x_r}(A, B)$, 则

(1) 如果 $(\alpha_1, \alpha_2, \cdots, \alpha_r) \in \Bbbk^r$ 是 A, B 的公共零点, 则 $(\alpha_1, \alpha_2, \cdots, \alpha_{r-1})$ 必然是 C 的零点;

(2) 若 $(\alpha_1, \alpha_2, \cdots, \alpha_{r-1})$ 是 C 的零点, 则下面四种情况至少有一种出现:

a) $A_m(\alpha_1, \cdots, \alpha_{r-1}) = \cdots = A_0(\alpha_1, \cdots, \alpha_{r-1}) = 0$;

b) $B_n(\alpha_1, \cdots, \alpha_{r-1}) = \cdots = B_0(\alpha_1, \cdots, \alpha_{r-1}) = 0$;

c) $A_m(\alpha_1, \cdots, \alpha_{r-1}) = B_n(\alpha_1, \cdots, \alpha_{r-1}) = 0$;

d) $(\exists \alpha_r \in \Bbbk) [A(\alpha_1, \cdots, \alpha_{r-1}, \alpha_r) = B(\alpha_1, \cdots, \alpha_{r-1}, a_r) = 0]$.

证明   由 (3.2.3) 式, 有

$$C(\alpha_1, \cdots, \alpha_{r-1})$$
$$= U(\alpha_1, \cdots, \alpha_{r-1}, \alpha_r) A(\alpha_1, \cdots, \alpha_{r-1}, \alpha_r)$$
$$+ V(\alpha_1, \cdots, \alpha_{r-1}, \alpha_r) B(\alpha_1, \cdots, \alpha_{r-1}, \alpha_r) \tag{3.2.4}$$

结论 (1) 显然成立. 为了证明结论 (2), 假定前三种情况均不出现. 不失一般性, 假定 $A_m(\alpha_1, \cdots, \alpha_{r-1}) \neq 0, B_k(\alpha_1, \cdots, \alpha_{r-1}) \neq 0$, 而且 k 是最大下标, 则 $k > 0$, 且 $\bar{A}(x_r) = A(\alpha_1, \cdots, \alpha_{r-1}, x_r), \bar{B}(x_r) = B(\alpha_1, \cdots, \alpha_{r-1}, x_r)$ 是两个具有正次数的多项式. 同态映射 $\phi_{(\alpha_1, \cdots, \alpha_{r-1})} : \Bbbk[x_1, \cdots, x_{r-1}] \to \Bbbk$ 诱导出多项式环 $\Bbbk[x_1, \cdots, x_{r-1}][x_r] \to \Bbbk[x_r]$ 的同态映射, 而且 $A \mapsto \bar{A}, B \mapsto \bar{B}$, 由命题 3.1.5 得

$$\phi_{(\alpha_1, \cdots, \alpha_{r-1})} (\text{res}_{x_r}(A, B)) = \phi_{(\alpha_1, \cdots, \alpha_{r-1})}(A_m)^{n-k} \text{res}(\bar{A}(x_r), \bar{B}(x_r)) \tag{3.2.5}$$

$\phi_{(\alpha_1, \cdots, \alpha_{r-1})} (\text{res}_{x_r}(A, B)) = C(\alpha_1, \cdots, \alpha_{r-1}), \phi_{(\alpha_1, \cdots, \alpha_{r-1})}(A_m) = A_m(\alpha_1, \cdots, \alpha_{r-1}) \neq 0.$ 因而, $\text{res}(\bar{A}(x_r), \bar{B}(x_r)) = 0$, 由命题 3.1.3, $\bar{A}(x_r), \bar{B}(x_r)$ 有正次数的公因式, 但 $\Bbbk$ 是代数闭域, 故 $\bar{A}(x_r), \bar{B}(x_r)$ 在 $\Bbbk$ 中有公共零点, 设为 α_r, 则 $(\alpha_1, \cdots, \alpha_{r-1}, \alpha_r)$ 是 $A(x_1, \cdots, x_{r-1}, x_r), B(x_1, \cdots, x_{r-1}, x_r)$ 的公共零点.   ■

结式的另一个应用是判断一个多项式有无重根, 它使得检验一个多项式有无重因式问题简化为简单的行列式计算. 因为涉及因式分解, 我们假定 $\Bbbk$ 是一个特征为零的域. 首先引进多项式导数的概念: $A(x) = a_m x^m + a_{m-1} x^{m-1} + \cdots + a_1 x + a_0 \in \Bbbk[x]$ 的导数定义为

$$A'(x) = m a_m x^{m-1} + (m-1) a_{m-1} x^{m-2} + \cdots + a_1 \tag{3.2.6}$$

导数具有如下性质:

(1) $(A(x) + B(x))' = A'(x) + B'(x)$;

(2) $(A(x) \cdot B(x))' = A'(x)B(x) + A(x)B'(x)$;

(3) $\forall a \in \Bbbk, a' = 0; \deg(A'(x)) = \deg(A(x)) - 1$ 如果 $\deg(A(x)) > 0$.

设 $A(x), P(x) \in \Bbbk[x], P(x)$ 是不可约的. 如果 $P^2(x)|A(x)$, 则说 $P(x)$ 是 $A(x)$ 的一个重因式. 没有重因式的非常数多项式称为无平方的 (square-free). 根据多项式唯一分解定理, 这样的多项式能够分解成互不相伴的不可约因式的乘积

$$A(x) = A_1(x) \cdot A_2(x) \cdot \cdots \cdot A_r(x)$$

定理 3.2.1   设 $A(x) \in \Bbbk[x]$ 是一个次数大于 1 的多项式, 则 $A(x)$ 有重因式的充要条件是

$$\text{res}(A(x), A'(x)) = 0$$

证明 ⇒) 设 $P(x)$ 是 $A(x)$ 的重因式, 则 $A(x) = (P(x))^2 Q(x)$. 于是

$$A'(x) = 2P(x)P'(x)Q(x) + (P(x))^2 Q'(x)$$

因而 $A(x)$ 与 $A'(x)$ 有正次数的公因式, 由命题 3.1.3, $\mathrm{res}(A(x), A'(x)) = 0$.

(⇐ $\mathrm{res}(A(x), A'(x)) = 0$ 说明 $A(x)$ 与 $A'(x)$ 有正次数的公因式, 设 $P(x)$ 是 $A(x)$ 和 $A'(x)$ 的不可约公因式, $A(x) = P(x)Q_1(x)$, 则 $A'(x) = P'(x)Q_1(x) + P(x)Q_1'(x)$. 因为 $P(x)|A'(x)$, 所以 $P(x)|P'(x)Q_1(x)$. 但 $P(x)$ 不可约且不能整除 $P'(x)$, 因而 $P(x)$ 整除 $Q_1(x)$, 得 $(P(x))^2|A(x)$. ∎

注意到

$$\mathrm{res}(A(x), A'(x))$$

$$= a_m \left. \begin{vmatrix} 1 & a_{m-1} & \cdots & & a_0 & & & & \\ & a_m & & a_{m-1} & \cdots & & a_0 & & \\ & & \ddots & & \ddots & & \ddots & & \ddots & \\ & & & & a_m & a_{m-1} & \cdots & a_0 \\ m & (m-1)a_{m-1} & \cdots & & \cdots & a_1 & & \\ & ma_m & (m-1)a_{m-1} & & \cdots & & \cdots & a_1 \\ & \ddots & & \ddots & & & \ddots & & \ddots \\ & & ma_m & (m-1)a_{m-1} & \cdots & & \cdots & a_1 \end{vmatrix} \right\} \begin{matrix} m-1 \\ \\ \\ \\ m \\ \\ \\ \end{matrix}$$

$$= (-1)^{m(m-1)/2} a_m \cdot \mathrm{Disc}(A)$$

我们称 $\mathrm{Disc}(A)$ 为多项式 $A(x)$ 的判别式.

推论 3.2.1 次数大于 1 的多项式 $A(x)$ 有重因式的充要条件是它的判别式为零

$$\mathrm{Disc}(A) = 0$$

例如, 考虑二次多项式 $A(x) = ax^2 + bx + c, a \neq 0$, 其判别式为

$$\mathrm{Disc}(A) = (-1)^{2 \cdot 1/2} \begin{vmatrix} 1 & b & c \\ 2 & b & 0 \\ 0 & 2a & b \end{vmatrix} = b^2 - 4ac$$

可见, $A(x) = ax^2 + bx + c, a \neq 0$ 有重因式的充要条件是它的系数满足

$$b^2 - 4ac = 0$$

这正是我们所熟知的二次方程判别式.

3.3　行列式多项式

设 $M = (m_{ij})$ 是 $m \times n$ 矩阵, 用 $M^{(j)}$ 记 M 的第 j 列. 如果 $n \geqslant m$, 则 M 的前 $m - 1$ 列构成的子矩阵记作 $\hat{M}$. 矩阵 M 的行列式多项式定义为

$$\mathrm{detp}(M) := \sum_{j=m}^{n} \det(\hat{M}, M^{(j)}) x^{n-j} \tag{3.3.1}$$

对于 $n < m$, 约定 $\mathrm{detp}(M) = 0$.

注意到: 当 $j < m$ 时, $\det(\hat{M}, M^{(j)}) = 0$, (3.3.1) 式可以改写为

$$\begin{aligned}
\mathrm{detp}(M) &= \sum_{j=m}^{n} \det(\hat{M}, M^{(j)}) x^{n-j} \\
&= \sum_{j=1}^{n} \det(\hat{M}, M^{(j)}) x^{n-j} \\
&= \det\left(\hat{M}, \sum_{j=1}^{n} M^{(j)} x^{n-j} \right) \\
&= \det\left(\hat{M}, \Lambda(x) \right)
\end{aligned}$$

得

$$\mathrm{detp}(M) = \det\left(\hat{M}, \Lambda(x) \right) \tag{3.3.2}$$

其中,

$$\Lambda(x) = \begin{pmatrix} A_1(x) \\ A_2(x) \\ \vdots \\ A_m(x) \end{pmatrix} = \begin{pmatrix} \displaystyle\sum_{j=1}^{n} m_{1j} x^{n-j} \\ \displaystyle\sum_{j=1}^{n} m_{2j} x^{n-j} \\ \vdots \\ \displaystyle\sum_{j=1}^{n} m_{mj} x^{n-j} \end{pmatrix} = \begin{pmatrix} \displaystyle\sum_{j=0}^{n-1} m_{1,n-j} x^{j} \\ \displaystyle\sum_{j=0}^{n-1} m_{2,n-j} x^{j} \\ \vdots \\ \displaystyle\sum_{j=0}^{n-1} m_{m,n-j} x^{j} \end{pmatrix}$$

所以

$$\mathrm{detp}(M) = \sum_{i=1}^{m} (-1)^{m-i} \det(\hat{M}_i) \cdot A_i(x) \tag{3.3.3}$$

其中 $\hat{M}_i$ 是去掉 $\hat{M}$ 的第 i 行而得到的 $m - 1$ 阶子矩阵. 可见, 当 $M \in S^{m \times n}$ 时,

$$\mathrm{detp}(M) \in \mathrm{span}\,(A_1(x), A_2(x), \cdots, A_m(x)) \subseteq S[x] \tag{3.3.4}$$

反之, 假设 $A_1(x), A_2(x), \cdots, A_m(x) \in S[x]$, 令

$$n := 1 + \max_{1 \leqslant i \leqslant m} \{\deg(A_i(x))\}$$

$$m_{ij} := \begin{cases} A_i(x) \text{ 中 } x^{n-j} \text{ 的系数}, & x^{n-j} \text{ 确实在 } A_i(x) \text{ 中出现}; \\ 0, & x^{n-j} \text{ 不在 } A_i(x) \text{ 中出现} \end{cases}$$

则矩阵 $M = (m_{ij})$ 的行列式多项式称为多项式组 $A_1(x), A_2(x), \cdots, A_m(x) \in S[x]$ 的行列式多项式, 记作 $\mathrm{detp}(A_1(x), A_2(x), \cdots, A_m(x))$.

根据行列式的性质, 不难推得行列式多项式具有如下性质:

(1) $(\forall A(x) \in S[x]) [\mathrm{detp}(A(x)) = A(x)]$;

(2) $\mathrm{detp}(\cdots, A_i, \cdots, A_j, \cdots) = -\mathrm{detp}(\cdots, A_j, \cdots, A_i, \cdots)$;

(3) $(\forall a \in S) [\mathrm{detp}(\cdots, aA_i, \cdots) = a \cdot \mathrm{detp}(\cdots, A_i, \cdots)]$;

(4) $(\forall a_1, \cdots, a_{i-1}, a_{i+1}, \cdots, a_m \in S)$

$$\left[\mathrm{detp}\left(\cdots, A_{i-1}, \; A_i + \sum_{j \neq i}^{m} a_j A_j, \; A_{i+1}, \cdots \right) = \mathrm{detp}(\cdots, A_{i-1}, A_i, A_{i+1}, \cdots) \right]$$

命题 3.3.1 设 $A(x), B(x) \in S[x], B(x) \neq 0, \deg(A) = k, \deg(B) = n$. m 是一个整数, 而且 $m \geqslant k$. 令 $\delta = \max\{m - n + 1, 0\}$. 则

(1) 当 $k < n$ 时, $\mathrm{detp}(x^{m-n}B, x^{m-n-1}B, \cdots, B, A) = b_n^\delta A$;

(2) 当 $k \geqslant n$ 时,

$$\mathrm{detp}(x^{m-n}B, x^{m-n-1}B, \cdots, B, A) = b_n^{\delta-\delta'} \mathrm{detp}(x^{k-n}B, \cdots, B, A)$$

其中 $\delta' = \max\{k - n + 1, 0\}$.

证明 (1) 当 $k < n$ 时, 分以下两种情况讨论: 若 $m < n$, 则 $\delta = 0$,

$$\mathrm{detp}(x^{m-n}B, x^{m-n-1}B, \cdots, B, A) = \mathrm{detp}(A) = A,$$

结论成立; 若 $m \geqslant n$, 此时行列式多项式所对应的矩阵 M 是 $(m-n+2) \times (m+1)$ 矩阵, 而且由于 $k < n$, $\hat{M}$ 的最后一行全为零, 由 (3.3.2) 式,

$$\mathrm{detp}(x^{m-n}B, x^{m-n-1}B, \cdots, B, A) = \det \begin{pmatrix} b_n & \cdots & * & x^{m-n}B \\ 0 & \ddots & & \vdots \\ 0 & & b_n & B \\ 0 & \cdots & 0 & A \end{pmatrix} = b_n^\delta A$$

(2) $k \geqslant n$, 行列式多项式所对应的矩阵 M 的前 $m - n + 1$ 列具有如下形式:

$$
\begin{pmatrix}
b_n & & & & & \\
& \ddots & & & & \\
& & b_n & & & \\
& & & b_n & & \\
& & & & \ddots & \\
& & & & & b_n \\
& & & a_k & \cdots & a_n
\end{pmatrix}
\left.\begin{array}{l} \\ \\ \end{array}\right\} m - k
\quad\left.\begin{array}{l} \\ \\ \\ \end{array}\right\} k - n + 1
$$

由 (3.3.2) 式

$$
\begin{aligned}
&\mathrm{detp}(x^{m-n}B, x^{m-n-1}B, \cdots, B, A) \\
&= \det \begin{pmatrix}
b_n & & \cdots & & * & x^{m-n}B \\
\vdots & \ddots & & & \vdots & \vdots \\
0 & \cdots & b_n & & & x^{k-n+1}B \\
& & & b_n & \cdots & * & x^{k-n}B \\
\vdots & & & & \ddots & \vdots & \vdots \\
& & \cdots & & & b_n & B \\
0 & \cdots & 0 & a_k & \cdots & a_n & A
\end{pmatrix} \\
&= b_n^{m-k} \cdot \mathrm{detp}(x^{k-n}B, \cdots, B, A)
\end{aligned}
$$

注意到 $\delta - \delta' = m - k$, 结论 (2) 得证. ■

利用行列式多项式表示两个多项式的伪余式, 可使伪除法转换成行列式计算.

命题 3.3.2　设多项式 $A(x), B(x) \in S[x]$ 分别具有次数 m, n, 而且 $B(x) \neq 0$, $b_n = \mathrm{lc}(B)$, 令 $\delta = \max\{m - n + 1, 0\}$. 则

$$
b_n^{\delta} \mathrm{prem}(A, B, x) = b_n^{\delta} \mathrm{detp}(x^{m-n}B, \cdots, B, A) \tag{3.3.5}
$$

特别地, 当 b_n 不是零因子时,

$$
\mathrm{prem}(A, B, x) = \mathrm{detp}(x^{m-n}B, \cdots, B, A) \tag{3.3.6}
$$

证明　根据伪除法, 可设

$$
b_n^{\delta} A(x) = (q_{m-n}x^{m-n} + \cdots + q_0)B(x) + \mathrm{prem}(A, B, x)
$$

且 $\mathrm{prem}(A, B, x) = 0$ 或 $\deg(\mathrm{prem}(A, B, x)) = k < n$. 于是

$$
b_n^{\delta} \mathrm{detp}(x^{m-n}B, \cdots, B, A)
$$

$$= \mathrm{detp}(x^{m-n}B, \cdots, B, b_n^{\delta}A)$$

$$= \mathrm{detp}\left(x^{m-n}B, \cdots, B, q_{m-n}x^{m-n}B + \cdots + q_0 B + \mathrm{prem}(A, B, x)\right)$$

$$= \mathrm{detp}\left(x^{m-n}B, \cdots, B, \mathrm{prem}(A, B, x)\right)$$

$$= b_n^{\delta}\mathrm{prem}(A, B, x)$$

最后一个等式用到命题 3.3.1.   ∎

现假定 $\phi: S \to S^*$ 是环同态, 将它自然延拓成 $S[x]$ 到 $S^*[x]$ 的同态. 已知多项式组 $A_1(x), A_2(x), \cdots, A_m(x) \in S[x]$, 令

$$n = 1 + \max_{1 \leqslant i \leqslant m}\{\deg(A_i(x))\}, \quad n_\phi = 1 + \max_{1 \leqslant i \leqslant m}\{\deg\left(\phi\left(A_i(x)\right)\right)\}$$

根据行列式多项式的定义, 若 $n = n_\phi$, 则

$$\phi\left(\mathrm{detp}\left(A_1(x), A_2(x), \cdots, A_m(x)\right)\right) = \mathrm{detp}\left(\phi\left(A_1(x)\right), \phi\left(A_2(x)\right), \cdots, \phi\left(A_m(x)\right)\right)$$

命题 3.3.3 设 $\phi: S \to S^*$ 是环同态, 多项式 $A(x), B(x) \in S[x]$ 分别具有次数 m, n, 而且 $B(x) \neq 0, b_n = \mathrm{lc}(B), \deg(\phi(B)) = \deg(B)$, 令 $\delta = \max\{m - n + 1, 0\}$. 则

$$\phi(b_n)^{\delta}\phi\left(\mathrm{prem}(A, B, x)\right) = \phi(b_n)^{2\delta - \delta'}\mathrm{prem}\left(\phi(A), \phi(B), x\right) \tag{3.3.7}$$

其中 $k = \deg(\phi(A))$, $\delta' = \max\{k - n + 1, 0\}$. 特别地, 当 $\phi(b_n)$ 不是零因子时,

$$\phi\left(\mathrm{prem}(A, B, x)\right) = \phi(b_n)^{\delta - \delta'}\mathrm{prem}\left(\phi(A), \phi(B), x\right) \tag{3.3.8}$$

证明 当 $m < n$ 时, $k = \deg(\phi(A)) \leqslant m < n = \deg(\phi(B))$, 此时结论显然成立. 对于 $m \geqslant n$ 的情形, 可由命题 3.3.2 的证明简单地推导出结论.   ∎

3.4 子 结 式

考虑多项式 $A(x), B(x)$ 的 Sylvester 矩阵 $\mathrm{Syl}(A, B)$, 它是一个 $(m+n) \times (m+n)$ 矩阵, 且 $\mathrm{res}(A, B) = \det\left(\mathrm{Syl}(A, B)\right) = \mathrm{detp}\left(\mathrm{Syl}(A, B)\right)$. 令 $\lambda = \min\{m, n\}$. 对于 $0 \leqslant i < \lambda$, 考虑 $\mathrm{Syl}(A, B)$ 的子矩阵 $\mathrm{Syl}_i(A, B)$, 它是通过去掉 $\mathrm{Syl}(A, B)$ 中对应 A 部分的前 i 个行、对应 B 的部分的前 i 个行, 再去掉前 i 个列而得到的

$(m+n-2i) \times (m+n-i)$ 矩阵:

$$
\mathrm{Syl}_i(A,B) = \left(\begin{array}{cccccc} a_m & \cdots & & a_0 & & \\ & \ddots & & & \ddots & \\ & & a_m & \cdots & & a_0 \\ b_n & \cdots & & b_0 & & \\ & \ddots & & & \ddots & \\ & & b_n & \cdots & & b_0 \end{array} \right) \left. \begin{array}{c} \\ \\ \end{array} \right\} n-i \quad \left. \begin{array}{c} \\ \\ \end{array} \right\} m-i \tag{3.4.1}
$$

$$\underbrace{\qquad\qquad\qquad}_{m+n-i}$$

定义 3.4.1 设 $A(x), B(x) \in S[x]$ 是两个非零的多项式, $\deg(A(x)) = m$, $\deg(B(x)) = n$. 令 $\lambda = \min\{m,n\}, \mu = \max\{m,n\} - 1 \geqslant 0$. 则多项式 $A(x), B(x) \in S[x]$ 的 $i\ (0 \leqslant i \leqslant \mu)$ 阶子结式 $\mathrm{sres}_i(A,B)$ 定义为

当 $0 \leqslant i < \lambda$ 时,

$$\mathrm{sres}_i(A,B) = \mathrm{detp}\left(\mathrm{Syl}_i(A,B)\right) \tag{3.4.2}$$

当 $i = \lambda$ 时 (此时要求 $m \neq n$),

$$\mathrm{sres}_\lambda(A,B) = \left\{ \begin{array}{ll} \mathrm{lc}(B)^{m-n-1} \cdot B, & m > n, \\ \mathrm{lc}(A)^{n-m-1} \cdot A, & n > m \end{array} \right. \tag{3.4.3}$$

当 $\lambda < i \leqslant \mu$ 时 (此时要求 $|m-n| > 1$),

$$\mathrm{sres}_i(A,B) = 0 \tag{3.4.4}$$

显然, $\mathrm{res}(A,B) = \mathrm{sres}_0(A,B)$. 当 $0 \leqslant i < \lambda$ 时, 将 $\mathrm{Syl}_i(A,B)$ 每一行元素看作一个多项式的系数, 则各行所对应的多项式为

$$x^{n-1-i}A(x), \cdots, xA(x), A(x); \quad x^{m-1-i}B(x), \cdots, xB(x), B(x)$$

因而

$$\mathrm{sres}_i(A,B) = \mathrm{detp}\left(x^{n-1-i}A, \cdots, xA, A; x^{m-1-i}B, \cdots, xB, B\right) \tag{3.4.5}$$

如果记 $M_i = \mathrm{Syl}_i(A,B)$, 其第 j 列用 $M_i^{(j)}$ 表示, M_i 的前 $m+n-2i-1$ 列构成的子矩阵记为 $\hat{M}_i$, 则

$$
\begin{aligned}
\mathrm{sres}_i(A,B) &= \mathrm{detp}(M_i) \\
&= \sum_{j=m+n-2i}^{m+n-i} \det(\hat{M}_i, M_i^{(j)}) x^{m+n-i-j}
\end{aligned}
$$

$$= \sum_{j=0}^{i} \det(\hat{M}_i, M_i^{(m+n-2i+j)}) x^{i-j}$$

$$= \det\left(\hat{M}_i, M_i^{(m+n-2i)}\right) x^i + \sum_{j=1}^{i} \det(\hat{M}_i, M_i^{(m+n-2i+j)}) x^{i-j} \tag{3.4.6}$$

其中 $\det(\hat{M}_i, M_i^{(m+n-2i)})$ 称为 i 阶子结式的主系数, 记作 $\mathrm{psc}_i(A, B)$. 当 $\mathrm{psc}_i(A, B) \neq 0$ 时, 称 i 阶子结式正则, 否则称为亏欠. 我们先给出子结式的几个简单的性质.

命题 3.4.1　记号同前, 设 $m = \deg(A(x)) > 0, n = \deg(B(x)) > 0$, 则

(1) $\mathrm{sres}_i(B, A) = (-1)^{(m-i)(n-i)} \mathrm{sres}_i(A, B);$ \hfill (3.4.7)

(2) 存在多项式 $U_i(x), V_i(x) \in S[x], \deg(U_i(x)) < n - i, \deg(V_i(x)) < m - i$, 使得

$$\mathrm{sres}_i(A, B) = U_i(x)A(x) + V_i(x)B(x) \tag{3.4.8}$$

证明　对于 $0 \leqslant i < \lambda$, 结论可以直接由 (3.4.5) 式根据行列式性质推得. 当 $i \geqslant \lambda$ 时, 结论可由 (3.4.3) 和 (3.4.4) 两式直接得到. ■

命题 3.4.2　记号同前, 假定 S 是整环, $m = \deg(A(x)) > 0, n = \deg(B(x)) > 0$. 则对于 $0 \leqslant i < \lambda$, i 阶子结式的主系数 $\mathrm{psc}_i(A, B) = 0$ 的充分必要条件是: 存在不全为零的多项式 $U_i(x), V_i(x), C_i(x) \in S[x], \deg(U_i(x)) < n - i, \deg(V_i(x)) < m - i$, $\deg(C_i(x)) < i$, 使得

$$U_i(x)A(x) + V_i(x)B(x) = C_i(x) \tag{3.4.9}$$

证明　必要性由 $\mathrm{psc}_i(A, B)$ 的定义和命题 3.4.1 的 (2) 直接得证.
($\Leftarrow$　设

$$U_i(x) = u_{n-i-1} x^{n-i-1} + u_{n-i-2} x^{n-i-2} + \cdots + u_1 x + u_0$$
$$V_i(x) = v_{m-i-1} x^{m-i-1} + v_{m-i-2} x^{m-i-2} + \cdots + v_1 x + v_0$$
$$C_i(x) = c_{i-1} x^{i-1} + c_{i-2} x^{i-2} + \cdots + c_1 x + c_0$$

代入 (3.4.9) 式得到系数关系式

$$a_m u_{n-i-1} + b_n v_{m-i-1} = 0$$
$$a_m u_{n-i-2} + a_{m-1} u_{n-i-1} + b_n v_{m-i-2} + b_{n-1} v_{m-i-1} = 0$$
$$\cdots\cdots$$
$$a_0 u_{i+1} + \cdots + a_{i+1} u_0 + b_0 v_{i+1} + \cdots + b_{i+1} v_0 = 0$$

$$a_0 u_i + \cdots + a_i u_0 + b_0 v_i + \cdots + b_i v_0 = 0$$
$$a_0 u_{i-1} + \cdots + a_{i-1} u_0 + b_0 v_{i-1} + \cdots + b_{i-1} v_0 - c_{i-1} = 0$$
$$a_0 u_1 + a_1 u_0 + b_0 v_1 + b_1 v_0 - c_1 = 0$$
$$a_0 u_0 + b_0 v_0 - c_0 = 0$$

(3.4.10)

将 (3.4.10) 式看作齐次线性方程组, 其系数矩阵 $\tilde{M}$ 的转置为

$$
\tilde{M}^{\mathrm{T}} = \begin{bmatrix}
a_m & a_{m-1} & & \cdots & & a_0 & & & \\
& a_m & a_{m-1} & & & & a_0 & & \\
& \ddots & \ddots & \ddots & \ddots & \ddots & & \ddots & \\
& & a_m & a_{m-1} & \cdots & a_{i-1} & \cdots & a_0 & \\
b_n & b_{n-1} & & \cdots & & b_0 & & & \\
& b_n & b_{n-1} & & & & b_0 & & \\
& \ddots & \ddots & \ddots & \ddots & \ddots & & \ddots & \\
& & b_n & b_{n-1} & \cdots & b_{i-1} & \cdots & b_0 & \\
& & & & -1 & & & & \\
& & & & & -1 & & & \\
& & & & & & \ddots & & \\
& & & & & & & -1 &
\end{bmatrix}
\begin{array}{l}
\left.\begin{array}{c}\\ \\ \\ \\\end{array}\right\} n-i \\
\left.\begin{array}{c}\\ \\ \\ \\\end{array}\right\} m-i \\
\left.\begin{array}{c}\\ \\ \\ \\\end{array}\right\} i
\end{array}
$$

它的左上角即是 i 阶子式的主系数矩阵, $\tilde{M}$ 的行列式为 $(-1)^i \mathrm{psc}_i(A,B)$, 因为上述齐次线性方程组有非零解

$$(u_{n-i-1}, \cdots, u_1, u_0, v_{m-i-1}, \cdots, v_1, v_0, c_{i-1}, \cdots, c_1, c_0)$$

所以系数行列式应为零, 得 $\mathrm{psc}_i(A,B) = 0$. ■

命题 3.4.3 假设 S 是一个唯一分解环, 多项式 $A(x), B(x) \in S[x]$ 分别具有正次数 m, n. 对于所有 $0 \leqslant i < \min\{m,n\}$, 下列断言等价:

(1) $A(x), B(x)$ 有一个次数大于 i 的公因式;

(2) $(\forall j \leqslant i)\ [\mathrm{sres}_j(A,B) = 0]$;

(3) $(\forall j \leqslant i)\ [\mathrm{psc}_j(A,B) = 0]$.

证明 $(1) \Rightarrow (2)$ 设 $D(x)$ 是 $A(x), B(x)$ 的一个次数大于 i 的公因式, 令 $A(x) = D(x)A_1(x), B(x) = D(x)B_1(x)$, 则 $\deg(A_1(x)) < m-i, \deg(B_1(x)) < n-i$, 而且

$$U(x)A(x) + V(x)B(x) = 0$$

(3.4.11)

其中 $U(x) = B_1(x), V(x) = -A_1(x)$. 设

$$U(x) = u_{n-i-1}x^{n-i-1} + u_{n-i-2}x^{n-i-2} + \cdots + u_1 x + u_0$$

$$V(x) = v_{m-i-1}x^{m-i-1} + v_{m-i-2}x^{m-i-2} + \cdots + v_1 x + v_0$$

代入 (3.4.11) 式, 得到未知变量个数为 $m+n-2i$, 方程个数为 $m+n-i$ 的齐次线性方程组, 其系数矩阵的转置为

$$M_i = \left. \left(\begin{array}{cccccccccc} a_m & a_{m-1} & & \cdots & & a_0 & & & & \\ & a_m & a_{m-1} & & & & a_0 & & & \\ & & \ddots & \ddots & \ddots & & \ddots & \ddots & \ddots & \\ & & & a_m & a_{m-1} & \cdots & a_{i-1} & \cdots & a_0 & \\ b_n & b_{n-1} & & \cdots & & b_0 & & & & \\ & b_n & b_{n-1} & & & & b_0 & & & \\ & & \ddots & \ddots & \ddots & & \ddots & \ddots & \ddots & \\ & & & b_n & b_{n-1} & \cdots & b_{i-1} & \cdots & b_0 & \end{array} \right) \right\} \begin{array}{c} n-i \\ \\ \\ m-i \end{array}$$

它恰好就是 $\mathrm{Syl}_i(A,B)$. 因为方程组有非零解, 所以系数阵的秩小于 $m+n-2i$, 所以 M_i^{T} 的 $m+n-2i$ 阶子式全为零 (因为矩阵中的元素属于无零因子环 S, 可以在 S 的分式域中考虑), 由子结式的表示式 (3.4.6) 知, $\mathrm{sres}_i(A,B) = 0$.

对于 $j = i-1$, 矩阵 $\mathrm{Syl}_{i-1}(A,B)$ 是矩阵 M_i 的扩充:

$\mathrm{Syl}_{i-1}(A,B)$

$$= \left. \left(\begin{array}{cccccccc} a_m & a_{m-1} & & \cdots & & a_0 & & \\ & a_m & a_{m-1} & & & & a_0 & \\ & & \ddots & \ddots & \ddots & & \ddots & \\ & & & a_m & a_{m-1} & \cdots & a_{i-1} & \cdots & a_0 \\ b_n & b_{n-1} & & \cdots & & b_0 & & \\ & b_n & b_{n-1} & & & & b_0 & \\ & & \ddots & \ddots & \ddots & & \ddots & \\ & & & b_n & b_{n-1} & \cdots & b_{i-1} & \cdots & b_0 \end{array} \right) \right\} \begin{array}{c} n-i+1 \\ \\ m-i+1 \end{array}$$

两个虚线方框中内容拼凑起来即是 M_i. $\mathrm{Syl}_{i-1}(A,B)$ 的每个 $m+n-2(i-1)$ 阶子式都可以按第 1 和第 $n-i+2$ 行展开 (Laplace 展开), 因而可以表示成 M_i 的 $m+n-2i$ 阶子式的线性组合, 由此知 $\mathrm{Syl}_{i-1}(A,B)$ 的每个 $m+n-2(i-1)$ 子式都为零. 于是 $\mathrm{sres}_{i-1}(A,B) = 0$. 依此类推, 即得 $\mathrm{sres}_j(A,B) = 0$ $(0 \leqslant j < i)$.

(2) $\Rightarrow$ (3) 由定义即得.

（3）⇒（1）　用数学归纳法证明：首先，$\mathrm{sres}_0(A, B) = \mathrm{psc}_0(A, B) = 0$，根据结式的性质，$A(x)$，$B(x)$ 有次数大于零的公因式．假定对于 $i-1$，结论成立，往证当 i 时结论成立 $(0 < i < \min(m, n))$．根据归纳假设，$A(x)$，$B(x)$ 有次数不小于 i 的公因式，设为 $D(x)$．又因为 $\mathrm{psc}_i(A, B) = 0$，所以由子结式的表示式（3.4.6），$\mathrm{sres}_i(A, B)$ 是一个次数不高于 $i-1$ 的多项式，而且存在多项式 $U_i(x), V_i(x) \in S[x]$，$\deg(U_i(x)) < n - i$，$\deg(V_i(x)) < m - i$，使得

$$\mathrm{sres}_i(A, B) = U_i(x)A(x) + V_i(x)B(x)$$

因而 $D(x)$ 整除 $\mathrm{sres}_i(A, B)$，这只有 $\mathrm{sres}_i(A, B) = 0$．于是 $U_i(x)A(x) = (-V_i(x))\,B(x)$．由于 $S[x]$ 是唯一分解环，$\deg(-V_i(x)) < \deg(A(x)) - i$，$A(x)$ 应该有一个次数大于 i 的因式能够整除 $B(x)$，这说明 $A(x)$，$B(x)$ 有一个次数大于 i 的公因式．根据归纳法原理，（3 ⇒ 1）得证．■

推论 3.4.1　多项式 $A(x), B(x) \in S[x]$ 的最大公因式的次数等于第一个使得 $\mathrm{psc}_j(A, B) \neq 0$ 的 j．

在本节的末尾，我们考虑同态映射下子结式的变化情况．设 $\phi: S \to S^*$ 是环 S 到 S^* 的同态映射，将其开拓成 $S[x]$ 到 $S^*[x]$ 的同态映射

$$\phi: a_m x^m + a_{m-1} x^{m-1} + \cdots + a_1 x + a_0 \mapsto \phi(a_m)x^m + \phi(a_{m-1})x^{m-1} + \cdots + \phi(a_1)x + \phi(a_0)$$

命题 3.4.4　设 S 是有单位元的交换环，ϕ 是如上定义的同态映射，多项式

$$A(x) = a_m x^m + a_{m-1} x^{m-1} + \cdots + a_1 x + a_0$$
$$B(x) = b_n x^n + b_{n-1} x^{n-1} + \cdots + b_1 x + b_0$$

的次数均为正数，而且不同．如果 $\deg(\phi(A)) = m$，$\deg(\phi(B)) = k \leqslant n$，则对于所有的 $0 \leqslant i < \max\{m, k\} - 1$，有

$$\phi\left(\mathrm{sres}_i(A, B)\right) = \phi(a_m)^{n-k}\mathrm{sres}_i\left(\phi(A), \phi(B)\right)$$

证明　记 $\mu = \max\{m, n\} - 1$，$\lambda = \min\{m, n\}$，$\mu' = \max\{m, k\} - 1$，$\lambda' = \min\{m, k\}$，

当 $i < \lambda'$ 时：$i < \lambda$，而且

$$\phi\left(\mathrm{sres}_i(A, B)\right)$$
$$= \mathrm{detp}\left(x^{n-i-1}\phi(A), \cdots, x\phi(A), \phi(A), x^{m-i-1}\phi(B), \cdots, x\phi(B), \phi(B)\right)$$
$$= \phi(a_m)^{n-k}\mathrm{detp}\left(x^{k-i-1}\phi(A), \cdots, x\phi(A), \phi(A), x^{m-i-1}\phi(B), \cdots, x\phi(B), \phi(B)\right)$$
$$= \phi(a_m)^{n-k}\mathrm{sres}_i\left(\phi(A), \phi(B)\right)$$

当 $i = \lambda'$ 时: 若 $\lambda' = k$, 则

$$
\begin{aligned}
& \phi\left(\mathrm{sres}_i(A,B)\right) \\
&= \mathrm{detp}\left(x^{n-k-1}\phi(A),\cdots,x\phi(A),\phi(A),x^{m-k-1}\phi(B),\cdots,x\phi(B),\phi(B)\right) \\
&= \phi(a_m)^{n-k}\mathrm{detp}\left(x^{m-k-1}\phi(B),\cdots,x\phi(B),\phi(B)\right) \\
&= \phi(a_m)^{n-k}\mathrm{sres}_i\left(\phi(A),\phi(B)\right)
\end{aligned}
$$

若 $\lambda' = m$, 则 $\lambda' = \lambda$, $m < n$, 而且

$$
\begin{aligned}
& \phi\left(\mathrm{sres}_i(A,B)\right) \\
&= \mathrm{detp}\left(x^{n-m-1}\phi(A),\cdots,x\phi(A)\right) \\
&= \phi(a_m)^{n-k}\mathrm{detp}\left(x^{k-m-1}\phi(A),\cdots,x\phi(A),\phi(A)\right) \\
&= \phi(a_m)^{n-k}\mathrm{sres}_i\left(\phi(A),\phi(B)\right)
\end{aligned}
$$

当 $\lambda' < i < \mu'$ 时: 注意到映射 ϕ 是环同态

$$
\begin{aligned}
& \phi\left(\mathrm{sres}_i(A,B)\right) \\
&= \begin{cases}
\mathrm{detp}\left(x^{n-i-1}\phi(A),\cdots,x\phi(A),\phi(A),x^{m-i-1}\phi(B),\cdots,x\phi(B),\phi(B)\right), & i < \lambda, \\
\mathrm{detp}\left(x^{m-n-1}\phi(B),\cdots,x\phi(B),\phi(B)\right), & i = n = \lambda, \\
\phi(0), & \lambda < i < \mu
\end{cases} \\
&= 0 = \phi(a_m)^{n-k}\mathrm{sres}_i\left(\phi(A),\phi(B)\right)
\end{aligned}
$$

推论 3.4.2 除了假定 $\deg(\phi(A)) = l \leqslant m$ 外, 其余条件同命题 3.4.4. 则对于所有的 $0 \leqslant i < \max\{m,k\} - 1$, 有

(1) 如果 $l = m$ 且 $k = n$, 则 $\phi\left(\mathrm{sres}_i(A,B)\right) = \mathrm{sres}_i\left(\phi(A),\phi(B)\right)$;

(2) 如果 $l < m$ 且 $k = n$, 则 $\phi\left(\mathrm{sres}_i(A,B)\right) = \phi(b_n)^{m-l}\mathrm{sres}_i\left(\phi(A),\phi(B)\right)$;

(3) 如果 $l = m$ 且 $k < n$, 则 $\phi\left(\mathrm{sres}_i(A,B)\right) = \phi(a_m)^{n-k}\mathrm{sres}_i\left(\phi(A),\phi(B)\right)$;

(4) 如果 $l < m$ 且 $k < n$, 则 $\phi\left(\mathrm{sres}_i(A,B)\right) = 0$.

3.5 子结式链定理

本节讨论多项式的子结式之间的关系. 设 S 是整环, 多项式 $A(x), B(x) \in S[x]$, 它们分别有正的次数 n_1, n_2, 而且 $n_1 \geqslant n_2$. 令

$$
n = \begin{cases}
n_1 - 1, & n_1 > n_2, \\
n_1, & n_1 = n_2
\end{cases}
$$

则多项式 $A(x), B(x)$ 的子结式链定义为序列

$$S_{n+1} = A, S_n = B, S_{n-1} = \mathrm{sres}_{n-1}(A, B), \cdots, S_0 = \mathrm{sres}_0(A, B)$$

而

$$R_{n+1} = 1, R_n = \mathrm{lc}(B), R_{n-1} = \mathrm{psc}_{n-1}(A, B), \cdots, R_0 = \mathrm{psc}_0(A, B)$$

称为多项式 $A(x), B(x)$ 的子结式主系数链.

在子结式链中, 如果 $\deg(S_i) = i$, 则说 S_i 是正则的; 如果 $\deg(S_i) = r < i$, 则说 S_i 是次 r 亏损的. 我们的主要结论如下.

定理 3.5.1(子结式链定理)　设 S 是整环, 则多项式 $A(x), B(x) \in S[x]$ 的子结式链

$$S_{n+1}, S_n, S_{n-1}, \cdots, S_0$$

具有如下性质:

(1) 如果 S_{j+1} 和 S_j 都是正则的, 则 $(-R_{j+1})^2 S_{j-1} = \mathrm{prem}(S_{j+1}, S_j, x)$;

(2) 如果 S_{j+1} 是正则的, 而 S_j 是次 $r(r < j)$ 亏损的, 则有

$$S_{j-1} = S_{j-2} = \cdots = S_{r+1} = 0$$
$$(R_{j+1})^{j-r} S_r = \mathrm{lc}(S_j)^{j-r} S_j, \quad r \geqslant 0$$
$$(-R_{j+1})^{j-r+2} S_{r-1} = \mathrm{prem}(S_{j+1}, S_j, x), \quad r \geqslant 1$$

为了证明子结式链定理, 我们先陈述 Habicht 定理, 然后借助于同态, 给出链定理的证明. 如果多项式

$$A(x) = a_m x^m + a_{m-1} x^{m-1} + \cdots + a_0$$
$$B(x) = b_n x^n + b_{n-1} x^{n-1} + \cdots + b_0$$

的系数 $a_i, b_j (i = 0, \cdots, m-1, m; j = 0, \cdots, n-1, n)$ 都是整数环上的未定元, 则说它们具有形式系数, 此时, 多项式 $A(x), B(x)$ 看成是 $\mathbb{Z}[a_m, a_{m-1}, \cdots, a_0, b_n, b_{n-1}, \cdots, b_0]$ 上的多项式.

引理 3.5.1　设 $A(x), B(x)$ 是具有形式系数 $a_{n+1}, a_n, \cdots, a_0; b_n, b_{n-1}, \cdots, b_0$ 的多项式, 则

(1) $\mathrm{sres}_{n-1}(A, B) = \mathrm{prem}(A, B, x)$;

(2) 对于所有的 $i = 0, \cdots, n-2,$

$$b_n^{2(n-i-1)} \mathrm{sres}_i(A, B) = \mathrm{sres}_i(B, \mathrm{prem}(A, B, x))$$

证明 结论 (1) 可由命题 3.3.2 直接获得, 因为所述的环没有零因子, 而且

$$b_n^2 \text{sres}_{n-1}(A, B) = b_n^2 \text{detp}(A, xB, B)$$
$$= (-1)^2 \text{detp}(xB, B, b_n^2 A) = \text{detp}\left(xB, B, \text{prem}(A, B, x)\right)$$
$$= b_n^2 \text{prem}(A, B, x)$$

对于结论 (2), 由伪除法有

$$b_n^2 A(x) = (q_1(x) + q_0)B(x) + R(x), \quad \deg(R(x)) = n - 1$$

于是

$$b_n^{2(n-i)} \cdot \text{sres}_i(A, B)$$
$$= b_n^{2(n-i)} \text{detp}(x^{n-i-1}A, \cdots, xA, A, x^{n-i}B, \cdots, xB, B)$$
$$= \text{detp}(x^{n-i-1}b_n^2 A, \cdots, xb_n^2 A, b_n^2 A, x^{n-i}B, \cdots, xB, B)$$
$$= \text{detp}(x^{n-i-1}R, \cdots, xR, R, x^{n-i}B, \cdots, xB, B)$$
$$= (-1)^{(n-i+1)(n-i)} \text{detp}(x^{n-i}B, \cdots, xB, B, x^{n-i-1}R, \cdots, xR, R)$$
$$= b_n^2 \text{detp}(x^{n-i-2}B, \cdots, xB, B, x^{n-i-1}R, \cdots, xR, R)$$
$$= b_n^2 \cdot \text{sres}_i(B, R)$$

因为 b_n 不是零因子, 所以

$$b_n^{2(n-i-1)} \text{sres}_i(A, B) = \text{sres}_i(B, R) = \text{sres}_i\left(B, \text{prem}(A, B, x)\right) \qquad \blacksquare$$

定理 3.5.2 (Habicht 定理) $A(x), B(x)$ 如引理 3.5.1 所述, 并设 $A(x), B(x)$ 的子结式链和子结式主系数链分别为

$$S_{n+1}, S_n, S_{n-1}, \cdots, S_0 \quad \text{和} \quad R_{n+1}, R_n, R_{n-1}, \cdots, R_0$$

则对所有的 $j = 1, \cdots, n$,

(1) $R_{j+1}^2 S_{j-1} = \text{prem}(S_{j+1}, S_j, x)$;

(2) $R_{j+1}^{2(j-i)} S_i = \text{sres}_i(S_{j+1}, S_j)$, $i = 0, \cdots, j-1$.

证明 注意到 $S_{n+1} = A, S_n = B$. 我们关于 j 归纳. 当 $j = n$ 时, $R_{n+1} = 1$, 结论 (1) 可由引理 3.5.1 中的 (1) 直接得到, 结论 (2) 即是子结式的定义.

以下假定对于 $n, n-1, \cdots, j+1$, 定理的结论成立, 往证 j 时定理的结论也成立 $(j < n)$. 首先考虑结论 (2)

$$R_{j+2}^{2(j-i+1)} R_{j+1}^{2(j-i)} S_i$$

$$= R_{j+1}^{2(j-i)} \text{sres}_i(S_{j+2}, S_{j+1}) \quad \text{(归纳假设)}$$

$$= \text{sres}_i(S_{j+1}, \text{prem}(S_{j+2}, S_{j+1}, x)) \quad \text{(引理 3.5.1)}$$

$$= \text{sres}_i(S_{j+1}, R_{j+2}^2 S_j) \quad \text{(归纳假设)}$$

$$= \text{detp}\left(x^{j-i-1}S_{j+1}, \cdots, xS_{j+1}, S_{j+1}, x^{j-i}R_{j+2}^2 S_j, \cdots, xR_{j+2}^2 S_j, R_{j+2}^2 S_j\right)$$

$$= R_{j+2}^{2(j-i+1)} \text{detp}\left(x^{j-i-1}S_{j+1}, \cdots, xS_{j+1}, S_{j+1}, x^{j-i}S_j, \cdots, xS_j, S_j\right)$$

$$= R_{j+2}^{2(j-i+1)} \text{sres}_i\left(S_{j+1}, S_j\right)$$

消去 $R_{j+2}^{2(j-i+1)}$ 即得结论 (2). 至于结论 (1), 只要在上式中令 $i = j - 1$, 即得

$$R_{j+1}^2 S_{j-1} = \text{sres}_{j-1}(S_{j+1}, S_j) = \text{prem}(S_{j+1}, S_j, x) \qquad \blacksquare$$

考虑取值同态 $\phi : \mathbb{Z}[a_m, a_{m-1}, \cdots, a_0, b_n, b_{n-1}, \cdots, b_0] \to S^*$

$$a_i \mapsto a_i^*, \qquad i = 0, \cdots, m-1, m$$

$$b_i \mapsto b_i^*, \qquad i = 0, \cdots, n-1, n$$

$$1 \mapsto 1, \quad 0 \mapsto 0, \quad k \mapsto \underbrace{1 + \cdots + 1}_{k}$$

其中 S^* 是有单位元的交换环.

引理 3.5.2　$A(x), B(x), S_i, R_i$ 如 Habicht 定理所设, ϕ 是上述取值同态. 如果 $\phi(S_{j+1})$ 是正则的, 而 $\phi(S_j)$ 是次 r 亏损的, 即 $\deg(\phi(S_{j+1})) = j + 1$, $\deg(\phi(S_j)) = r < j$. 则

(1) $\phi(R_{j+1})^2 \phi(S_{j-1}) = \phi(R_{j+1})^4 \phi(S_{j-2}) = \cdots = \phi(R_{j+1})^{2(j-r-1)} \phi(S_{r+1}) = 0$;

(2) $\phi(R_{j+1})^{2(j-r)} \phi(S_r) = (\text{lc}(\phi(S_{j+1}))\text{lc}(\phi(S_j)))^{j-r} \phi(S_j)$;

(3) $\phi(R_{j+1})^{2(j-r+1)} \phi(S_{r-1}) = (-1)^{j-r+2}\text{lc}(\phi(S_{j+1}))^{j-r} \text{prem}(\phi(S_{j+1}), \phi(S_j), x)$.

证明　由 Habicht 定理, 对于所有的 i $(0 \leqslant i < j)$ 有

$$R_{j+1}^{2(j-i)} S_i = \text{sres}_i(S_{j+1}, S_j)$$

由此得

$$\phi(R_{j+1})^{2(j-i)} \phi(S_i) = \phi\left(\text{sres}_i(S_{j+1}, S_j)\right)$$

$$= \phi\left(\text{lc}(S_{j+1})\right)^{j-r} \text{sres}_i\left(\phi(S_{j+1}), \phi(S_j)\right)$$

$$= \text{lc}\left(\phi(S_{j+1})\right)^{j-r} \text{sres}_i\left(\phi(S_{j+1}), \phi(S_j)\right)$$

但

$$\text{sres}_i\left(\phi(S_{j+1}), \phi(S_j)\right)$$

$$= \begin{cases} 0, & r < i < j, \\ \mathrm{lc}\,(\phi(S_{j+1}))^{j-r}\,\phi(S_j), & i = r \text{ 且 } \deg(\phi(S_j)) + 1 < \deg(\phi(S_{j+1})) \end{cases}$$

对于 $i = r - 1$,

$$\mathrm{sres}_i\,(\phi(S_{j+1}), \phi(S_j))$$
$$= \mathrm{detp}\,(\phi(S_{j+1}), x^{j+1-r}\phi(S_j), \cdots, x\phi(S_j), \phi(S_j))$$
$$= (-1)^{j-r+2}\mathrm{detp}\,(x^{j+1-r}\phi(S_j), \cdots, x\phi(S_j), \phi(S_j), \phi(S_{j+1}))$$
$$= (-1)^{j-r+2}\mathrm{prem}\,(\phi(S_{j+1}), \phi(S_j), x)$$

至此, 我们得下列关系式:

(1) $\phi(R_{j+1})^{2(j-i)}\phi(S_i) = 0, \quad i = r+1, \cdots, j-1$;

(2) $\phi(R_{j+1})^{2(j-r)}\phi(S_r) = (\mathrm{lc}\,(\phi(S_{j+1}))\,\mathrm{lc}\,(\phi(S_j)))^{j-r}\,\phi(S_j)$;

(3) $\phi(R_{j+1})^{2(j-r+1)}\phi(S_{r-1}) = (-1)^{j-r+2}\mathrm{lc}\,(\phi(S_{j+1}))^{j-r}\,\mathrm{prem}\,(\phi(S_{j+1}), \phi(S_j), x)$. ∎

推论 3.5.1 $A(x), B(x), S_i, R_i, \phi$ 如引理 3.5.2 所示, 但假定 S^* 是一个整环, 则

(1) $\phi(S_{j-1}) = \phi(S_{j-2}) = \cdots = \phi(S_{r+1}) = 0$;

(2) 如果 $j = n$, 则

$$\phi(S_r) = (\mathrm{lc}\,(\phi(S_{n+1}))\,\mathrm{lc}\,(\phi(S_n)))^{n-r}\,\phi(S_n)$$
$$\phi(S_{r-1}) = (-\mathrm{lc}\,(\phi(S_{n+1})))^{n-r}\,\mathrm{prem}\,(\phi(S_{n+1}), \phi(S_n), x)$$

(3) 如果 $j < n$, 则

$$\phi(R_{j+1})^{j-r}\,\phi(S_r) = (\mathrm{lc}\,(\phi(S_j)))^{j-r}\,\phi(S_j)$$

$$\phi(-R_{j+1})^{j-r+2}\,\phi(S_{r-1}) = \mathrm{prem}\,(\phi(S_{j+1}), \phi(S_j), x)$$

有了前面的准备, 我们来证明子结式链定理.

考虑整环 S^* 上的两个多项式 $A^*(x), B^*(x) \in S^*[x]$, 设

$$A^*(x) = a_{n_1}^* x^{n_1} + a_{n_1-1}^* x^{n_1-1} + \cdots + a_0^*$$
$$B^*(x) = b_{n_2}^* x^{n_2} + b_{n_2-1}^* x^{n_2-1} + \cdots + b_0^*$$

而且 $n_1 = \deg(A^*(x)) \geqslant \deg(B^*(x)) = n_2 > 0$, 则这两个多项式总可以看作是两个具有形式系数的多项式

$$A(x) = a_{n+1}x^{n+1} + a_n x^n + \cdots + a_0$$

$$B(x) = b_n x^n + b_{n-1} x^{n-1} + \cdots + b_0$$

同态 ϕ 下的像, 其中

$$n = \begin{cases} n_1 - 1, & n_1 > n_2, \\ n_1, & n_1 = n_2 \end{cases}$$

而同态 ϕ 构造如下 (分两种情形).

(1) 当 $n_1 > n_2$ 时, ϕ:

$$a_i \mapsto a_i^*, \quad i = 0, 1, \cdots, n, n+1$$
$$b_j \mapsto 0, \quad j = n_2 + 1, \cdots, n$$
$$b_j \mapsto b_j^*, \quad j = 0, \cdots, n_2$$
$$1 \mapsto 1, \quad 0 \mapsto 0$$

(2) 当 $n_1 = n_2$ 时, ϕ:

$$a_{n+1} \mapsto 0,$$
$$a_i \mapsto a_i^*, \quad i = 0, 1, \cdots, n$$
$$b_j \mapsto b_j^*, \quad j = 0, 1, \cdots, n$$
$$1 \mapsto 1, \quad 0 \mapsto 0$$

记 $\phi(A(x)) = A^*(x), \phi(B(x)) = B^*(x), S_i^* = \mathrm{sres}_i(A^*, B^*)$, 由推论 3.5.1 容易推如下性质:

(a) 对于所有的 i $(0 \leqslant i < n)$,

$$\phi(S_i) = \phi(\mathrm{sres}_i(A, B)) = \begin{cases} (a_{n_1}^*)^{n-n_2} S_i^*, & n_1 > n_2, \\ b_{n_2}^* S_i^*, & n_1 = n_2 \end{cases}$$

(b) 对于所有的 i $(0 \leqslant i \leqslant n+1)$,

$\phi(S_i)$ 正则当且仅当 S_i^* 正则, $\phi(S_i)$ 为次 r 亏损当且仅当 S_i^* 为次 r 亏损;

(c) 如果 S_i^* 是正则的, 则对于所有的 i $(0 \leqslant i \leqslant n)$,

$$\phi(R_i) = \phi(\mathrm{lc}(S_i)) = \mathrm{lc}(\phi(S_i)) = \begin{cases} (a_{n_1}^*)^{n-n_2} R_i^*, & n_1 > n_2, \\ b_{n_2}^* R_i^*, & n_1 = n_2 \end{cases}$$

这里, R_i^* 表示 i 阶子结式 $\mathrm{sres}_i(A^*, B^*)$ 的主系数.

将子结式链定理中的多项式换成系数带 $*$ 的多项式 $A^*(x), B^*(x) \in S^*[x]$, 不带 $*$ 的多项式 $A(x), B(x)$ 表示具有形式系数的多项式, 而且, $\phi(A(x)) = A^*(x)$, $\phi(B(x)) = B^*(x)$. 子结式链定理证明如下.

情形 3.5.1 $j = n$: 此时 S_{n+1}^* 是正则的, 而 S_n^* 是次 r 亏损的. 于是

$$S_{n+1}^* = a_{n+1}^* x^{n+1} + \cdots + a_0^*, \quad S_n^* = b_r^* x^r + \cdots + b_0^*$$

$n_1 = n+1, n_2 = r < n$, 而且 $\lambda^* = \min\{n+1, r\} = r$. 由子结式定义得

$$S_{n-1}^* = S_{n-2}^* = \cdots = S_{r+1}^* = 0$$

另外, 由推论 3.5.1 之结论 (2) 的第一式得

$$(\mathrm{lc}(\phi(S_{n+1})))^{n-r} S_r^* = \phi(S_r) = (\mathrm{lc}(\phi(S_{n+1}))\mathrm{lc}(\phi(S_n)))^{n-r} \phi(S_n)$$

因而

$$\left(R_{n+1}^*\right)^{n-r} S_r^* = S_r^* = \mathrm{lc}\left(S_n^*\right)^{n-r} S_n^*$$

而由推论 3.5.1 之结论 (2) 的第二式得

$$\begin{aligned}
\left(-R_{n+1}^*\right)^{n-r+2} S_{r-1}^* &= (-1)^{n-r+2} S_{r-1}^* \\
&= (-1)^{n-r+2} (-1)^{n+1-r+1} \mathrm{prem}\left(S_{n+1}^*, S_n^*, x\right) \\
&= \mathrm{prem}\left(S_{n+1}^*, S_n^*\right)
\end{aligned}$$

情形 3.5.2 $j < n$: 由推论 3.5.1 之结论 (1),

$$\phi(S_{j-1}) = \phi(S_{j-2}) = \cdots = \phi(S_{r+1}) = 0$$

即有

$$\begin{cases}
\left(a_{n_1}^*\right)^{n-n_2} S_{j-1}^* = \cdots = \left(a_{n_1}^*\right)^{n-n_2} S_{r+1}^* = 0, & n_1 > n_2, \\
b_{n_2}^* S_{j-1}^* = \cdots = b_{n_2}^* S_{r+1}^* = 0, & n_1 = n_2
\end{cases}$$

无论哪种情况, 都有

$$S_{j-1}^* = S_{j-2}^* = \cdots = S_{r+1}^* = 0$$

同样, 由推论 3.5.1 之结论 (3) 的第一式

$$\phi(R_{j+1})^{j-r} \phi(S_r) = (\mathrm{lc}\left(\phi(S_j)\right))^{j-r} \phi(S_j)$$

即有

$$\begin{cases}
\left(a_{n_1}^*\right)^{(j-r)(n-n_2)} \left(R_{j+1}^*\right)^{j-r} \left(a_{n_1}^*\right)^{n-n_2} S_r^* \\
= \left(\left(a_{n_1}^*\right)^{n-n_2} \mathrm{lc}\left(S_j^*\right)\right)^{j-r} \left(a_{n_1}^*\right)^{n-n_2} S_j^*, & n_1 > n_2, \\
\left(b_{n_2}^*\right)^{(j-r)} \left(R_{j+1}^*\right)^{j-r} b_{n_2}^* S_r^* = \left(b_{n_2}^* \mathrm{lc}\left(S_j^*\right)\right)^{j-r} b_{n_2}^* S_j^*, & n_1 = n_2
\end{cases}$$

消去系数得

$$(R_{j+1}^*)^{j-r} S_r^* = \mathrm{lc}\,(S_j^*)^{j-r} S_j^*$$

最后, 再由推论 3.5.1 之结论 (3) 的第二式

$$\phi(-R_{j+1})^{j-r+2}\phi(S_{r-1}) = \mathrm{prem}\,(\phi(S_{j+1}), \phi(S_j), x)$$

即有

$$\begin{cases}
\left(-\left(a_{n_1}^*\right)^{n-n_2} R_{j+1}^*\right)^{j-r+2} \left(a_{n_1}^*\right)^{n-n_2} S_{r-1}^* \\
= \mathrm{prem}\left(\left(a_{n+1}^*\right)^{n-n_2} S_{j+1}^*, \left(a_{n+1}^*\right)^{n-n_2} S_j^*, x\right) \\
= \left(a_{n+1}^*\right)^{n-n_2} \left(a_{n+1}^*\right)^{(n-n_2)(j-r+2)} \mathrm{prem}\left(S_{j+1}^*, S_j^*, x\right), \quad n_1 > n_2, \\
\left(-b_{n_2}^* R_{j+1}^*\right)^{j-r+2} b_{n_2}^* S_{r-1}^* \\
= \mathrm{prem}\left(b_{n_2}^* S_{j+1}^*, b_{n_2}^* S_j^*, x\right) \\
= b_{n_2}^* \left(b_n^*\right)^{(j-r+2)} \mathrm{prem}\left(S_{j+1}^*, S_j^*, x\right), \qquad\qquad n_1 = n_2
\end{cases}$$

消去系数得

$$(-R_{j+1}^*)^{j-r+2} S_{r-1}^* = \mathrm{prem}\left(S_{j+1}^*, S_j^*, x\right)$$　　■

3.6　子结式与余式序列

本节假定 S 是唯一分解环, 讨论唯一分解环上的两个多项式的最大公因式的计算问题. 前面我们已经提到 Euclid 除法, 对于域上的两个多项式, 我们可以利用它得到两个多项式的最大公因式的算法, 尽管原始的除法效率并不高. 对于一般的唯一分解环, 我们可以采用伪除法, 类似于 Euclid 算法求最大公因式, 可以得到一系列余式.

设 $A(x), B(x) \in S[x]$, $\deg(A(x)) = m$, $\deg(B(x)) = n$, 令 $r_0 = A(x), r_1 = B(x)$, 做如下的伪除法:

$$\begin{aligned}
& b_1^{\delta_0} r_0 = q_1 r_1 + r_2 \\
& b_2^{\delta_1} r_1 = q_2 r_2 + r_3 \\
& \quad\cdots\cdots \\
& b_{k-1}^{\delta_{k-2}} r_{k-2} = q_{k-1} r_{k-1} + r_k \\
& b_k^{\delta_{k-1}} r_{k-1} = q_k r_k
\end{aligned} \qquad (3.6.1)$$

这里, $r_i \neq 0, b_i = \mathrm{lc}(r_i), \delta_{i-1} \leqslant \max\{\deg(r_{i-1}) - \deg(r_i), 0\}$. 可见, r_k 是下面两个多项式:

$$b_1^{\delta_0} b_2^{\delta_1} \cdots b_k^{\delta_{k-1}} A(x) \quad \text{与} \quad b_2^{\delta_1} \cdots b_k^{\delta_{k-1}} B(x)$$

的公因式, 且与 $\gcd(A(x), B(x))$ 仅差一个倍数, 即存在 $a, b \in S, ab \neq 0$, 使得 $a \cdot r_k = b \cdot \gcd(A(x), B(x))$.

S 上的两个多项式 $A(x), B(x) \in S[x]$ 是相似的, 如果存在非零元素 $a, b \in S$, 使得

$$bA(x) = aB(x)$$

记作 $A(x) \sim B(x)$, a, b 称为相似系数. 当相似系数是 S 中的可逆元时, 称 $A(x)$ 与 $B(x)$ 相伴, 记作 $A(x) \approx B(x)$.

考虑两个多项式 $F_1(x), F_2(x) \in S[x]$, 满足 $\deg(F_1(x)) \geqslant \deg(F_2(x))$. 令

$$E_1 = F_1, E_2 = F_2, E_3 = \mathrm{prem}(E_1, E_2, x), \cdots, E_k = \mathrm{prem}(E_{k-2}, E_{k-1}, x) \quad \text{(EPRS)}$$

其中, $E_i \neq 0, i = 1, 2, \cdots, k$, 而且 $\mathrm{prem}(E_{k-1}, E_k, x) = 0$. (EPRS) 称为多项式 $A(x)$, $B(x)$ 的 Euclid 余式序列. Euclid 余式序列是递推产生的, 在每一步伪除法计算中, 我们可以将除式的系数作些变通, 提高运算效率. 接下来推广 Euclid 余式序列的概念.

定义 3.6.1 多项式 $F_1(x), F_2(x) \in S[x]$ 的余式序列是这样的多项式序列

$$F_1, F_2, F_3, \cdots, F_k \quad \text{(PRS)}$$

其满足

(1) $F_i \sim \mathrm{prem}(F_{i-2}, F_{i-1}, x) \neq 0, \quad i = 3, \cdots, k$;

(2) $\mathrm{prem}(F_{k-1}, F_k, x) = 0$.

通过抽出多项式容度的方法, 可以得到本原余式序列

$$F_1, F_2, F_3 = \frac{\mathrm{prem}(F_1, F_2, x)}{c_3}, \cdots, F_k = \frac{\mathrm{prem}(F_{k-2}, F_{k-1}, x)}{c_k} \quad \text{(PPRS)}$$

其中 $c_i = \mathrm{cont}\,(\mathrm{prem}(F_{i-2}, F_{i-1}, x))\ (i = 3, \cdots, k)$.

事实上, 唯一分解环 S 上多项式的容度是该多项式的全体不为零的系数在 S 中的最大公因子, 确定它比较复杂, 我们可以用容度的某个因子替代, 将本原余式序列概念进行推广

$$F_1, F_2, F_3 = \frac{\mathrm{prem}(F_1, F_2, x)}{\beta_3}, \cdots, F_k = \frac{\mathrm{prem}(F_{k-2}, F_{k-1}, x)}{\beta_k}$$

其中 $\beta_i \in S$, 而且 $\beta_i | \mathrm{cont}\,(\mathrm{prem}(F_{i-2}, F_{i-1}, x))$, $i = 3, \cdots, k$. 称上述序列是由 S 中的元素组 $(1, 1, \beta_3, \cdots, \beta_k)$ 产生的余式序列. 这样给出的余式序列有一定的灵活性. 一种非常重要的余式序列, 称为**子结式余式序列**, 如下递归地定义:

◇ 初始化

$$\Delta_1 = 0, \quad \Delta_2 = \deg(F_1) - \deg(F_2) + 1$$

$$b_1 = 1, \quad b_2 = \mathrm{lc}(F_2)$$

$$\psi_1 = 1, \quad \psi_2 = (b_2)^{\Delta_2 - 1}$$

$$\beta_1 = \beta_2 = 1, \quad \beta_3 = (-1)^{\Delta_2}$$

◇ 递归定义, 对于 $i = 3, \cdots, k$,

$$F_i = \frac{\mathrm{prem}(F_{i-2}, F_{i-1}, x)}{\beta_i}$$

$$\Delta_i = \deg(F_{i-1}) - \deg(F_i) + 1$$

$$b_i = \mathrm{lc}(F_i)$$

$$\psi_i = \psi_{i-1} \left(\frac{b_i}{\psi_{i-1}} \right)^{\Delta_i - 1}$$

$$\beta_{i+1} = (-1)^{\Delta_i} (\psi_{i-1})^{\Delta_i - 1} b_{i-1}, \quad i < k$$

◇ 结束条件 $\mathrm{prem}(F_{k-1}, F_k, x) = 0$.

后面将会看到, 这样定义多项式序列是有意义的, 即每个 F_i 都是多项式, 而且 $\beta_i, \psi_i \in S$ $(i = 1, \cdots, k)$.

由余式序列的定义, 存在 $r_i, s_{i-2} \in S$ 及多项式 $Q_{i-1}(x) \sim \mathrm{pquo}(F_{i-2}, F_{i-1}, x)$, 使得

$$s_{i-2} F_{i-2} = Q_{i-1} F_{i-1} + r_i F_i, \quad \text{且} \quad \deg(F_i) < \deg(F_{i-1}), \quad i = 3, \cdots, k \quad (3.6.2)$$

而且, 余式序列在相似的前题下是唯一确定的. 进一步地

$$\gcd(F_1, F_2) \sim \gcd(F_2, F_3) \sim \cdots \sim \gcd(F_{k-1}, F_k) \sim F_k \quad (3.6.3)$$

可见用余式序列可以计算最大公因式的相似多项式.

然而, 如何计算这些余式序列是解决最大公因式问题的关键. 下面我们将把上述序列同子结式联系起来考虑. 由子结式定义不难导出下述引理.

引理 3.6.1 设 S 是整环, $A(x), B(x) \in S[x], n_1 = \deg(A(x)) \geqslant \deg(B(x)) = n_2 > 0$, 则

$$\mathrm{prem}(A, B, x) = (-1)^{n_1 - n_2 + 1} \mathrm{sres}_{n_2 - 1}(A, B) \quad (3.6.4)$$

证明

$$b_{n_2}^{n_1 - n_2 + 1} \mathrm{sres}_{n_2 - 1}(A, B)$$

$$= b_{n_2}^{n_1 - n_2 + 1} \mathrm{detp}(A, x^{n_1 - n_2} B, x^{n_1 - n_2 - 1} B, \cdots, xB, B)$$

$$= (-1)^{n_1 - n_2 + 1} \mathrm{detp}(x^{n_1 - n_2} B, x^{n_1 - n_2 - 1} B, \cdots, xB, B, b_{n_2}^{n_1 - n_2 + 1} A)$$

$$= b_{n_2}^{n_1-n_2+1}(-1)^{n_1-n_2+1}\mathrm{prem}(A,B,x)$$

由于 S 没有零因子, 消去公因式即得所证. ∎

既然伪余式可通过计算子结式获得, 那么 Euclid 余式序列就可以通过计算子结式递归地获得, 事实上, 我们还可以不使用递归方法, 而直接计算多项式 $A(x),B(x)\in S[x]$ 的子结式链, 获得 $A(x),B(x)$ 的余式序列.

> 当 $n_1 > n_2$ 时
> $S_{n_1}(=A)$
> $S_{n_1-1}(=B), S_{n_1-2}=\cdots=S_{n_2+1}(=0), S_{n_2}(=b_{n_2}^{n_1-1-n_2}B)$
> $S_{n_2-1}, S_{n_2-2}=\cdots=S_{n_3+1}(=0), S_{n_3}$
> $\cdots\cdots$
> $S_{n_l-1}, S_{n_l-2}=\cdots=S_{n_{l+1}+1}(=0), S_{n_{l+1}}$

> 当 $n_1 = n_2$ 时
> $S_{n_1+1}(=A)$
> $S_{n_1}(=B)$
> $S_{n_2-1}, S_{n_2-2}=\cdots=S_{n_3+1}(=0), S_{n_3}$
> $\cdots\cdots$
> $S_{n_l-1}, S_{n_l-2}=\cdots=S_{n_{l+1}+1}(=0), S_{n_{l+1}}$

根据子结式链定理, 子结式链去掉后面几个连续为零的结式 (如果有的话), 可以分成若干段, 从上自下依次称为第 $0,1,\cdots,l$ 段, 第 i 段记作 $\bar{S}_i$. 在每一段中头和尾的子结式是相似的, 中间的子结式 (如果有的话) 都为零. 至少有两个子结式的段的首多项式一定是亏损的, 其次数与该段尾子结式的次数相同. 这些段称为有效段.

如果用 $S_{h(i)}, S_{t(i)}$ 分别表示第 i 段中的首子结式与尾子结式, 作为子结式链定理的推论, 有下述推论.

推论 3.6.1 设 S 是整环, $S_{n+1}, S_n, \cdots, S_1, S_0$ 是多项式 $A(x),B(x)\in S[x]$ 的子结式链, $\deg(A(x))\geqslant\deg(B(x))$, 而且该子结式链有 $l+1$ 段. 则对所有 i ($1\leqslant i\leqslant l$), 下列等式成立:

$$\begin{aligned}
\left(R_{t(i-1)}\right)^{\delta_{i+1}-2}S_{t(i)} &= \mathrm{lc}\left(S_{h(i)}\right)^{\delta_{i+1}-2}S_{h(i)}\\
\left(-R_{t(i-1)}\right)^{\delta_{i+1}}S_{h(i+1)} &= \mathrm{prem}\left(S_{t(i-1)},S_{h(i)},x\right)
\end{aligned} \tag{3.6.5}$$

其中 $\delta_{i+1}=\deg(S_{t(i-1)})-\deg(S_{t(i)})+1$.

证明 设 $h(i)=j, t(i)=r$, 则 $t(i-1)=j+1, h(i+1)=r-1, \delta_{i+1}=j-r+2$,

因而所需证明的等式即是

$$(R_{j+1})^{j-r} S_r = \text{lc}(S_j)^{j-r} S_j$$

$$(-R_{j+1})^{j-r+2} S_{r-1} = \text{prem}(S_{j+1}, S_j, x)$$

就是子结式链定理中最后两个式子, 因而结论成立. ∎

　　综上所述, 我们得到

$$S_{t(i)} \sim S_{h(i)}, \quad S_{h(i+1)} \sim \text{prem}(S_{t(i-1)}, S_{t(i)}, x)$$

因而 $S_{t(i+1)} \sim \text{prem}(S_{t(i-1)}, S_{t(i)}, x)$, $i = 1, \cdots, l-1$.

　　推论 3.6.2　多项式 $A(x), B(x) \in S[x]$, 满足 $\deg(A(x)) \geqslant \deg(B(x)) > 0$, 且其子结式链 $S_{n+1}, S_n, \cdots, S_1, S_0$ 有 $l+1$ 个有效段. 再设 $F_1 = A(x), F_2 = B(x), F_3, \cdots, F_{k-1}, F_k$ 是 $A(x), B(x)$ 的余式序列. 则

　　(1) $k = l+1$;

　　(2) $S_{t(i)} \sim F_{i+1}$, $i = 0, 1, \cdots, l$.

　　实际上, 推论 3.6.2 的结论可以进一步加细.

　　定理 3.6.1　$F_1(x), F_2(x) \in S[x]$, 满足 $\deg(F_1(x)) \geqslant \deg(F_2(x)) > 0$. $F_1, F_2, F_3, \cdots, F_k$ 是前面定义的子结式余式序列. 则

　　(1) $F_{i+1} = S_{h(i)}$, $i = 0, 1, \cdots, k-1$;

　　(2) $\psi_{i+1} = R_{t(i)}$, $i = 0, 1, \cdots, k-1$.

　　证明　首先, 由推论 3.6.2,

$$\Delta_i = \deg(F_{i-1}) - \deg(F_i) + 1 = \deg(S_{t(i-2)}) - \deg(S_{t(i-1)}) + 1, \quad i = 2, \cdots, k$$

归纳假设, 对所有的 $j = 0, \cdots, i$ $(i \geqslant 2)$, 结论 (1), (2) 都成立, 先证明当 $j = i+1$ 时, 结论 (1) 成立.

$$\begin{aligned}
\beta_{i+2} F_{i+2} &= \text{prem}(F_i, F_{i+1}, x)\\
&= \text{prem}(S_{h(i-1)}, S_{h(i)}, x)\\
&= \text{prem}\left(\left(\frac{R_{t(i-2)}}{\text{lc}(S_{h(i-1)})}\right)^{\Delta_i - 2} S_{t(i-1)}, S_{h(i)}, x\right)\\
&= \left(\frac{R_{t(i-2)}}{\text{lc}(S_{h(i-1)})}\right)^{\Delta_i - 2} \text{prem}(S_{t(i-1)}, S_{h(i)}, x)\\
&= \left(\frac{R_{t(i-2)}}{\text{lc}(S_{h(i-1)})}\right)^{\Delta_i - 2} (-R_{t(i-1)})^{\Delta_i + 1} S_{h(i+1)}\\
&= (-1)^{\Delta_i + 1} \left(\frac{\psi_{i-1}}{\text{lc}(F_i)}\right)^{\Delta_i - 2} (\psi_i)^{\Delta_i + 1} S_{h(i+1)}
\end{aligned}$$

$$= (-1)^{\Delta_{i+1}} \left(\frac{\psi_{i-1}}{b_i}\right)^{\Delta_i - 2} (\psi_i)^{\Delta_{i+1}} S_{h(i+1)}$$

$$= (-1)^{\Delta_{i+1}} (\psi_i)^{\Delta_{i+1}-1} \psi_i \left(\frac{\psi_{i-1}}{b_i}\right)^{\Delta_i - 2} S_{h(i+1)}$$

$$= (-1)^{\Delta_{i+1}} (\psi_i)^{\Delta_{i+1}-1} b_i S_{h(i+1)}$$

$$= \beta_{i+2} S_{h(i+1)}$$

消去 β_{i+2} 即得 $F_{i+2} = S_{h(i+1)}$.

归纳假设, 对所有的 $j = 0, \cdots, i$, 结论 (1) 都成立, 而且对所有的 $j = 0, \cdots, i-1$ ($i \geqslant 1$) 结论 (2) 都成立, 来证明当 $j = i$ 时, 结论 (2) 成立. 注意到

$$\psi_{i+1} = \psi_i \left(\frac{b_{i+1}}{\psi_i}\right)^{\Delta_{i+1}-1} = \frac{\mathrm{lc}(F_{i+1})^{\Delta_{i+1}-1}}{\psi_i^{\Delta_{i+1}-2}} = \frac{\mathrm{lc}(S_{h(i)})^{\Delta_{i+1}-1}}{(R_{t(i-1)})^{\Delta_{i+1}-2}}$$

而且

$$\left(R_{t(i-1)}\right)^{\Delta_{i+1}-2} S_{t(i)} = \mathrm{lc}\left(S_{h(i)}\right)^{\Delta_{i+1}-2} S_{h(i)}$$

比较两端多项式的首项系数, 得

$$\left(R_{t(i-1)}\right)^{\Delta_{i+1}-2} R_{t(i)} = \mathrm{lc}\left(S_{h(i)}\right)^{\Delta_{i+1}-1}$$

因此 $\psi_{i+1} = R_{t(i)}$.

最后证明初始化部分, 分以下几种情况:

(1) $i = 0$, 此时 $F_1 = S_{n+1} = S_{h(0)}$ 且 $\psi_1 = 1 = R_{n+1} = R_{t(0)}$;

(2) $i = 1$, 此时 $F_2 = S_n = S_{h(1)}$ 且 $\psi_2 = R_{t(1)}$;

(3) $i = 2$, 此时

$$F_3 = \frac{\mathrm{prem}(F_1, F_2, x)}{\beta_3} = \frac{\mathrm{prem}(F_1, F_2, x)}{(-1)^{\Delta_2}} = \frac{\mathrm{prem}(S_{h(0)}, S_{h(1)}, x)}{(-\psi_1)^{\Delta_2}}$$

$$= \frac{\mathrm{prem}(S_{t(0)}, S_{h(1)}, x)}{(-R_{t(0)})^{\Delta_2}} = S_{h(2)}$$

其余情况略. ∎

3.7 其 他 结 式

3.7.1 Bézout-Cayley 结式

结式最基本的作用是给出两个多项式有公共零点的条件, 在这点上, 由 É.Bézout 和 A.Cayley 构造的结式更为直接.

假定 $A(x), B(x) \in S[x]$, $\deg(A(x)) = m \geqslant \deg(B(x)) = n > 0$, α 也是唯一分解环 S 上的未定元, 则

$$\Delta(x, \alpha) := \begin{vmatrix} A(x) & B(x) \\ A(\alpha) & B(\alpha) \end{vmatrix} \tag{3.7.1}$$

是 x, α 的二元多项式, 而且含有因子 $x - \alpha$, 令

$$\Lambda(x, \alpha) := \frac{\Delta(x, \alpha)}{x - \alpha} \tag{3.7.2}$$

这是一个关于 x, α 的对称多项式, 关于它们每一个的次数都不超过 $m - 1$. 记它的系数矩阵为 M, 则

$$\Lambda(x, \alpha) = (\alpha^{m-1} \cdots \alpha\ 1) M \begin{pmatrix} x^{m-1} \\ \vdots \\ x \\ 1 \end{pmatrix} \tag{3.7.3}$$

若 $A(x), B(x) \in S[x]$ 有公共零点 $\bar{x}$, 则对任意的 α 都有 $\Lambda(\bar{x}, \alpha) = 0$, 因而 $(\bar{x}^{m-1}, \cdots, \bar{x}, 1)^{\mathrm{T}}$ 是以 M 为系数矩阵的齐次线性方程组的非零解. 这说明 $\det(M) = 0$ 是多项式 $A(x), B(x)$ 有公共零点的充分必要条件. 称 $\det(M)$ 为多项式 $A(x), B(x)$ 的 Bézout-Cayley 结式.

从 (3.7.3) 式可以给出确定矩阵 M 的方法: 将 $\Lambda(x, \alpha)$ 展开整理成 α 的多项式

$$\Lambda(x, \alpha) = H_{m-1}(x)\alpha^{m-1} + \cdots + H_1(x)\alpha + H_0(x)$$

设 $H_i(x) = h_{i,m-1}x^{m-1} + \cdots + h_{i,1}x + h_{i,0}, i = m - 1, \cdots, 1, 0$, 则

$$M = \begin{pmatrix} h_{m-1,m-1} & \cdots & h_{m-1,1} & h_{m-1,0} \\ \vdots & & \vdots & \vdots \\ h_{1,m-1} & \cdots & h_{1,1} & h_{1,0} \\ h_{0,m-1} & \cdots & h_{0,1} & h_{0,0} \end{pmatrix}$$

另外, 注意到

$$A(x) - A(\alpha) = (x - \alpha)[a_1 + a_2(x + \alpha) + \cdots + a_m(x^{m-1} + x^{m-2}\alpha + \cdots + \alpha^{m-1})]$$

$$= (x - \alpha) \sum_{1 \leqslant i \leqslant m} a_i \sigma_{i-1}(x, \alpha)$$

其中 $\sigma_k(x, \alpha)$ 是关于 x, α 的 k 次初等齐次多项式. 由此得

$$\Lambda(x, \alpha) = \begin{vmatrix} \displaystyle\sum_{1 \leqslant i \leqslant m} a_i \sigma_{i-1}(x, \alpha) & \displaystyle\sum_{1 \leqslant i \leqslant n} b_i \sigma_{i-1}(x, \alpha) \\ A(\alpha) & B(\alpha) \end{vmatrix}$$

$$= \left| \begin{array}{cc} \displaystyle\sum_{1 \leqslant i \leqslant m} a_i \sigma_{i-1}(x, \alpha) & \displaystyle\sum_{1 \leqslant i \leqslant n} b_i \sigma_{i-1}(x, \alpha) \\ A(x) & B(x) \end{array} \right|$$

由此不难构造出矩阵 M 的元素.

Bézout-Cayley 构造结式的方法被 Dixon [9] 推广到三个关于双变元 x, y 的多项式. 令

$$\Delta(x, y; \alpha, \beta) := \left| \begin{array}{ccc} A(x, y) & B(x, y) & C(x, y) \\ A(\alpha, y) & B(\alpha, y) & C(\alpha, y) \\ A(\alpha, \beta) & B(\alpha, \beta) & C(\alpha, \beta) \end{array} \right| \tag{3.7.4}$$

假定 $A(x, y), B(x, y), C(x, y)$ 关于 x 的最大次数是 m, 关于 y 的最大次数是 n, 则 (3.7.4) 式作为 $x, y; \alpha, \beta$ 的多项式含有因子 $(x - \alpha)(y - \beta)$. 令

$$\Lambda(x, y; \alpha, \beta) := \frac{\Delta(x, y; \alpha, \beta)}{(x - \alpha)(y - \beta)} \tag{3.7.5}$$

设

$$A(x, y) = a_m(y)x^m + \cdots + a_1(y)x + a_0(y)$$
$$= \bar{a}_n(x)y^n + \cdots + \bar{a}_1(x)y + \bar{a}_0(x) \tag{3.7.6}$$

则

$$A(x, y) - A(\alpha, y) = (x - \alpha) \sum_{1 \leqslant i \leqslant m} a_i(y)\sigma_{i-1}(x, \alpha) \tag{3.7.7}$$

$$A(\alpha, y) - A(\alpha, \beta) = (y - \beta) \sum_{1 \leqslant j \leqslant n} \bar{a}_j(\alpha)\sigma_{j-1}(y, \beta) \tag{3.7.8}$$

$$\Lambda(x, y; \alpha, \beta) = \left| \begin{array}{ccc} \displaystyle\sum_{1 \leqslant i \leqslant m} a_i(y)\sigma_{i-1}(x, \alpha) & \displaystyle\sum_{1 \leqslant i \leqslant m} b_i(y)\sigma_{i-1}(x, \alpha) & \displaystyle\sum_{1 \leqslant i \leqslant m} c_i(y)\sigma_{i-1}(x, \alpha) \\ \displaystyle\sum_{1 \leqslant i \leqslant n} \bar{a}_i(\alpha)\sigma_{i-1}(y, \beta) & \displaystyle\sum_{1 \leqslant i \leqslant n} \bar{b}_i(\alpha)\sigma_{i-1}(y, \beta) & \displaystyle\sum_{1 \leqslant i \leqslant n} \bar{c}_i(\alpha)\sigma_{i-1}(y, \beta) \\ A(\alpha, \beta) & B(\alpha, \beta) & C(\alpha, \beta) \end{array} \right|$$

$$= \left| \begin{array}{ccc} \displaystyle\sum_{1 \leqslant i \leqslant m} a_i(y)\sigma_{i-1}(x, \alpha) & \displaystyle\sum_{1 \leqslant i \leqslant m} b_i(y)\sigma_{i-1}(x, \alpha) & \displaystyle\sum_{1 \leqslant i \leqslant m} c_i(y)\sigma_{i-1}(x, \alpha) \\ \displaystyle\sum_{1 \leqslant i \leqslant n} \bar{a}_i(\alpha)\sigma_{i-1}(y, \beta) & \displaystyle\sum_{1 \leqslant i \leqslant n} \bar{b}_i(\alpha)\sigma_{i-1}(y, \beta) & \displaystyle\sum_{1 \leqslant i \leqslant n} \bar{c}_i(\alpha)\sigma_{i-1}(y, \beta) \\ A(x, y) & B(x, y) & C(x, y) \end{array} \right|$$

从上一个行列式看出, $\deg_x(\Lambda) \leqslant m-1, \deg_y(\Lambda) \leqslant 2n-1$; 从下面的行列式看出, $\deg_\alpha(\Lambda) \leqslant 2m-1, \deg_\beta(\Lambda) \leqslant n-1$. 考虑两个 $2mn$ 维向量

$$\Theta := \Big(\alpha^{2m-1}\beta^{n-1}, \cdots, \alpha\beta^{n-1}, \beta^{n-1};$$
$$\alpha^{2m-1}\beta^{n-2}, \cdots, \alpha\beta^{n-2}, \beta^{n-2}; \cdots; \alpha^{2m-1}, \cdots, \alpha, 1\Big)^{\mathrm{T}}$$

$$\Upsilon := \Big(x^{m-1}y^{2n-1}, \cdots, xy^{2n-1}, y^{2n-1};$$
$$x^{m-1}y^{2n-2}, \cdots, xy^{2n-2}, y^{2n-2}; \cdots; x^{m-1}, \cdots, x, 1\Big)^{\mathrm{T}}$$

则 $\Lambda(x,y;\alpha,\beta)$ 可以表示成

$$\Lambda(x,y;\alpha,\beta) = \Theta^{\mathrm{T}} D \Upsilon \tag{3.7.9}$$

D 称为 Dixon 矩阵, 其行列式称为 Dixon 结式. 可见, 多项式 $A(x,y), B(x,y), C(x,y)$ 有公共零点的充分必要条件是它们的 Dixon 结式为零. 按照 Dixon 结式的构造方法, 可以构造 $n+1$ 个 n 元多项式的结式, 但对于较大的 n 已经没有计算价值了.

3.7.2 Macaulay 结式

F.S.Macaulay [10] 给出了判定多个齐次多项式有非零公共零点的结式方法. 比较关于 Sylvester 矩阵的表示式 (3.1.4), 它实际是一组多项式

$$x^i A(x), x^j B(x), \quad i = n-1, \cdots, 1, 0, \quad j = m-1, \cdots, 1, 0$$

用 $x^{i+j}, 0 \leqslant i+j \leqslant n+m-1$ 表出的系数矩阵. 对于 n 元齐次多项式 $F_1, F_2, \cdots, F_n$, 势必要考虑一组形如 $x_1^{i_1} \cdots x_n^{i_n} F_i$ 的多项式被变元的某一组形如 $x_1^{l_1} \cdots x_n^{l_n}$ 的幂积表出的矩阵. 先考虑两个二元齐次多项式

$$A(x_1, x_2) = \sum_{i+j=d_1} a_{i,j} x_1^i x_2^j, \quad B(x_1, x_2) = \sum_{i+j=d_2} b_{i,j} x_1^i x_2^j$$

其中 $d_1, d_2 \geqslant 1$. 令

$$d = d_1 + d_2 - 1$$

则 $d \geqslant d_1, d_2$. 注意到二元 d 次项共有 $d+1$ 个

$$x_1^d, x_1^{d-1} x_2, \cdots, x_1 x_2^{d-1}, x_2^d \tag{3.7.10}$$

二元 $d-d_1$ 次项共有 d_2 个, 二元 $d-d_2$ 次项共有 d_1 个, 所以, 多项式组

$$\begin{aligned} x_1^i x_2^j A(x_1, x_2), \quad i+j = d - d_1 \\ x_1^i x_2^j B(x_1, x_2), \quad i+j = d - d_2 \end{aligned} \tag{3.7.11}$$

共有 $d_2 + d_1 = d + 1$ 个 d 次齐次多项式. 如果将 (3.7.10) 式中的项按照字典序排列, 则以 (3.7.11) 式中每个多项式的系数为一行, 就构造出一个 $d + 1$ 阶的方阵 M, 称为二元 **Macaulay 矩阵**, 它的行列式就称为**二元 Macaulay 结式**. 注意到

$$M \begin{pmatrix} x_1^d \\ x_1^{d-1} x_2 \\ \vdots \\ x_1 x_2^{d-1} \\ x_2^d \end{pmatrix} = \begin{pmatrix} x_1^{d-d_1} A(x_1, x_2) \\ x_1^{d-d_1-1} x_2 A(x_1, x_2) \\ \vdots \\ x_2^{d-d_1} A(x_1, x_2) \\ x_1^{d-d_2} B(x_1, x_2) \\ x_1^{d-d_2-1} x_2 B(x_1, x_2) \\ \vdots \\ x_2^{d-d_2} B(x_1, x_2) \end{pmatrix} \tag{3.7.12}$$

两端乘以 M 的伴随矩阵 M^c, 即得

$$\det(M) x_1^i x_2^j = U_{ij}(x_1, x_2) A(x_1, x_2) + V_{ij}(x_1, x_2) B(x_1, x_2), \quad 0 \leqslant i, j, \quad i + j = d \tag{3.7.13}$$

其中, $U_{ij}(x_1, x_2), V_{ij}(x_1, x_2)$ 分别是 $d - d_1$ 次和 $d - d_2$ 次二元齐次多项式. 从(3.7.13)式可以看出, 二元齐次多项式有公共非零零点的充分必要条件是 Macaulay 结式为零: $\det(M) = 0$.

如果将二元齐次多项式 $A(x_1, x_2)$, $B(x_1, x_2)$ 的系数都视作未定元, 则它们的 Macaulay 结式就是一个多元多项式, Macaulay 已经证明它是不可约的, 并具有其他一些重要性质. 对于 $n(n > 2)$ 元齐次多项式, 考虑多项式组 $F_1, F_2, \cdots, F_n$, 设它们的次数分别为 $d_1, d_2, \cdots, d_n$. 令

$$d := 1 + \sum_{i=1}^{n} (d_i - 1) \tag{3.7.14}$$

则 n 元 d 次项共有 $m := \begin{pmatrix} d + n - 1 \\ n - 1 \end{pmatrix}$ 个

$$T_d := \left\{ x_1^{l_1} x_2^{l_2} \cdots x_n^{l_n} \mid l_1 + l_2 + \cdots + l_n = d \right\} \tag{3.7.15}$$

此时, n 元 d 次齐次多项式组

$$\begin{aligned} x_1^{i_1} \cdots x_n^{i_n} F_1, & \quad i_1 + \cdots + i_n = d - d_1 \\ x_1^{i_1} \cdots x_n^{i_n} F_2, & \quad i_1 + \cdots + i_n = d - d_2 \\ & \cdots \cdots \\ x_1^{i_1} \cdots x_n^{i_n} F_n, & \quad i_1 + \cdots + i_n = d - d_n \end{aligned} \tag{3.7.16}$$

中多项式的个数 l 可能会大于 m. 例如, 当 $n = 3$, $d_1 = d_2 = 2$, $d_3 = 1$ 时, $m = 10$, $l = 12$. 将 T_d 中的项按照字典序排列, 则以 (3.7.16) 中每个多项式的系数为一行, 就构造出一个 $l \times m$ 型矩阵 M, 称为 n 元 **Macaulay 全阵列**.

定义 3.7.1 $n(n \geqslant 2)$ 元齐次多项式组 $F_1, F_2, \cdots, F_n$ 的 **Macaulay 结式**就是 n 元 Macaulay 全阵列 M 的所有 m 阶子式的最大公因式.

定理 3.7.1 设 $\mathbb{S} := \{F_1, F_2, \cdots, F_n\}$ 是一组 n 元齐次多项式, 每个多项式都以实数域 $\mathbb{R}$ 上的未定元为系数, 而且次数都大于零. $\mathbb{S}$ 的 **Macaulay** 结式为 R, 则

(a) $R = 0$ 当且仅当 $\text{Zero}(\mathbb{S}) \supset \{0\}$;

(b) R 在 $\mathbb{R}$ 的任何代数闭包上不可约, 并且在线性坐标变换下保持不变;

(c) R 关于每个 F_i 的系数都是齐次的, 其次数为 $\prod\limits_{\substack{1 \leqslant j \leqslant n \\ j \neq i}} d_j$, 这里 $d_i = \deg(F_i)$;

(d) 如果对某个 $1 \leqslant i \leqslant n$ 及特定化的系数有 $F_i = HG$, 则 R 等于 $(\mathbb{S} \backslash \{F_i\}) \cup \{G\}$ 的 **Macaulay** 结式 R_1 与 $(\mathbb{S} \backslash \{F_i\}) \cup \{H\}$ 的 **Macaulay** 结式 R_2 之积.

定理的证明可以参考文献 [10], 以下陈述计算 Macaulay 结式的方法, 这也是由 Macaulay 给出的. 注意到 T_d 中的每一项都能被 $x_1^{d_1}, x_2^{d_2}, \cdots, x_n^{d_n}$ 中的至少一项整除. 先用 $x_1^{d_1}$ 将 T_d 中能被 $x_1^{d_1}$ 整除的项筛出来, 记作 $\bar{T}_{(1)}$, 并令 $T_{(1)} := \left\{ \dfrac{t}{x_1^{d_1}} \middle| t \in \bar{T}_{(1)} \right\}$, $T_d^{(1)} := T_d \backslash \bar{T}_{(1)}$; 再用 $x_2^{d_2}$ 将 $T_d^{(1)}$ 中能被 $x_2^{d_2}$ 整除的项筛出来, 记作 $\bar{T}_{(2)}$, 并令 $T_{(2)} := \left\{ \dfrac{t}{x_2^{d_2}} \middle| t \in \bar{T}_{(2)} \right\}$, $T_d^{(2)} := T_d^{(1)} \backslash \bar{T}_{(2)}$; 如此下去, 最后用 $x_n^{d_n}$ 将 $T_d^{(n-1)}$ 中能被 $x_n^{d_n}$ 整除的元筛出来, 记作 $\bar{T}_{(n)}$, 并令 $T_{(n)} := \left\{ \dfrac{t}{x_n^{d_n}} \middle| t \in \bar{T}_{(n)} \right\}$. 显然 $T_d = \bigcup\limits_{1 \leqslant i \leqslant n} \bar{T}_{(i)}$ 是不交并. 将 $T_{(i)}$ 中的项按照字典序编号, 最大的为 $t_{i,1}$, 再令 $m_i := |T_{(i)}|$, 则 $m = m_1 + m_2 + \cdots + m_n$. 这样, 以 $t_{i,j} F_i$ 的系数为行构造一个 m 阶方阵 M, 称为 **Macaulay 矩阵**. 再将 $T_{(i)}$ 中能被某个 $x_j^{d_j} (j = i+1, \cdots, n)$ 整除的元素抽出来, 记作 $S_{(i)} (i = 1, \cdots, n-1)$, 构造 Macaulay 矩阵 M 的子矩阵 S 如下:

若所有的 $S_{(i)}$ 均为空集, 则 S 是一阶单位矩阵; 否则, S 取

$$\{t_i F_i | t_i \in S_{(i)}, 1 \leqslant i \leqslant n-1\} \text{ 所对应矩阵 } M \text{ 的行}$$

$$\{t_i x_i^{d_i} | t_i \in S_{(i)}, 1 \leqslant i \leqslant n-1\} \text{ 所对应矩阵 } M \text{ 的列}$$

构成的 M 的子矩阵. 如果 $\det(S) \neq 0$, 则 $\det(M) / \det(S)$ 就是齐次多项式组

$F_1, F_2, \cdots, F_n$ 的 Macaulay 结式.

$$
\begin{array}{c c}
 & \begin{matrix} x_1^3 & x_1^2x_2 & x_1^2x_3 & x_1x_2^2 & x_1x_2x_3 & x_1x_3^2 & x_2^3 & x_2^2x_3 & x_2x_3^2 & x_3^3 \end{matrix} \\
\begin{matrix} x_1F_1 \\ x_2F_1 \\ x_3F_1 \\ x_1F_2 \\ x_2F_2 \\ x_3F_2 \\ x_1x_2F_3 \\ x_1x_3F_3 \\ x_2x_3F_3 \\ x_3^2F_3 \end{matrix} &
\left(\begin{matrix}
a_{11} & a_{12} & a_{13} & a_{22} & a_{23} & a_{33} & 0 & 0 & 0 & 0 \\
0 & a_{11} & 0 & a_{12} & a_{13} & 0 & a_{22} & a_{23} & a_{33} & 0 \\
0 & 0 & a_{11} & 0 & a_{12} & a_{13} & 0 & a_{22} & a_{23} & a_{33} \\
b_{11} & b_{12} & b_{13} & b_{22} & b_{23} & b_{33} & 0 & 0 & 0 & 0 \\
0 & b_{11} & 0 & b_{12} & b_{13} & 0 & b_{22} & b_{23} & b_{33} & 0 \\
0 & 0 & b_{11} & 0 & b_{12} & b_{13} & 0 & b_{22} & b_{23} & b_{33} \\
0 & c_1 & 0 & c_2 & c_3 & 0 & 0 & 0 & 0 & 0 \\
0 & 0 & c_1 & 0 & c_2 & c_3 & 0 & 0 & 0 & 0 \\
0 & 0 & 0 & 0 & c_1 & 0 & 0 & c_2 & c_3 & 0 \\
0 & 0 & 0 & 0 & 0 & c_1 & 0 & 0 & c_2 & c_3
\end{matrix}\right)
\end{array}
$$

$$(3.7.17)$$

例 3.7.1   计算下面三元齐次多项式组的 Macaulay 结式:

$$
F_1 = a_{1,1}x_1^2 + a_{1,2}x_1x_2 + a_{1,3}x_1x_3 + a_{2,2}x_2^2 + a_{2,3}x_2x_3 + a_{3,3}x_3^2
$$
$$
F_2 = b_{1,1}x_1^2 + b_{1,2}x_1x_2 + b_{1,3}x_1x_3 + b_{2,2}x_2^2 + b_{2,3}x_2x_3 + b_{3,3}x_3^2
$$
$$
F_3 = c_1x_1 + c_2x_2 + c_3x_3
$$

解   此时 $n=3, d_1=d_2=2, d_3=1$, 因而 $d=3, m=10, l=12$,

$$T_3 = \left\{x_1^3, x_1^2x_2, x_1^2x_3, x_1x_2^2, x_1x_2x_3, x_1x_3^2, x_2^3, x_2^2x_3, x_2x_3^2, x_3^3\right\}$$

$$T_{(1)} = \{x_1, x_2, x_3\}, \quad T_{(2)} = \{x_1, x_2, x_3\}, \quad T_{(3)} = \{x_1x_2, x_1x_3, x_2x_3, x_3^2\}$$

Macaulay 矩阵 M 构造如 (3.7.17) 式中矩阵. 此外

$$S_{(1)} = \{x_3\}, \quad S_{(2)} = \{x_3\}, \quad S = \begin{pmatrix} a_{11} & a_{22} \\ b_{11} & b_{22} \end{pmatrix}$$

Macaulay 结式为 $\det(M)/\det(S)$.

习 题 3

3.1   根据命题 3.1.4 求多项式 $f = x^4 - x^3 - x^2 + x, g = x^3 + x^2 - x - 1$ 的最大公因式.

3.2   设多项式 $f(x), g(x) \in \Bbbk[x]$ 都是正次数的多项式, 它们的 $i(\geqslant 1)$ 阶子结式的主系数不为零, 且所有小于 i 阶的子结式主系数均为零. 证明 $f(x), g(x)$ 有 i 次公因式.

3.3　设 $1 \leqslant \min\{\deg(f), \deg(g)\}$, 根据命题 3.4.3, 如何给出 $f(x), g(x)$ 最大公因式的次数?

3.4　写成多项式 $f = x^3 + 3x^2 + 3$, $g = 2x^2 + x + 5$ 的子结式序列, 并比较 f 关于 g 的 Euclid 余式序列.

3.5　设 $f(x) = a_m x^m + a_{m-1}x^{m-1} + \cdots + a_1 x + a_0$, $g(x) = b_n x^n + b_{n-1}x^{n-1} + \cdots + b_1 x + b_0$ 都是有理系数多项式, $a_m b_n \neq 0$. 证明下列结论:

(1) $\operatorname{res}(f, b_0) = b_0^m$;

(2) 若有带除式 $f(x) = q(x)g(x) + r(x)$, 则

$$\operatorname{res}(f, g) = \begin{cases} (-1)^{mn} b_n^{m-d}\operatorname{res}(g, r), & r(x) \neq 0, d = \deg(r), \\ 0, & r(x) = 0 \end{cases}$$

(3) 如果 $f(x) = a_m(x - \alpha_1)(x - \alpha_2)\cdots(x - \alpha_m)$, $g(x) = b_n(x - \beta_1)(x - \beta_2)\cdots(x - \beta_n)$, 则

$$\operatorname{res}(f, g) = a_m^n b_n^m \prod_{i=1}^{m}\prod_{j=1}^{n}(\alpha_i - \beta_j)$$

$\left(\text{提示: 利用结论 (1), (2), 采用归纳法证明: } \operatorname{res}(f, g) = a_m^n \prod_{i=1}^{m} g(\alpha_i)\right)$

3.6　设 $f(x), g(x), h(x)$ 都是一元有理系数多项式, 分别具有正的次数 m, n, p. 试证明下列结论:

(1) $\operatorname{res}_x(f(x), x - y) = (-1)^m f(y)$;

(2) $\operatorname{res}(fg, h) = \operatorname{res}(f, h) \cdot \operatorname{res}(g, h)$;

(3) $\operatorname{Disc}(f \cdot g) = \operatorname{Disc}(f) \cdot \operatorname{Disc}(g) \cdot |\operatorname{res}(f, g)|^2$.

(提示: 利用习题 3.5 的结论 (3))

3.7　已知多项式 $f = 5x^4 + 4x^3 + 3x^2 + \lambda x + 1$, 求 f, f' 的 Bézout-Cayley 结式, 并由此给出 $f(x)$ 有重根的条件.

3.8　已知多项式 $h_1 = a^2 - x^2 - y^2, h_2 = b^2 - (c - x)^2 - y^2, h_3 = 2\Delta - cy$, 试求结式 $f := \operatorname{res}_x(h_1, h_2)$ 和 $r := \operatorname{res}_y(f, h_3)$, 其中 $\Delta^2 = p(p-a)(p-b)(p-c), p = (a + b + c)/2$. 看看由此能发现什么结论.

3.9　就整系数多项式

$$A(x) = x^8 + x^6 - 3x^4 - 3x^3 + 8x^2 + 2x - 5$$
$$B(x) = 3x^6 + 5x^4 - 4x^2 - 9x + 21$$

分别计算出它们的 Euclid 余式序列、本原余式序列、子结式余式序列及子结式链, 比较它们对求最大公因式算法效率的影响 (中间表达式系数的规模、运算开销).

3.10　计算下面二元齐次多项式:

$$A(x, y) = a_{3,0}x^3 + a_{2,1}x^2 y + a_{1,2}x y^2 + a_{0,3}y^3$$
$$B(x, y) = b_{2,0}x^2 + b_{1,1}x y + b_{0,2}y^2$$

的 Macaulay 结式, 并比较下面一元多项式:

$$f(x) = a_3 x^3 + a_2 x^2 + a_1 x + a_0$$

$$g(x) = b_2 x^2 + b_1 x + b_0$$

的 Sylvester 结式.

第4章 整系数多项式的模运算

前两章给出的求最大公因子的余式序列方法涉及大整数的计算, 中间表达式膨胀常常比较严重, 而模运算可以使被计算的整数的规模限制在一定范围内, 提高算法的效率. 前面已经看到了用模运算求整数元素行列式的优点, 本章讨论整系数多项式的模运算, 特别是求最大公因式、因式分解、求解多项式方程等的模算法. 本章算法的更细致描述可参看文献 [6, 11].

4.1 求一元多项式的最大公因式

给定素数 p, 整数 a, 我们用 $\bar{a}$ 代表 a 所在的模 p 剩余类. 对于多项式 $F \in \mathbb{Z}[x]$,

$$F = a_m x^m + \cdots + a_1 x + a_0, \quad a_m \neq 0 \tag{4.1.1}$$

令 $\bar{F} := \bar{a}_m x^m + \cdots + \bar{a}_1 x + \bar{a}_0$, 则 $\phi_p : F \mapsto \bar{F}$ 是 $\mathbb{Z}[x]$ 到 $\mathbb{Z}_p[x]$ 的同态满射. 注意到, $\deg(\bar{F}) \leqslant \deg(F)$, 只有当 $p \nmid a_m$ 时等式才能成立. 有时为了指明素数 p, 也把 $\bar{F}$ 记作 F_p. 另外, 用 $\phi_p^{-1}(\bar{F})$ 表示将 $\bar{F}$ 的系数 $\bar{a}_i$ 换成其约化代表元而得的多项式. 如 $p = 5$, $\bar{F} = \bar{6}x^4 + \bar{3}x^2 + \bar{2}x + \bar{4}$, 则 $\phi_p^{-1}(\bar{F}) = x^4 - 2x^2 + 2x - 1 \in \mathbb{Z}[x]$.

命题 4.1.1 设 $R, \bar{R}$ 都是唯一分解环, $\phi : R \to \bar{R}$ 是同态满射, $f, g \in R$, 则

$$\phi(\gcd(f, g)) \mid \gcd(\phi(f), \phi(g)) \tag{4.1.2}$$

证明 设 $h = \gcd(f, g)$, 则有 $f_1, g_1 \in R$ 使得 $f = h \cdot f_1, g = h \cdot g_1$. 于是

$$\phi(f) = \phi(h) \cdot \phi(f_1), \quad \phi(g) = \phi(h) \cdot \phi(g_1) \tag{4.1.3}$$

根据最大公因式的定义, (4.1.2) 式成立. ∎

推论 4.1.1 记号同命题 4.1.1. 若 $\phi(f)$ 与 $\phi(g)$ 互素, 则 $\phi(\gcd(f, g))$ 是 $\bar{R}$ 中的可逆元.

对于整系数多项式 $F, G \in \mathbb{Z}[x]$ 和模 p 同态映射, (4.1.2) 式即是

$$\gcd(F, G)_p \mid \gcd(F_p, G_p) \tag{4.1.4}$$

如果 $\gcd(F_p, G_p) \neq 0$, 则 $\deg(\gcd(F, G)_p) \leqslant \deg(\gcd(F_p, G_p))$. 当不等式变成等式, 即当 $\deg(\gcd(F, G)_p) = \deg(\gcd(F_p, G_p))$ 时, 则说 p **对于** F, G **是良好的**, 此时, 存

在非零元素 $\bar{c} \in \mathbb{Z}_p$, 使得

$$\gcd(F,G)_p = \bar{c} \cdot \gcd(F_p, G_p) \tag{4.1.5}$$

实际上, $\bar{c}$ 就是 $\gcd(F,G)_p$ 的首项系数.

命题 4.1.2 设 $F, G \in \mathbb{Z}[x]$ 是两个非零多项式, 素数 p 不能整除它们的首项系数. 则 p 对 F, G 是良好的当且仅当 p 不能整除 $\mathrm{res}\,(F/\gcd(F,G), G/\gcd(F,G))$.

证明 设 $D = \gcd(F,G)$, $F = DP, G = DQ$, 则 $F_p = D_p P_p, G_p = D_p Q_p$,

$$\gcd(F_p, G_p) = \gcd(P_p, Q_p)\, D_p / \mathrm{lc}(D_p) \tag{4.1.6}$$

由于 p 不能整除 F, G 的首项系数, 因而不能整除 $\mathrm{lc}(D), \mathrm{lc}(P), \mathrm{lc}(Q)$, 因而 $\deg(D) = \deg(D_p)$, $\deg(P) = \deg(P_p)$, $\deg(Q) = \deg(Q_p)$, $\gcd(F_p, G_p) \neq 0$, D_p 整除 $\gcd(F_p, G_p)$; 由命题 3.1.5 知, $\mathrm{res}(P,Q)_p = \mathrm{res}(P_p, Q_p)$.

如果 $\deg(D_p) = \deg(\gcd(F_p, G_p))$, 则 $D_p = \mathrm{lc}(D_p) \cdot \gcd(F_p, G_p)$(因为 $\gcd(F_p, G_p)$ 的首项系数为 1). 所以 $\gcd(P_p, Q_p) = 1$, 说明 P_p, Q_p 互素, $0 \neq \mathrm{res}(P_p, Q_p) = \mathrm{res}(P,Q)_p$, 即 p 不整除 $\mathrm{res}(F/D, G/D)$.

反之, p 不能整除 $\mathrm{res}(F/D, G/D)$, 则 $\mathrm{res}(P_p, Q_p) = \mathrm{res}(P,Q)_p \neq 0$, P_p, Q_p 互素, 由 (4.1.5) 和 (4.1.6) 式, $\mathrm{lc}(D_p) \cdot \gcd(F_p, G_p) = D_p$, 因而 $\deg(\gcd(F_p, G_p)) = \deg(D_p)$, p 对 F, G 是良好的. ∎

推论 4.1.2 对于任意两个给定的整系数多项式 F, G, 不是良好的素数 p 只有有限多个.

命题 4.1.3 设 $F, G \in \mathbb{Z}[x]$ 是两个本原多项式, 素数 p 不能整除它们的首项系数. 若 F, G 的公因子 $H \in \mathbb{Z}[x]$ 的次数等于 $\deg(\gcd(F_p, G_p))$, 则 H 是 F, G 的最大公因式.

证明 设 D 是 F, G 的最大公因式, 由假设知, $\deg(D) = \deg(D_p), \deg(H) = \deg(H_p)$, $\deg(H) \leqslant \deg(D) = \deg(D_p) \leqslant \deg(\gcd(F_p, G_p))$, 于是 $\deg(H) = \deg(D)$. 由于 F, G 都是本原的, 因而 D, H 都是本原的, H 必是 F, G 的最大公因式. ∎

设 $F, G \in \mathbb{Z}[x]$ 是两个本原多项式, $b = \gcd(\mathrm{lc}(F), \mathrm{lc}(G))$, 则 $\mathrm{lc}(\gcd(F,G))|b$. 我们希望能够从 $\bar{H} := \gcd(F_p, G_p)$ 读到 $D := \gcd(F,G)$ 的主要信息. 考虑 $C := b \cdot \phi_p^{-1}(\bar{H})$. 如果 p 不能整除 b, 则 $\deg(C) = \deg(\bar{H})$. 如果 C 能够成为 bF, bG 的公因式, 则 $\mathrm{pp}(C)$ 即是 F, G 的最大公因式. 假设有多项式 $F_1, G_1 \in \mathbb{Z}[x]$ 满足同余式

$$F_1 C \equiv bF \bmod p, \quad G_1 C \equiv bG \bmod p \tag{4.1.7}$$

则当 p 大于同余式两侧多项式系数绝对值的 2 倍时, 同余式就可以变成等式, 此时 C 就满足上述要求. 上述分析启发我们可以通过模运算求整系数多项式的最大公

因式. 为此我们先估计两个整系数多项式的公因式的系数界. (4.1.1) 式所示的多项式 F 有以下三种常用的范数:

$$||F||_1 := \sum_{0 \leqslant i \leqslant m} |a_i|, \quad ||F||_2 := \sqrt{\sum_{0 \leqslant i \leqslant m} a_i^2}, \quad ||F||_\infty := \max_{0 \leqslant i \leqslant m} |a_i| \qquad (4.1.8)$$

它们之间有关系

$$||F||_\infty \leqslant ||F||_2 \leqslant ||F||_1 \leqslant (m+1)||F||_\infty, \quad ||F||_2 \leqslant (m+1)^{1/2}||F||_\infty \qquad (4.1.9)$$

定理 4.1.1 (Landau-Mignotte 不等式) 设

$$F = \sum_{0 \leqslant i \leqslant m} a_i x^i, \quad G = \sum_{0 \leqslant j \leqslant n} b_j x^j, \quad H = \sum_{0 \leqslant k \leqslant l} c_k x^k, \quad a_m b_n c_l \neq 0$$

是三个整系数多项式.

(1) 若 $GH|F$, 则

$$||G||_1 ||H||_1 \leqslant 2^{n+l} ||F||_2 \qquad (4.1.10)$$

(2) F, G 的公因式的每个系数的绝对值不超过下面的界值:

$$L_m(F, G) := 2^{\min\{m,n\}} \gcd(\mathrm{lc}(F), \mathrm{lc}(G)) \min \left\{ \frac{||F||_2}{|\mathrm{lc}(F)|}, \frac{||G||_2}{|\mathrm{lc}(G)|} \right\} \qquad (4.1.11)$$

算法 4.1 求整系数多项式最大公因式的模大素数算法 (MBP1)

输入: 整系数多项式 $F, G \in \mathbb{Z}[x]$, 满足 $\deg(F) = n \geqslant \deg(G) \geqslant 1$ 且 $||F||_\infty, ||G||_\infty \leqslant A$.

输出: 最大公因式 $D = \gcd(F, G) \in \mathbb{Z}[x]$.

1. $b := \gcd(\mathrm{lc}(F), \mathrm{lc}(G)); B := (n+1)^{1/2} 2^n Ab;$

2. **loop**;

3.   随机选一个素数 p, 满足 $2B < p \leqslant 4B$;

4.   调用算法 EEA, 计算最大公因式 $\bar{H} := \gcd(F_p, G_p)$;

5.   如果 $\bar{H} = 1$, 则输出 $\gcd(\mathrm{cont}(F), \mathrm{cont}(G))$, 结束算法;

6.   令 $H = \phi_p^{-1}(\bar{H}) \in \mathbb{Z}[x]$;

7.   调用中国剩余算法求出多项式 $C, S, T \in \mathbb{Z}[x]$ ($|| \cdot ||_\infty < p/2$), 满足

$$C \equiv bH \bmod p, \quad SC \equiv bF \bmod p, \quad TC \equiv bG \bmod p \qquad (*)$$

8. **until** $||S||_1 ||C||_1 \leqslant B, ||T||_1 ||C||_1 \leqslant B$;

9. **return** $\mathrm{pp}(C)$.

命题 4.1.4 上述算法在有限步内结束, 且输出为 F, G 的最大公因式.

证明 当步骤 8 中的停止条件成立时, $||SC||_\infty \leqslant ||SC||_1 \leqslant ||S||_1||C||_1 \leqslant B < p/2$, 而由 p 的取法自然有 $||bF||_\infty < p/2$, 此时同余式 $SC \equiv bF \bmod p$ 变成等式 $SC = bF$, 同理有 $TC = bG$, 说明 C 是 bF, bG 的公因式. 所以 $\mathrm{pp}(C)$ 是 F, G 的公因式. 又 p 不能整除 b 及 F, G 的首项系数, 所以

$$\deg(\mathrm{pp}(C)) = \deg(C) = \deg(C_p) = \deg(\gcd(F_p, G_p))$$

由命题 4.1.3, $\mathrm{pp}(C)$ 是 F, G 的最大公因式.

反之, 若 $\mathrm{pp}(C) = \gcd(F, G)$, 注意到 H 的首项系数为 1, $b < p/2$, C 的首项系数应是 b, 所以有整数 b' 使得 $b \cdot \mathrm{pp}(C) = b'C$. 设 $F = U \cdot \mathrm{pp}(C)$, 其中 $U \in \mathbb{Z}[x]$, 则 $bF = b'U \cdot C$. 由 Landau-Mignotte 不等式 (4.1.10) 以及不等式 (4.1.9) 得

$$||b'U||_1||C||_1 \leqslant b2^n||F||_2 \leqslant b2^n(n+1)^{1/2}||F||_\infty \qquad (4.1.12)$$

联立 $bF = b'U \cdot C$ 与算法 4.1 中 $(*)$ 式的第二个, 得 $(S - b'U)C \equiv 0 \bmod p$, 即 $(S - b'U)_pC_p = 0$, 但 $C_p \neq 0$, 故 $(S - bU)_p = 0$, 即 $S \equiv b'U \bmod p$. 由于 S 的每个系数的绝对值均不超过 $p/2$, 因而 $b'U$ 的每个系数的绝对值都不会小于 S 的同次项的系数的绝对值. 由此得 $||S||_1 \leqslant ||b'U||_1$, 代入 (4.1.11) 式即可得 $||S||_1||C||_1 \leqslant (n+1)^{1/2}2^nbA = B$. 同理可证 $||T||_1||C||_1 \leqslant B$.

注意到 $C_p = b_p\gcd(F_p, G_p)$, 所以停止条件成立当且仅当 p 对于 F, G 是良好的, 由命题 4.1.2, 对于 F, G 不是良好的素数只有有限个, 因而破坏停止条件的 p 只有有限个, 算法能在有限步内结束. ∎

注 可以证明算法中步骤 3 所要的素数是存在的, 参看文献 [6].

上述算法中, 如果将步骤 7 的计算 S, T 和步骤 8 的不等式检验换成检验

$$\mathrm{pp}(C)|F \text{ 和 } \mathrm{pp}(C)|G \qquad (4.1.13)$$

则当 (4.1.13) 式成立时, $\mathrm{pp}(C) = \gcd(F, G)$. 由此得到下面的算法.

算法 4.2 求最大公因式的模大素数算法 (MBP2)

输入: 整系数多项式 $F, G \in \mathbb{Z}[x]$, 满足 $\deg(F) = n \geqslant \deg(G) \geqslant 1$ 且 $||F||_\infty, ||G||_\infty \leqslant A$.

输出: 最大公因式 $D = \gcd(F, G) \in \mathbb{Z}[x]$.

1. $b := \gcd(\mathrm{lc}(F), \mathrm{lc}(G))$; $B := (n+1)^{1/2}2^nAb$;
2. **loop**;
3.   随机选一个素数 p, 满足 $2B < p$;
4.   调用算法 EEA, 计算最大公因式 $\bar{H} := \gcd(F_p, G_p)$;
5.   如果 $\bar{H} = 1$, 则输出 $\gcd(\mathrm{cont}(F), \mathrm{cont}(G))$, 结束算法;

6.　令 $H = \phi_p^{-1}(\bar{H}) \in \mathbb{Z}[x]$;

7.　调用中国剩余算法求出多项式 $C \in \mathbb{Z}[x]$ ($\|C\|_\infty < p/2$), 满足

$$C \equiv bH \bmod p \qquad\qquad (**)$$

8. **until** $\mathrm{pp}(C)|F$, $\mathrm{pp}\,(C)|G$;

9. **return** $\mathrm{pp}(C)$.

命题 4.1.5　上述算法在有限步内结束, 且输出 F, G 的最大公因式.

证明　由 p 的选取知其不能整除 F, G 的首项系数; 由 C 的构造知 $\deg(C) = \deg(\gcd(F_p, G_p))$. 当算法终止时, 若 $\bar{H} = 1$, 则由推论 4.1.1 知, $\gcd(F, G)$ 是正整数, 因而等于 $\gcd(\mathrm{cont}(F), \mathrm{cont}(G))$; 若 (4.1.13) 式成立, 由命题 4.1.3 知 $\mathrm{pp}(C)$ 是 F, G 的最大公因式.

如果算法中 (4.1.13) 不成立, 则 $\deg(\gcd(F, G)_p) < \deg(C) = \deg(\gcd(F_p, G_p))$, 或者 $\gcd(F, G)_p$ 与 $\gcd(F_p, G_p)$ 在 $\mathbb{Z}_p[x]$ 中只相差一个倍数. 由命题 4.1.2 及其类似的证明可知, 对于给定的本原多项式 F, G, 使上述两种情况出现的素数 p 只有有限多个, 因而算法在有限步内结束.　■

例 4.1.1　用 MBP2 求多项式 $G = 2x^4 + 3x^3 + 4x^2 + 3x + 2, F = 6x^5 + 9x^4 - 13x^2 - 12x - 4$ 的最大公因式.

解　$n = 5, A = 13, b = 2, B = 2^n(n+1)^{1/2}Ab \approx 2080$. 取 $p = 4177$, 直接计算得

$$\bar{H} = \gcd(F_p, G_p) = x^2 + 2090x + 1$$

求一个二次多项式 C 满足

$$C \equiv bH \bmod 4177$$

其中, $H = \phi_{4177}^{-1}(\bar{H}) = x^2 - 2087x + 1$, 得到 $C = 2x^2 + 3x + 2$, 它是本原多项式, 直接验证知 C 是 F, G 的公因式, 因而是最大公因式.

值得注意的是, 算法 4.2 选用的素数 p 可以不必要求那么大, 只要 p 不能整除多项式 F, G 的首项系数即可. 因为, $\deg(C) = \deg(\gcd(F_p, G_p))$, 当条件 (4.1.13) 满足时, $\mathrm{pp}(C)$ 即是 F, G 的最大公因式. 所以, 算法 4.2 的关键是如 $(**)$ 那样构造多项式 C, 并且选择素数 p 使得 C 的次数能够降到 $\deg(\gcd(F, G))$. 如果有素数 q 使得 $\deg(\gcd(F_q, G_q)) < \deg(\gcd(F_p, G_p))$, 则 p 一定是不可取的. 综合上述分析, 算法可以做如下改进.

算法 4.3　改进的模大素数算法 (MBP)

输入: 两个本原的整系数多项式 F, G.

输出：$\gcd(F, G)$.

1. 计算 $b := \gcd(\mathrm{lc}(F), \mathrm{lc}(G))$;
2. 取一个素数 p (不能整除 F, G 的首项系数), 并计算 $\bar{H} := \gcd(F_p, G_p)$;
3. 如果 $\bar{H} = 1$, 则返回 $\gcd(\mathrm{cont}(F), \mathrm{cont}(G))$, 结束;
4. 选择一个比 p 大的素数 q, 它不能整除 F, G 的首项系数;
5. 计算 $\bar{L} := \gcd(F_q, G_q)$. 如果 $\bar{L} = 1$, 则返回 $\gcd(\mathrm{cont}(F), \mathrm{cont}(G))$, 结束;
6. 如果 $\deg(\bar{H}) \neq \deg(\bar{L})$, 则保留次数低的那个最大公因式及所对应的素数, 比如 $\bar{H}$ 和 p, 转步骤 4;
7. 如果 $\deg(\bar{H}) = \deg(\bar{L}) = l$, 则用中国剩余算法求一个 l 次多项式 $C \in \mathbb{Z}[x]$, 使得其系数的绝对值小于 $pq/2$, 而且

$$C \equiv b\phi_q^{-1}\left(\bar{H}\right) \bmod q, \quad C \equiv b\phi_p^{-1}\left(\bar{L}\right) \bmod p \qquad (***)$$

8. 检查 $\mathrm{pp}(C)|F$ 和 $\mathrm{pp}(C)|G$ 是否成立, 如果成立, 则输出 $\mathrm{pp}(C)$; 否则, 保留较大的素数, 比如 p, 转步骤 4.

例 4.1.2 用改进的算法 MBP 求多项式

$$F = 2x^4 + 3x^3 + 4x^2 + 3x + 2, \quad G = 6x^5 + 9x^4 - 13x^2 - 12x - 4$$

的最大公因式.

解 首先 $b = \gcd(\mathrm{lc}(F), \mathrm{lc}(G)) = 2$.

取 $p = 5$, 则 $F_5 = 2x^4 - 2x^3 - x^2 - 2x + 2, G_5 = x^5 - x^4 + 2x^2 - 2x + 1$,

$$\gcd(F_5, G_5) = x^3 + x^2 - x + 2$$

取 $q = 7$, $F_7 = 2x^4 + 3x^3 - 3x^2 + 3x + 2, G_7 = -x^5 + 2x^4 + x^2 + 2x + 3$, $\gcd(F_7, G_7) = x^2 - 2x + 1$ 可见, $p = 5$ 对于多项式 A, B 不是良好的.

再选素数 $p = 11$, $F_{11} = 2x^4 + 3x^3 + 4x^2 + 3x + 2, G_{11} = -5x^5 - 2x^4 - 2x^2 - x - 4$,

$$\gcd(F_{11}, G_{11}) = x^2 - 4x + 1$$

后两个最大公因式具有相同的次数. 用中国剩余定理求一个二次多项式 C, 使得

$$C \equiv 2 \cdot (x^2 - 2x + 1) \bmod 7, \quad C \equiv 2 \cdot (x^2 - 4x + 1) \bmod 11$$

得到 $C = 2x^2 + 3x + 2$, 它是本原的. 直接验证 C 是 F, G 的公因式, 因而是 A, B 的最大公因式.

根据中国剩余定理, 算法 4.1 可以将模一个大素数改造成模多个小素数.

算法 4.4 求最大公因式的模小素数算法 (MSP)

输入: 整系数多项式 $F, G \in \mathbb{Z}[x]$, 满足 $\deg(F) = n \geqslant \deg(G) \geqslant 1$ 且 $||F||_\infty, ||G||_\infty \leqslant A$.

输出: $D = \gcd(F, G) \in \mathbb{Z}[x]$.

  1. $b := \gcd(\mathrm{lc}(F), \mathrm{lc}(G)); B := (n+1)^{1/2} 2^n Ab;$

  2. $k := \lceil 2\log_2\left((n+1)^n b A^{2n}\right) \rceil; l := \lceil \log_2(2B+1) \rceil;$

  3. **loop**;

  4.   随机选择 $2l$ 个素数, 它们都小于 $2k \ln k$, 且不能整除 b;

  5.   上面选到的素数之集记为 S;

  6.   对于每个 $p \in S$, 调用算法 EEA, 计算最大公因式 $\gcd(F_p, G_p)$;

  7.   如果 $\gcd(F_p, G_p) = 1$, 则输出 $\gcd(\mathrm{cont}(f), \mathrm{cont}(G))$, 结束算法;

  8.   令 $^pV = \phi_p^{-1}(\gcd(F_p, G_p))$;

  9. $e := \min\{\deg(^pV) | p \in S\}; S := \{p \in S | \deg(^pV) = e\};$

  10.   如果 $|S| \geqslant l$, 则从 S 中去掉 $|S| - l$ 个素数;

  11.   调用算法 CRA 求出多项式 $C, F_1, G_1 \in \mathbb{Z}[x] \left(||\cdot||_\infty < \left(\prod\limits_{p \in S} p\right)/2 \right)$, 满足

$$C \equiv b^pV \bmod p, \quad F_1 C \equiv bF \bmod p, \quad G_1 C \equiv bG \bmod p \quad p \in S \qquad (****)$$

  12. **until** $||F_1||_1 ||C||_1 \leqslant B, ||G_1||_1 ||C||_1 \leqslant B$;

  13. **return** $\mathrm{pp}(C)$.

4.2 求多元多项式的最大公因式

    当多项式变元的个数多于 1 时, 通过让一部分变量取值就可以化为一元多项式, 然后再使用插值手段恢复为多元多项式. 为了使运算的规模受到控制, 可以对系数采用模运算.

4.2.1 二元多项式

    将二元多项式表示成如下形式:

$$f(x, y) = a_m(y)x^m + \cdots + a_1(y)x + a_0(y)$$
$$g(x, y) = b_n(y)x^n + \cdots + b_1(y)x + b_0(y) \qquad (4.2.1)$$

对于 f, g 的任何公因式 $h(x, y)$, 设

$$f(x,y) = h(x,y)f_1(x,y), \quad g(x,y) = h(x,y)g_1(x,y)$$
$$h(x,y) = c_k(y)x^k + \cdots + c_0(y)$$
$$f_1(x,y) = s_{m-k}(y)x^{m-k} + \cdots + s_0(y) \tag{4.2.2}$$
$$g_1(x,y) = t_{n-k}(y)x^{n-k} + \cdots + t_0(y)$$

则

$$a_m(y) = c_k(y)s_{m-k}(y), \quad b_n(y) = c_k(y)t_{n-k}(y) \tag{4.2.3}$$

对于任何常数 c, 如果 $a_m(c) \cdot b_n(c) \neq 0$, 则 $c_k(c) \cdot s_{m-k}(c) \cdot t_{n-k}(c) \neq 0$.

命题 4.2.1 设 R 是唯一分解环, $h(x,y), f(x,y), g(x,y) \in R[x,y]$, h 是 f, g 的公因式, $c \in R$, $y - c$ 不能整除 $\mathrm{lc}_x(f)$ 和 $\mathrm{lc}_x(g)$. 若 $y - c$ 不能整除 $\mathrm{res}_x(f/h, g/h)$, 则存在非零元素 $b \in R$, 使得 $b \cdot h(x,c)$ 是 $f(x,c)$ 和 $g(x,c)$ 的最大公因式. 反之亦然.

证明 考虑赋值同态 $\phi_c^{(2)} : f(x,y) \mapsto f(x,c)$. $y - c$ 不能整除 $\mathrm{lc}_x(f)$ 意味着 $\deg_x(f) = \deg_x(\phi_c^{(2)}(f))$. 所以, 由 $y - c$ 不能整除 $\mathrm{lc}_x(f)$ 和 $\mathrm{lc}_x(g)$ 可以推得

$$\deg_x(\phi_c^{(2)}(f/h)) = \deg_x(f/h), \quad \deg_x(\phi_c^{(2)}(g/h)) = \deg_x(g/h)$$

由命题 3.1.5

$$\mathrm{res}_x\left(\phi_c^{(2)}(f/h), \phi_c^{(2)}(g/h)\right) = \phi_c^{(2)}\left(\mathrm{res}_x(f/h, g/h)\right) \tag{4.2.4}$$

若 $y - c$ 不能整除 $\mathrm{res}_x(f/h, g/h)$, 则 $\phi_c^{(2)}\left(\mathrm{res}_x(f/h, g/h)\right) \neq 0$, 由命题 3.1.3, 多项式 $\phi_c^{(2)}(f/h)$ 与 $\phi_c^{(2)}(g/h)$ 的最大公因式为 R 中一个非零元素, 设为 b. 但

$$\phi_c^{(2)}(f) = \phi_c^{(2)}(h)\phi_c^{(2)}(f/h), \quad \phi_c^{(2)}(g) = \phi_c^{(2)}(h)\phi_c^{(2)}(g/h) \tag{4.2.5}$$

所以 $b \cdot \phi_c^{(2)}(h)$ 是 $\phi_c^{(2)}(f), \phi_c^{(2)}(g)$ 的最大公因式, 即 $b \cdot h(x,c)$ 是 $f(x,c), g(x,c)$ 的最大公因式.

反之, 若存在非零元素 $b \in R$, 使得 $b \cdot h(x,c)$ 是 $f(x,c), g(x,c)$ 的最大公因式, 则由 (4.2.5) 式, $\phi_c^{(2)}(f/h)$ 与 $\phi_c^{(2)}(g/h)$ 没有正次数的公因式, 由命题 3.1.3,

$$\phi_c^{(2)}\left(\mathrm{res}_x(f/h, \quad g/h)\right) = \mathrm{res}_x\left(\phi_c^{(2)}(f/h), \phi_c^{(2)}(g/h)\right) \neq 0$$

所以 $y - c$ 不能整除 $\mathrm{res}_x(f/h, g/h)$. ∎

定义 4.2.1 设 R 是唯一分解环, $f(x,y), g(x,y) \in R[x,y]$, $c \in R$, $d = \gcd(f, g)$. 若 $\deg_x\left(\gcd\left(\phi_c^{(2)}(f), \phi_c^{(2)}(g)\right)\right) = \deg_x\left(\phi_c^{(2)}(\gcd(f,g))\right)$, 则说 c 对于 f, g 是良好的.

推论 4.2.1 设 R 是唯一分解环, $f(x,y), g(x,y) \in R[x,y]$. 下列结论成立

(1) 若 $c \in R$, $y - c$ 不整除 $\mathrm{lc}_x(f)$ 和 $\mathrm{lc}_x(g)$, 则 c 对于 f, g 不是良好的, 当且仅当 $y - c$ 整除 $\mathrm{res}_x(f/\gcd(f,g), g/\gcd(f,g))$. 对于 f, g 不良好的 c 个数有限.

(2) 若 $\text{res}_x(f,g) \neq 0$, 则至多有有限个元素 $a \in R$, 使得 $f(x,a), g(x,a)$ 具有正次数公因式.

证明　在命题 4.2.1 中令 $h = \gcd(f,g)$ 即得结论 (1) 的前一部分结论. 能够整除 $\text{lc}_x(f), \text{lc}_x(g), \text{res}_x(f/\gcd(f,g), g/\gcd(f,g))$ 之一的因式 $y-c$ 只有有限多个, 结论 (1) 的后部分结论成立. 在命题 4.2.1 中, 令 $h=1$ 即得到结论 (2).　∎

命题 4.2.2　设 R 是唯一分解环, $f(x,y), g(x,y) \in R[x,y]$. 若有 $c \in R$ 使得 $y-c$ 不整除 $\text{lc}_x(f)$ 和 $\text{lc}_x(g)$, 且 $\gcd(f(x,c), g(x,c))$ 为 x 的零次多项式, 则 $\gcd(f(x,y), g(x,y))$ 中不出现变元 x. 因而, 对于任何 $a \in R$, $\gcd(f(a,y), g(a,y))$ 都是 $\gcd(f(x,y), g(x,y))$ 的倍式.

证明　设 $h(x,y) = \gcd(f,g), f(x,y) = h(x,y)f_1(x,y), g(x,y) = h(x,y)g_1(x,y)$, 则 $f(x,c) = h(x,c)f_1(x,c), g(x,c) = h(x,c)g_1(x,c)$, 所以 $h(x,c) \mid \gcd(f(x,c), g(x,c))$. 设 $\deg_x(h) = d, h(x,y) = h_d(y)x^d + \cdots + h_1(y)x + h_0(y)$, 则 $h_d(c) \neq 0$. $h(x,c) = h_d(c)x^d + \cdots + h_1(c)x + h_0(c)$ 整除一个非零常数, 必然 $d=0, h(x,y) = h_0(y)$.　∎

推论 4.2.2　设 $f(x,y) = p(x,y)x + r(y), g(x,y) = q(x,y)x + s(y)$ 都是唯一分解环 R 上的多项式, 若有整数 $c \in R$ 使得 $y-c$ 不整除 $\text{lc}_x(f)$ 和 $\text{lc}_x(g)$, $\gcd(f(x,c), g(x,c))$ 为 x 的零次多项式, 则 $\gcd(f(x,y), g(x,y))$ 是 $r(y), s(y)$ 的公因式.

考虑两个多项式 $f(x,y), g(x,y)$, 设 $d = \min\{\deg_y(f), \deg_y(g)\}$. 取一个常数 c_0, 使得 $y-c_0$ 不整除 $\text{lc}_x(f)$ 和 $\text{lc}_x(g)$. 计算 $v_0(x) := \gcd(f(x,c), g(x,c))$. 若 $v_0(x)$ 是非零常数, 则 $\gcd(f(x,y), g(x,y))$ 不出现变元 x. 此时令 $\tilde{f}(x,y) = f(y,x), \tilde{g}(x,y) = g(y,x)$, 转为求 $\tilde{f}(x,c), \tilde{g}(x,c)$ 的最大公因式. 若再出现 $\gcd(\tilde{f}(x,c), \tilde{g}(x,c))$ 为非零常数的情况, 则由命题 4.2.2, 必然 $\gcd(f,g)$ 为非零常数, 此时

$$\gcd(f(x,y), g(x,y)) = \gcd(\text{cont}(f), \text{cont}(g))$$

若 $v_0(x)$ 不是非零常数, 则取另一个常数 c_1 并计算 $v_1(x) := \gcd(f(x,c_1), g(x,c_1))$. 比较 $\deg_x(v_1)$ 与 $\deg_x(v_0)$. 不等时舍弃次数高者, 再取新的常数、计算、判定并和被保留者比较. 由推论 4.2.1 可知必在有限步内找到两个常数, 比如 c_0, c_1, 使得 $\deg_x(v_1) = \deg_x(v_0)$, 而且 $v_0(x), v_1(x)$ 都不是非零常数.

设 $v_0(x) = v_{0,k}x^k + \cdots + v_{0,1}x + v_{0,0}, v_1(x) = v_{1,k}x^k + \cdots + v_{1,1}x + v_{1,0}, v_{ij}$ 是整数. 用中国剩余算法求一组次数最低的多项式 $h_j(y)$, 使得

$$h_j(y) \equiv v_{0,j} \bmod (y-c_0), \quad h_j(y) \equiv v_{1,j} \bmod (y-c_1), \quad j = 0, 1, \cdots, k$$

得到一个二元多项式

$$h_{c_0 c_1}(x,y) = h_k(y)x^k + \cdots + h_1(y)x + h_0(y)$$

如上选取常数、计算和判断处理, 最多只需选取 $d+1$ 个不同常数 $c_0, c_1, \cdots, c_d$, 并得到 $d+1$ 个多项式 $v_j(x) := \gcd(f(x, c_j), g(x, c_j))$, 它们具有相同的次数 k, 设

$$v_i(x) = v_{i,k}x^k + \cdots + v_{i,1}x + v_{i,0}, \quad i = 0, 1, \cdots, d$$

用中国剩余算法求一组次数最低的多项式 $h_j(y)$, 它们满足下面同余式:

$$h_j(y) \equiv v_{i,j} \bmod (y - c_i), \quad i = 0, 1, \cdots, d; \quad j = 0, 1, \cdots, k \tag{4.2.6}$$

令

$$h_{c_0 c_1 \cdots c_d}(x, y) = h_k(y)x^k + \cdots + h_1(y)x + h_0(y) \tag{4.2,7}$$

因为 $\deg_y(\gcd(f, g)) \leqslant d$, 所以, $\mathrm{pp}(h_{c_0 c_1 \cdots c_d}(x, y))$ 可能成为 f, g 的最大公因式.

例 4.2.1   求 $f(x, y) = (y^2 - 1)x + (y + 1), g(x, y) = (y + 1)x^2 + (y + 1) \in \mathbb{Z}[x, y]$ 的最大公因式.

解   取 $c_0 = 0$, 则 $f(x, 0) = -x + 1, g(x, 0) = x^2 + 1, \gcd(f(x, 0), g(x, 0)) = 1$, 此时, 将 y 选作主变元, 让 x 取值. 注意到 $f(x, y) = xy^2 + y + (-x + 1), g(x, y) = (x^2 + 1)y + (x^2 + 1)$, 取 $c_0 = 1$, 则 $f(1, y) = y^2 + y, g(1, y) = 2(y + 1), v_0(y) = \gcd(f(1, y), g(1, y)) = y + 1$. 再取 $c_1 = -1$, 则 $f(-1, y) = -y^2 + y + 2, g(-1, y) = 2(y + 1), v_1(y) = \gcd(f(-1, y), g(-1, y)) = y + 1, g(-1, y) = y + 1$, 由中国剩余算法, 计算次数最低的多项式 $h_0(x), h_1(x)$ 满足

$$h_0(x) \equiv 1 \bmod (x - 1), \quad h_0(x) \equiv 1 \bmod (x + 1)$$
$$h_1(x) \equiv 1 \bmod (x - 1), \quad h_1(x) \equiv 1 \bmod (x + 1)$$

的 $h_0(x) = 1, h_1(x) = 1$, 得到多项式 $h_{1,-1}(x, y) = y + 1$. 直接验证可知, $y + 1$ 是 f, g 的公因式. 又 $\min\{\deg_y(f), \deg_y(g)\} = 1$, 所以 $h_{1,-1}(x, y) = y + 1$ 即是 f, g 的最大公因式.

前面论述中的多项式 $\mathrm{pp}(h_{c_0 c_1 \cdots c_d}(x, y))$ 也可以先用 Lagrange 插值得到一个有理系数多项式, 然后再通分变成本原的整系数多项式. 事实上, 假定给出 $d+1$ 个不同点 $y_0, y_1, \cdots, y_d \in \mathbb{k}, d+1$ 个一元多项式 $h_0(x), h_1(x), \cdots, h_d(x) \in \mathbb{k}[x]$, 那么可以用 Lagrange 插值方法, 给出一个关于 y 的次数不超过 d 的多项式 $h(x, y) \in \mathbb{k}[x, y]$,

$$h(x, y) = \sum_{0 \leqslant i \leqslant d} \frac{h_i(x)}{l_i(y)} \tag{4.2.8}$$

其中

$$l_i(y) = \prod_{0 \leqslant j \leqslant d, j \neq i} \frac{(y - y_j)}{(y_i - y_j)}, \quad i = 0, 1, \cdots, d \tag{4.2.9}$$

$h(x, y)$ 满足

$$h(x, y_i) = h_i(x), \quad i = 0, 1, \cdots, d \tag{4.2.10}$$

注意到 $L_i(y)$ 具有性质

$$l_i(y_j) = \begin{cases} 1, & j = i, \\ 0, & j \neq i \end{cases} \tag{4.2.11}$$

$l_0(y), l_1(y), \cdots, l_d(y)$ 称为 Lagrange 插值的标准基.

命题 4.2.3　设 $f(x, y), g(x, y) \in \mathbb{k}[x, y], y_i \in \mathbb{k}, h_i(x) = \gcd(f(x, y_i), g(x, y_i))$ $(i = 0, 1, \cdots, d)$. 若 $h(x, y)$ 是通过上述 Lagrange 插值得到的多项式, 而且 $h(x, y)$ 是 $f(x, y)$ 和 $g(x, y)$ 的公因式, 则存在 $k(y) \in \mathbb{k}[y]$, 使 $k(y)h(x, y)$ 是 $f(x, y), g(x, y)$ 的最大公因式.

证明　设 $c(x, y)$ 是 $f(x, y), g(x, y)$ 的最大公因式, 且 $f(x, y) = c(x, y) \cdot s(x, y)$, $g(x, y) = c(x, y) \cdot t(x, y)$, 则 $f(x, y_i) = c(x, y_i) \cdot s(x, y_i), g(x, y_i) = c(x, y_i) \cdot t(x, y_i)$, 说明 $c(x, y_i)$ 是 $f(x, y_i)$ 与 $g(x, y_i)$ 的公因式, 因而 $c(x, y_i)|h_i(x)$. 又 $h(x, y)|c(x, y)$, 设 $c(x, y) = k(x, y) \cdot h(x, y)$, 则 $h(x, y_i)|c(x, y_i)$, 但 $h(x, y_i) = h_i(x)$, 故 $h_i(x)|c(x, y_i)$. 至此得到 $h_i(x) = k_i \cdot c(x, y_i), k_i \in \mathbb{k}, i = 0, 1, \cdots, d$.

因为 $c(x, y)$ 关于 y 的次数不超过 d, 故

$$c(x, y) = \sum_{0 \leqslant i \leqslant d} c(x, y_i) l_i(y) \tag{4.2.12}$$

将 (4.2.8) 式两端同乘 $k(x, y)$ 得

$$c(x, y) = k(x, y) \cdot h(x, y) = \sum_{0 \leqslant i \leqslant d} k(x, y) h_i(x) l_i(y)$$
$$= \sum_{0 \leqslant i \leqslant d} k(x, y) \cdot k_i \cdot c(x, y_i) l_i(y) \tag{4.2.13}$$

比较 (4.2.12) 式与 (4.2.13) 式得

$$0 = \sum_{0 \leqslant i \leqslant d} (k(x, y) \cdot k_i - 1) c(x, y_i) l_i(y) \tag{4.2.14}$$

(4.2.14) 式两端令 $y = y_i$, 则有 $k(x, y_i) \cdot k_i - 1 = 0$, 即 $k(x, y_i) = 1/k_i \in \mathbb{k}, i = 0, 1, \cdots, d$. 注意到 $k(x, y)$ 关于 y 的次数也不超过 d, 因而

$$k(x, y) = \sum_{0 \leqslant i \leqslant d} k(x, y_i) l_i(y) = \sum_{0 \leqslant i \leqslant d} \frac{1}{k_i} l_i(y) \in \mathbb{k}[y] \qquad \blacksquare$$

例如, $A = x(y + 1)(y - 1), B = (x + 1)(y + 1) \in \mathbb{Z}_{11}[x, y]$, 取 $0, -4, -2$, 则 $\gcd(A(x, 0), B(x, 0)) = 1, \gcd(A(x, -4), B(x, -4)) = 1, \gcd(A(x, -2), B(x, -2)) = 1$, 因而得到的插值多项式为 $H(x, y) = 1$, 此时

$$\gcd(A(x,y), B(x,y)) = y + 1 = (y+1)H(x,y)$$

采用模运算可以有效控制系数的规模, 为此, 得选定一个项序. 并令

$$b = \gcd(\mathrm{lc}(f), \mathrm{lc}(g))$$

求二元本原多项式 $f(x,y), g(x,y)$ 的最大公因式, 可先选定一个素数 p, 其不整除 $\mathrm{lc}(f), \mathrm{lc}(g)$. 计算域上的多项式 $f_p(x,y), g_p(x,y) \in \mathbb{Z}_p[x,y]$ 的首项系数为 1 的最大公因式 $\bar{h}_p(x,y)$. 检查 $\bar{h}_p(x,y)$ 的首项是否是 $\mathrm{lt}(f), \mathrm{lt}(g)$ 的公因式. 如果不是, 则要舍掉, 并重新选一个素数 p 进行计算. 若是, 则再选定另一个素数 q, 其不整除 $\mathrm{lc}(f), \mathrm{lc}(g)$, 计算域上的多项式 $f_q(x,y), g_q(x,y) \in \mathbb{Z}_q[x,y]$ 的首项系数为 1 的最大公因式 $\bar{h}_q(x,y)$. 若 $\bar{h}_q(x,y)$ 的首项不是 $\mathrm{lt}(f), \mathrm{lt}(g)$ 的公因式, 则要舍掉, 并重新选一个素数 q 进行计算. 令

$$h_p(x,y) = \phi_p^{-1}(\bar{h}_p(x,y)), \quad h_q(x,y) = \phi_q^{-1}(\bar{h}_q(x,y))$$

设

$$h_p = \sum a_\alpha \boldsymbol{x}^\alpha, \quad h_q = \sum b_\alpha \boldsymbol{x}^\alpha$$

用中国剩余算法求一个多项式 $C(x,y)$, 它的项是那些在 $h_p(x,y)$ 中或 $h_q(x,y)$ 中出现的项, 相应的系数 c_α 满足 $-pq/2 < c_\alpha \leqslant pq/2$ 及下述同余式组:

$$c_\alpha \equiv b \cdot a_\alpha \bmod p, \quad c_\alpha \equiv b \cdot b_\alpha \bmod q, \quad \boldsymbol{x}^\alpha \in \mathrm{supp}(h_p) \cup \mathrm{supp}(h_q)$$

$$C(x,y) = \sum_{\boldsymbol{x}^\alpha \in \mathrm{supp}(h_p) \cup \mathrm{supp}(h_q)} c_\alpha \boldsymbol{x}^\alpha \tag{4.2.15}$$

验证 $\mathrm{pp}(C(x,y))$ 是不是 f, g 的公因式, 若是, 则 $\mathrm{pp}(C(x,y))$ 即是最大公因式. 若不是, 再选择更大的素数 p, 其不整除 $\mathrm{lc}(f), \mathrm{lc}(g)$, 重复上述计算过程.

例 4.2.2　用模运算求多项式

$$f(x,y) = 3x^3 + 2x^2y + 3x^2 + 2xy + 7x + 7$$
$$g(x,y) = 3x^2y + 9x^2 + 2xy^2 + 6xy + 7y + 21$$

的最大公因式.

解　选择字典序作为项序, 并且 $x > y$. 则

$$\mathrm{lt}(f) = x^3, \quad \mathrm{lt}(g) = x^2y, \quad b = \gcd(\mathrm{lc}(f), \mathrm{lc}(g)) = 3$$

取素数 $p = 5$, 则

$$f_p = -2x^3 + 2x^2y - 2x^2 + 2xy + 2x + 2$$
$$g_p = -2x^2y - x^2 + 2xy^2 + xy + 2y + 1$$

为计算 $\gcd(f_p, g_p)$, 采用赋值的办法. 取 $y = 0$, 得

$$f_p(x,0) = -2x^3 - 2x^2 + 2x + 2, \quad g_p(x,0) = -x^2 + 1$$

它们的最大公因式为 $v_0(x) = x^2 - 1$; 再取 $y = 1$, 得

$$f_p(x,1) = -2x^3 - x + 2, \quad g_p(x,1) = 2x^2 - 2x - 2$$

它们的最大公因式为 $v_1(x) = x^2 - x - 1$. 采用 Lagrange 插值

$$\bar{h}_p(x,y) = \frac{y - c_1}{c_0 - c_1} v_0(x) + \frac{y - c_0}{c_1 - c_0} v_1(x) = x^2 - xy - 1$$

直接验证可知, $x^2 - xy - 1$ 是 f_p, g_p 的公因式. 又 $\min\{\deg_y(f_p), \deg_y(g_p)\} = 1$, 由命题 4.2.3, $\bar{h}_p(x,y)$ 是 f_p, g_p 的最大公因式.

再取素数 $q = 7$, 类似的计算得 f_q, g_q 的最大公因式为 $\bar{h}_q(x,y) = x^2 + 3xy$. 令

$$h_p(x,y) = \phi_p^{-1}(\bar{h}_p) = x^2 - xy - 1$$
$$h_q(x,y) = \phi_q^{-1}(\bar{h}_q) = x^2 + 3xy$$

则 $\operatorname{supp}(h_p) = \{x^2, xy, 1\}, \operatorname{supp}(h_q) = \{x^2, xy\}$. 最后, 用中国剩余算法求形为

$$C(x,y) = c_{0,0} + c_{1,1}xy + c_{2,0}x^2$$

的多项式 $C(x,y)$, 它的系数满足下面同余式:

$$c_{0,0} \equiv -3 \bmod 5, \quad c_{0,0} \equiv 0 \bmod 7$$
$$c_{1,1} \equiv -3 \bmod 5, \quad c_{1,1} \equiv 9 \bmod 7$$
$$c_{2,0} \equiv 3 \bmod 5, \quad c_{2,0} \equiv 3 \bmod 7$$

得 $c_{0,0} = 7, c_{1,1} = 2, c_{2,0} = 3$. 多项式 $C(x,y) = 7 + 2xy + 3x^2$ 是本原多项式, 直接验证可知它是 f, g 的公因式, 因而是最大公因式.

4.2.2　n 元多项式

求多元多项式最大公因式的算法, 类似二元多项式情形, 可以分三个层次.

第一层: 用模同态将 $\mathbb{Z}[x_1, x_2, \cdots, x_n]$ 中的最大公因式计算化为若干个 $\mathbb{Z}_{p_i}[x_1, x_2, \cdots, x_n]$ 中的最大公因式计算.

第二层: 用赋值同态将 $\mathbb{Z}_{p_i}[x_1, x_2, \cdots, x_n]$ 中的最大公因式计算化为有限域 $\mathbb{Z}_{p_i}$ 上一元多项式的最大公因式计算.

第三层: 用 Euclid 除法求有限域 $\mathbb{Z}_{p_i}$ 上两个一元多项式的最大公因式.

由第三层返回第二层采用 Lagrange 插值, 需要验证整除性;

由第二层返回第一层采用中国剩余算法, 需要验证整除性.

处理多元多项式, 最好选定一个项序. 由第一层转为第二层时, 选择素数应该不能整除多项式的首项系数; 由第二层转为第三层时, 应该指定主变元, 欲赋的值应该不使主变元的首项系数变为零.

例 4.2.3 求三元多项式

$$f(x,y,z) = 9x^5 + 2x^4yz - 189x^3y^3z + 117x^3yz^2 + 3x^3 - 42x^2y^4z^2$$
$$+ 26x^2y^2z^3 + 18x^2 - 63xy^3z + 39xyz^2 + 43xyz + 6$$
$$g(x,y,z) = 6x^6 - 126x^4y^3z + 78x^4yz^2 + x^4y + x^4z + 13x^3 - 21x^2y^4z$$
$$- 21x^2y^3z^2 + 13x^2y^2z^2 + 13x^2yz^3 - 21xy^3z + 13xyz^2 + 2xy + 2xz + 2$$

的最大公因式.

解 选择字典序, 并且 $x > y > z$, 则 $\mathrm{lt}(f) = x^5, \mathrm{lt}(g) = x^6, b = \gcd(9,6) = 3$. 首先选素数 $p = 11$. 则

$$f_{11}(x,y,z) = -2x^5 + 2x^4yz + 9x^3y^3z + 7x^3yz^2 + 3x^3 + 2x^2y^4z^2$$
$$+ 4x^2y^2z^3 - 4x^2 + 3xy^3z - 5xyz^2 + 4xyz - 5$$
$$g_{11}(x,y,z) = -5x^6 - 5x^4y^3z + x^4yz^2 + x^4y + x^4z + 2x^3 + x^2y^4z$$
$$+ x^2y^3z^2 + 2x^2y^2z^2 + 2x^2yz^3 + xy^3z + 2xyz^2 + 2xy + 2xz + 2$$

以下用赋值同态计算 f_{11}, g_{11} 的最大公因式. 首先选择 x 作为主变元, y, z 作为赋值变元, 赋值顺序为 z, y. 由于 $\min\{\deg_z(f_{11}), \deg_z(g_{11})\} = 3$, 在 $\mathbb{Z}_{11}$ 中选取 z 的四个值 $2, -5, -3, 5$, 并分别计算 $z_i = 2, -5, -3, 5$ 点处的最大公因式

$$\gcd(f_{11}(x,y,z_i), g_{11}(x,y,z_i))$$

在 $z_1 = 2$ 点处,

$$f_{11}(x,y,2) = -2x^5 + 4x^4y - 4x^3y^3 - 5x^3y + 3x^3 - 3x^2y^4$$
$$- x^2y^2 - 4x^2 - 5xy^3 - xy - 5$$
$$g_{11}(x,y,2) = -5x^6 + x^4y^3 + 5x^4y + 2x^4 + 2x^3 + 2x^2y^4$$
$$+ 4x^2y^3 - 3x^2y^2 + 5x^2y + 2xy^3 - xy + 4x + 2$$

为求这两个二元多项式的最大公因式, 取 x 作为主变元, y 作为赋值元. 因 y 在这两个多项式中出现的最高次数为 4, 我们选择 5 个赋值点: $y_i = 3, 5, -4, -2, 2$, 并分

别计算在这些点处的最大公因式

$$\bar{h}_{11}(x, y_i, 2) := \gcd(f_{11}(x, y_i, 2), g_{11}(x, y_i, 2))$$
$$\bar{h}_{11}(x, 3, 2) = x^3 + x + 2, \quad \bar{h}_{11}(x, 5, 2) = x^3 + 4x + 2,$$
$$\bar{h}_{11}(x, -4, 2) = x^3 + 5x + 2$$
$$\bar{h}_{11}(x, -2, 2) = x^3 + x + 2, \quad \bar{h}_{11}(x, 2, 2) = x^3 - x + 2$$

用 Lagrange 插值公式计算得

$$\bar{h}_{11}(x, y, 2) = x^3 + 2xy^3 - 3xy + 2$$

同理计算出

$$\bar{h}_{11}(x, y, -5) = x^3 - 5xy^3 - 3xy + 2$$
$$\bar{h}_{11}(x, y, -3) = x^3 - 3xy^3 - 4xy + 2$$
$$\bar{h}_{11}(x, y, 5) = x^3 + 5xy^3 - 5xy + 2$$

再由 Lagrange 插值公式, 计算出

$$\bar{h}_{11}(x, y, z) = x^3 + xy^3z + 2xyz^2 + 2$$

再选取素数 $q = 13$, 完全同于上述过程, 求得

$$\bar{h}_{13}(x, y, z) = x^3 + 5xy^3z + 2$$

用中国剩余算法求一个如下形式整系数的多项式:

$$g(x, y, z) = c_{3,0,0}x^3 + c_{1,3,1}xy^3z + c_{1,1,2}xyz^2 + c_{0,0,0}$$

其系数满足下列同余式:

$$c_{3,0,0} \equiv 3 \cdot 1 \bmod 11, \quad c_{3,0,0} \equiv 3 \cdot 1 \bmod 13$$
$$c_{1,3,1} \equiv 3 \cdot 1 \bmod 11, \quad c_{1,3,1} \equiv 3 \cdot 5 \bmod 13$$
$$c_{1,1,2} \equiv 3 \cdot 2 \bmod 11, \quad c_{1,1,2} \equiv 3 \cdot 0 \bmod 13$$
$$c_{0,0,0} \equiv 3 \cdot 2 \bmod 11, \quad c_{0,0,0} \equiv 3 \cdot 2 \bmod 13$$

这里 $b = 3 = \gcd(\mathrm{lc}(f), \mathrm{lc}(g))$. 解得

$$g(x, y, z) = 3x^3 - 63xy^3z + 39xyz^2 + 6$$

它的本原部分是 $\mathrm{pp}(g) = x^3 - 21xy^3z + 13xyz^2 + 2$, 经检验, 它是 f, g 的公因式, 因而是最大公因式.

4.3 adic 表示

对于正整数, 有 p-进表示

$$u = u_0 + u_1 p + \cdots + u_s p^s, \quad 0 \leqslant u_i < p, \; p^s \leqslant u < p^{s+1} \qquad (4.3.1)$$

如果 $k \leqslant s$, 则称

$$u^{(k)} = u_0 + u_1 p + \cdots + u_k p^k \qquad (4.3.2)$$

为 u 的 k-阶逼近. 可见

$$u^{(0)} = u_0, \quad u^{(k)} = u^{(k-1)} + u_k p^k, \quad u \equiv u^{(k)} \bmod p^{k+1}, \quad k = 1, \cdots, s \qquad (4.3.3)$$

对于给定的 u 和 p, 可以递推地确定表示式 (4.3.1) 中的系数 u_i

$$u_0 = \mathrm{rem}(u, p), \quad u_1 = \mathrm{rem}\left(\frac{u - u^{(0)}}{p}, p\right), \cdots, u_s = \mathrm{rem}\left(\frac{u - u^{(s-1)}}{p^s}, p\right) \qquad (4.3.4)$$

如果将 (4.3.1) 的表出系数 u_i 换成模 p 的约化代表元, 则

$$u = u_0 + u_1 p + \cdots + u_s p^s, \quad -\frac{p}{2} < u_i \leqslant \frac{p}{2}, \quad 2|u| < p^{s+1} \qquad (4.3.5)$$

能表示任何整数, 为此只需将 (4.3.4) 式的带余除法 rem 换成对称带余除法 srem

$$\mathrm{srem}(a, p) = \begin{cases} \mathrm{rem}(a, p) - p, & \mathrm{rem}(a, p) > \dfrac{p}{2}, \\ \mathrm{rem}(a, p), & \mathrm{rem}(a, p) \leqslant \dfrac{p}{2} \end{cases}$$

$$\mathrm{squo}(a, p) = \begin{cases} \mathrm{quo}(a, p) + 1, & \mathrm{rem}(a, p) > \dfrac{p}{2}, \\ \mathrm{quo}(a, p), & \mathrm{rem}(a, p) \leqslant \dfrac{p}{2} \end{cases}$$

(4.3.5) 式称为整数 u 的 p-adic 表示, 其表出系数也可以如下递推确定:

$$\begin{aligned} q_0 &= u, \quad k = 0, 1, \cdots \\ u_k &= \mathrm{srem}(q_k, p), \quad q_{k+1} = \mathrm{squo}(q_k, p) \end{aligned} \qquad (4.3.6)$$

关系式 (4.3.3) 仍然成立.

考虑 n 元多项式 $f(x_1, x_2, \cdots, x_n) \in \Bbbk[x_1, x_2, \cdots, x_n]$, 给定 n 个数 $a_1, a_1, \cdots, a_n \in \Bbbk$, 如果 $\mathrm{tdeg}(f) = d$, 则 f 可以展开成 $\{x_1 - a_1, x_2 - a_2, \cdots, x_n - a_n\}$ 的方幂乘积的和

$$f = c_0 + \sum_{|\alpha|=1} c_\alpha (x - a)^\alpha + \cdots + \sum_{|\alpha|=d} c_\alpha (x - a)^\alpha \qquad (4.3.7)$$

其中 $c_\alpha \in \Bbbk$, $\alpha = (\alpha_1, \alpha_2, \cdots, \alpha_n) \in \mathbb{N}^n, |\alpha| = \sum\limits_{1 \leqslant i \leqslant n} \alpha_i$, $(x - a)^\alpha = (x_1 - a_1)^{\alpha_1}(x_2 -$

$a_2)^{\alpha_2}$ $\cdots$ $(x_n - a_n)^{\alpha_n}$. (4.3.7) 式称为多项式 f 的 **Taylor 表示**. 对于 $k \leqslant d$, 称

$$h = c_0 + \sum_{|\alpha| = 1} c_\alpha (x - a)^\alpha + \cdots + \sum_{|\alpha| = k} c_\alpha (x - a)^\alpha \tag{4.3.8}$$

为 f 关于 $J = \{x_1 - a_1, x_2 - a_2, \cdots, x_n - a_n\}$ 的 k 阶逼近. 事实上, 也可以取 J 的子集, 比如 $I_s = \{x_2 - a_2, \cdots, x_n - a_n\}$, 此时 f 也有形如 (4.3.7) 式的表示式, 不过系数 $c_\alpha = c_\alpha(x_1) \in \Bbbk[x_1]$. 同样有 f 关于 I_s 的 k 阶逼近概念. 更一般地, 设 $I = \langle p_1, \cdots, p_l \rangle$ 为多项式环 $\Bbbk[x_1, x_2, \cdots, x_n]$ 中的理想, 多项式 f 关于理想 I 的 k 阶逼近是指满足

$$f \equiv h \bmod I^{k+1}$$

的多项式 h, 记作 $f_I^{(k)}$, 其中 $I^{k+1} = \langle \{p_1^{\alpha_1} \cdots p_l^{\alpha_l} | \alpha_1 + \cdots + \alpha_l = k+1\} \rangle$. 令

$$\Delta f^{(k)} = f_I^{(k)} - f_I^{(k-1)}, \quad k = 1, 2, \cdots \tag{4.3.9}$$

则 $\Delta f^{(k)} \in I^{k+1}$, 而且, 多项式 f 的 k 阶逼近可以表示为

$$f = f^{(0)} + \Delta f^{(1)} + \cdots + \Delta f^{(k)} \tag{4.3.10}$$

称为多项式 f 的 I-adic 表示.

4.3.1 整系数多项式的 p-adic 表示

设 $f(x) = a_0 + a_1 x + \cdots + a_n x^n \in \mathbb{Z}[x]$, 将 f 的每个系数用 p-adic 表示

$$a_i = u_{i,0} + u_{i,1}p + \cdots + u_{i,s}p^s, \quad i = 0, 1, \cdots, n \tag{4.3.11}$$

其中 s 是满足 $2\|f\|_\infty < p^{s+1}$ 的最小整数. 则

$$f(x) = \sum_{i=0}^n a_i x^i = \sum_{i=0}^n \sum_{k=0}^s u_{i,k} p^k x^i = \sum_{k=0}^s \left(\sum_{i=0}^n u_{i,k} x^i \right) p^k = \sum_{k=0}^s f_k(x) p^k \tag{4.3.12}$$

其中 $f_k(x) = \sum\limits_{i=0}^n u_{i,k} x^i \in \mathbb{Z}[x], k = 0, 1, \cdots, s$. 类似于整数的 p-adic 表示, 有下述关系式:

$$f^{(0)} = f_0, \quad f^{(k)} = f^{(k-1)} + f_k p^k, \quad f \equiv f^{(k)} \bmod p^{k+1}, \quad k = 1, \cdots, s \tag{4.3.13}$$

$$f_0 = \mathrm{srem}(f, p), u_1 = \mathrm{srem}\left(\frac{f - f^{(0)}}{p}, p \right), \cdots, f_s = \mathrm{srem}\left(\frac{f - f^{(s-1)}}{p^s}, p \right) \tag{4.3.14}$$

但 (4.3.14) 式的带余除法只发生在各多项式的系数上. 后面常用 ϕ_p, ϕ_I 分别表示下面的自然同态:

$$\phi_p : \mathbb{Z} \to \mathbb{Z}_p; \quad \phi_I : R \to R/I$$

其中, I 是环 R 的理想. ϕ_p 也用来代表由它开拓的同态 $\phi_p : \mathbb{Z}[x_1, \cdots, x_n] \to \mathbb{Z}_p[x_1, \cdots, x_n]$, 而 R 主要是 $\mathbb{Z}[x_1, \cdots, x_n]$. 还约定

$$\phi_p^{-1}(\bar{m}) = \text{srem}(m, p), \quad \bar{m} \in \mathbb{Z}_p, \quad \bar{a}_0 + \bar{a}_1 x + \cdots + \bar{a}_n x^n \in \mathbb{Z}_p[x]$$
$$\phi_p^{-1}(\bar{a}_0 + \bar{a}_1 x + \cdots + \bar{a}_n x^n) = \phi_p^{-1}(\bar{a}_0) + \phi_p^{-1}(\bar{a}_1)x + \cdots + \phi_p^{-1}(\bar{a}_n)x^n$$

4.3.2 Newton 迭代

对于取定的素数 p, 设 $u \in \mathbb{Z}[x]$ 是方程

$$F(y) = 0 \tag{4.3.15}$$

的一个解, 其中 $F(y) \in \mathbb{Z}[x][y]$. 假如已经知道多项式 $u \in \mathbb{Z}[x]$ 模 p 的同态像 $\bar{u}_0 = \phi_p(u)$, 问题是如何确定 u. 令 $u_0 = \phi_p^{-1}(\bar{u}_0)$, u 的 p-adic 表示为

$$u = u_0 + u_1 p + \cdots + u_s p^s \tag{4.3.16}$$

其中 $u_i \in \mathbb{Z}[x]$, 其系数是大于 $-\dfrac{p}{2}$ 且小于或等于 $\dfrac{p}{2}$ 的整数, 问题转为如何确定诸 u_i. 这里介绍 Newton 迭代方法.

命题 4.3.1 记号同上, 设 $u \in \mathbb{Z}[x]$ 满足方程 $F(y) = 0$, 且已知 $u \equiv u_0 \bmod p$, $\phi_p(F'(u_0)) \neq 0$, 则

$$\begin{aligned} \bar{u}_{k+1} &= -\frac{\phi_p\left(F(u^{(k)})/p^{k+1}\right)}{\phi_p(F'(u_0))} \in \mathbb{Z}_p[x], \\ u_{k+1} &= \phi_p^{-1}(\bar{u}_{k+1}), \quad u^{(k+1)} = u^{(k)} + u_{k+1}p^{k+1} \end{aligned} \tag{4.3.17}$$

这里 $k = 0, 1, \cdots$.

证明 由 $u^{(k+1)} = u^{(k)} + u_{k+1}p^{k+1}$, 将 F 展开整理

$$F(u^{(k+1)}) = F(u^{(k)}) + F'(u^{(k)})u_{k+1}p^{k+1} + G(u^{(k)}, u_{k+1}p^{k+1})\left(u_{k+1}p^{k+1}\right)^2 \tag{4.3.18}$$

因为 $u \equiv u^{(k)} \bmod p^{k+1}, F(u) = 0$,

$$F(u^{(k)}) \equiv 0 \bmod p^{k+1}, \quad k = 0, 1, \cdots \tag{4.3.19}$$

将 (4.3.18) 式的两端用 p^{k+1} 去除, 并注意到得到的等式左端能被 p 整除, 得

$$-\frac{F(u^{(k)})}{p^{k+1}} \equiv F'(u^{(k)})u_{k+1} \bmod p$$

又 $u^{(k)} \equiv u_0 \bmod p$ 意味着 $F'\left(u^{(k)}\right) \equiv F'(u_0) \bmod p$, 得 (4.3.17) 式. ■

例 4.3.1　求多项式 $f = 36x^4 - 180x^3 + 93x^2 + 330x + 121$ 的平方根.

解　采用 Newton 迭代方法, 令 $F(y) = f - y^2$. 取素数 $p = 5$, 首先由

$$f - y^2 \equiv 0 \bmod 5$$

解出 $\bar{u}_0 = x^2 - 1 \in \mathbb{Z}_5[x]$, 令 $u_0 = \phi_5^{-1}(\bar{u}_0) = x^2 - 1, u^{(0)} = u_0 \in \mathbb{Z}[x]$.

$$F'(u_0) = -2u_0 = -2x^2 + 2 \in \mathbb{Z}[x], \quad \phi_5(F'(u_0)) = -2x^2 + 2 \in \mathbb{Z}_5[x]$$

$$\bar{u}_1 = -\frac{\phi_5\left(F(u^{(0)})/5\right)}{\phi_5(F'(u_0))} = -\frac{2x^4 - x^3 - x^2 + x - 1}{-2x^2 + 2} = x^2 + 2x - 2 \in \mathbb{Z}_5[x]$$

$$u_1 = \phi_5^{-1}(x^2 + 2x - 2) = x^2 + 2x - 2, \quad u^{(1)} = u_0 + 5u_1 = 6x^2 - 10x - 11 \in \mathbb{Z}[x]$$

$$\bar{u}_2 = -\frac{\phi_5\left(F(u^{(1)})/5^2\right)}{\phi_5(F'(u_0))} = -\frac{-2x^3 + 2x}{-2x^2 + 2} = -x \in \mathbb{Z}_5[x]$$

$$u_2 = \phi_5^{-1}(-x) = -x, \quad u^{(2)} = u_0 + 5u_1 + 5^2 u_2 = 6x^2 - 15x - 11 \in \mathbb{Z}[x]$$

由于 $F(u^{(2)}) = 0$, 所以, $u = u^{(2)} = 6x^2 - 15x - 11 \in \mathbb{Z}[x]$ 是多项式 f 的平方根.

对于多元多项式, 采用 I-adic 表示有类似的 Newton 迭代公式, 能够把多元求解问题降为一元求解问题.

设 $F(y) \in \Bbbk[x_1, x_2, \cdots, x_n][y]$, 而 $u \in \Bbbk[x_1, x_2, \cdots, x_n]$ 是方程 $F(y) = 0$ 的一个解. 取 $I = \langle x_2 - a_2, \cdots, x_n - a_n \rangle$, 考虑 u 的 k 阶逼近的 I-adic 表示 (4.3.10) 式,

$$u^{(k)} = u^{(0)} + \Delta u^{(1)} + \cdots + \Delta u^{(k)} \tag{4.3.20}$$

其中

$$\Delta u^{(k)} = \sum_{i_1, \cdots, i_k \in \{2, \cdots, n\}} u_{i_1 \cdots i_k}(x_1) \prod_{j=1}^{k} (x_{i_j} - a_{i_j}) \in I^k \tag{4.3.21}$$

问题转化为如何求出诸 $u_{i_1 \cdots i_k}(x_1)$, 假如已经知道 $u^{(0)}$. 注意到

$$u^{(k)} = u^{(k-1)} + \Delta u^{(k)} \tag{4.3.22}$$

则有

$$F(u^{(k)}) = F(u^{(k-1)}) + F'(u^{(k-1)})\Delta u^{(k)} + \cdots \tag{4.3.23}$$

由于 $u^{(j)}$ 是 u 的 j 阶逼近的 I-adic 表示,

$$u \equiv u^{(j)} \bmod I^{j+1}, \quad j = 0, 1, \cdots \tag{4.3.24}$$

所以

$$0 = F(u) \equiv F(u^{(j)}) \bmod I^{j+1}, \quad j = 0, 1, \cdots \tag{4.3.25}$$

(4.3.23) 两端用 I^{k+1} 模得

$$0 \equiv F(u^{(k-1)}) + F'(u^{(k-1)})\Delta u^{(k)} \bmod I^{k+1} \qquad (4.3.26)$$

因为由 (4.3.21) 有

$$\Delta u^{(j)} \equiv 0 \bmod I^k, \quad k \leqslant j \qquad (4.3.27)$$

而 $u_0 = u^{(0)} \equiv u^{(k-1)} \bmod I$, $F'(u^{(k-1)}) \equiv F'(u_0) \bmod I$, 代入 (4.3.26) 得

$$-F(u^{(k-1)}) \equiv F'(u_0)\Delta u^{(k)} \bmod I^{(k+1)} \qquad (4.3.28)$$

结合 (4.3.21) 式, (4.3.22) 式, (4.3.28) 式, 我们可以逐步求出诸 $u_{i_1 \cdots i_k}(x_1)$, 进而得到 u 的 k 阶逼近 $u^{(k)}$. 当 k 充分大时, 即得到 u.

例 4.3.2 在 $\mathbb{Z}_5[x, y, z]$ 中求多项式

$$f = x^4 + x^3 y^2 - x^2 y^4 + x^2 yz + 2x^2 z - 2x^2 - 2xy^3 z + xy^2 z$$
$$- xy^2 - y^2 z^2 + yz^2 - yz + z^2 - 2z + 1 \in \mathbb{Z}_5[x, y, z]$$

的平方根.

解 选取 $I = \langle y, z \rangle$, 首先由 $f - u^2 \equiv 0 \bmod I$, 即 $(x^4 - 2x^2 + 1) - u^2 \equiv 0 \bmod I$ 解得 $u_0 = x^2 - 1$,

$$u^{(0)} = u_0 = x^2 - 1, \quad F'(u_0) = -2u_0 = -2x^2 + 2$$

设 $\Delta u^{(1)} = u_{1,0}(x)y + u_{0,1}(x)z$, 则由 $-F(u^{(0)}) \equiv F'(u_0)\Delta u^{(1)} \bmod I^2$, 即

$$-(f - (x^2 - 1)^2) \equiv (-2x^2 + 2)(u_{1,0}(x)y + u_{0,1}(x)z) \bmod I^2$$

代入并将各项模 I^2, 得

$$-2x^2 z + 2z \equiv (-2x^2 + 2)(u_{1,0}(x)y + u_{0,1}(x)z) \bmod I^2,$$

由此解得 $u_{1,0}(x) = 0, u_{0,1}(x) = 1, u^{(1)} = u^{(0)} + \Delta u^{(1)} = (x^2 - 1) + z$.

再设 $\Delta u^{(2)} = u_{2,0}(x)y^2 + u_{1,1}(x)yz + u_{0,2}(x)z^2$, 则由 $-F(u^{(1)}) \equiv F'(u_0)\Delta u^{(2)} \bmod I^3$ 得 $u_{2,0}(x) = -2x, u_{1,1}(x) = -2, u_{0,2}(x) = 0$, 于是 $u^{(2)} = u^{(1)} + \Delta u^{(2)} = (x^2 - 1) + z + (-2x)y^2 + (-2)yz$, 因为在 $\mathbb{Z}_5[x, y, z]$ 中, $F(u^{(2)}) = 0$, 所以迭代终止. 最终得到

$$u = x^2 - 2xy^2 - 2yz + z - 1$$

4.3.3　解 Diophantus 方程

命题 4.3.2　给定素数 p 和正整数 l, 设 $A, B \in \mathbb{Z}[x]$ 满足

(1) $p \nmid \mathrm{lc}(A), p \nmid \mathrm{lc}(B)$;

(2) $\phi_p(A)$ 与 $\phi_p(B)$ 是 $\mathbb{Z}_p[x]$ 中互素多项式.

则对任何 $C \in \mathbb{Z}[x]$, 存在多项式 $W, V \in \mathbb{Z}[x]$, 使得

$$WA + VB \equiv C \bmod p^l, \quad \deg(W) < \deg(B) \tag{4.3.29}$$

而且 $W, V \in \mathbb{Z}[x]$ 是模 p^l 唯一的. 此外, 若 $p \nmid \mathrm{lc}(C)$ 且 $\deg(C) < \deg(A) + \deg(B)$, 则可取 V 满足 $\deg(V) < \deg(A)$.

证明　先证明存在 $W^{(k)}, V^{(k)}$, 使得

$$\begin{aligned}
&W^{(k)}A + V^{(k)}B \equiv 1 \bmod p^k, \quad k = 1, 2, \cdots \\
&\deg(W^{(k)}) < \deg(B), \quad \deg(V^{(k)}) < \deg(A)
\end{aligned} \tag{4.3.30}$$

由于 $\phi_p(A)$ 与 $\phi_p(B)$ 是 $\mathbb{Z}_p[x]$ 中互素多项式, 所以存在多项式 $\bar{W}^{(1)}, \bar{V}^{(1)} \in \mathbb{Z}_p[x]$, 使得

$$\bar{W}^{(1)}\phi_p(A) + \bar{V}^{(1)}\phi_p(B) = 1$$

令 $W^{(1)} = \phi_p^{-1}(\mathrm{rem}(\bar{W}^{(1)}, \phi_p(B), x)), V^{(1)} = \phi_p^{-1}(\mathrm{rem}(\bar{V}^{(1)}, \phi_p(A), x)) \in \mathbb{Z}[x]$, 则

$$W^{(1)}A + V^{(1)}B \equiv 1 \bmod p \tag{4.3.31}$$

当 $k = 1$ 时 (4.3.30) 式成立.

假设当 $k = s$ 时 (4.3.30) 式已证, 即有 $W^{(s)}, V^{(s)} \in \mathbb{Z}[x]$ 使得

$$\begin{aligned}
&W^{(s)}A + V^{(s)}B \equiv 1 \bmod p^s \\
&\deg(W^{(s)}) < \deg(B), \quad \deg(V^{(s)}) < \deg(A)
\end{aligned}$$

令 $C^{(s)} = \dfrac{1 - W^{(s)}A - V^{(s)}B}{p^s}$, 由 (4.3.31) 式得

$$\phi_p(C^{(s)}W^{(1)})\phi_p(A) + \phi_p(C^{(s)}V^{(1)})\phi_p(B) = \phi_p\left(\frac{1 - W^{(s)}A - V^{(s)}B}{p^s}\right)$$

令

$$\begin{aligned}
\Delta W^{(s)} &= \phi_p^{-1}(\mathrm{rem}(\phi_p(C^{(s)}W^{(1)}), \phi_p(B), x)) \\
\Delta V^{(s)} &= \phi_p^{-1}(\mathrm{rem}(\phi_p(C^{(s)}V^{(1)}), \phi_p(A), x))
\end{aligned} \tag{4.3.32}$$

则 $(1 - W^{(s)}A - V^{(s)}B)/p^s \equiv \Delta W^{(s)}A + \Delta V^{(s)}B \bmod p$, 两端乘以 p^s 得

$$1 - W^{(s)}A - V^{(s)}B \equiv \Delta W^{(s)}p^s A + \Delta V^{(s)}p^s B \bmod p^{s+1}$$

令

$$W^{(s+1)} = W^{(s)} + \Delta W^{(s)} p^s, \quad V^{(s+1)} = V^{(s)} + \Delta V^{(s)} p^s \tag{4.3.33}$$

则

$$W^{(s+1)} A + V^{(s+1)} B \equiv 1 \bmod p^{s+1}$$
$$\deg(W^{(s+1)}) < \deg(B), \quad \deg(V^{(s+1)}) < \deg(A)$$

即当 $k = s + 1$ 时 (4.3.30) 式成立. 由归纳法原理, (4.3.30) 式对任意 k 成立.

在 (4.3.30) 式中令 $k = l$, 并在等式两端同时乘以 C, 得

$$W^{(l)} CA + V^{(l)} CB \equiv C \bmod p^l \tag{4.3.34}$$

由于 $p \nmid \mathrm{lc}(B)$, $\mathrm{lc}\left(\phi_{p^l}(B)\right)$ 在 $\mathbb{Z}_{p^l}$ 中可逆, 由带余除法, 存在 $\bar{Q}, \bar{R} \in \mathbb{Z}_{p^l}[x]$, 使得

$$\phi_{p^l}(W^{(l)} C) = \bar{Q} \cdot \phi_{p^l}(B) + \bar{R}, \quad \deg(\bar{R}) < \deg\left(\phi_{p^l}(B)\right)$$

令 $W = \phi_{p^l}^{-1}(\bar{R}), Q = \phi_{p^l}^{-1}(\bar{Q}) \in \mathbb{Z}[x]$, 则 $\deg(W) = \deg(\bar{R}) < \deg(\phi_{p^l}(B)) = \deg(B)$, 且 $W^{(l)} C \equiv Q \cdot B + W \bmod p^l$, 代入 (4.3.34), 并记 $V = V^{(l)} C + Q$, 则得 (4.3.29) 式.

现在证明唯一性. 设 $S, T \in \mathbb{Z}[x]$ 也满足 (4.3.29) 式, 则

$$(W - S)A \equiv (T - V)B \bmod p^l \tag{4.3.35}$$

两端同乘 $W^{(l)}$, 并结合 (4.3.30) 式 (令 $k = l$) 得

$$(W - S) \equiv \left(W^{(l)}(T - V) + V^{(l)}(W - S)\right) B \bmod p^l \tag{4.3.36}$$

于是

$$\phi_{p^l}(W - S) = \phi_{p^l}\left(W^{(l)}(T - V) + V^{(l)}(W - S)\right) \cdot \phi_{p^l}(B) \tag{4.3.37}$$

注意到 $\deg\left(\phi_{p^l}(W - S)\right) \leqslant \deg(W - S) < \deg(B) = \deg\left(\phi_{p^l}(B)\right)$, (4.3.37) 式成立必然 $\phi_{p^l}(W - S) = 0$, 即 $W \equiv S \bmod p^l$, 代入 (4.3.35) 式, 由类似的分析可知 $V \equiv T \bmod p^l$.

以下证明命题的最后一个结论. 由 $p \nmid \mathrm{lc}(A), p^l \nmid \mathrm{lc}(C)$ 知 $\deg(A) = \deg(\phi_{p^l}(A))$, $\deg(C) = \deg(\phi_{p^l}(C))$. 将 (4.3.29) 式的第一个式子换成等式即有

$$\phi_{p^l}(W)\phi_{p^l}(A) + \phi_{p^l}(V)\phi_{p^l}(B) = \phi_{p^l}(C) \tag{4.3.38}$$

由带余除法, 设

$$\phi_{p^l}(W) = \bar{Q}\phi_{p^l}(B) + \bar{W}, \quad \phi_{p^l}(V) = \bar{P}\phi_{p^l}(A) + \bar{V}$$

其中 $\bar{Q}, \bar{W}, \bar{P}, \bar{V} \in \mathbb{Z}_{p^l}[x]$, 且 $\deg(\bar{W}) < \deg(\phi_{p^l}(B)), \deg(\bar{V}) < \deg(\phi_{p^l}(A))$. 代入 (4.3.38) 式得

$$(\bar{Q} + \bar{P})\phi_{p^l}(A)\phi_{p^l}(B) + \bar{W}\phi_{p^l}(A) + \bar{V}\phi_{p^l}(B) = \phi_{p^l}(C) \tag{4.3.39}$$

因为 $\deg(C) < \deg(A) + \deg(B)$, 所以, $\bar{Q} + \bar{P} = 0$. 现在取 $W = \phi_{p^l}^{-1}(\bar{W}), V = \phi_{p^l}^{-1}(\bar{V})$, 则

$$WA + VB \equiv C \bmod p^l$$

且满足 $\deg(W) < \deg(B), \deg(V) < \deg(A)$. ∎

例 4.3.3 解 Diophantus 方程 $(x^2-1)U + (2x^2+3x+4)V \equiv (x^2+3x+2) \bmod 5^3$.

解 令 $A = x^2-1$, $B = 2x^2+3x+4$, $C = x^3+3x+2$. 显然, 多项式 A 与 B 在 $\mathbb{Z}_5[x]$ 中是互素的, 由扩展 Euclid 算法求出多项式 $\bar{U}^{(1)} = 3x+1, \bar{V}^{(1)} = x-2 \in \mathbb{Z}_5[x]$, 使得

$$\bar{U}^{(1)}\phi_5(A) + \bar{V}^{(1)}\phi_5(B) = 1$$

取 $U^{(1)} = \phi_5^{-1}(\bar{U}^{(1)}) = -2x+1, V^{(1)} = \phi_5^{-1}(\bar{V}^{(1)}) = x-2 \in \mathbb{Z}[x]$, 则

$$U^{(1)}A + V^{(1)}B \equiv 1 \bmod 5$$

计算

$$C^{(1)} = (1 - U^{(1)}A - V^{(1)}B)/5 = 2$$
$$\Delta U^{(1)} = \phi_5^{-1}(\mathrm{rem}(\phi_p(C^{(1)}U^{(1)}), \phi_p(B), x)) = \phi_5^{-1}(x+2) = x+2$$
$$\Delta V^{(1)} = \phi_5^{-1}(\mathrm{rem}(\phi_p(C^{(1)}V^{(1)}), \phi_p(A), x)) = \phi_5^{-1}(2x+1) = 2x+1$$

取 $U^{(2)} = U^{(1)} + 5\Delta U^{(1)} = 3x+11, V^{(2)} = V^{(1)} + 5\Delta V^{(1)} = 11x+3$, 则

$$U^{(2)}A + V^{(2)}B \equiv 1 \bmod 5^2$$

计算

$$C^{(2)} = (1 - U^{(2)}A - V^{(2)}B)/5^2 = -x^3 - 2x^2 - 2x$$
$$\Delta U^{(2)} = \phi_5^{-1}(\mathrm{rem}(\phi_p(C^{(2)}U^{(1)}), \phi_p(B), x)) = \phi_5^{-1}(x-1) = x-1$$
$$\Delta V^{(2)} = \phi_5^{-1}(\mathrm{rem}(\phi_p(C^{(2)}V^{(1)}), \phi_p(A), x)) = \phi_5^{-1}(-x+1) = -x+1$$

取 $U^{(3)} = U^{(2)} + 5^2\Delta U^{(2)} = 28x-14, V^{(3)} = V^{(2)} + 5^2\Delta V^{(2)} = -14x+28$, 则

$$U^{(3)}A + V^{(3)}B \equiv 1 \bmod 5^3$$

令

$$U = \phi_{5^3}^{-1}(\mathrm{rem}(\phi_{p^3}(CU^{(3)}), \phi_{p^3}(B), x)) = 41x+41$$
$$V = \phi_{5^3}^{-1}(\mathrm{rem}(\phi_{p^3}(CV^{(3)}), \phi_{p^3}(A), x)) = 42x+42$$

则

$$UA + VB \equiv C \bmod 5^3$$

4.4 一元多项式的因式分解

因式分解问题在符号计算中经常遇到. 在代数关系式的化简、形式积分以及多项式方程求解等问题中都要用到. 这里主要讨论整系数多项式的因式分解问题.

有时为了处理方便, 常假定多项式的首项系数为 1, 对于分解问题, 这种假定并不失一般性, 因为, 对于多项式

$$f(x) = a_n x^n + a_{n-1} x^{n-1} + \cdots + a_1 x + a_0$$

两端乘以 a_n^{n-1}, 变成

$$a_n^{n-1} f(x) = g(y) = y^n + a_{n-1} y^{n-1} + \cdots + a_1 a_n^{n-2} y + a_0 a_n^{n-2}$$

其中 $y = a_n x$. 设 $g(y)$ 分解为 $g(y) = \prod_{i=1}^{m} p_i(y)$, 则 $f(x)$ 的分解就可以从

$$f(x) = \frac{1}{a_n^{n-1}} \prod_{i=1}^{m} p_i(a_n x) \tag{4.4.1}$$

导出.

值得注意的是, 因式分解与所处的域有关. 如 $x^4 - 4$, 在有理数域上的分解为 $(x^2 - 2)(x^2 + 2)$, 在实数域上的分解为 $(x - \sqrt{2})(x + \sqrt{2})(x^2 + 2)$, 而在复数域上的分解为 $(x - \sqrt{2})(x + \sqrt{2})(x + \mathrm{i}\sqrt{2})(x - \mathrm{i}\sqrt{2})$. 又如多项式 $x^2 + 1$, 在有理数域上不可约, 但在域 $\mathbb{Z}_5$ 上可以分解为 $(x - 2)(x + 2)$. 像有理数域这样, 它的单位元的任何正整数倍都不为零的域称为特征为 0 的域; 像 $\mathbb{Z}_5$ 这样, 它的单位元的一个素数倍为零的域称为特征有限的域, 这个素数就称为该域的特征.

4.4.1 无平方分解

一个多项式 $g(x)$ 称为无平方的, 如果它没有重因式. 这个性质与分解所基于的基础数域没有关系, 而且, 在特征为零的域 $\Bbbk$ 上的次数大于或等于 1 的多项式无重因式的充分必要条件是其与自身导数互素. 多项式的无平方分解是将其分解成若干个无平方因式的方幂之积

$$f = p_1 p_2^2 \cdots p_k^k \tag{4.4.2}$$

其中 $p_1, p_2, \cdots, p_k$ 都是无平方多项式, 而且两两互素; $\deg(p_i) \geqslant 0, \deg(p_k) \geqslant 1$. 如

$$A = x^{10} - 14x^9 + 66x^8 - 96x^7 - 66x^6 + 30x^5 + 351x^4 + 336x^3 - 96x^2 - 256x - 256$$

$$= (x^2 - 1)^1 \times (x^2 + x + 1)^2 \times 1^3 \times (x - 4)^4$$

将 (4.4.2) 式求导数得

$$f' = p_1'p_2^2\cdots p_k^k + 2p_1p_2p_2'p_3^3\cdots p_k^k + \cdots + kp_1p_2^2\cdots p_{k-1}^{k-1}p_k^{k-1}p_k' \tag{4.4.3}$$

可见 $p_2p_3^2\cdots p_k^{k-1}|f'$.

命题 4.4.1   设 $\Bbbk$ 是特征为零的域, $f(x) \in \Bbbk[x]$ 有 (4.4.2) 式所示的无平方分解式, $f(x)$ 和诸 $p_i(x)$ 首项系数均为 1, 则

$$\gcd(f, f') = p_2p_3^2\cdots p_k^{k-1} \tag{4.4.4}$$

证明   因 $\Bbbk$ 是特征为 0 的域, 若 $\deg(p_i) > 0$, 则 $p_i' \neq 0$, 且 $\deg(p_i') < \deg(p_i)$, (4.4.3) 式中的第 i 项除非 p_i 是 1, 不然不为零. 简单讨论可知 (4.4.4) 式成立. ■

$p_1p_2\cdots p_k$ 称为 f 的无平方部分, 由命题 4.4.1, f 的无平方部分等于 $\dfrac{f}{\gcd(f,f')}$, 记 $f_0 = f, f_1 = \gcd(f, f')$, 则

$$\frac{f_0}{f_1} = p_1p_2\cdots p_k$$

且 $\gcd(f_1, f_1') = p_3p_4^2\cdots p_k^{k-2}$, 记之为 f, 则

$$f_1/f_2 = p_2\cdots p_k$$

如此递推下去, 最后得

$$f_{k-1} = \gcd(f_{k-2}, f_{k-2}'), \quad \frac{f_{k-2}}{f_{k-1}} = p_{k-1}p_k$$

$$f_k = \gcd(f_{k-1}, f_{k-1}'), \quad \frac{f_{k-1}}{f_k} = p_k$$

由此得到

$$p_1 = \frac{f_0f_2}{f_1^2}, \quad p_2 = \frac{f_1f_3}{f_2^2}, \quad \cdots, \quad p_{k-1} = \frac{f_{k-2}f_k}{f_{k-1}^2}, \quad p_k = \frac{f_{k-1}}{f_k}$$

其中, k 就是 f 的重因式的最高重数. 这给出了求无平方分解的迭代算法.

算法 4.5   无平方分解算法

输入: $f \in \Bbbk[x]$.
输出: $p_1, \cdots, p_k$, 无平方多项式, 彼此互素.
  $g_1 := \gcd(f, f')$
  $h_1 := f/g_1; \quad i := 1$
  while $g_i \neq 1$ **do**

$$g_{i+1} := \gcd(g_i, g_i')$$
$$h_{i+1} := g_i / g_{i+1}$$
$$\quad p_i := h_i / h_{i+1}; \quad i := i + 1$$
end{while}
$$k := i; \quad p_k := h_k$$
return $p_1, \cdots, p_k$

无平方分解算法基于命题 4.4.1, 对于特征为 0 的域上的多项式分解有效, 但对于特征有限的域上多项式分解无效. 例如多项式 $f = (x^2+1)(x-1)^3$ 在域 $\mathbb{Z}_3$ 上的分解, 得

$$f' = 2x(x-1)^3, \quad g_1 = f_1 = \gcd(f, f') = (x-1)^3 \neq (x-1)^2, \quad h_1 = x^2 + 1;$$

$$g_1' = 3(x-1)^2 = 0, \quad g_2 = \gcd(g_1, g_1') = (x-1)^3, \quad h_2 = 1$$

以下就进入死循环, 并且得不到因式 $x - 1$. 问题出在 $\deg(g_1) > 0$, 但 $g_1' = 0$ 上. 下面命题为调整上述算法提供了依据.

命题 4.4.2 设 p 是素数, 多项式 $f = a_0 + a_1 x + \cdots + a_m x^m \in \mathbb{F}_{p^s}[x]$. 若 $f' = 0$, 则存在多项式 $g \in \mathbb{F}_{p^s}[x]$, 使得 $f = g^p$.

证明 因为 $f' = a_1 + 2a_2 x + \cdots + m a_m x^{m-1} = 0$, 所以

$$a_i \neq 0 \Rightarrow p | i, \quad f = a_0 + a_p x^p + \cdots + a_{kp} x^{kp}, \quad kp \leqslant m$$

取 $g = b_0 + b_p x + \cdots + b_{kp} x^k$, 其中 $b_i = a_i^{p^{s-1}}$, 由 Fermat 小定理知 $f = g^p$. ■

在无平方分解算法中, 只要遇到 $\deg(g_i) > 0$ 而且 $g_i' = 0$ 的情况, 则将 g_i 写成 h^p, 转到分解 h 上来.

例 4.4.1 求多项式

$$f = 2x^{11} - 7x^{10} + 22x^8 - 12x^7 - 27x^6 + 18x^5 + 17x^4 - 10x^3 - 6x^2 + 2x + 1$$

的无平方分解.

解 $\quad g_0 = f$

$$g_1 = \gcd(g_0, g_0') = x^6 - 3x^5 + x^4 + 4x^3 - 3x^2 - x + 1$$

$$h_1 = \text{quo}(g_0, g_1, x) = 2x^5 - x^4 - 5x^3 + 3x + 1$$

$$g_2 = \gcd(g_1, g_1') = x^2 - 2x + 1$$

$$h_2 = \text{quo}(g_1, g_2, x) = x^4 - x^3 - 2x^2 + x + 1$$

$$p_1 = \text{quo}(h_1, g_2, x) = 2x + 1$$

$$g_3 = \gcd(g_2, g_2') = x - 1$$

$$h_3 = \text{quo}(g_2, g_3, x) = x - 1$$

$$p_2 = \text{quo}(h_2, h_3, x) = x^3 - 2x - 1$$

$$g_4 = \gcd(g_3, g_3') = 1$$

$$h_4 = \text{quo}(g_3, g_4, x) = x - 1$$

$$p_3 = \text{quo}(h_3, h_4, x) = 1$$

$$p_4 = h_4 = x - 1, \quad f = (2x+1)(x^3 - 2x - 1)^2 1^3 (x-1)^4$$

4.4.2　Berlekamp 算法

Berlekamp 算法 [12] 主要用来处理有限域 $\mathbb{F}_q$ 上一元多项式环的因式分解问题. 设 $p \in \mathbb{F}_q[x]$, 次数为 $m(> 1)$. 下面的多项式集合:

$$V = \{f \in \mathbb{F}_q[x] | f^q \equiv f \bmod p\}$$

构成域 $\mathbb{F}_q$ 上的线性空间. 事实上, $\forall f, g \in V$,

$$(f - g)^q = f^q - g^q \equiv f - g \bmod p \tag{4.4.5}$$

特别地, $V \supset \mathbb{F}_q$.

定理 4.4.1(Berlekamp 定理)　设 $p \in \mathbb{F}_q[x], \deg(p) = m > 0, p$ 无平方因式且有不可约因式分解

$$p = p_1 \cdots p_r \tag{4.4.6}$$

$f \in \mathbb{F}_q[x]$. 则 $f \in V$ 当且仅当存在 $s_i \in \mathbb{F}_q(1 \leqslant i \leqslant r)$, 使得

$$f \equiv s_i \bmod p_i, \quad 1 \leqslant i \leqslant r \tag{4.4.7}$$

证明　$\Rightarrow$)$f \in \mathbb{F}_q[x]$, 由 Fermat 小定理, $f^q - f = \prod\limits_{s_i \in \mathbb{F}_q} (f - s_i)$, 于是 $f \in V$ 意味着 $\prod\limits_{s_i \in \mathbb{F}_q} (f - s_i) \equiv 0 \bmod p$, 即 $p_1 \cdots p_r | \prod\limits_{s_i \in \mathbb{F}_q} (p - s_i)$. 但 p_i 不可约, 其必然整除某个因式 $f - s_i$, 即 $f \equiv s_i \bmod p_i$. 因而存在 $s_1, \cdots, s_r \in \mathbb{F}_q$, 使得 (4.4.7) 式成立.

$(\Leftarrow$ 若存在 $s_i \in \mathbb{F}_q(1 \leqslant i \leqslant r)$ 使得 (4.4.7) 式成立, 则

$$f \equiv s_i \bmod p_i \Rightarrow f^q \equiv s_i^q = s_i \equiv f \bmod p_i$$

即 $p_i|(f^q - f)$. 但 p 无平方因式, 诸 p_i 必是互素的, 于是 $p_1 \cdots p_r|(f^q - f)$, 即 $f^q \equiv f \bmod p$, 说明 $f \in V$. ∎

现在来分析线性空间 V. 若 p 有不可约分解 (4.4.6) 式, 则因 p 无平方因式, p_i 与 $\prod\limits_{j \neq i} p_j$ 互素, 存在 $u_i, v_i \in \mathbb{F}_q[x]$ 使

$$u_i \prod_{j \neq i} p_j + v_i p_i = 1 \tag{4.4.8}$$

令 $w_i = u_i \prod\limits_{j \neq i} p_j$, 则

$$w_i \equiv \begin{cases} 1 \bmod p_i, \\ 0 \bmod p_j, & j \neq i \end{cases} \qquad i = 1, \cdots, r \tag{4.4.9}$$

由 Berlekamp 定理, $w_i \in V$. 以下说明 $w_1, \cdots, w_r$ 是线性空间 V 模 p 的基. 事实上, 任意 $f \in V$, 由 Berlekamp 定理, 存在 $s_1, \cdots, s_r \in \mathbb{F}_q$, 使得 $f \equiv s_i \bmod p_i$, 再由 (4.4.9) 式可知

$$f \equiv s_1 w_1 + \cdots + s_r w_r \bmod p \tag{4.4.10}$$

另外, 若 $a_i \in \mathbb{F}_q$ 使得 $\sum\limits_{1 \leqslant i \leqslant r} a_i w_i \equiv 0 \bmod p$, 则

$$\sum_{1 \leqslant i \leqslant r} a_i w_i \equiv 0 \bmod p_j, \quad j = 1, \cdots, r \tag{4.4.11}$$

由 (4.4.9) 式得出 $a_i = 0, i = 1, \cdots, r$. 说明 $w_1, \cdots, w_r$ 模 p 线性无关.

再分析 V 中元素的表示. 若 $f \in V$, 则由带余除法, 存在 $g, v \in \mathbb{F}_q[x], \deg(v) < m$, 使得 $f = gp + v$, $f \equiv v \bmod p$. 又 $f^q = (v + gp)^q = v^q + g^q p^q \equiv v^q \bmod p$, 得 $v^q \equiv v \bmod p$, $v \in V$. 所以

$$V = \{v + gp | v^q \equiv v \bmod p, \deg(v) < m, v, g \in \mathbb{F}_q[x]\} \tag{4.4.12}$$

可见, V 模 p 的空间 $\bar{V}$ 与下面的空间:

$$V_0 = \{v \in \mathbb{F}_q[x] | v^q \equiv v \bmod p, \deg(v) < m\} \tag{4.4.13}$$

同构. 此外, 由 Fermat 小定理, $\forall f(x) \in \mathbb{F}_q[x]$ 有 $f^q(x) = f(x^q)$, 所以

$$V_0 = \{f(x) \in \mathbb{F}_q[x] | f(x^q) - f(x) \equiv 0 \bmod p, \deg(f(x)) < m)\} \tag{4.4.14}$$

$\forall f(x) \in V_0$, 设

$$f(x) = a_0 + a_1 x + \cdots + a_{m-1} x^{m-1} \tag{4.4.15}$$

其中 $a_i \in \mathbb{F}_q$, 则

$$f(x^q) = a_0 + a_1 x^q + \cdots + a_{m-1} x^{q(m-1)} \tag{4.4.16}$$

由带余除法, 可设

$$x^{qj} \equiv c_{j0} + c_{j1} x + \cdots + c_{j,m-1} x^{m-1} \bmod p, \quad j = 0, 1, \cdots, m-1 \tag{4.4.17}$$

代入 $f(x) - f(x^q) \equiv 0 \bmod p$ 得

$$\sum_{j=0}^{m-1} \left(a_i - \sum_{j=0}^{m-1} a_j c_{ji} \right) x^j \equiv 0 \bmod p \tag{4.4.18}$$

因而

$$a_i - \sum_{j=0}^{m-1} a_j c_{ji} = 0, \quad i = 0, 1, \cdots, m-1 \tag{4.4.19}$$

用矩阵表示即是

$$(a_0, a_1, \cdots, a_{m-1})(I - C) = 0 \tag{4.4.20}$$

其中 I 是单位矩阵,

$$C = \begin{pmatrix} c_{00} & c_{01} & \cdots & c_{0,m-1} \\ c_{10} & c_{11} & \cdots & c_{1,m-1} \\ \vdots & \vdots & & \vdots \\ c_{m-1,0} & c_{m-1,1} & \cdots & c_{m-1,m-1} \end{pmatrix} \tag{4.4.21}$$

命题 4.4.3 记号同前. 线性空间 V_0 同构于如下向量空间:

$$V_q = \left\{ (v_0, v_1, \cdots, v_{m-1}) \in \mathbb{F}_q^m \,|\, (v_0, v_1, \cdots, v_{m-1})(I - C) = 0 \right\} \tag{4.4.22}$$

(4.4.20) 式说明, 多项式 $v(x) = v_0 + v_1 x + \cdots + v_{m-1} x^{m-1}$ 属于 V_0 的充分必要条件是它的系数向量为矩阵 C 的属于特征值 1 的特征向量. 注意到 $c_{00} = 1, c_{0i} = 0, i = 1, \cdots, m-1$, 所以 $v^{[1]} = (1, 0, \cdots, 0)$ 是其中一个特征向量. 由前面的分析, $\dim V_q = r$, 可设 $v^{[1]}, v^{[2]}, \cdots, v^{[r]}$ 是 V_q 的基, 令 $f^{[i]}$ 是以 $v^{[i]}$ 为系数向量的多项式, 则 $f^{[i]} \in V_0$.

命题 4.4.4 记号同上, 则诸 $f^{[i]}$ 具有如下性质:

(i) 对 p 的任意首项系数为 1 的因式 g,

$$g = \prod_{s \in \mathbb{F}_q} \gcd(g, f^{[i]} - s) \tag{4.4.23}$$

(ii) 对 p 的任意两个不同的不可约因式 p_i, p_j, 一定存在 $f^{[k]}$, 使得对于 $\forall s \in \mathbb{F}_q$, 都有 $p_i p_j \nmid (f^{[k]} - s)$.

证明 因为 $f^{[i]} \in V_0$, 根据 Berlekamp 定理, 存在 $s_k \in \mathbb{F}_q$, 使得 $p_k | (f^{[i]} - s_k)$. 若 $p_k | g$, 则因 g 是 p 的因式, p_k 能够整除 (4.4.23) 式的右端, 因而 g 能够整除 (4.4.23) 式的右端. 反之, (4.4.23) 式右端的每个乘积项能够整除 g, 而且任意两个乘积项互素, 因而 (4.4.23) 式的右端能够整除 g. 两端首项系数均为 1, 所以相等.

用反证法证明 (ii). 不妨设 p_1, p_2 满足: 对于任意的 $f^{[k]}$, 都有 $s_k \in \mathbb{F}_q$ 使得 $p_1 p_2 | (f^{[k]} - s_k)$. 因为 $f^{[k]} \in V_0$, 由 Berlekamp 定理, 有 $s_{k,i} \in \mathbb{F}_q$, 使 $p_i | (f^{[k]} - s_{k,i})$, $i = 1, 2$, 因而 $s_{k1} = s_{k2} = s_k$, $k = 1, 2, \cdots, r$. 再由前面的分析

$$f^{[k]} \equiv s_{k,1} w_1 + s_{k,2} w_2 + \cdots + s_{k,r} w_r \bmod p, \quad k = 1, 2, \cdots, r$$

写成矩阵形式为

$$\begin{pmatrix} f^{[1]} \\ f^{[2]} \\ \vdots \\ f^{[r]} \end{pmatrix} \equiv \begin{pmatrix} s_{11} & s_{12} & \cdots & s_{1r} \\ s_{21} & s_{22} & \cdots & s_{2r} \\ \vdots & \vdots & & \vdots \\ s_{r1} & s_{r2} & \cdots & s_{rr} \end{pmatrix} \begin{pmatrix} w_1 \\ w_2 \\ \vdots \\ w_r \end{pmatrix} \bmod p$$

注意到中间矩阵的前两列相同, 而同余式两端的向量都是模 p 线性无关的, 矛盾. ■

命题 4.4.3 说明多项式 P 的不可约因式个数为

$$r = \deg(p) - \operatorname{rank}(I - C) \tag{4.4.24}$$

命题 4.4.4 中性质 (i) 给出了逐层分解多项式 p 的方法; 而性质 (ii) 说明, 只要 p 的因式 g 是可约的, 则必在某层被真分解. 这样, 最坏在所有层分解都做完, 必定将 p 完全分解. 据此可以给出 $\mathbb{F}_q[x]$ 上无平方因式的多项式的分解算法. 下述算法是 Berlekamp 提出的.

算法 4.6 Berlekamp 算法

输入: $p \in \mathbb{F}_q[x]$, 首项系数为 1 而且无平方因式.

输出: p 的所有首项系数为 1 的不可约因式.

1. 构造矩阵 C;

2. 求出 C 的属于 1 的全部线性无关特征向量, 假设为 r 个, 并用这些特征向量为系数向量给出多项式 $f^{[1]} = 1, f^{[2]}, \cdots, f^{[r]}$;

3. 从 $\{\gcd(p, f^{[2]} - s) | s \in \mathbb{F}_q\}$ 中挑出那些不为 1 的多项式, 记作 $p_1^{[2]}, \cdots, p_{d_2}^{[2]}$. 如果 $d_2 = r$, 则输出 $p_1^{[2]}, \cdots, p_{d_2}^{[2]}$, 结束; 否则, 对每个 $p_j^{[2]}$, 从 $\{\gcd(p_j^{[2]}, f^{[3]} -$

$s)|\ s \in \mathbb{F}_q\}$ 中选出那些不为 1 的多项式: $p_{j,1}^{[3]}, \cdots, p_{j,d'_j}^{[3]}, j = 1, \cdots, d_2$, 把这些多项式重新编号, 有 $p = p_1^{[3]} \cdots p_{d_3}^{[3]}$. 如果 $d_3 = r$ 则输出 $p_1^{[3]}, \cdots, p_{d_3}^{[3]}$, 结束算法; 否则, 对每个 $p_k^{[3]}$ 如上考虑用 $\gcd(p_k^{[3]}, f^{[4]} - s), s \in \mathbb{F}_q$ 分解之. 如此下去, 最后得到的那组多项式 $p_1^{[l]}, p_2^{[l]}, \cdots, p_r^{[l]}$ (每个都是不可约的, 而且两两互素), 就是 p 的全部不同的不可约因式. 这里 $l \leqslant r$.

例 4.4.2　在 $\mathbb{Z}_3[x]$ 中分解多项式 $p = x^5 + x^3 - x^2 + x - 1$.

解　直接验证可知, 在 $\mathbb{Z}_3[x]$ 中, 多项式 p 是无平方因式的. 5 阶方阵 C 由 $1, x^3, x^6, x^9, x^{12}$ 模 p 的系数构成:

$$C = \begin{pmatrix} 1 & 0 & 0 & 0 & 0 \\ 0 & 0 & 0 & 1 & 0 \\ 0 & 1 & -1 & 1 & -1 \\ 0 & 1 & 1 & -1 & -1 \\ -1 & 0 & -1 & 1 & 1 \end{pmatrix}$$

计算齐次线性方程组 $X(C - I) = 0$ 的基础解系, 解得

$$v^{[1]} = (1,0,0,0,0), \quad v^{[2]} = (0,0,-1,1,0)$$

相应的多项式为

$$f^{[1]} = 1, \quad f^{[2]} = -x^2 + x^3$$

最大公因式计算如下:

$$\gcd(p, f^{[2]}) \equiv 1 \bmod 3$$
$$\gcd(p, f^{[2]} - 1) \equiv x^2 + x - 1 \bmod 3$$
$$\gcd(p, f^{[2]} + 1) \equiv x^3 - x^2 + 1 \bmod 3$$

因此, 在 $\mathbb{Z}_3[x]$ 中多项式 $x^5 + x^3 - x^2 + x - 1$ 的不可约因式分解为

$$x^5 + x^3 - x^2 + x - 1 = (x^2 + x - 1)(x^3 - x^2 + 1)$$

4.4.3　Hensel 提升方法

为降低运算规模, 常采用模运算处理整系数多项式的分解问题: 首先将整系数多项式 $A(x)$ 模一个素数 p, 然后考虑 $\phi_p(A)$ 在 $\mathbb{Z}_p[x]$ 的分解, 可采用 Berlekamp 算法. 设 $\phi_p(A) = \bar{B}\bar{C}$ 在 $\mathbb{Z}_p[x]$ 中的分解已知, 如何得到 A 的一个分解? 实际上, 由 $\phi_p(A) = \bar{B}\bar{C}$ 可得 $A \equiv BC \bmod p$, 其中 $B = \phi_p^{-1}(\bar{B}), C = \phi_p^{-1}(\bar{C})$. 如果对于较大的整数 l, 由 $A \equiv BC \bmod p$ 能够构造出多项式 S, T 使得

$$A \equiv ST \bmod p^l, \quad \max\{\|A\|_\infty, \|ST\|_\infty\} < \frac{p^l}{2} \tag{4.4.25}$$

则最后的同余式即是等式, 从而找到了 A 的一个分解.

定理 4.4.2 (Hensel 引理)   设 p 为素数, $A \in \mathbb{Z}[x]$ 首项系数为 1, $B_0, C_0 \in \mathbb{Z}[x]$ 首项系数为 1, 且模 p 互素 (即 $\phi_p(B_0)$ 与 $\phi_p(C_0)$ 在 $\mathbb{Z}_p[x]$ 中互素). 若已知

$$A \equiv B_0 C_0 \bmod p \tag{4.4.26}$$

则对于任何整数 $k \geqslant 0$, 存在首项系数为 1 的多项式 $B_k, C_k \in \mathbb{Z}[x]$, 使得

$$A \equiv B_k C_k \ \bmod p^{k+1}$$
$$B_k \equiv B_0 \bmod p, \quad C_k \equiv C_0 \bmod p \tag{4.4.27}$$
$$\deg(B_k) + \deg(C_k) = \deg(A)$$

证明   首先, 由 $\phi_p(B_0)$ 与 $\phi_p(C_0)$ 互素, 存在多项式 $\bar{U}, \bar{V} \in \mathbb{Z}_p[x]$, 使得

$$\bar{U}\phi_p(B_0) + \bar{V}\phi_p(C_0) = 1 \tag{4.4.28}$$

假定引理对于 k 成立, 则 $S_k := \dfrac{A - B_k C_k}{p^{k+1}}$ 是整系数多项式, 其次数小于 $\deg(A)$. 由 (4.4.28) 式,

$$\phi_p(S_k)\bar{U}\phi_p(B_0) + \phi_p(S_k)\bar{V}\phi_p(C_0) = \phi_p\left(\frac{A - B_k C_k}{p^{k+1}}\right)$$

令

$$\Delta B_k = \phi_p^{-1}(\mathrm{rem}(\phi_p(S_k)\bar{V}, \phi_p(B_0), x))$$
$$\Delta C_k = \phi_p^{-1}(\mathrm{rem}(\phi_p(S_k)\bar{U}, \phi_p(C_0), x)) \tag{4.4.29}$$

则 $\deg(\Delta B_k) < \deg(B_0), \deg(\Delta C_k) < \deg(C_0)$, 而且

$$\frac{A - B_k C_k}{p^{k+1}} \equiv \Delta C_k B_0 + \Delta B_k C_0 \bmod p \tag{4.4.30}$$

于是

$$A \equiv B_k C_k + \Delta C_k \cdot p^{k+1} B_0 + \Delta B_k \cdot p^{k+1} C_0 \bmod p^{k+2} \tag{4.4.31}$$

注意到

$$B_k C_k + \Delta C_k p^{k+1} \cdot B_0 + \Delta B_k p^{k+1} \cdot C_0$$
$$= (B_k + \Delta B_k p^{k+1})(C_k + \Delta C_k p^{k+1})$$
$$\quad - \left[\Delta C_k p^{k+1}(B_k - B_0) + \Delta B_k p^{k+1}(C_k - C_0)\right]$$
$$\quad - \Delta B_k \Delta C_k p^{2k+2}$$

而且 $B_k \equiv B_0 \bmod p, C_k \equiv C_0 \bmod p$, 我们得: $A \equiv B_{k+1}C_{k+1} \bmod p^{k+2}$, 其中

$$
\begin{aligned}
B_{k+1} &= B_k + \Delta B_k p^{k+1} \\
C_{k+1} &= C_k + \Delta C_k p^{k+1}
\end{aligned}
\tag{4.4.32}
$$

且 $B_{k+1} \equiv B_k \equiv B_0 \bmod p, C_{k+1} \equiv C_k \equiv C_0 \bmod p$, $\deg(B_{k+1}) + \deg(C_{k+1}) = \deg(A)$. ∎

算法 4.7　因式分解的 Hensel 提升算法

输入: 素数 p, 首项系数为 1 的多项式 B_0, C_0, $A \in \mathbb{Z}[x]$, 满足 $A \equiv B_0 C_0 \bmod p$.
输出: 整系数多项式 B, C, 满足 $A = BC$.

　$M := 2^n (n+1)^{1/2} \|A\|_\infty$, $n = \deg(A)$
　调用算法 EEA, 求出多项式 $\bar{U}, \bar{V} \in \mathbb{Z}_p[x]$, 满足

$$
\phi_p(B_0)\bar{U} + \phi_p(C_0)\bar{V} = 1
$$

　$k := 0$;　　$E_0 := A - B_0 C_0$;
while $p^k < 2M$ **do**
　　$\Delta B_k = \phi_p^{-1}(\mathrm{rem}(\phi_p(E_k/p^{k+1})\bar{V}, \phi_p(B_0), x))$
　　$\Delta C_k = \phi_p^{-1}(\mathrm{rem}(\phi_p(E_k/p^{k+1})\bar{U}, \phi_p(C_0), x))$
　　$B_{k+1} = B_k + \Delta B_k p^{k+1}$; $C_{k+1} = C_k + \Delta C_k p^{k+1}$
　　$k := k + 1$
　　$E_k = A - B_k C_k$
　　如果 $E_k = 0$, 则输出 (B_k, C_k), 结束算法
end{while}
if $E_k \neq 0$ **then return** ("无此分解"); **end{if}**

　　例 4.4.3　求 $A = x^3 + 10x^2 - 432x + 5040$ 的分解式.
　　解　取 $p = 5$, 此时 $A_5 = x^3 - 2x = x(x^2 - 2), B_0 = x, C_0 = x^2 - 2$. 可见 $B_0, C_0 \in \mathbb{Z}_5[x]$ 是互素的. 首先求出 $\bar{U} = -2x, \bar{V} = 2 \in \mathbb{Z}_5[x]$. 然后, 迭代地计算下面的多项式:

$$
\begin{aligned}
&E_0 = 10x^2 - 430x + 5040, \quad \Delta B_0 = 1, \quad \Delta C_0 = x - 1, \\
&B_1 = x + 5, \quad C_1 = x^2 + 5x - 7 \\
&E_1 = 25(-18x + 203), \quad \Delta B_1 = 1, \quad \Delta C_1 = -x + 2, \\
&B_2 = x + 30, \quad C_2 = x^2 - 20x + 43
\end{aligned}
$$

$$E_2 = 125(x + 30), \quad \Delta B_2 = 0, \quad \Delta C_2 = 1,$$
$$B_3 = x + 30, \quad C_3 = x^2 - 20x + 168$$
$$E_3 = 0$$

得到分解式 $A = (x + 30)(x^2 - 20x + 168)$.

但对于多项式 $A = x^4 + 1$, 仍用 $p = 5$. 因为 $M = 2^4(4+1)^{1/2} \cdot 1 \leqslant 40, 5^3 > 2M$, 所以, 只需计算到 $k = 3$. $A_5 = (x^2 + 2)(x^2 - 2)$, 取 $B_0 = x^2 + 2, C_0 = x^2 - 2$, 则 $\bar{U} = -1, \bar{V} = 1$.

$$E_0 = 1 \times 5, \quad \Delta B_0 = 1, \quad \Delta C_0 = -1, \quad B_1 = x^2 + 7, \quad C_1 = x^2 - 7$$
$$E_1 = 2 \times 5^2, \quad \Delta B_1 = 2, \quad \Delta C_1 = -2, \quad B_2 = x^2 + 57, \quad C_2 = x^2 - 57$$
$$E_2 = 26 \times 5^3, \quad \Delta B_2 = 1, \quad \Delta C_2 = -1, \quad B_3 = x^2 + 182, \quad C_3 = x^2 - 182$$
$$E_3 = 53 \times 5^4 \neq 0$$

可见 $x^4 + 1$ 没有分解.

注 Hensel 提升算法能够将可提升为真分解的初始真分解提升为真分解, 有些初始真分解不能提升, 这时不能断言原多项式不可分解. 要判定首项系数为 1 的多项式 $A \in \mathbb{Z}[x]$ 有无真分解, 必须且只需将所有初始真分解进行提升检验.

例 4.4.4 $A = x^4 - 5x^2 - 10x + 99, p = 5, A$ 有初始分解

$$A_5 = (x^2 + 1)(x^2 - 1) = (x + 1)(x^3 - x^2 + x - 1)$$

前一个初始真分解 $(x^2 + 1)(x^2 - 1)$ 可以提升为 A 的真分解

$$A = (x^2 + 5x + 11)(x^2 - 5x + 9)$$

后一个初始真分解则不能提升.

4.5 多元多项式的分解算法

$\mathbb{Z}_p[x]$ 中多项式的分解相对来说比较简单, 在已知多项式 $A[x] \in \mathbb{Z}[x]$ 在 $\mathbb{Z}_p[x]$ 中的分解以后, 可以通过 Hensel 提升算法逐步给出 $A[x]$ 在 $\mathbb{Z}_{p^i}[x](i = 2, 3, \cdots, l)$ 中的分解, 当 l 足够大时就得到了 $A[x]$ 在 $\mathbb{Z}[x]$ 中的分解, 或者给出不能获得真分解的信息. 对于多元多项式 $A(x_1, \cdots, x_n) \in \mathbb{Z}[x_1, x_2, \cdots, x_n]$, 选取 $n - 1$ 个整数 $a_2, \cdots, a_n$, 并令 $I = \langle x_2 - a_2, \cdots, x_n - a_n \rangle$. 用赋值同态 ϕ_I 转化为一元多项式 $A_I = A(x_1, a_2, \cdots, a_n) \in \mathbb{Z}[x_1]$, 然后再用模 p 同态转化为有限域 $\mathbb{Z}_p[x_1]$ 中的多项式, 记之为 $A_{I,p}$. 假设它有分解 (称为 A 在 $\mathbb{Z}_p[x_1]/I$ 中的分解)

$$A_{I,p} = U_{I,p} W_{I,p} \tag{4.5.1}$$

则通过 Hensel 提升, 得到 A_I 在 $\mathbb{Z}_{p^l}[x_1]$ 中的分解 (称为 A 在 $\mathbb{Z}_{p^l}[x_1]/I$ 中的分解)

$$A_{I,p^l} = U_{I,p^l} W_{I,p^l} \tag{4.5.2}$$

比照理想进的 Newton 迭代方法, 可能将 (4.5.2) 提升到 A 在 $\mathbb{Z}_{p^l}[x_1, x_2, \cdots, x_n]/I^k$ 中的分解

$$A_{I^k,p^l} = U_{I^k,p^l} W_{I^k,p^l} \tag{4.5.3}$$

当 k 足够大时就得到了 A 在 $\mathbb{Z}_{p^l}[x_1, x_2, \cdots, x_n]$ 中的分解

$$A_{p^l} = U_{p^l} W_{p^l} \tag{4.5.4}$$

当 l 足够大时就得到了 A 在 $\mathbb{Z}[x_1, x_2, \cdots, x_n]$ 中的分解

$$A = UW \tag{4.5.5}$$

定理 4.5.1 (多元 Hensel 提升引理)　设 p 为素数, l 为正整数, $A \in \mathbb{Z}_p[x_1, x_2, \cdots, x_n]$, 理想 $I = \langle x_2 - a_2, \cdots, x_n - a_n \rangle \subset \mathbb{Z}_p[x_1, x_2, \cdots, x_n]$, $U^{(0)}, W^{(0)} \in \mathbb{Z}_p[x_1]$, 满足

(i) $p \nmid \mathrm{lc}_{x_1}(\phi_I(A))$;

(ii) $A \equiv U^{(0)} W^{(0)} \bmod I$;

(iii) $\phi_p(U^{(0)}), \phi_p(W^{(0)})$ 在 $\mathbb{Z}_p[x_1]$ 中互素.

则存在多项式 $U^{(k)}, W^{(k)} \in \mathbb{Z}_{p^l}[x_1, x_2, \cdots, x_n]$, 使得

$$U^{(k)} \equiv U^{(0)} \bmod I, \quad W^{(k)} \equiv W^{(0)} \bmod I \tag{4.5.6}$$

$$A \equiv U^{(k)} W^{(k)} \bmod I^{k+1}, \quad k = 0, 1, \cdots \tag{4.5.7}$$

证明　$k = 0$ 即是定理中假设 (ii). 假定对于 $k(\geqslant 0)$ 已经有同余式 (4.5.6) 和 (4.5.7). 令

$$E^{(k)} = A - U^{(k)} W^{(k)} \tag{4.5.8}$$

则 $E^{(k)} \in I^{k+1}$, 可设

$$E^{(k)} \equiv \sum_{i_1, \cdots, i_{k+1} \in \{2, \cdots, n\}} C_{i_1 \cdots i_{k+1}} \prod_{j=1}^{k+1} (x_{i_j} - a_{i_j}) \bmod I^{(k+2)} \tag{4.5.9}$$

其中 $C_{i_1 \cdots i_k} \in \mathbb{Z}_{p^l}[x_1]$. 定理假设 (i) 意味着 $p \nmid \mathrm{lc}_{x_1}(\phi_I(U^{(0)})), p \nmid \mathrm{lc}_{x_1}(\phi_I(W^{(0)}))$, 由命题 4.3.2, 存在 $S_{i_1 \cdots i_{k+1}}, T_{i_1 \cdots i_{k+1}} \in \mathbb{Z}_{p^l}[x_1]$, 使得

$$S_{i_1 \cdots i_{k+1}} U^{(0)} + T_{i_1 \cdots i_{k+1}} W^{(0)} = C_{i_1 \cdots i_{k+1}} \tag{4.5.10}$$

令

$$U^{(k+1)} = U^{(k)} + \sum_{i_1,\cdots,i_{k+1}\in\{2,\cdots,n\}} T_{i_1\cdots i_{k+1}} \prod_{j=1}^{k+1} (x_{i_j} - a_{i_j}) \qquad (4.5.11)$$

$$W^{(k+1)} = W^{(k)} + \sum_{i_1,\cdots,i_{k+1}\in\{2,\cdots,n\}} S_{i_1\cdots i_{k+1}} \prod_{j=1}^{k+1} (x_{i_j} - a_{i_j}) \qquad (4.5.12)$$

则

$$\begin{aligned}
U^{(k+1)}W^{(k+1)} &= U^{(k)}W^{(k)} + W^{(k)} \sum_{i_1,\cdots,i_{k+1}\in\{2,\cdots,n\}} T_{i_1\cdots i_{k+1}} \prod_{j=1}^{k+1} (x_{i_j} - a_{i_j}) \\
&\quad + U^{(k)} \sum_{i_1,\cdots,i_{k+1}\in\{2,\cdots,n\}} S_{i_1\cdots i_{k+1}} \prod_{j=1}^{k+1} (x_{i_j} - a_{i_j}) \\
&\quad + \sum_{i_1,\cdots,i_{k+1}\in\{2,\cdots,n\}} T_{i_1\cdots i_{k+1}} \prod_{j=1}^{k+1} (x_{i_j} - a_{i_j}) \\
&\quad \cdot \sum_{i_1,\cdots,i_{k+1}\in\{2,\cdots,n\}} S_{i_1\cdots i_{k+1}} \prod_{j=1}^{k+1} (x_{i_j} - a_{i_j}) \\
&= U^{(k)}W^{(k)} + \sum_{i_1,\cdots,i_{k+1}\in\{2,\cdots,n\}} C_{i_1\cdots i_{k+1}} \prod_{j=1}^{k+1} (x_{i_j} - a_{i_j}) \\
&\quad + \left(W^{(k)} - W^{(0)}\right) \sum_{i_1,\cdots,i_{k+1}\in\{2,\cdots,n\}} T_{i_1\cdots i_{k+1}} \prod_{j=1}^{k+1} (x_{i_j} - a_{i_j}) \\
&\quad + \left(U^{(k)} - U^{(0)}\right) \sum_{i_1,\cdots,i_{k+1}\in\{2,\cdots,n\}} S_{i_1\cdots i_{k+1}} \prod_{j=1}^{k+1} (x_{i_j} - a_{i_j}) \\
&\quad + \sum_{i_1,\cdots,i_{k+1}\in\{2,\cdots,n\}} T_{i_1\cdots i_{k+1}} \prod_{j=1}^{k+1} (x_{i_j} - a_{i_j}) \\
&\quad \cdot \sum_{i_1,\cdots,i_{k+1}\in\{2,\cdots,n\}} S_{i_1\cdots i_{k+1}} \prod_{j=1}^{k+1} (x_{i_j} - a_{i_j}) \\
&\equiv U^{(k)}W^{(k)} + E^{(k)} \bmod I^{k+2} \\
&\equiv A \bmod I^{k+2}
\end{aligned}$$

而且 $U^{(k+1)} \equiv U^{(k)} \bmod I^{k+1} \Rightarrow U^{(k+1)} \equiv U^{(k)} \bmod I$, 由归纳假设得 $U^{(k+1)} \equiv U^{(0)} \bmod I$. 同理 $W^{(k+1)} \equiv W^{(0)} \bmod I$. ∎

例 4.5.1　用多元 Hensel 提升算法分解下面多项式:

$$A = x^2 y + xy^2 + xyz + 2y^2 z - 2yz^2 + 2x + 2y - 2z$$

解　首先, 如果赋值 $y = 0, z = 0$, 则得到的多项式为 $2x$, 没有真分解. 所以换一组值: $y = 1, z = 0$, 这时得到的多项式为 $x^2 + 3x + 2$, 它有真分解, 但是, 在每一步表示多项式时, 都需要写成 $\sum C_{ij}(x)(y-1)^i z^j$, 不方便. 所以, 先把多项式 A 中的 y 用 $y+1$ 替换一下, 得到新的多项式

$$F = x^2 y + xy^2 + xyz + 2y^2 z - 2yz^2 + x^2 + 2xy + xz + 4yz - 2z^2 + 3x + 2y + 2$$

显然, A 有真分解当且仅当 F 有真分解.

赋值 $y = 0, z = 0$, 则 F 变成一元多项式 $x^2 + 3x + 2$, 它有分解 $(x+2)(x+1)$, 取 $U^{(0)} = x+2, W^{(0)} = x+1$, 令 $I = \langle y, z \rangle$, 则 $F \equiv U^{(0)}W^{(0)} \bmod I$. 以下按多元 Hensel 提升引理证明的步骤构造诸多项式:

$$E^{(0)} = F - U^{(0)}W^{(0)} \equiv (x^2 + 2x + 2)y + xz \bmod I^2$$
$$C_{1,0} = x^2 + 2x + 2, \quad C_{0,1} = x$$
$$S_{1,0} = \mathrm{rem}(S \cdot C_{1,0}, W^{(0)}, x) = 1, \quad T_{1,0} = \mathrm{quo}(C_{1,0} - S_{1,0} \cdot U^{(0)}, W^{(0)}, x) = x$$
$$S_{0,1} = \mathrm{rem}(S \cdot C_{0,1}, W^{(0)}, x) = -1, \quad T_{0,1} = \mathrm{quo}(C_{0,1} - S_{0,1} \cdot U^{(0)}, W^{(0)}, x) = 2$$
$$U^{(1)} = U^{(0)} + T_{1,0}y + T_{0,1}z = xy + x + 2z + 2,$$
$$W^{(1)} = W^{(0)} + S_{1,0}y + S_{0,1}z = x + y - z + 1$$
$$E^{(1)} = F - U^{(1)}W^{(1)} \equiv (2x+2)yz \bmod I^3$$
$$C_{1,1} = 2x + 2$$
$$S_{1,1} = \mathrm{rem}(S \cdot C_{1,1}, W^{(0)}, x) = 0, \quad T_{1,1} = \mathrm{quo}(C_{1,1} - S_{1,1} \cdot U^{(0)}, W^{(0)}, x) = 2$$
$$U^{(2)} = U^{(1)} + T_{1,1}yz = xy + 2yz + x + 2z + 2,$$
$$W^{(2)} = W^{(1)} + S_{1,1}yz = x + y - z + 1$$
$$E^{(2)} = F - U^{(2)}W^{(2)} \equiv 0 \bmod I^4$$

所以, F 有分解 $F = U^{(2)}W^{(2)} = (xy + 2yz + x + 2z + 2)(x + y - z + 1)$, 将分解式中的 y 用 $y-1$ 替换, 即得到 A 的分解式 $A = (xy + 2yz + 2)(x + y - z)$.

注　上述计算中, 求 S_{ij}, T_{ij} 时采用了命题 4.3.2 证明中的构造方法, 其中 S, T 是使得

$$SU^{(0)} + TW^{(0)} = 1$$

的次数最低的多项式, 本例中 $S = 1, T = -1$.

习　题　4

4.1　设 $f(x), g(x)$ 都是整系数多项式, p 是素数, 且不整除 $f(x), g(x)$ 的首项系数. 证明: 若 $\phi_p(f), \phi_p(g)$ 互素, 则 $\gcd(f, g)$ 是一个正整数. 由此说明下面两个多项式互素:

$$f(x) = x^8 + x^6 - 3x^4 + 7x^3 - 9x^2 + 2x - 5$$
$$g(x) = 3x^6 + 5x^4 - 4x^2 - 9x + 21$$

4.2　写出多项式 $85x^5 + 55x^4 + 37x^3 + 35x^2 - 97x - 50$ 的 5-adic 表示.

4.3　令 $I = \langle x - 1, y + 1 \rangle$, 写出多项式 $y^3 - yz^2 - 2xz + 3y^2 - 12z^2 + 5x$ 的 I-adic 表示.

4.4　用模算法求下面多项式的最大公因式:

$$f(x) = x^4 + 25x^3 + 145x^2 - 171x - 360$$
$$g(x) = x^5 + 14x^4 + 15x^3 - x^2 - 14x - 15$$

4.5　选取 $p = 5$, 用 Newton 迭代法求多项式

$$x^6 + 93x^5 + 3258x^4 + 53041x^3 + 407250x^2 + 1453125x + 1953125$$

的立方根.

4.6　选取 $I = \langle y, z - 1 \rangle$, 用 Newton 迭代法在 $\mathbb{Z}_3[x, y, z]$ 中解方程 (求 u)

$$u^2 - u = x^6 - 2x^4y^2 + x^3z + x^2y^4 - xy^2z + z^2 - 1$$

4.7　求下面多项式的无平方分解:

$$x^{10} + 2x^9 + 2x^8 + 2x^7 + x^6 + x^5 + 2x^4 + x^3 + x^2 + 2x + 1$$

4.8　求多项式 $f := x^{21} - 3x^{20} + 8x^{18} - 6x^{17} - 6x^{16} + 8x^{15} - 3x^{13} + x^{12}$ 在 $\mathbb{Z}_3[x]$ 中的无平方分解.

4.9　用 Berlekamp 算法求多项式

$$x^6 - 3x^5 + x^4 - 3x^3 - x^2 - 3x + 1$$

在 $\mathbb{Z}_{11}[x]$ 中的不可约分解.

4.10　分析多项式 $x^4 + 1 \in \mathbb{Z}_p[x]$ 不可约分解情况, 其中 $p = 2, 3, 5, 7$. 一般性结论如何?

4.11　设

$$A := x^4 - 394x^3 - 4193x^2 + 126x + 596 \equiv (x^2 + x + 1)(x^2 + x - 1) \bmod 3$$

用 Hensel 提升求多项式 A 在 $\mathbb{Z}[x]$ 中的因式分解.

4.12　用多元 Hensel 提升方法求多项式

$$A = x^2 - 3xz^2 + 2x - xy + 3yz^2 - 2y + xz - 3z^3 + 2z$$

的分解.

4.13　设 $f(x)$ 是一个整系数多项式, c 是一个整数, 且 $(x-c)|f(x)$. 证明 $|c| \leqslant \|f\|_\infty$.

4.14　设 $f, g \in \mathbb{Z}[x, y, z]$ 为非零多项式, r 为整数, 且大于 f, g 及其任何因式的 ∞-范数的 2 倍. 令 $\bar{f}(x, y) = f(x, y, r), \bar{g}(x, y) = g(x, y, r)$, 且 $\bar{h}(x, y) = \gcd(\bar{f}, \bar{g})$. 设 $\bar{h}(x, y)$ 的 r-adic 表示为

$$\bar{h}(x, y) = h_0(x, y) + h_1(x, y)r + \cdots + h_d(x, y)r^d$$

证明: 多项式 $h(x, y, z) = h_0(x, y) + h_1(x, y)z + \cdots + h_d(x, y)z^d$ 是 f, g 的最大公因式的充分必要条件是: $h|f, h|g$.

4.15　给定两个正整数 M 和 v, 证明存在唯一的多项式 $p(x) = p_0 + p_1 x + \cdots + p_n x^n$, 满足下面两个条件:

(1) $p_0, p_1, \cdots, p_n$ 都是整数, 且属于 $[0, M-1]$;

(2) $p(M) = v$.

4.16　在 Maple 系统上编程实现求一元多项式最大公因式的 MBP 算法.

4.17　在 Maple 系统上编程实现一元多项式的无平方分解算法.

4.18　在 Maple 系统上编程实现 Berlekamp 算法, 其中的 q 就取为素数.

4.19　在 Maple 系统上编程实现一元多项式因式分解的 Hensel 提升算法.

4.20　参照命题 4.3.2 的证明过程和例 4.3.3 的求解过程, 给出求解 Diophantus 方程的算法, 并在 Maple 系统上编程实现.

第 5 章 特征列方法

20 世纪 40 年代, J. F. Ritt 等 [13] 致力于将构造代数方法推广到微分代数上的研究. Ritt 提出了特征列的概念, 并为微分代数理论的研究奠定了基础. 这套理论和方法后来被 E. R. Kolchin 等 [14] 发展, 并形成了微分代数几何. 这是解决微分方程问题的一条新途径. 但是, 由于 Ritt 的方法和理论比较艰深, 实现起来困难较大, 一度未引起重视. 20 世纪 70 年代末, 吴文俊 [15] 在创立他的几何定理机器证明方法时注意到了 Ritt 的工作, 并以此作为完善其机械化方法的构造性代数工具. 吴文俊在理论、算法、效率和使用上都极大地发展了特征列方法, 并将其用于各种几何推理和计算问题. 吴文俊的方法避免了 Ritt 方法中的不可约限制, 使得从任意多项式组都能有效地构造特征列.

5.1 约化三角列

设 $\Bbbk$ 是特征为零的域, 考虑多项式环 $R = \Bbbk[x_1, x_2, \cdots, x_n]$ 和多项式 $f \in R$. 变元 x_p 称为多项式 f 的主变元, 记作 $\mathrm{lv}(f)$, 如果 x_p 在 f 中出现, 而且 $x_{p+1}, \cdots, x_n$ 都不在 f 中出现. 主变元的下标称为 f 的类, 记作 $\mathrm{cls}(f)$, 主变元在 f 中出现的最高次数称为 f 的主次数, 记作 $\mathrm{ldeg}(f)$. 将 f 看成其主元 x_p 的多项式, 则首项系数 $\mathrm{lc}_{x_p}(f)$ 称为 f 的初式, 记作 $\mathrm{ini}(f)$. 有序二元组 $(\mathrm{cls}(f), \mathrm{ldeg}(f))$ 称为 f 的秩, 记作 $\mathrm{rank}(f)$, 并约定非零常数多项式的类为零, 其秩为 $(0,0)$. 两个非零的多项式可以通过它们秩的字典序比较而确定高低, $f < g$ 表示 $\mathrm{rank}(f) <_L \mathrm{rank}(g)$, 其中 $<_L$ 表示字典序. 若 f 与 g 有相等的秩, 则说 f 与 g 等价, 记作 $f \sim g$.

定义 5.1.1 多项式的非空序列

$$T := [g_1, g_2, \cdots, g_k] \tag{5.1.1}$$

称为三角列, 如果

$$0 < \mathrm{cls}(g_1) < \mathrm{cls}(g_2) < \cdots < \mathrm{cls}(g_k) \leqslant n \tag{5.1.2}$$

k 称为三角列的长度. 单个非零的常数多项式称为平凡三角列.

可见, 一个非平凡的三角列可以写为

$$g_1(x_1, \cdots, x_{p_1})$$
$$g_2(x_1, \cdots, x_{p_1}, \cdots, x_{p_2})$$
$$\cdots \cdots \qquad (5.1.3)$$
$$g_k(x_1, \cdots, x_{p_1}, \cdots, x_{p_2}, \cdots, x_{p_k})$$

其中 $p_i = \mathrm{cls}(g_i), x_{p_i} = \mathrm{lv}(g_i), i = 1, 2, \cdots, k.$

对于多项式 f 和三角列 T, 考虑下面的伪除法:

$$r_k = f$$
$$r_{k-1} = \mathrm{prem}(r_k, g_k, x_{p_k})$$
$$r_{k-2} = \mathrm{prem}(r_{k-1}, g_{k-1}, x_{p_{k-1}})$$
$$\cdots \cdots \qquad (5.1.4)$$
$$r_1 = \mathrm{prem}(r_2, g_2, x_{p_2})$$
$$r_0 = \mathrm{prem}(r_1, g_1, x_{p_1})$$

根据命题 2.2.4, 存在多项式 $q_1, q_2, \cdots, q_k$ 和非负整数 $\varepsilon_1, \varepsilon_2, \cdots, \varepsilon_k$, 使得

$$I_1^{\varepsilon_1} I_2^{\varepsilon_2} \cdots I_k^{\varepsilon_k} f = \sum_{1 \leqslant i \leqslant k} q_i g_i + r_0 \qquad (5.1.5)$$

其中 $I_j = \mathrm{ini}(g_j), j = 1, 2, \cdots, k.$ 称 r_0 为多项式 f 被三角列 T 除所得的伪余式, 记作 $\mathrm{prem}(f, T)$.

定义 5.1.2 设 g 是非平凡的多项式, $x_p = \mathrm{lv}(g)$, 则多项式 f 是关于 g 约化的, 如果 $\deg_{x_p}(f) < \mathrm{ldeg}(g)$; f 是关于多项式集合 S 约化的, 如果 f 关于 S 中的每个多项式都是约化的. 任何非零多项式关于一个非零常数多项式都不是约化的.

命题 5.1.1 若 $g \sim h$, 则 f 关于 g 是约化的当且仅当 f 关于 h 是约化的.

定义 5.1.3(升列) 三角列 $T = [g_1, g_2, \cdots, g_k]$ 称为升列, 如果下述条件之一满足:

(a) $k = 1$, g_1 是非零多项式;

(b) $k > 1$, 每个 g_i 关于它前面的多项式 $g_j (1 \leqslant j < i)$ 都是约化的.
k 称为升列的长度.

可以给三角列定义一个 "拟序", 对于两个三角列 $F = [f_1, \cdots, f_l], G = [g_1, \cdots, g_k]$, 说 F 低于 G, 记作 $F < G$, 如果下述两个条件之一满足:

(i) 存在下标 $i \leqslant \min\{l, k\}$, 使得 $(\forall 1 \leqslant j < i) [f_j \sim g_j]$ 而且 $f_i < g_i$;

(ii) $l > k$ 而且 $(\forall 1 \leqslant j \leqslant k) [f_j \sim g_j]$.

可见, 平凡三角列低于任何非平凡三角列; 当且仅当两个三角列 F 和 G 具有相同的长度, 而且对应的项具有相同的秩时, 不能比较高低, 此时说这两个三角列等价, 记作 $F \sim G$.

命题 5.1.2 三角列的严格下降序列一定是有限的.

证明 反证法, 假设命题不真, 设

$$G_1 > G_2 > \cdots > G_k > \cdots \tag{5.1.6}$$

是三角列的一个严格下降的无限序列. 因为每个三角列的长度都不超过 n, 所以序列 (5.1.6) 必有一个无穷子序列, 其中每个三角列的长度都相同, 不妨设序列 (5.1.6) 本身就是这样的序列, 每个三角列的长度均为 l. 考虑每个三角列的第一个元素 g_{i1}, 由序列 (5.1.6) 可知

$$\mathrm{rank}(g_{11}) \geqslant \mathrm{rank}(g_{21}) \geqslant \cdots \geqslant \mathrm{rank}(g_{l1}) \geqslant \cdots \tag{5.1.7}$$

但 $\mathrm{rank}(g_{i1})$ 的第一个分量为 $\mathrm{cls}(g_{i1})$, 只有 n 种选择; 第二个分量为非负整数 $\mathrm{ldeg}(g_{i1})$, 非负整数集合必有最小元, 因而序列 (5.1.7) 必到某一步之后全是等式. 即序列 (5.1.6) 必存在一个无穷子序列, 它的所有三角列的第一个元素均具有相同的秩, 不妨设序列 (5.1.6) 本身就是这样的序列. 再考虑每个三角列的第二个元素 g_{i2}, 同样推导可知, 序列 (5.1.6) 存在子序列, 它的所有三角列的第一个元素均具有相同的秩, 所有三角列的第二个元素具有相同的秩. 不妨设序列 (5.1.6) 本身就是这样的序列. 如此推导下去, 因为序列 (5.1.6) 中每个三角列都具有长度 l, 我们将会得到一个严格下降的序列, 但它的所有三角列都是等价的. 矛盾. ■

推论 5.1.1 升列的严格下降序列一定是有限的.

给定一个多项式集合 S, S 不含零多项式. 记 $\mathcal{A}(S)$ 为 S 中的多项式构成的升列之集. 由推论 5.1.1, $\mathcal{A}(S)$ 必有极小元 (关于三角列的序), 称之为 S 的基本列, 记作 $\mathrm{Bsc}(S)$. 由极小性, S 的两个基本列必是等价的. 据此可以比较两个非空多项式集合 S, T 的高低:

$$S < T(S \sim T) \text{ 当且仅当 } \mathrm{Bsc}(S) < \mathrm{Bsc}(T)\,(\mathrm{Bsc}(S) \sim \mathrm{Bsc}(T))$$

推论 5.1.2 多项式集合的严格下降序列一定是有限的.

命题 5.1.3 如果多项式 r 关于升列 $T = [g_1, g_2, \cdots, g_k]$ 是约化的, 则

$$\{g_1, g_2, \cdots, g_k, r\} < \{g_1, g_2, \cdots, g_k\} \tag{5.1.8}$$

证明 比较 r 和 g_i, 因为 r 关于 g_i 是约化的, 有以下三种可能情况:

$$r < g_1; \quad g_k < r; \quad g_{i-1} < r < g_i, \text{ 对某个 } i$$

第一种情况出现时, $[r]$ 是比 T 更低的升列; 第二种情况出现时, $[g_1, \cdots, g_k, r]$ 是比 T 更低的升列; 第三种情况出现时, $[g_1, \cdots, g_{i-1}, r]$ 是比 T 更低的升列. ■

推论 5.1.3 如果多项式 r 关于集合 S 的基本列是约化的, 则 $S \cup \{r\} < S$.

5.2　特征列与 Wu-Ritt 算法

定义 5.2.1　升列 $G = [g_1, g_2, \cdots, g_k]$ 是多项式集 S 的特征列, 如果下述条件满足:

$$G \subset \langle S \rangle \text{ 且 } \mathrm{prem}(S, G) = \{0\} \tag{5.2.1}$$

对于任何非空的多项式集, 其特征列都是存在的, 用 $\mathrm{Char}(S)$ 记 S 的一个特征列. 本节的结尾将给出求有限多项式集的特征列的 Wu-Ritt 算法.

命题 5.2.1　对任意多项式集 S, 有 $\mathrm{Char}(S) \leqslant S$.

证明　设非平凡升列 $G = [g_1, g_2, \cdots, g_k]$ 是集合 S 的特征列, $B = [b_1, b_2, \cdots, b_s]$ 是 S 的一个基本列. 因为 $\mathrm{prem}(b_i, G) = 0$, 所以, 一定存在 $g_{j_i} \in G$, 使得 b_i 关于 g_{j_i} 不是约化的, 因而 $g_{j_i} \leqslant b_i$. 假定 j_i 是满足 $g_{j_i} \leqslant b_i$ 的最大下标.

若 $j_1 > 1$, 则 $g_1 < g_{j_1} \leqslant b_1$, 则 $G < B$; 若 $j_1 = 1$, 则 $g_1 \leqslant b_1$. 当 $g_1 < b_1$ 时, $G < B$; 以下假设 $g_1 \sim b_1$. 由命题 5.1.1, b_2 关于 g_1 是约化的, 因此 $j_2 \geqslant 2$. 类似对 b_1 的讨论知, 或者 $G < B$, 或者 $j_2 = 2$ 且 $g_2 \sim b_2$. 如此讨论下去, 必然得到如下结论:

$$G < B \text{ 或者 } k \geqslant s \text{ 且 } g_i \sim b_i, \quad i = 1, \cdots, s$$

总之 $G \leqslant B$, 即 $\mathrm{Char}(S) \leqslant S$.　　■

5.2.1　吴-零点分解定理

设 $\Bbbk$ 是一个域, $\mathbb{L}$ 是 $\Bbbk$ 的扩域, 多项式 $f(x_1, \cdots, x_n) \in \Bbbk[x_1, \cdots, x_n]$ 在域 $\mathbb{L}$ 上的零点是指数组 $(\xi_1, \cdots, \xi_n) \in \mathbb{L}^n$ 满足: $f(\xi_1, \cdots, \xi_n) = 0$. 对于多项式集 $F = \{f_1, \cdots, f_s\} \subseteq \Bbbk[x_1, \cdots, x_n]$, 用 $\mathrm{Zero}(F)$ 记 F 中多项式在域 $\mathbb{L}$ 上全体公共零点.

若 G 是 S 的特征列, 则 $\mathrm{Zero}(S) = \mathrm{Zero}(\langle S \rangle) \subseteq \mathrm{Zero}(G)$. 任意 $f \in S$, 存在多项式 q_i 和非负整数 ε_i 使得

$$\left(\prod_{g_i \in G} \mathrm{ini}(g_i)^{\varepsilon_i} \right) f = \sum_{g_i \in G} q_i g_i \tag{5.2.2}$$

记 $\mathrm{ini}(G) = \displaystyle\prod_{g_i \in G} \mathrm{ini}(g_i)$, 则有

$$\mathrm{Zero}(S) = \mathrm{Zero}(G/\mathrm{ini}(G)) \cup \bigcup_{g \in G} \mathrm{Zero}\left(S \cup \{\mathrm{ini}(g)\}\right) \tag{5.2.3}$$

其中 $\mathrm{Zero}(G/h) = \mathrm{Zero}(G) \backslash \mathrm{Zero}(h)$.

定理 5.2.1(吴–零点分解定理)　任何非空多项式集 S, 存在一组升列 G_0, $G_1, \cdots, G_l$, 使得

$$\text{Zero}(S) = \bigcup_{0 \leqslant i \leqslant l} \text{Zero}(G_i/\text{ini}(G_i)) \tag{5.2.4}$$

证明　令 $G_0 = \text{Char}(S)$, 如果 $\text{ini}(G_0)$ 是非零常数, 则命题结论自然成立, 因为此时 (5.2.3) 变成 $\text{Zero}(S) = \text{Zero}(G_0/\text{ini}(G_0))$. 在 (5.2.3) 中, 若 $\text{Zero}\,(S \cup \{\text{ini}(g_i)\})$ 不是空集, $\text{ini}(g_i)$ 必不是常数, 但 $\text{ini}(g_i)$ 关于 G_0 是约化的, 由命题 5.1.3, $G_0 \cup \{\text{ini}(g_i)\} < G_0$. 令

$$S_i = S \cup G_0 \cup \{\text{ini}(g_i)\} \tag{5.2.5}$$

由命题 5.2.1 知, $S_i < S$, 而且由 $G_0 \subset \langle S \rangle$ 得

$$\text{Zero}(S_i) = \text{Zero}(S \cup \{\text{ini}(g_i)\}) \tag{5.2.6}$$

$$\text{Zero}(S) = \text{Zero}(G_0/\text{ini}(G_0)) \cup \bigcup_i \text{Zero}\,(S_i) \tag{5.2.7}$$

对于每个零点集不空的 S_i 进行如上的讨论, 会得到一组多项式集 S_{ij}, 使得

$$\text{Zero}(S_i) = \text{Zero}(G_i/\text{ini}(G_i)) \cup \bigcup_j \text{Zero}\,(S_{ij}) \tag{5.2.8}$$

将诸 G_i 重新编号, 并将 (5.2.8) 式代入 (5.2.7) 式得

$$\text{Zero}(S) = \bigcup_{0 \leqslant i \leqslant k_1} \text{Zero}(G_i/\text{ini}(G_i)) \cup \bigcup_{i,j} \text{Zero}\,(S_{ij}) \tag{5.2.9}$$

(5.2.9) 式中右端第二个并集中的项或者 $\text{Zero}(S_{ij}) = \{\ \}$[①], 此时去掉; 或者 $\text{Zero}(S_{ij}) \neq \{\ \}$, 且 $S_{ij} < S_i$. 如此分解下去, 会得到多个分支序列

$$S > S_i > S_{ij} > S_{ijk} > \cdots \tag{5.2.10}$$

由推论 5.1.2 知, 每个这样的序列都有有限的长度. 又从 $S_{i\cdots j}$ 到 $S_{i\cdots jk}$ 至多有 n 种可能, 上述过程必在有限步内结束, 届时将有 (5.2.4) 式那样的零点分解式. ∎

零点分解定理中那组升列 $G_0, G_1, \cdots, G_l$ 称为多项式集 S 的特征族, 其中每一个升列都是某个包含 S 的多项式集 S_i 的特征列, 因而满足

$$\text{prem}(S, G_i) = \{0\}, \quad i = 0, 1, \cdots, l \tag{5.2.11}$$

---

① $\{\ \}$ 表示空集合.

5.2.2　Wu-Ritt 算法

给定有限多项式集合 S, 它的基本列存在, 设为 G_0, 并记 $R_0 = \mathrm{prem}(S, G_0) \backslash \{0\}$. 如果 $R_0 = \varnothing$, 则按照特征列的定义, G_0 已经是 S 的特征列. 若 $R_0 \neq \varnothing$, 令 $S_1 = S \cup R_0$, 则 $\langle S \rangle = \langle S_1 \rangle$, 因为对于 $r_0 \in S_1 \backslash S$, 存在 $s \in S$ 使得 $r_0 = \mathrm{prem}(s, G_0)$, 由伪余式 (5.1.5) 可知 $r_0 \in \langle S \rangle$. 再由推论 5.1.3, $S_1 < S$. 设 S_1 的基本列为 G_1, 并记 $R_1 = \mathrm{prem}(S_1, G_1) \backslash \{0\}$. 如果 $R_1 = \varnothing$, 则 G_1 就是 S 的特征列. 若 $R_1 \neq \varnothing$, 记 $S_2 = S_1 \cup R_1$, 则 $S_2 < S_1$ 且 $\langle S_1 \rangle = \langle S_2 \rangle$. 如此讨论下去, 得到单调下降的多项式序列 $S > S_1 > S_2 > \cdots$, 因而必在有限步内停止, 而且最后得到的基本列就是多项式集 S 的特征列.

由以上分析, 只要能求基本列, 就能求特征列. 求基本列可以如下进行:

初始化: $i := 0, S_0 := S, G_0 := [\,]$[①].

(1) 从 S_i 中取出一个秩最小的多项式 g_{i+1}, 并令 $G_{i+1} = [G_i, g_{i+1}]$;

(2) 检查 $S_i \backslash G_{i+1}$ 是否有关于 G_{i+1} 约化的多项式. 如果没有, 则结束算法; 否则, 令 $S_{i+1} := \{s \in S_i \backslash G_{i+1} | s$ 关于 G_{i+1} 是约化的$\}$, $i := i+1$, 转 (1).

这个算法一定能在有限步内结束, 因为 $G_1, G_2, \cdots$ 是严格下降的升列序列. 设此算法求出的升列为 $G_k := [g_1, g_2, \cdots, g_k]$, 以下说明 G_k 一定是 S 的基本列. 若 $H := [h_1, h_2, \cdots, h_l]$ 是 S 的比 G_k 更低的升列, 则 $h_1 < g_1$ 或者 $h_1 \sim g_1$. 根据 g_1 的选取原则, $h_1 < g_1$ 不可能. 假定已经证明 $h_1 \sim g_1, \cdots, h_i \sim g_i$, 考虑 h_{i+1}. 因为 h_{i+1} 关于 $H_i := [h_1, \cdots, h_i]$ 是约化的, 因而关于 $G_i := [g_1, \cdots, g_i]$ 是约化的, 根据 g_{i+1} 的选取原则应有 $g_{i+1} < h_{i+1}$ 或者 $h_{i+1} \sim g_{i+1}$. 但 H 比 G_k 低, $g_{i+1} < h_{i+1}$ 不可能. 至此证明了对于所有 $i \leqslant \min(l, k)$ 有 $h_i \sim g_i$. 但 H 比 G_k 低, 所以 $l > k$, 在 G_k 之外还有多项式 h_{k+1} 关于 G_k 是约化的, 与算法的停止条件矛盾.

综合上述讨论, 求多项式集特征列的算法可以描述如下.

算法 5.1　求特征列的 Wu-Ritt 算法

输入: 有限多项式集 S;

输出: S 的特征列 G;

初始化 $G := [\,]$;　$F := S$;　$R := \{\ \}$;

1.　　**loop**

2.　　　　$F := F \cup R$;　$Q := F$;　$R := \{\ \}$;　$G := [\,]$;

3.　　　　**while** $Q \neq \{\ \}$ **do**

4.　　　　　　从 Q 中选出一个具有最小秩的多项式 g;

5.　　　　　　$G := [G, g]; Q := \{g \in Q | g$ 关于 G 是约化的$\}$;

---

① [ ] 表示空对列.

```
6.          end{while}
7.          for f ∈ F\G do
8.              r := prem(f, G);
9.              if r ≠ 0  then
10.                 R := R ∪ {r};
11.             end{if}
12.         end{for}
13.     until   R={ };
14.     return G
```

Wu-Ritt 算法可示例如下:

$$F = F_0 \subset F_1 \subset F_2 \subset \cdots \subset F_k$$
$$G = G_0 > G_1 > G_2 > \cdots > G_k$$
$$R = R_0 \quad R_1 \quad R_2 \quad \cdots \quad R_k = \{ \ \}$$

其中 $G_i = \mathrm{Bsc}(F_i), R_i = \mathrm{prem}(F_i, G_i)\backslash\{0\}, F_{i+1} = F_i \cup R_i$.

5.3   不可约三角列

考虑以 $u_1, u_2, \cdots, u_d$ 为变元的多项式环 $R_d := \Bbbk[u_1, u_2, \cdots, u_d]$. 像从整数构造有理数一样, 构造 R_d 的分式域

$$\mathrm{Fr}(R_d) := \left\{ \frac{f}{g} \middle| f, g \in R_d, g \neq 0 \right\} \tag{5.3.1}$$

这里约定

$$\frac{f_1}{g_1} = \frac{f_2}{g_2} \Leftrightarrow f_1 g_2 = f_2 g_1.$$

直接验证可知 $\mathrm{Fr}(R_d)$ 确实是一个域. 这个分式域也常常被记作 $\Bbbk(u_1, u_2, \cdots, u_d)$, 表示包含域 $\Bbbk$ 和无关未定元集 $\{u_1, u_2, \cdots, u_d\}$ 的最小域, 它是在 $\Bbbk$ 上添加一组无关未定元 $u_1, u_2, \cdots, u_d$ 而得到的扩域. 这个扩域也可以通过逐步添加而得到

$$\Bbbk(u_1, u_2, \cdots, u_d) = (((\Bbbk(u_1))(u_2))\cdots)(u_d) \tag{5.3.2}$$

将三角列 (5.1.3) 中各多项式的主变元分别记作 $y_1, y_2, \cdots, y_k$, 其他的变元分别记作 $u_1, u_2, \cdots, u_{n-k}$, 并令 $u = (u_1, u_2, \cdots, u_{n-k})$, 则三角列 (5.1.3) 可以改写成

$$T := \begin{bmatrix} g_1(u, y_1) \\ g_2(u, y_1, y_2) \\ \cdots\cdots \\ g_k(u, y_1, y_2, \cdots, y_k) \end{bmatrix} \tag{5.3.3}$$

其中 $g_i(u, y_1, \cdots, y_i)$ 可以看作 $\Bbbk[u, y_1, \cdots, y_i]$ 中的多项式.

如果三角列 $T := [g_1, g_2, \cdots, g_k]$ 满足 $\mathrm{prem}(\mathrm{ini}(g_i), [g_1, \cdots, g_{i-1}]) \neq 0, i = 2, \cdots, k$, 则说 T 是良好的.

假定 T 是良好的, 令 $\Bbbk_0 := \Bbbk(u)$, 并假定多项式 $\bar{g}_1(y_1) := g_1(u, y_1)$ 作为 $\Bbbk_0$ 上的一元多项式是不可约的, η_1 是 $\bar{g}_1(y_1)$ 的一个零点; 再令 $\Bbbk_1 := \Bbbk_0(\eta_1)$, 并假定多项式 $\bar{g}_2(y_2) := g_2(u, \eta_1, y_2)$ 作为 $\Bbbk_1$ 上的一元多项式是不可约的, η_2 是 $\bar{g}_2(y_2)$ 的一个零点; 如此下去, 最后假定扩域 $\Bbbk_{k-1} := \Bbbk_0(\eta_1, \eta_2, \cdots, \eta_{k-1})$ 上多项式 $\bar{g}_k(y_k) := g_k(u, \eta_1, \cdots, \eta_{k-1}, y_k)$ 是不可约的, η_k 是它的一个零点, 就得到三角列 T 的一个扩张零点: $\eta := (u, \eta_1, \cdots, \eta_{k-1}, \eta_k)$.

定义 5.3.1　记号同上, 若上述所有假定都成立, 则称 T 为不可约三角列, 扩张零点 η 称为 T 的一般零点.

引理 5.3.1　设 $T := [g_1, g_2, \cdots, g_k]$ 是不可约三角列, $\eta = (u, \eta_1, \cdots, \eta_{k-1}, \eta_k)$ 为 T 的一般零点, $r \in \Bbbk[u, y_1, \cdots, y_k]$ 关于 T 是约化的, 则

$$r(\eta) = 0 \Rightarrow r = 0 \tag{5.3.4}$$

证明　令 $d_k = \deg_{y_k}(g_k), r = r_0 + r_1 y_k + \cdots + r_l y_k^l$, 其中 $r_i \in \Bbbk[u, y_1, \cdots, y_{k-1}]$. 由于 r 关于 T 是约化的, 必然 $l < d_k$. 令 $\bar{r}(y_k) = r(u, \eta_1, \cdots, \eta_{k-1}, y_k)$, 则 η_k 同时是多项式 $\bar{r}(y_k)$ 和 $\bar{g}_k(y_k)$ 的零点, 但后者不可约且比前者次数高, 所以前者必然为零, 即 $\bar{r}(y_k) = 0$, 因而诸 $r_i(u, \eta_1, \cdots, \eta_{k-1}) = 0$, 即 η_{k-1} 是多项式 $\bar{r}_i(y_{k-1}) := r_i(u, \eta_1, \cdots, \eta_{k-2}, y_{k-1})$ 的零点 $(i = 0, 1, \cdots, l)$. 再利用 $\bar{g}_{k-1}(y_{k-1})$ 的不可约性 r_i 关于 T 是约化的, 可推得 $\bar{r}_i(y_{k-1})$ 的所有系数均为零. 如此进行推导, 最后得到多项式 $r = \sum_{i_1 \cdots i_k} a_{i_1 \cdots i_k}(u) y_1^{i_1} \cdots y_k^{i_k}$ 的所有系数 $a_{i_1 \cdots i_k}(u)$ 均为零. 因而 $r = 0$. ∎

推论 5.3.1　若 $T = [g_1, \cdots, g_k]$ 是不可约三角列, η 为 T 的一般零点, 则对每个 i 有 $I_i(\eta) \neq 0$, 其中 $I_i = \mathrm{ini}(g_i)$.

证明　首先, I_1 关于 T 是约化的, 由引理 5.3.1, $I_1(\eta) \neq 0$. 现在假定 $I_j(\eta) \neq 0$, $1 \leqslant j < i$ 已证, 往证 $I_i(\eta) \neq 0 (i \leqslant n)$. 由伪带余除法, 存在非负整数 $e_1, \cdots, e_{i-1}$, 使得

$$I_1^{e_1} \cdots I_{i-1}^{e_{i-1}} I_i = \sum_{j=1}^{i-1} q_j g_j + r_i$$

其中 r_i 关于 T 是约化的. 由于 T 是良好的, $r_i \neq 0$, 由引理 5.3.1, $r_i(\eta) \neq 0$, 故 $I_i(\eta) \neq 0$. 由归纳法原理, 推论成立. ∎

下面陈述不可约三角列的主要性质.

命题 5.3.1　设 $T := [g_1, g_2, \cdots, g_k]$ 是不可约三角列, η 为 T 的一般零点. 则

对于任意多项式 $f \in \Bbbk[u, y_1, \cdots, y_k]$ 有

$$\mathrm{prem}(f, T) = 0 \Leftrightarrow f(\eta) = 0 \tag{5.3.5}$$

证明　令 $I_i = \mathrm{ini}(g_i)$, 则由伪带余除法有

$$I_1^{\varepsilon_1} I_2^{\varepsilon_2} \cdots I_k^{\varepsilon_k} f = \sum_{1 \leqslant i \leqslant k} q_i g_i + r \tag{5.3.6}$$

其中 $r = 0$ 或是关于 T 约化的多项式. 若 $\mathrm{prem}(f, T) = 0$, 即 $r = 0$, 由 (5.3.6) 式知

$$[I_1(\eta)]^{\varepsilon_1} \cdot [I_2(\eta)]^{\varepsilon_2} \cdot \cdots \cdot [I_k(\eta)]^{\varepsilon_k} \cdot f(\eta) = 0 \tag{5.3.7}$$

由推论 5.3.1 知, $I_i(\eta) \neq 0$, 故 $f(\eta) = 0$. 反之, 若 $f(\eta) = 0$, 则由 (5.3.6) 式知 $r(\eta) = 0$, 但 r 关于 T 是约化的, 由引理 5.3.1 知 $r = 0$, 即 $\mathrm{prem}(f, T) = 0$. ∎

推论 5.3.2　设 $T := [g_1, g_2, \cdots, g_k]$ 是不可约三角列, 则对于任意多项式 $f \in \Bbbk[u, y_1, \cdots, y_k]$ 有

$$\mathrm{prem}(f, T) = 0 \Leftrightarrow \mathrm{Zero}(T/\mathrm{ini}(T)) \subseteq \mathrm{Zero}(f) \tag{5.3.8}$$

证明　若 $\mathrm{prem}(f, T) = 0$, 则 (5.3.6) 式中的 $r = 0$, 因而 $\mathrm{Zero}(T/\mathrm{ini}(T)) \subseteq \mathrm{Zero}(f)$ 显然成立. 反之, 若 $\mathrm{Zero}(T/\mathrm{ini}(T)) \subseteq \mathrm{Zero}(f)$ 成立, 因 T 的一般零点 $\eta \in \mathrm{Zero}(T/\mathrm{ini}(T))$ 有 $\eta \in \mathrm{Zero}(f)$, 即 $f(\eta) = 0$, 由命题 5.3.1, $\mathrm{prem}(f, T) = 0$. ∎

定理 5.3.1　假定多项式集 S 的一个特征族 $\Psi := \{G_0, G_1, \cdots, G_l\}$ 中的每个三角列都是不可约的. 则对于任意多项式 $f \in \Bbbk[u, y_1, \cdots, y_k]$ 有

$$\mathrm{Zero}(S) \subseteq \mathrm{Zero}(f) \Leftrightarrow \mathrm{prem}(f, G_i) = 0, \quad i = 0, 1, \cdots, l \tag{5.3.9}$$

证明　若 $\mathrm{Zero}(S) \subseteq \mathrm{Zero}(f)$, 则由吴–零点分解定理, $\mathrm{Zero}(G_i/\mathrm{ini}(G_i)) \subseteq \mathrm{Zero}(f)$, 由推论 5.3.2, $\mathrm{prem}(f, G_i) = 0 (i = 0, 1, \cdots, l)$. 反之亦然. ∎

推论 5.3.3　设 $G_0, G_1, \cdots, G_l$ 是一组不可约的三角列, $P_0, P_1, \cdots, P_l$ 是一组多项式集, 满足

$$\mathrm{prem}(p, G_i) \neq 0, \quad \forall p \in P_i, \quad i = 0, 1, \cdots, l \tag{5.3.10}$$

若多项式集 S 的零点集有分解

$$\mathrm{Zero}(S) = \bigcup_{0 \leqslant i \leqslant l} \mathrm{Zero}\,(G_i/(\mathrm{ini}(G_i) \cup P_i)) \tag{5.3.11}$$

那么

$$\mathrm{prem}(S, G_i) = \{0\}, \quad i = 0, 1, \cdots, l \tag{5.3.12}$$

$$\text{Zero}(S) = \bigcup_{0 \leqslant i \leqslant l} \text{Zero}\left(G_i/\text{ini}(G_i)\right) \qquad (5.3.13)$$

证明　设 $\eta^{(i)}$ 是不可约三角列 G_i 的一般零点, 由 (5.3.10) 式和命题 5.3.1 得 $p(\eta^{(i)}) \neq 0, \forall p \in P_i$, 因而 $\eta^{(i)} \in \text{Zero}\left(G_i/(\text{ini}(G_i) \cup P_i)\right)$. 再由 (5.3.11) 式, $\eta^{(i)} \in \text{Zero}(S)$, 由命题 5.3.1 得 (5.3.12) 式.

$\forall \xi \in \bigcup\limits_{0 \leqslant i \leqslant l} \text{Zero}\left(G_i/\text{ini}(G_i)\right)$, 由已证得的 (5.3.12) 式知 $\xi \in \text{Zero}(S)$. 反之, $\forall \xi \in \text{Zero}(S)$, 由 (5.3.11) 式, 存在 i 使得 $\xi \in \text{Zero}\left(G_i/(\text{ini}(G_i) \cup P_i)\right) \subseteq \text{Zero}\left(G_i/\text{ini}(G_i)\right)$, 所以 $\text{Zero}(S) \subseteq \bigcup\limits_{0 \leqslant i \leqslant l} \text{Zero}\left(G_i/\text{ini}(G_i)\right)$, 至此 (5.3.13) 式得证.　■

定理 5.3.2 (吴–不可约分解定理)　存在一个算法, 使得对任一多项式集 S, 将在有限步内计算出有限个不可约升列 G_i, 使得

$$\sqrt{\langle S \rangle} = \bigcap_i \text{Sat}(G_i) \qquad (5.3.14)$$

$$\text{Zero}(S) = \bigcup_{0 \leqslant i \leqslant l} \text{Zero}\left(G_i/\text{ini}(G_i)\right) \qquad (5.3.15)$$

$$\text{Zero}(S) = \bigcup_i \text{Zero}\left(\text{Sat}(G_i)\right) \qquad (5.3.16)$$

其中, $\text{Sat}(G_i)$ 是 G_i 的饱和理想[15].

定义 5.3.2　三角列 $G = [g_1, g_2, \cdots, g_k]$ 的饱和理想是指集合

$$\text{Sat}(G) = \left\{ f \mid \exists \delta_1, \cdots, \delta_k \text{ 和 } q_1, \cdots, q_k, I_1^{\delta_1} \cdots I_1^{\delta_k} f = q_1 g_1 + \cdots + q_k g_k \right\}$$

其中 $I_i = \text{ini}(g_i), \delta_i$ 是非负整数, q_i 是多项式.

5.4　正则三角列

前面的分析看出, 对于不可约三角列 $T := [g_1, g_2, \cdots, g_k]$ 有

$$\text{Zero}(T/\text{ini}(T)) \neq \{\} \qquad (5.4.1)$$

对于一般的三角列, 设它主变元为 $y_1, \cdots, y_k$, 其余变元用 u 表示, 则称 $\xi \in \text{Zero}(T/\text{ini}(T))$ 且形为 $\xi := (u, \xi_1, \cdots, \xi_k)$ 的零点为三角列 T 的正则零点. 不是每个三角列都有正则零点.

假定已经将三角列 T 表示成 (5.3.3) 式的形式, 对任意多项式 f, 定义 f 与三角列 T 的结式为

$$\text{res}(f, T) := \text{res}_{y_1}\left(\text{res}_{y_2}\left(\cdots \text{res}_{y_{k-1}}\left(\text{res}_{y_k}(f, g_k), g_{k-1}\right), \cdots, g_2\right), g_1\right) \qquad (5.4.2)$$

根据结式的性质, 存在多项式 s_k, t_k, 使得 $h_k := \mathrm{res}_{y_k}(f, g_k) = s_k f + t_k g_k$; 存在多项式 s'_{k-1}, t_{k-1}, 使得 $h_{k-1} := \mathrm{res}_{y_{k-1}}(h_k, g_{k-1}) = s'_{k-1} h_k + t_{k-1} g_{k-1}$, 记 $s_{k-1} := s'_{k-1} s_k$, 并将 $s'_{k-1} t_k$ 仍记为 t_k, 则 $h_{k-1} := \mathrm{res}_{y_{k-1}}(h_k, g_{k-1}) = s_{k-1} f + t_k g_k + t_{k-1} g_{k-1}$. 如此推导下去得

引理 5.4.1 设 T 是形如 (5.3.3) 式的三角列, 则结式 $\mathrm{res}(f, T)$ 只含有 u 中的变量, 而且存在多项式 $s, t_1, t_2, \cdots, t_k$, 使得

$$\mathrm{res}(f, T) = sf + t_1 g_1 + t_2 g_2 + \cdots + t_k g_k \tag{5.4.3}$$

定义 5.4.1 三角列 $T := [g_1, g_2, \cdots, g_k]$ 称为正则的, 如果对所有的 $1 < i \leqslant k$ 都有

$$\mathrm{res}(\mathrm{ini}(g_i), [g_1, \cdots, g_{i-1}]) \neq 0 \tag{5.4.4}$$

命题 5.4.1 正则三角列 $T := [g_1, g_2, \cdots, g_k]$ 一定有正则零点, 而且, 其个数不超过 $\displaystyle\prod_{1 \leqslant i \leqslant k} \mathrm{ldeg}(g_i)$.

证明 令 $\Bbbk_0 = \Bbbk(u)$, 则多项式 $\bar{g}_1(y_1) := g_1(u, y_1)$ 作为 $\Bbbk_0$ 上的一元多项式其次数大于零, 所以在 $\Bbbk_0$ 的某个扩域中存在零点 ξ_1; 令 $\Bbbk_1 := \Bbbk_0(\xi_1)$, 由条件 $\mathrm{res}_{y_1}(\mathrm{ini}(g_2), g_1) \neq 0$ 和结式的性质可知, $\mathrm{ini}(g_2)(u, \xi_1) \neq 0$, 因而多项式 $\bar{g}_2(y_2) := g_2(u, \xi_1, y_2)$ 作为 $\Bbbk_1$ 上的一元多项式, 其次数等于 $\mathrm{ldeg}(g_2) > 0$, 必然在 $\Bbbk_1$ 的某个扩域中有零点 ξ_2; 如此下去, 最后假定已经得到一元多项式 $\bar{g}_{k-1}(y_{k-1}) := g_{k-1}(u, \xi_1, \cdots, \xi_{k-2}, y_{k-1})$ 的一个零点 ξ_{k-1}, 令 $\Bbbk_{k-1} := \Bbbk_0(\xi_1, \xi_2, \cdots, \xi_{k-1})$, 考虑多项式 $\bar{g}_k(y_k) := g_k(u, \xi_1, \cdots, \xi_{k-1}, y_k)$. 由引理 5.4.1, 存在多项式 $s, t_1, t_2, \cdots, t_{k-1}$, 使得

$$\mathrm{res}(\mathrm{ini}(g_k), [g_1, g_2, \cdots, g_{k-1}]) = s \cdot \mathrm{ini}(g_k) + t_1 g_1 + t_2 g_2 + \cdots + t_{k-1} g_{k-1} \tag{5.4.5}$$

将 $\xi^{(k-1)} := (u, \xi_1, \cdots, \xi_{k-1})$ 代入 (5.4.5) 式, 因为 $\mathrm{res}(\mathrm{ini}(g_k), [g_1, g_2, \cdots, g_{k-1}]) \neq 0$ 而且只含有 u 中的变元, 所以代入后, 等式的左端仍不为零; 由诸 ξ_i 的取法, 等式右端诸 g_i 都以 $\xi^{(k-1)}$ 为零点, 得 $s(\xi^{(k-1)}) \cdot \mathrm{ini}(g_k)(\xi^{(k-1)}) \neq 0$, 当然 $\mathrm{ini}(g_k)(\xi^{(k-1)}) \neq 0$, 说明多项式 $\bar{g}_k(y_k)$ 的次数为 $\mathrm{ldeg}(g_k) > 0$, 必然在 $\Bbbk_{k-1}$ 的某个扩域中存在零点 ξ_k. 令 $\xi^{(k)} := (u, \xi_1, \cdots, \xi_{k-1}, \xi_k)$, 则 $\xi^{(k)}$ 就是三角列 T 的正则零点.

对于正则三角列 $T := [g_1, g_2, \cdots, g_k]$ 的任何正则零点 $\xi := (u_0, \xi_1, \xi_2, \cdots, \xi_k)$, 因为 $\mathrm{ini}(g_i)(\xi) \neq 0$, 所以 ξ_i 是 $\mathrm{ldeg}(g_i)$ 次多项式 $\bar{g}_i(y_i) := g_k(u_0, \xi_1, \cdots, \xi_{i-1}, y_i)$ 的零点, 至多有 $\mathrm{ldeg}(g_i)$ 个不同的 "值". 因而 $T := [g_1, g_2, \cdots, g_k]$ 的正则零点个数不超过 $\displaystyle\prod_{1 \leqslant i \leqslant k} \mathrm{ldeg}(g_i)$. ∎

推论 5.4.1　对于正则三角列 T 和多项式 f 有

$$\text{Zero}(T/\text{ini}(T)) \subseteq \text{Zero}(f) \Leftrightarrow (\exists d \in \mathbb{Z}^+)[\text{prem}(f^d, T) = 0] \tag{5.4.6}$$

该定理必要性的证明参考文献 [35].

定理 5.4.1(正则分解定理)　存在一个算法, 使得对任一多项式集 S, 将在有限步内计算出有限个正则升列 G_i, 使得

$$\sqrt{\langle S \rangle} = \bigcap_i \sqrt{\text{Sat}(G_i)} \tag{5.4.7}$$

$$\text{Zero}(S) = \bigcup_i \text{Zero}\left(G_i/\text{ini}(G_i)\right) \tag{5.4.8}$$

5.5　几何定理证明

特征列方法可以用于几何定理的机器证明. 由吴文俊教授等设计定理证明平面解析几何的大部分定理, 并且用来发现一些新的结论. 这种证明定理的方法不同于通常的人工证明, 因为它不是靠逻辑推导而验证结论, 而是将几何问题转化成多元多项式组的零点问题, 通过描述条件多项式组的零点集与结论多项式组的零点集之间的包含关系, 来断定定理成立与否.

定义 5.5.1(初等几何命题)　我们说一个几何命题是指如下这种公式:

$$(f_1 = 0 \land f_2 = 0 \land \cdots \land f_s = 0) \Rightarrow (g = 0) \tag{5.5.1}$$

其中 $f_i(i = 1, 2, \cdots, s), g \in \mathbb{L}[x_1, \cdots, x_n]$, $\mathbb{L}$ 是数域. 这里假定 $\mathbb{L}$ 是代数闭域.

上述定义中 $\land_i(f_i = 0)$ 是命题的条件, 而 $g = 0$ 即是命题的结论. 证明一个命题, 即是要证明 $\text{Zero}(f_1, \cdots, f_s) \subseteq \text{Zero}(g)$. 一般地, 一个几何命题是处理非退化情况的. 比如, 说一个三角形, 是像它的三个顶点不共线 (隐式排除), 但像上面的代数陈述并不能排除退化的情形. 如果将退化条件都写出来放在条件多项式组中又会带来许多麻烦. 吴方法能够克服这个问题, 它能使许多问题的非退化条件自然产生.

算法 5.2　吴方法 (Wu-Algorithm)

输入: 前提条件多项式组 $F = \{f_1, \cdots, f_s\}$; 结论多项式 g.

输出: Trivial, 如果前提条件自身是矛盾的;

　　　True, 如果几何命题是一般性成立的;

　　　Unconfirmed, 如果几何命题只在部分范围内成立.

　　求得 F 的一个特征列 G;

if $G = \{1\}$ **then return Trivial**

elif prem $(g, G) = 0$ then return True
else return Unconfirmed
end{if}

我们能够很容易地解释 Wu-Algorithm 所给出的几何命题的断言.

情形 5.5.1　$G = \{1\}$, 此时算法给出 "条件不相容", 命题自然成立. 这与实际情况是一致的. 此时, $\langle F \rangle = \langle 1 \rangle = \mathbb{L}[x_1, \cdots, x_n]$, 所以 $\mathrm{Zero}(F) \subseteq \mathrm{Zero}(g)$, 这是一个平凡的命题.

情形 5.5.2　$G = \{g_1, \cdots, g_r\} \neq \{1\}$, 此时, 如果 $\mathrm{prem}(g, G) = 0$, 则

$$\mathrm{ini}(g_r)^{e_r} \mathrm{ini}(g_{r-1})^{e_{r-1}} \cdots \mathrm{ini}(g_1)^{e_1} g = \sum_{i=1}^{r} q_i g_i \in \langle f_1, \cdots, f_s \rangle \tag{5.5.2}$$

因此, 如果 $P \in \mathbb{L}^n$, 使得 $f_i(P) = 0, i = 1, 2, \cdots, s$, 而且 $\mathrm{ini}(g_j)(P) \neq 0, j = 1, 2, \cdots, r$, 则必然有 $g(P) = 0$. 在许多情况下

$$\mathrm{ini}(g_r) = 0 \vee \mathrm{ini}(g_{r-1}) = 0 \vee \cdots \vee \mathrm{ini}(g_1) = 0 \tag{5.5.3}$$

解释成相应几何问题的退化条件或特殊情况的讨论. 当实际问题的隐形退化条件能够蕴涵上述初式退化条件时, Wu-Algorithm 给出 "结论正确" 就与实际情况相符. 注意到, 此时零点集的包含关系是

$$\mathrm{Zero}(g) \supseteq \mathrm{Zero}(f_1, \cdots, f_s) \backslash \bigcup_{i=1}^{r} \mathrm{Zero}\,(\mathrm{ini}(g_i)) \tag{5.5.4}$$

所以, 要想说明命题真的成立, 还必须把特殊情况完全验证.

情形 5.5.3　$G = \{g_1, \cdots, g_r\} \neq \{1\}$, 而且 $\mathrm{prem}(g, G) \neq 0$, 此时不能给出确切的答案, 因为在此时结论可能在部分范围内成立. 从这个意义上来说, Wu-Algorithm 不是完整的. 事实上, 这个算法只是 Wu-Algorithm 的一部分, 还有关于不可约分解部分, 在那里 Wu-Algorithm 能够较为完整地解决几何定理机器证明问题.

注　可以将 Wu-Algorithm 扩展, 求出条件多项式组的一个特征族: $\Psi = \{G_0, G_1, \cdots, G_l\}$, 如果这个特征族中的每个特征列 G_i 都是不可约的, 则由定理 5.3.1

$$\mathrm{prem}(g, G_i) = 0, \quad i = 0, 1, \cdots, l \tag{5.5.5}$$

就是命题成立的充分必要条件.

例 5.5.1 (Simpson 定理)　在 $\triangle ABC$ 的外接圆上任取一点 D, 自 D 向直线 BC, CA, AB 分别引垂线, 垂足依次为 E, F, G, 则 E, F, G 三点共线.

解　假定三角形的外接圆是一个单位圆, 取圆心为坐标系的原点, 而且坐标系的选取使得 D 点的坐标为 $(1,0)$. 如图 5.5.1 所示, 假定 A, B, C, E, F, G 各点的坐标分别是

$$A(x_1, y_1),\quad B(x_2, y_2),\quad C(x_3, y_3),\quad D(x_4, y_4),\quad E(x_5, y_5),\quad F(x_6, y_6),\quad G(x_7, y_7)$$

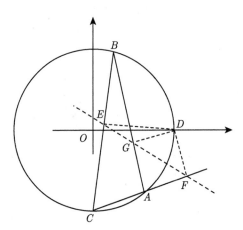

图 5.5.1　Simpson 定理

于是, 得到以下一系列条件方程:

$$
\begin{cases}
x_5 = \lambda x_2 + (1-\lambda)x_3, \quad y_5 = \lambda y_2 + (1-\lambda)y_3, \\
x_6 = \mu x_3 + (1-\mu)x_1, \quad y_6 = \mu y_3 + (1-\mu)y_1, \\
x_7 = \rho x_1 + (1-\rho)x_2, \quad y_7 = \rho y_1 + (1-\rho)y_2, \\
p_1 = x_1^2 + y_1^2 - 1 = 0, \\
p_2 = x_2^2 + y_2^2 - 1 = 0, \\
p_3 = x_3^2 + y_3^2 - 1 = 0, \\
p_4^* = (1 - \lambda x_2 - (1-\lambda)x_3)(x_2 - x_3) - (\lambda y_2 + (1-\lambda)y_3)(y_2 - y_3) = 0, \\
p_5^* = (1 - \mu x_3 - (1-\mu)x_1)(x_3 - x_1) - (\mu y_3 + (1-\mu)y_1)(y_3 - y_1) = 0, \\
p_6^* = (1 - \rho x_1 - (1-\rho)x_2)(x_1 - x_2) - (\rho y_1 + (1-\rho)y_2)(y_1 - y_2) = 0
\end{cases}
\tag{5.5.6}
$$

这里, 第一行的方程表示点 E 在直线 BC 上, 而 $p_1 = 0$ 表示点 A 在单位圆上, $p_4^* = 0$ 表示 $DE \perp BC$. 而

$$g = (x_5 - x_6)(y_5 - y_7) - (y_5 - y_6)(x_5 - x_7) = 0 \tag{5.5.7}$$

则表示 E, F, G 三点共线, 即是结论方程. (5.5.6) 式也可以作些简化, 利用 p_1, p_2, p_3

可以将 p_4^*, p_5^*, p_6^* 转化为

$$\begin{cases} p_4 = (2\lambda - 1)(x_2 x_3 + y_2 y_3 - 1) + (x_2 - x_3) = 0, \\ p_5 = (2\mu - 1)(x_3 x_1 + y_3 y_1 - 1) + (x_3 - x_1) = 0, \\ p_6 = (2\rho - 1)(x_1 x_2 + y_1 y_2 - 1) + (x_1 - x_2) = 0 \end{cases}$$

而利用 (5.5.6) 式的前三行的方程可以消去 g 中的变量 $x_5, x_6, x_7, y_5, y_6, y_7$, 将结论方程转化成

$$g := (\lambda\rho + \lambda\mu + \mu\rho - \lambda - \mu - \rho)(x_1(y_2 - y_3) + x_2(y_3 - y_1) + x_3(y_1 - y_2)) = 0$$

现在把条件方程组整理如下：

$$\begin{cases} p_1 = x_1^2 + y_1^2 - 1 = 0, \\ p_2 = x_2^2 + y_2^2 - 1 = 0, \\ p_3 = x_3^2 + y_3^2 - 1 = 0, \\ p_4 = (2\lambda - 1)(x_2 x_3 + y_2 y_3 - 1) + (x_2 - x_3) = 0, \\ p_5 = (2\mu - 1)(x_3 x_1 + y_3 y_1 - 1) + (x_3 - x_1) = 0, \\ p_6 = (2\rho - 1)(x_1 x_2 + y_1 y_2 - 1) + (x_1 - x_2) = 0 \end{cases} \quad \text{(条件方程组)}$$

用 Wu-Ritt 算法可以求出 $S := \{p_1, p_2, p_3, p_4, p_5, p_6\}$ 的特征列 C, 而且直接验证可知 $\operatorname{prem}(g, C) = 0$. 这样, 除了需要讨论一些特殊情况外, Simpson 定理是一般性地成立的.

例 5.5.2 推导三角形面积公式：秦九韶–海伦公式.
海伦公式

$$S = \sqrt{s(s - a)(s - b)(s - c)}$$

其中 a, b, c 分别是三角形三边的长, $s = \dfrac{a + b + c}{2}$.
秦九韶公式

$$S = \sqrt{\frac{1}{4}小^2 大^2 - \left(\frac{大^2 + 小^2 - 中^2}{4}\right)^2}$$

其中小、中、大分别表示三角形短、中、长三条边.

解 海伦公式的证明非常迂回曲折, 难以捉摸其思路, 秦九韶公式在《九章算术》中没有给出证明, 吴文俊给出了证明, 但证明的思路也巧妙和特殊. 用吴方法不仅轻松地证明这个几何命题, 而且还能发现一些新的结论.

引入直角坐标系 xOy, 以三角形的一个顶点作为原点, 一条边的延长线作为 x 轴. 设三角形的边长分别是 a, b, c, 它们对应的三个顶点的坐标分别是 $A(0,0)$,

$B(c,0), C(x,y)$, 如图 5.5.2 所示. 则三角形的面积、边长、顶点坐标之间的关系可以用一组多项式表示.

$$S = \frac{1}{2}c \cdot y$$
$$x^2 + y^2 = b^2$$
$$(x-c)^2 + y^2 = a^2$$

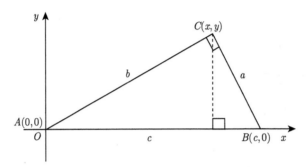

图 5.5.2   秦九韶–海伦公式

考虑多项式组

$$\begin{cases} p_1(a,b,c,S,x,y) = c \cdot y - 2S, \\ p_2(a,b,c,S,x,y) = y^2 + x^2 - b^2, \\ p_3(a,b,c,S,x,y) = y^2 + (x-c)^2 - a^2 \end{cases}$$

它的特征列是

$$\begin{cases} cp_3 = cy - 2S, \\ cp_2 = \left(2cx + a^2 - b^2 - c^2\right)c^2, \\ cp_1 = \left(16S^2 + a^4 + b^4 + c^4 - 2a^2b^2 - 2b^2c^2 - 2c^2a^2\right)c^2 \end{cases}$$

令 $cp_2 = 0$, 得到余弦定理, 因为 $x = b \cdot \cos A$; 令 $cp_1 = 0$, 得到秦九韶–海伦公式

$$16S^2 = -(a^4 + b^4 + c^4 - 2a^2b^2 - 2b^2c^2 - 2c^2a^2)$$
$$= 4a^2c^2 - (a^2 + c^2 - b^2)^2$$

例 5.5.3   设梯形 $ABCD$ 两条对角线之中点的连线 EF 与梯形的一边 AB 相交, 见图 5.5.3. 证明直线 EF 将线段 AB 平分.

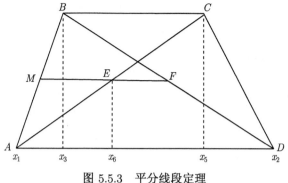

图 5.5.3 平分线段定理

证明 选取 Descartes 坐标系, 并且将各点的坐标依次选为

$$A(x_1,0), \quad D(x_2,0), \quad B(x_3,x_4), \quad C(x_5,x_4), \quad E(x_6,x_7), \quad F(x_8,x_9), \quad M(x_{10},x_{11})$$

定理的假设由下列关系构成:

$$E \text{ 是 } AC \text{ 的中点} \Leftrightarrow \begin{cases} h_1 = 2x_6 - x_5 - x_1 = 0, \\ h_2 = 2x_7 - x_4 = 0 \end{cases}$$

$$F \text{ 是 } BD \text{ 的中点} \Leftrightarrow \begin{cases} h_3 = 2x_8 - x_3 - x_2 = 0, \\ h_4 = 2x_9 - x_4 = 0 \end{cases}$$

$$M \text{ 是 } EF \text{ 和 } AB \text{ 的交点} \Leftrightarrow \begin{cases} h_5 = (x_8 - x_6)x_{11} - (x_9 - x_7)x_{10} + x_6x_9 - x_7x_8 = 0, \\ h_6 = (x_3 - x_1)x_{11} - (x_{10} - x_1)x_4 = 0 \end{cases}$$

要证定理的结论是

$$M \text{ 是 } AB \text{ 的中点} \Leftrightarrow \begin{cases} g_1 = 2x_{10} - x_3 - x_1 = 0, \\ g_2 = 2x_{11} - x_4 = 0 \end{cases}$$

对于自然的变元序, 可以简单地计算出多项式集 $S := \{h_1, h_2, h_3, h_4\}$ 的特征列为

$$G := \begin{cases} 2x_6 - x_5 - x_1, 2x_7 - x_4, \\ 2x_8 - x_3 - x_2, 2x_9 - x_4, \\ x_4I(2x_{10} - x_3 - x_1), \\ (x_3 - x_1)I(2x_{11} - x_4) \end{cases}$$

其中 $I = x_5 - x_3 - x_2 + x_1$. 直接验证可知 $\mathrm{prem}(g_1, G) = 0, \mathrm{prem}(g_2, G) = 0$, 说明在附加条件 $x_4(x_3 - x_1)I \neq 0$ 之下, 定理成立. 不难解释附加条件的几何意义, 即

$$x_4 \neq 0 \Leftrightarrow AD \text{ 不与 } BC \text{ 重合, 是明显的退化条件, 无须考虑;}$$

$x_3 - x_1 \neq 0 \Leftrightarrow AB$ 不与 AD 垂直, 直接验证它不影响定理的正确性;

$x_5 - x_3 - x_2 + x_1 \neq 0 \Leftrightarrow$ 四边形 $ABCD$ 不是平行四边形, 这个条件是必要的, 因为否则, E, F 将重合为一个点, 没法确定一条直线. ■

本章只简要介绍了代数多项式组的三角化方法, 包括特征列、正则列、不可约三角列、零点分解、几何命题证明等. 关于微分多项式组的三角化方法, 如微分特征列、微分多项式组的零点分解等内容都没有涉及. 想进一步了解这方面进展, 可参看文献 [16-21].

习　题　5

5.1　设 $G := [g_1, g_2, \cdots, g_k] \subseteq \mathbb{k}[x_1, x_2, \cdots, x_n]$ 是升列, 证明初式 $\mathrm{ini}(g_j)$ 关于 G 是约化的, $j = 1, 2, \cdots, k$.

5.2　判断三角列 $[x_1^2 - 2, x_2^2 - 2x_1x_2 + 2, (x_2 - x_1)x_3 + 1]$ 是否是升列? 是否是良好的?

5.3　求多项式集 $S = \{f_1, f_2, f_3\}$ 的一个特征列, 其中

$$f_1 = x_1x_4 + x_3 - x_1x_2$$
$$f_2 = x_3x_4 - 2x_2^2 - x_1x_2 - 1$$
$$f_3 = x_1x_4^2 + x_4^2 - x_1x_2x_4 - x_2x_4 + x_1x_2 + 3x_2$$

5.4　给出多项式组 $S = \{f_1, f_2, f_3\}$ 的吴–零点分解, 其中

$$f_1 = -x_2^2 + x_1x_2 + 1$$
$$f_2 = 2x_3 + x_1^2$$
$$f_3 = -x_3^2 + x_1x_2 - 1$$

5.5　设 $G := [g_1, g_2, \cdots, g_k] \subseteq \mathbb{k}[x_1, x_2, \cdots, x_n]$ 是升列, 写一个用升列去约化一个多项式的算法, 输出余式 r 和前置系数 k, 即对任意多项式 $f \in \mathbb{k}[x_1, x_2, \cdots, x_n]$ 求出多项式 $k, r \in \mathbb{k}[x_1, x_2, \cdots, x_n]$, 使得

$$k \cdot f = q_1g_1 + q_2g_2 + \cdots + q_kg_k + r$$

其中, r 关于 G 是约化的, k 是 G 的一些初式方幂的乘积.

5.6　判断三角列

$$\begin{cases} h_1 = 2x_6 - x_5 - x_1, \\ h_2 = 2x_7 - x_4, \\ h_3 = 2x_8 - x_3 - x_2, \\ h_4 = 2x_9 - x_4, \\ h_5 = (x_8 - x_6)x_{11} - (x_9 - x_7)x_{10} + x_6x_9 - x_7x_8, \\ h_6 = (x_3 - x_1)x_{12} - (x_{10} - x_1)x_4 \end{cases}$$

是否是正则三角列, 是否是不可约三角列?

5.7　设 $G := [g_1, g_2, \cdots, g_n] \subseteq \Bbbk[x_1, x_2, \cdots, x_n]$ 是三角列. 证明 $\mathrm{Zero}(G/\mathrm{ini}(G))$ 在 $\Bbbk$ 的任何扩域上都是有限集.

5.8　给出求一个有限多项式集的基本列的算法, 并证明你的算法的正确性.

5.9　证明: 升列 $G := [g_1, g_2, \cdots, g_k] \subset I \subset \Bbbk[x_1, x_2, \cdots, x_n]$ 是理想 I 的基本列的充分必要条件是: $(\forall f \in I)\,[\mathrm{prem}(f, G) = 0]$.

5.10　在 Maple 系统上编程实现伪带余除法 $\mathrm{prem}(f, T)$, 其中 f 是 n 元多项式, T 是 n 元多项式的三角列.

5.11　在 Maple 系统上编程实现求特征列的 Wu-Ritt 算法.

5.12　试用特征列方法给出圆内接四边形的面积与其四个边边长的关系.

5.13　用特征列方法证明 Desargues 定理: 设平面上两条直线 l_1 和 l_2 相交于 O 点. 在 l_1 上取两点 A_1 和 A_2; l_2 上任取一点 B_1, 并过 A_2 作直线平行于 A_1B_1, 与 l_2 交于 B_2 点. 又在平面上任取一点 C_1, 且过 A_2, B_2 分别作直线平行于 A_1C_1, B_1C_1. 设这两条直线相交于 C_2 点. 那么 O, C_1, C_2 三点共线. (提示: 参考下图, 并取以 l_1, l_2 为坐标轴的仿射坐标系)

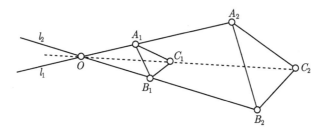

第 6 章　Gröbner 基方法

　　Gröbner 基方法是从任一多项式理想的一组生成元有效地计算出另一组性质良好的生成元, Gröbner 基就是其中的一种. Gröbner 基可以用来判定任意多项式是否属于该理想, 能够解决诸多基本计算问题. 现在已经成为计算机代数、交换代数及代数几何的基本工具, 在代数数论、代数编码、整数规划等许多领域得到应用. 本章主要包括 Gröbner 基的基本概念、算法、性质及应用. 进一步的了解, 可参看文献 [8, 22, 23].

6.1　项　　序

　　有关一元多项式的理论和算法都与最高次项有密切的关系, 对于多元多项式, 项序起到类似的作用. 设 $<_r$ 是集合 S 上满足传递性、反对称性的二元关系. 如果对于 S 中任何两个不同的元素 a, b 有: $a <_r b$ 与 $b <_r a$ 之一成立, 则说二元关系 $<_r$ 是集合 S 上的一个全序 (或叫线性序). 记

$$T_n(\boldsymbol{x}) = \left\{ x_1^{e_1} x_2^{e_2} \cdots x_n^{e_n} \mid e_i \in \mathbb{N}, i = 1, 2, \cdots, n \right\}$$

定义 6.1.1　$T_n(\boldsymbol{x})$ 上的一个线性序 $<$ 称为项序, 如果下述条件满足:

(i) $1 < t$, 如果 $t \neq 1$;

(ii) $s < t \Rightarrow ms < mt, \forall m \in T_n(\boldsymbol{x})$.

　　记 $x^\alpha = x_1^{a_1} \cdots x_n^{a_n}, \alpha = (a_1, \cdots, a_n), |\alpha| = a_1 + \cdots + a_n$, 以下是单项式的几种常见的序.

　　字典序: $x^\alpha < x^\beta \Leftrightarrow \beta - \alpha$ 的第一个非零分量为正.

　　逆字典序: $x^\alpha < x^\beta \Leftrightarrow \beta - \alpha$ 的最后一个非零分量为负.

　　分次字典序: $x^\alpha < x^\beta \Leftrightarrow |\beta| > |\alpha|$ 或 $|\beta| = |\alpha|$ 且 $\beta - \alpha$ 的第一个非零分量为正.

　　分次逆字典序: $x^\alpha < x^\beta \Leftrightarrow |\beta| > |\alpha|$ 或 $|\beta| = |\alpha|$ 且 $\beta - \alpha$ 的最后一个非零分量为负.

　　字典序、分次字典序和分次逆字典序都是项序, 但是逆字典序不是项序, 因为, 当 $n \geqslant 2$ 时, $x_2 < 1$. 项序具有如下性质:

$$\boldsymbol{x}^\alpha \mid \boldsymbol{x}^\beta \Rightarrow \boldsymbol{x}^\alpha \leqslant \boldsymbol{x}^\beta \tag{6.1.1}$$

给定项序 $<$, 可以诱导出多项式之间的一个偏序. 将多项式 f 的支撑集 $\mathrm{supp}(f)$ 中的项降序排列, 则 $\mathrm{supp}(f) = [t_1, t_2, \cdots, t_l]$. 设 $\mathrm{supp}(g) = [s_1, s_2, \cdots, s_k]$, 如果存在下标 i 使得 $t_j = s_j, j < i$, 且 $t_i > s_i$, 或者 $l > k, t_1 = s_1, \cdots, t_k = s_k$, 则说多项式 f 高于多项式 g, 记作 $f > g$ 或 $g < f$. 这个多项式序具有传递性. 如果多项式 f 与 g 具有相同的支撑集, 则说它们等价, 记作 $f \sim g$. 规定零多项式低于任何非零多项式.

引理 6.1.1 (Dickson 引理)　设 $X \subset T_n(\boldsymbol{x})$ 是一个非空集合, 则存在一个有限的子集 $Y \subseteq X$, 使得 X 中的每个项都是 Y 中某个项的倍式.

证明　对未定元的个数 n 归纳. 当 $n = 1$ 时, 在 X 中取次数最低的项作为 Y 的唯一元素即可. 现假定 $n > 1$. 取定 X 中任意一个项

$$p_0 = x_1^{e_1} x_2^{e_2} \cdots x_n^{e_n}$$

则 X 中不能被 p_0 整除的项可以分成 $\displaystyle\sum_{i=1}^{n} e_i$ 个类

$$X_{ij} = \left\{ x_1^{k_1} \cdots x_{i-1}^{k_{i-1}} x_i^j x_{i+1}^{k_{i+1}} \cdots x_n^{k_n} \in X \right\}, \quad i = 1, \cdots, n; j = 0, 1, \cdots, e_i - 1$$

令

$$X'_{ij} = \left\{ x_1^{k_1} \cdots x_{i-1}^{k_{i-1}} x_{i+1}^{k_{i+1}} \cdots x_n^{k_n} \middle| x_1^{k_1} \cdots x_{i-1}^{k_{i-1}} x_i^j x_{i+1}^{k_{i+1}} \cdots x_n^{k_n} \in X_{ij} \right\}$$

则由归纳假设, 存在 X'_{ij} 的有限子集 Y'_{ij}, 使得 X'_{ij} 的每一个项都是 Y'_{ij} 中某个项的倍式. 将 Y'_{ij} 中每个项再乘以 x_i^j, 得到 X_{ij} 的一个有限子集 Y_{ij}, 使得 X_{ij} 中每个项都是 Y_{ij} 中某个项的倍式. 因而, $\{p_0\} \bigcup\limits_{i,j} Y_{ij}$ 即是所找 X 的子集 Y. ∎

如果集合 S 上的全序 $<$ 满足 "S 的任何子集合都有关于这个序的最小元", 则说该序是个良序. S 上的全序 $<$ 是良序的充分必要条件是: S 的任何严格单调下降序列都有限.

推论 6.1.1　项序一定是良序.

证明　设

$$\boldsymbol{x}^{\alpha_1} > \boldsymbol{x}^{\alpha_2} > \cdots > \boldsymbol{x}^{\alpha_k} > \cdots$$

是一个无穷下降序列, 则以该序列上的项为元素构成的集合 X 一定存在一个有限的子集合 Y, 使得 X 的每个元素都是 Y 中某个元素的倍式. 设 $\boldsymbol{x}^{\alpha_k} \in Y$ 是序列中最后一个属于 Y 的项, $\boldsymbol{x}^{\alpha_{k+1}}$ 是 $\boldsymbol{x}^{\alpha_l} \in Y$ 的倍式, 则 $l \leqslant k, \boldsymbol{x}^{\alpha_{k+1}} = \boldsymbol{x}^\beta \boldsymbol{x}^{\alpha_l} \geqslant \boldsymbol{x}^{\alpha_l} \geqslant \boldsymbol{x}^{\alpha_k} > \boldsymbol{x}^{\alpha_{k+1}}$, 矛盾. ∎

设 $X \subset T_n(\boldsymbol{x})$, 称

$$\boldsymbol{C}(X) := \left\{ \boldsymbol{x}^\alpha \cdot \boldsymbol{x}^\beta \middle| \boldsymbol{x}^\alpha \in X, \boldsymbol{x}^\beta \in T_n(\boldsymbol{x}) \right\}$$

为 X 的倍式集. 现在以 $C(X)$ 中的元素为生成元, 生成域 $\Bbbk$ 上一个线性空间

$$\operatorname{span}_{\Bbbk}(\boldsymbol{C}(X)) := \left\{ \sum_{i=1}^{l} a_i t_i \,\middle|\, a_i \in \Bbbk, t_i \in \boldsymbol{C}(X), l \in \mathbb{N} \right\}$$

直接验证可知, $\operatorname{span}_{\Bbbk}(\boldsymbol{C}(X))$ 是多项式环 $\Bbbk[x_1, \cdots, x_n]$ 的理想, 而且, $\langle X \rangle = \operatorname{span}_{\Bbbk}(\boldsymbol{C}(X))$. 由一些项生成的理想称为项理想. 由 Dickson 引理, 项理想一定是有限生成理想.

根据给定的项序 $<$, 可以定出 $R = \Bbbk[x_1, x_2, \cdots, x_n]$ 中多项式的首项. 多项式 f 支撑中的最高项称为首项, 记作 $\operatorname{lt}(f)$, 首项系数记作 $\operatorname{lc}(f)$, 并记 $\operatorname{tail}(f) := f - \operatorname{lc}(f) \cdot \operatorname{lt}(f)$. 如果多项式 f 的支撑中没有一项是 g 的首项 $\operatorname{lt}(g)$ 的倍式, 则说多项式 f 关于 g 是约化的. 约定零多项式关于任何非零多项式都是约化的. 命题 2.2.3 可以推广到多元多项式情形.

命题 6.1.1 $f, g \in \Bbbk[x_1, x_2, \cdots, x_n], g \neq 0$, 存在多项式 $q, r \in \Bbbk[x_1, x_2, \cdots, x_n]$, 满足

$$f = qg + r, \quad r \text{ 关于 } g \text{ 是约化的}$$

给定一组非零的多项式 G: $g_1, g_2, \cdots, g_k$. 如果多项式 f 关于 G 中每一个多项式都是约化的, 则说 f 关于 G 是约化的. 如果 f 关于多项式组 G 不是约化的, 则 f 中至少有一项是 G 中某个多项式的首项的倍式. 设 f 中这样项之最高者为 $\boldsymbol{x}^{\alpha}$, 它是 $\operatorname{lt}(g_i)$ 的倍式: $\boldsymbol{x}^{\alpha} = t_i \cdot \operatorname{lt}(g_i)$. 不妨设 $\boldsymbol{x}^{\alpha}$ 在 f 中的系数为 a, 则

$$\begin{aligned} f &= f_0 + a\boldsymbol{x}^{\alpha} + \tilde{f} \\ &= f_0 + \frac{a t_i}{\operatorname{lc}(g_i)} g_i + \left(\tilde{f} - \frac{a t_i}{\operatorname{lc}(g_i)} \cdot \operatorname{tail}(g_i) \right) \end{aligned} \tag{6.1.2}$$

其中, f_0 中出现的项都比 $\boldsymbol{x}^{\alpha}$ 高, 且 f_0 关于多项式组 G 是约化的; $\tilde{f}$ 中出现的项都比 $\boldsymbol{x}^{\alpha}$ 低. $\operatorname{tail}(g_i) = g_i - \operatorname{lc}(g_i) \cdot \operatorname{lt}(g_i)$, 其中的项都比 $\operatorname{lt}(g_i)$ 低. 令

$$\hat{f} = \tilde{f} - \frac{a_i t_i}{\operatorname{lc}(g_i)} \cdot \operatorname{tail}(g_i)$$

则 $\hat{f}$ 中的项都低于 $\boldsymbol{x}^{\alpha}$. 因此, 如果 $\hat{f}$ 关于 G 不是约化的, 则 $\hat{f}$ 中那些可以是 G 中某个多项式首项的倍式的项一定低于 $\boldsymbol{x}^{\alpha}$. 以 $\hat{f}$ 代替 f, 讨论约化式 (6.1.2), 并如此做下去, 直到某一步所作出的 $\hat{f}$ 是关于 G 约化的为止.

命题 6.1.2   对于给定的多项式组 G: $g_1, g_2, \cdots, g_k \in \Bbbk[x_1, x_2, \cdots, x_n]$, 以及多项式 $f \in \Bbbk[x_1, x_2, \cdots, x_n]$, 一定存在多项式 $q_1, q_1, \cdots, q_k, r \in \Bbbk[x_1, x_2, \cdots, x_n]$, 满足 $\operatorname{lt}(q_i)\operatorname{lt}(g_i) \leqslant \operatorname{lt}(f)(i = 1, \cdots, k)$, 而且

$$f = q_1 g_1 + q_2 g_2 + \cdots + q_k g_k + r, \quad r \text{ 关于 } G \text{ 是约化的} \tag{6.1.3}$$

满足 (6.1.3) 式的多项式 r 称为 f 关于多项式组 G 的一个范式, 记作 $\mathrm{nfm}(f, G)$.

注 f 关于 G 的范式不是唯一的, $\mathrm{nfm}(f, G)$ 代表任意一个范式, 而 $\mathrm{nfm}(f, G) = 0$ 则表示 f 关于 G 有一个范式为零.

定理 6.1.1 (Hilbert 基定理) $\Bbbk[x_1, x_2, \cdots, x_n]$ 中的任何理想都是有限生成的.

证明 设 I 是一个非零理想, I 中全体非零多项式的首项之集记作 $\mathrm{lt}(I)$, 由 Dickson 引理, 存在 $\mathrm{lt}(I)$ 的有限子集 X, 使得 $\langle X \rangle = \langle \mathrm{lt}(I) \rangle$. 对 X 中每个项 t, 在 I 中取一个多项式 g, 使得 $\mathrm{lt}(g) = t$. 所有这样取到的多项式之集记作 G. 往证 $\langle G \rangle = I$.

显然 $\langle G \rangle \subseteq I$. 任意 $f \in I$, 由命题 6.1.2 存在多项式 $q_1, q_1, \cdots, q_k, r \in \Bbbk[x_1, x_2, \cdots, x_n]$, 满足

$$f = q_1 g_1 + q_2 g_2 + \cdots + q_k g_k + r, \quad r \text{ 关于 } G \text{ 是约化的}$$

可见 $r \in I$. 若 $r \neq 0$, 其首项必是 G 中某个多项式首项的倍式, 这与 "r 关于 G 是约化的" 矛盾. 所以 $r = 0$, $f \in \langle G \rangle$. 由 $f \in I$ 的任意性, $\langle G \rangle \supseteq I$. 至此 $\langle G \rangle = I$ 得证. ■

推论 6.1.2 $\Bbbk[x_1, x_2, \cdots, x_n]$ 中, 严格递增的理想序列

$$I_1 \subset I_2 \subset \cdots \subset I_l \subset \cdots \tag{6.1.4}$$

一定是有限的.

证明 假设 (6.1.4) 是无限的, 令 $I = \bigcup_{i=1}^{\infty} I_i$. 直接验证可知, I 是理想, 因而, 由 Hilbert 基定理, 存在 $f_1, f_2, \cdots, f_k \in \Bbbk[x_1, x_2, \cdots, x_n]$, 使得 $I = \langle f_1, f_2, \cdots, f_k \rangle$. 设 $f_1, f_2, \cdots, f_k \in I_l$, 则 $I_{l+1} \subseteq I = \langle f_1, f_2, \cdots, f_k \rangle \subseteq I_l$, 这与 $I_l \subset I_{l+1}$ 相悖. ■

6.2 Gröbner 基

定义 6.2.1 设 $I \subseteq \Bbbk[x_1, x_2, \cdots, x_n]$ 是非零理想, G 是 I 的有限子集. 如果 $\langle \mathrm{lt}(G) \rangle = \langle \mathrm{lt}(I) \rangle$, 则称 G 是 I 的 Gröbner 基.

命题 6.2.1 理想 I 的子集 $G = \{g_1, g_2, \cdots, g_k\}$ 是该理想的 Gröbner 基, 当且仅当每个 $h \in I$ 都能表示成

$$h = \sum_{1 \leqslant i \leqslant k} q_i g_i, \quad q_i \in \Bbbk[x_1, x_2, \cdots, x_n]$$

且满足 $\mathrm{lt}(q_i)\mathrm{lt}(g_i) \leqslant \mathrm{lt}(h)$, $i = 1, 2, \cdots, k$.

证明　⇒) 令 $h \in I$. 由命题 6.1.2, 存在多项式 $q_1, q_2, \cdots, q_k, r \in \Bbbk[x_1, x_2, \cdots, x_n]$, 使得 $\mathrm{lt}(q_i)\mathrm{lt}(g_i) \leqslant \mathrm{lt}(h)(i = 1, 2, \cdots, k)$, 且

$$h = q_1 g_1 + q_2 g_2 + \cdots + q_k g_k + r, \quad r \text{ 关于 } G \text{ 是约化的}$$

如果 $r \neq 0$, 则 $r \in I$ 说明 $\mathrm{lt}(r)$ 是 G 中某个多项式的首项的倍式, 这与 r 关于 G 是约化的相悖. 故 $r = 0$, 必要性得证.

（⇐ 不失一般性, 我们假定 $h \in I$ 表示为

$$h = a_1 t_1 g_1 + a_2 t_2 g_2 + \cdots + a_k t_k g_k, \quad a_i \in \Bbbk, \quad t_i \in T_n(\boldsymbol{x}), \quad g_i \in G$$

使得 $t_i \cdot \mathrm{lt}(g_i) \leqslant \mathrm{lt}(h)$. 令

$$L = \{i \in \{1, 2, \cdots, k\} \,|\, \mathrm{lt}(h) = t_i \cdot \mathrm{lt}(g_i)\}$$

则 $L \neq \varnothing$, $\mathrm{lc}(h) = \displaystyle\sum_{i \in L} a_i \mathrm{lc}(g_i)$. 因此

$$\mathrm{lc}(h) \cdot \mathrm{lt}(h) = \sum_{i \in L} a_i \cdot \mathrm{lc}(g_i) t_i \cdot \mathrm{lt}(g_i),$$

$$\mathrm{lt}(h) = \sum_{i \in L} \frac{a_i \cdot \mathrm{lc}(g_i) t_i}{\mathrm{lc}(h)} \cdot \mathrm{lt}(g_i) \in \langle \mathrm{lt}(G) \rangle$$

说明 $\mathrm{lt}(I) \subseteq \langle \mathrm{lt}(G) \rangle$, 因而 $\langle \mathrm{lt}(I) \rangle \subseteq \langle \mathrm{lt}(G) \rangle$. 但 $\langle \mathrm{lt}(I) \rangle \supseteq \langle \mathrm{lt}(G) \rangle$ 是显然的, 所以 $\langle \mathrm{lt}(I) \rangle = \langle \mathrm{lt}(G) \rangle$, G 是理想 I 的 Gröbner 基.　　■

如果非零多项式集 G 是某个理想的 Gröbner 基, 则称 G 是 Gröbner 基.

命题 6.2.2　若 G 是 Gröbner 基, 则对任意 $f \in \Bbbk[x_1, x_2, \cdots, x_n]$, f 关于 G 的范式都是唯一的.

证明　设 $G := \{g_1, g_2, \cdots, g_k\}$ 是某个非零理想 I 的 Gröbner 基, $f \in \Bbbk[x_1, x_2, \cdots, x_n]$, r_1, r_2 是 f 关于 G 的两个范式, 即存在多项式 $q_1, q_2, \cdots, q_k, p_1, p_2, \cdots, p_k \in \Bbbk[x_1, x_2, \cdots, x_n]$, 使得

$$f = q_1 g_1 + q_2 g_2 + \cdots + q_k g_k + r_1$$
$$f = p_1 g_1 + p_2 g_2 + \cdots + p_k g_k + r_2$$

r_1, r_2 关于 G 都是约化的. 上面两个式子相减得

$$0 = (q_1 - p_1) g_1 + (q_2 - p_2) g_2 + \cdots + (q_k - p_k) g_k + (r_1 - r_2)$$

说明 $r_1 - r_2 \in I$. 但 $r_1 - r_2$ 关于 G 是约化的, 由 Gröbner 基的定义, 只有 $r_1 - r_2 = 0$, 即 $r_1 = r_2$.　　■

对于多项式 $f, g \in \Bbbk[x_1, x_2, \cdots, x_n]$, 称多项式

$$\mathrm{spol}(f, g) := \frac{\mathrm{lcm}(\mathrm{lt}(f), \mathrm{lt}(g))}{\mathrm{lt}(f)} \mathrm{lc}(g) \cdot f - \frac{\mathrm{lcm}(\mathrm{lt}(f), \mathrm{lt}(g))}{\mathrm{lt}(g)} \mathrm{lc}(f) \cdot g$$

为多项式 f, g 的 s-多项式. 直接计算可知

$$\mathrm{spol}(f, g) = \frac{\mathrm{lcm}(\mathrm{lt}(f), \mathrm{lt}(g))}{\mathrm{lt}(f)} \mathrm{lc}(g) \cdot \mathrm{tail}(f) - \frac{\mathrm{lcm}(\mathrm{lt}(f), \mathrm{lt}(g))}{\mathrm{lt}(g)} \mathrm{lc}(f) \cdot \mathrm{tail}(g)$$

所以, $\mathrm{spol}(f, g)$ 的首项一定低于 $\mathrm{lcm}(\mathrm{lt}(f), \mathrm{lt}(g))$ ($\mathrm{lt}(f)$ 与 $\mathrm{lt}(g)$ 的最小公倍式).

引理 6.2.1 若多项式 f 有表出式

$$f = \sum_{i=1}^{l} a_i t_i g_i, \quad a_i \in \Bbbk, \quad t_i \in T_n(\boldsymbol{x})$$

且满足 $a_i \neq 0, \mathrm{lt}(t_i g_i) = t (1 \leqslant i \leqslant l), \mathrm{lt}(f) < t$, 则 f 可以表示成 $\{g_1, g_2, \cdots, g_l\}$ 中多项式的 s-多项式的组合

$$f = \sum a_{i,j} t_{i,j} \mathrm{spol}(g_i, g_j) \tag{6.2.1}$$

其中, $a_{i,j} \in \Bbbk, t_{i,j} = \dfrac{t}{\mathrm{lcm}(\mathrm{lt}(g_i), \mathrm{lt}(g_j))}$.

证明 令 $c_i = \mathrm{lc}(g_i)$, 则 $t_i g_i = t_i c_i \mathrm{lt}(g_i) + t_i \cdot \mathrm{tail}(g_i) = c_i t + t_i \cdot \mathrm{tail}(g_i)$, 因为 $\mathrm{lt}(f) < t$, 所以 $\displaystyle\sum_{i=1}^{l} a_i c_i = 0$. 设 $t = t_{ij} \cdot \mathrm{lcm}(\mathrm{lt}(g_i), \mathrm{lt}(g_j))$, 则 $\mathrm{spol}(g_i, g_j) = \dfrac{c_j t_i g_i - c_i t_j g_j}{t_{ij}} = \left(\dfrac{t_i g_i}{c_i} \dfrac{t_j g_j}{c_j} \right) \dfrac{c_i c_j}{t_{ij}}$. 令 $p_i = \dfrac{t_i g_i}{c_i}$, 则 $\mathrm{spol}(g_i, g_j) = \dfrac{(p_i - p_j) c_i c_j}{t_{ij}}$. 于是

$$f = \sum_{i=1}^{l} a_i t_i g_i = \sum_{i=1}^{l} a_i c_i \left(\frac{t_i g_i}{c_i} \right) = \sum_{i=1}^{l} a_i c_i p_i$$

$$= a_1 c_1 (p_1 - p_2) + (a_1 c_1 + a_2 c_2)(p_2 - p_3) + \cdots$$

$$\quad + (a_1 c_1 + a_2 c_2 + \cdots + a_{l-1} c_{l-1})(p_{l-1} - p_l) + \left(\sum_{i=1}^{l} a_i c_i \right) p_l$$

$$= \frac{a_1 c_1}{c_1 c_2} t_{12} \cdot \mathrm{spol}(g_1, g_2) + \frac{a_1 c_1 + a_2 c_2}{c_2 c_3} t_{23} \cdot \mathrm{spol}(g_2, g_3) + \cdots$$

$$\quad + \frac{(a_1 c_1 + a_2 c_2 + \cdots + a_{l-1} c_{l-1})}{c_{l-1} c_l} t_{l-1,l} \cdot \mathrm{spol}(g_{l-1}, g_l) \qquad \blacksquare$$

命题 6.2.3　非零的多项式组 G 是 Gröbner 基的充分必要条件是: 对任意的 $g_i, g_j \in G$ 都有 $\operatorname{nfm}(\operatorname{spol}(g_i, g_j), G) = 0$.

证明　$\Rightarrow$) 设 G 是理想 I 的 Gröbner 基, 则 $\langle G \rangle \subseteq I$, 因而 $\operatorname{spol}(g_i, g_j) \in I$, 由命题 6.2.2 知 $\operatorname{nfm}(\operatorname{spol}(g_i, g_j), G) = 0$.

($\Leftarrow$　根据命题 6.2.1, 需要证明断言: 任意 $h \in I = \langle G \rangle$ 都能表示成

$$h = \sum_{g_i \in G} q_i g_i, \quad q_i \in \Bbbk[x_1, x_2, \cdots, x_n]$$

且满足 $\operatorname{lt}(q_i)\operatorname{lt}(g_i) \leqslant \operatorname{lt}(h)$. 用反证法, 假定该断言不成立.

设 $G = \{g_1, g_2, \cdots, g_l\}$, 对于多项式组 $h_1, h_2, \cdots, h_l$, 在给定的项序下, 定义它关于 G 的高度为: $\operatorname{Ht}(h_1, h_2, \cdots, h_l) := \max\{\operatorname{lt}(g_1 h_1), \operatorname{lt}(g_2 h_2), \cdots, \operatorname{lt}(g_l h_l)\}$. 对于 $f \in \langle G \rangle$, 设

$$f = \sum_{i=1}^{l} f_i g_i, \quad f_i \in \Bbbk[x_1, \cdots, x_n]$$

由于断言不成立, 存在 $f \in I$, 使得

$$\operatorname{lt}(f) < \operatorname{Ht}(f_1, \cdots, f_l)$$

选取这样的 $f \in I$ 使得相应的高度 $\operatorname{Ht}(f_1, \cdots, f_l)$ 最小. 不妨设最小的高度是 t, 令

$$F = \{g_i \in G | \operatorname{lt}(f_i)\operatorname{lt}(g_i) = t\}$$

不失一般性, 假定 F 由 G 的前 k 个多项式组成. 于是

$$f = \sum_{i=1}^{k} a_i t_i g_i + \sum_{i=1}^{k} \operatorname{tail}(f_i) g_i + \sum_{i=k+1}^{l} f_i g_i$$

其中 $a_i = \operatorname{lc}(f_i), t_i = \operatorname{lt}(f_i)$, 满足

$$t_i \operatorname{lt}(g_i) = t, \quad 1 \leqslant i \leqslant k$$
$$\operatorname{lt}(\operatorname{tail}(f_i))\operatorname{lt}(g_i) < t, \quad 1 \leqslant i \leqslant k$$
$$\operatorname{lt}(f_i)\operatorname{lt}(g_i) < t, \quad k+1 \leqslant i \leqslant l$$

因为 $\operatorname{lt}(f) < t$, 所以

$$\operatorname{lt}\left(\sum_{i=1}^{k} a_i t_i g_i\right) < t = \operatorname{lt}(t_1 g_1) = \cdots = \operatorname{lt}(t_k g_k)$$

由引理 6.2.1 知, $h = \sum_{i=1}^{k} a_i t_i g_i$ 可表示成 F 中多项式的 s-多项式的组合, 于是

$$f = \sum_j r_j h_j + \sum_{i=1}^{k} \text{tail}(f_i) g_i + \sum_{i=k+1}^{l} f_i g_i \qquad (6.2.2)$$

其中 $h_j \in \text{spol}(F)$, $\text{lt}(r_j h_j) < t$. 由于 $\text{nfm}(h_j, G) = 0$ 有

$$h_j = \sum_i f_{ij} g_i, \quad \text{使得 } \text{lt}(f_{ij} g_i) \leqslant \text{lt}(h_j)$$

代入 (6.2.1) 式, 得

$$f = \sum_j \sum_i r_j f_{ij} g_i + \sum_{i=1}^{k} \text{tail}(f_i) g_i + \sum_{i=k+1}^{l} f_i g_i$$

将右边的式子关于诸 g_i 整理得 $f = \sum_{i=1}^{l} \tilde{f}_i g_i$, 而且 $\text{Ht}(\tilde{f}_1, \cdots, \tilde{f}_l) < t$, 这与 f 的选取矛盾. ■

6.3 Buchberger 算法

Gröbner 基的意义不仅在于它具有良好的性质, 更因为它是可计算的. 给定一个理想的任意一组生成元, 可以按照确定的步骤计算出该理想的 Gröbner 基. 这里介绍由 B. Buchberger 提出的第一个求 Gröbner 基的算法. 迄今为止, Gröbner 基方法已被深入研究并广泛应用到各个领域, 各种求 Gröbner 基的改进算法也已经在计算机上成功实现.

算法 6.1 最早的 Buchberger 算法 (Gröbner 基方法)

输入: 多项式集 $F = \{f_1, \cdots, f_k\}$.
输出: $G = \{g_1, \cdots, g_l\}$, 理想 $\langle F \rangle$ 的 Gröbner 基.
$\quad G := F; \quad B := \{[g_i, g_j] | 1 \leqslant i < j \leqslant l\};$
$\quad \textbf{while } B \neq \{\ \} \textbf{ do}$
$\quad\quad \text{choose } [g_i, g_j] \in B; \ B := B \backslash \{[g_i, g_j]\};$
$\quad\quad h := \text{nfm}(\text{spol}(g_i, g_j), G);$
$\quad\quad \textbf{if } h \neq 0 \textbf{ then}$
$\quad\quad\quad B := B \cup \{[g_i, h] | g_i \in G\};$
$\quad\quad\quad G := G \cup \{h\};$

end{if}

end{while}

在算法中得到了一系列 G_i

$$F = G_0 \subset G_1 \subset G_2 \subset \cdots$$

这些 G_i 都含于 $I = \langle F \rangle$ 中. 事实上, $G_0 = F \subset \langle F \rangle$ 显然. 假定 $G_i \subset I$, 在构造 G_{i+1} 过程中, G_i 中添加了一个多项式 h, 它是 $\mathrm{spol}(g_s, g_t)$ 模 G_i 的范式. 由于 $g_s, g_t \in G_i \subset I$, 所以 $\mathrm{spol}(g_s, g_t) \in I$, 进而 $h \in I$. 说明 $G_{i+1} \subset I$.

当出现 $G_i = G_{i+1}$ 时, G_{i+1} 没有增加新的多项式, 因此, 对于每个 $\mathrm{spol}(g_s, g_t)$ 都有 $\mathrm{nfm}(\mathrm{spol}(g_s, g_t), G_i) = 0$, 说明 G_i 是理想 I 的 Gröbner 基.

考察由诸 G_i 得到的项理想 $\langle \mathrm{lt}(G_i) \rangle$. 当 $G_i \neq G_{i+1}$ 时, $\langle \mathrm{lt}(G_{i+1}) \rangle$ 应该严格包含 $\langle \mathrm{lt}(G_i) \rangle$, 因为在 G_{i+1} 中新增加的多项式 h 关于 G_i 是约化的, 对于每个 $g \in G_i$, 都有 $\mathrm{lt}(g) \nmid \mathrm{lt}(h)$. 如果 $G_i = G_{i+1}$ 对于任何 i 都不成立, 则有下面的严格递增的理想升链:

$$\langle \mathrm{lt}(G_0) \rangle \subset \langle \mathrm{lt}(G_1) \rangle \subset \cdots \subset \langle \mathrm{lt}(G_i) \rangle \subset \langle \mathrm{lt}(G_{i+1}) \rangle \subset \cdots$$

这是不可能的. 因而必有某个 i 使得 $G_i = G_{i+1}$. 说明算法能够在有限步内结束.

由算法 6.1 得到的 Gröbner 基可能很大, 它包含了许多不必要的多项式.

定义 6.3.1　Gröbner 基 G 是约化的, 如果 G 中每个多项式 g 都是首项系数为 1 的, 而且 g 关于其余的多项式都是约化的.

命题 6.3.1　设 I 是多项式环 $\Bbbk [x_1, x_2, \cdots, x_n]$ 的理想. 对于给定的项序, I 有唯一的约化 Gröbner 基.

证明　考虑 $\mathrm{lt}(I)$, 由 Dickson 引理, 存在 $\mathrm{lt}(I)$ 的有限子集 X 使得 $\mathrm{lt}(I)$ 中每个项都是 X 中某个项的倍式. 如果 $\boldsymbol{x}^\alpha, \boldsymbol{x}^\beta \in X$ 满足 $\boldsymbol{x}^\alpha | \boldsymbol{x}^\beta$, 就从 X 中删除 $\boldsymbol{x}^\beta$. 做了这样的简化后, X 中的每两个项都不能互相整除, 而且仍能保证 $\mathrm{lt}(I)$ 中每个项都是 X 中某个项的倍式. 对于每个项 $t \in X$, 则 I 中存在唯一的以 t 为首项且首项系数为 1 的最低多项式 g_t. 因为, 若 f_t 也是这样的多项式, 由最低性, 必有 $\mathrm{supp}(f_t) = \mathrm{supp}(g_t) = [t, t_2, \cdots, t_l]$. 设 f_t 与 g_t 第一个不相等的系数是 a_i 和 b_i, 则 $\mathrm{lt}(f - g) = t_i$. 取 $g = g_t - \dfrac{b_i}{a_i - b_i}(f_t - g_t)$, 则 $g \in I$ 是以 t 为首项且首项系数为 1 的多项式, 但 $g < g_t$ 与 g_t 的选取矛盾. 令 $G = \{g_t \in I | t \in X\}$, 则 $|G| = |X|$ 且 $\langle \mathrm{lt}(G) \rangle = \langle X \rangle = \langle \mathrm{lt}(I) \rangle$, 所以 G 是理想 I 的 Gröbner 基, 而且 G 是自约化的. 因为, 若 g_s 关于 g_t 不是约化的, 则必然有 $s_i \in \mathrm{supp}(g_s)$ 使得 $t | s_i$, 设 s_i 在 g_s 中的系数为 c_i, 则 $g = g_s - c_i \dfrac{s_i}{t} g_t \in I$ 是一个以 s 为首项且首项系数为 1 的多项式, 但它比

g_s 还低, 与 g_s 的选取矛盾. 至此证明了 I 有约化的 Gröbner 基.

以下证明唯一性. 设 H 是 I 的另一个约化的 Gröbner 基, $H \neq G$, 则 $F := (G \backslash H) \cup (H \backslash G)$ 不空. 设 g 是 F 中首项最低的多项式, 不妨设 $g \in G \backslash H$. 因 H 是 I 的 Gröbner 基, 必存在 $h \in H$ 使得 $\mathrm{lt}(h)|\mathrm{lt}(g)$. 若 $h \in G$, 则由 G 是自约化的, 必然 $h = g$, 这与 $g \in G \backslash H$ 矛盾. 所以 $h \in H \backslash G \subseteq F$, $g \neq h$. 由最低性, $\mathrm{lt}(h) = \mathrm{lt}(g)$, 因而 $\mathrm{lt}(g - h) < \mathrm{lt}(g) = \mathrm{lt}(h)$. 注意到 $\mathrm{lt}(g - h)$ 必然在 g 中或 h 中出现. 如果在 g 中出现, 由于它必然是 G 中某多项式首项的倍式而与 G 是约化的 Gröbner 基矛盾; 如果在 h 中出现, 由于它必然是 H 中某多项式首项的倍式而与 H 是约化的 Gröbner 基矛盾. ∎

算法 6.2 求约化的 Gröbner 基 (Reduced Gröbner 基)

输入: $G-$ 一个 Gröbner 基.

输出: $F- \langle G \rangle$ 的一个约化的 Gröbner 基.

将 G 中多项式由低到高排成队列 F; $H := [\ ]$;

while $F \neq [\ ]$ **do**

取出 F 队首多项式 $f(F : F \backslash [f])$;

if $\mathrm{lt}(h) \nmid \mathrm{lt}(f)$ for all $h \in H$

then $H := [H, f]$ (将 f 加到 H 队尾); **end {if}**;

end {while}.

取出 H 队首多项式 $g(H := H \backslash [g])$; $F : H$; $H := [g]$;

while $F \neq [\ ]$ **do**

取出 F 队首多项式 $f(F := F \backslash [f])$;

计算 $g : \mathrm{nfm}(f, H)$; $H : [H, g]$;

end {while}

$F := \{g/\mathrm{lt}(g) | g = H\}$

return F

设 $t = x^\alpha$, $f \in \Bbbk[x_1, \cdots, x_n]$, 如果 f 可以表示成

$$f = r_1 g_1 + r_2 g_2 + \cdots + r_l g_l, \quad \mathrm{lt}(r_i g_i) \leqslant t, \quad i = 1, 2, \cdots, l$$

则说多项式 f 关于多项式组 $G := \{g_1, g_2, \cdots, g_l\}$ 有 t-表示. 综合命题 6.2.2 和命题 6.2.3, 得到下述 Gröbner 基判定定理.

定理 6.3.1 设 $I \in \Bbbk[x_1, \cdots, x_n]$ 是理想, $G \subset I$. 则下述断言等价:

(1) G 是 I 的 Gröbner 基;

(2) I 的每个多项式 h 都有关于 G 的 $\mathrm{lt}(h)$-表示;

(3) 对 G 中的每对多项式 g,h, $\mathrm{spol}(g,h)$ 有关于 G 的 t-表示, 其中 $t < \mathrm{lcm}(\mathrm{lt}(g),\mathrm{lt}(h))$.

基于定理 6.3.1 的 (3) 可以改进求 Gröbner 基算法.

引理 6.3.1　如果多项式 f,g 的首项不相交, 即 $\mathrm{lt}(f)$ 与 $\mathrm{lt}(g)$ 互素, 则 $\mathrm{spol}(f,g)$ 有关于 $\{f,g\}$ 的 t-表示, 其中 $t < \mathrm{lcm}(\mathrm{lt}(f),\mathrm{lt}(g))$.

证明　为简化证明, 不妨设 $\mathrm{lc}(f) = \mathrm{lc}(g) = 1$. 将 f,g 表示成: $f = \mathrm{lt}(f)+p, g = \mathrm{lt}(g) + q$, 则

$$\mathrm{spol}(f,g) = \mathrm{lt}(g)f - \mathrm{lt}(f)g = (g - q)f - (f - p)g$$
$$= gf - qf - fg + pg = pg - qf$$

另外, 由于 $\mathrm{lt}(f)$ 与 $\mathrm{lt}(g)$ 互素, $\mathrm{lcm}(\mathrm{lt}(f),\mathrm{lt}(g)) = \mathrm{lt}(f)\mathrm{lt}(g)$, 因此 $\mathrm{lt}(pg) \neq \mathrm{lt}(qf)$, 当然 $\mathrm{spol}(f,g)$ 中 pg 与 qf 的首项不能全消去, 得

$$\mathrm{lt}(\mathrm{spol}(f,g)) = \max\{\mathrm{lt}(pg),\mathrm{lt}(qf)\}$$

取 $t = \mathrm{lt}(\mathrm{spol}(f,g))$, 则 $t < \mathrm{lcm}(\mathrm{lt}(f),\mathrm{lt}(g))$, 而且 $\mathrm{spol}(f,g) = pg - qf$ 就是关于 $\{f,g\}$ 的 t-表示. ∎

引理 6.3.2　设 $G \subset \Bbbk[x_1,\cdots,x_n]$ 是有限子集, $g_1,p,g_2 \in \Bbbk[x_1,\cdots,x_n]$ 满足下列条件:

(1) $\mathrm{lt}(p)|\mathrm{lcm}(\mathrm{lt}(g_1),\mathrm{lt}(g_2))$;

(2) 对于 $i = 1,2$, $\mathrm{spol}(g_i,p)$ 关于 G 有 t_i-表示, 其中

$$t_i < \mathrm{lcm}(\mathrm{lt}(g_i),\mathrm{lt}(p))$$

则 $\mathrm{spol}(g_1,g_2)$ 关于 G 有 t-表示, 其中

$$t < \mathrm{lcm}(\mathrm{lt}(g_1),\mathrm{lt}(g_2))$$

算法 6.3　改进的 Buchberger 算法 (Gröbner New)

输入: $F = \{f_1, f_2, \cdots, f_l\}$.

输出: G-$\langle F \rangle$ 的一个 Gröbner 基.

　　$G := F$;　$B := \{(i,j)|1 \leqslant i < j \leqslant l\}$;　$k := l$;

　　while $B \neq \{\ \}$ **do**

　　　　choose $(i,j) \in B$;

　　　　if $\mathrm{lcm}(\mathrm{lt}(f_i),\mathrm{lt}(f_j)) \neq \mathrm{lt}(f_i) \cdot \mathrm{lt}(f_j)$ **and**

　　　　　　$\mathrm{Crit}(f_i,f_j,B) = \mathrm{false}$

then $h_0 := \mathrm{nfm}(\mathrm{spol}(f_i, f_j), G);$ **end{if}**

if $h_0 \neq 0$ **then**

  $k := k + 1; f_k := h_0;$

  $G := G \cup \{f_k\}$

  $B := B \cup \{(i,k) | 1 \leqslant i \leqslant k - 1\}$

 end{if}

 $B := B \backslash \{(i,j)\}$

end{while}

return G

算法中 $\mathrm{Crit}(f_i, f_j, B) = \mathrm{true}$ 成立当且仅当存在 $k \notin \{i, j\}$ 使得 $[i, k], [j, k] \notin B$ 并且 $\mathrm{lt}(f_k) | \mathrm{lcm}(\mathrm{lt}(f_i), \mathrm{lt}(f_j))$, 其中

$$[i, j] = \begin{cases} (i, j), & i < j, \\ (j, i), & j < i \end{cases}$$

6.4　计算多项式理想

理想成员问题是判断一个多项式 f 是否属于一个理想 I. 如果 G 是 I 的 Gröbner 基, 则

$$f \in I \Leftrightarrow \mathrm{nfm}(f, G) = 0 \qquad (6.4.1)$$

后者是可以通过算法计算的. 若要判断两个多项式 f, g 是否模 I 同余, 只要看 $\mathrm{nfm}(f - g, G)$ 是否为零即可, 即

$$f \equiv g \bmod I \Leftrightarrow \mathrm{nfm}(f - g, G) = 0 \qquad (6.4.2)$$

给定两组多项式,

$$G = \{g_1, \cdots, g_l\}, \quad H = \{h_1, \cdots, h_m\}$$

直接验证可知

$$\langle G \rangle + \langle H \rangle = \langle G \cup H \rangle = \langle g_1, \cdots, g_l; h_1, \cdots, h_m \rangle$$

$$\langle G \rangle \cdot \langle H \rangle = \langle \{g_i h_j | i = 1, \cdots, l; j = 1, \cdots, m\} \rangle$$

可见, 理想的和与积的 Gröbner 基可以直接计算出来. 为了求交 $\langle G \rangle \cap \langle H \rangle$ 和商 $\langle G \rangle : \langle H \rangle$ 的 Gröbner 基, 我们先引进消元理想的概念.

定义 6.4.1　设 $I \subset \Bbbk[x_1, x_2, \cdots, x_n]$ 是一个理想. I 的第 i 个消元理想定义为

$$I_i = I \cap \Bbbk[x_{i+1}, \cdots, x_n], \quad 0 \leqslant i \leqslant n-1$$

约定 $I_n = I \cap \Bbbk$.

设 $\boldsymbol{x} = (x_1, \cdots, x_n), \boldsymbol{y} = (y_1, \cdots, y_m)$ 是两组变元, $<_{\boldsymbol{x}}, <_{\boldsymbol{y}}$ 分别是 $T_n(\boldsymbol{x})$ 上和 $T_m(\boldsymbol{y})$ 上的项序, 则 $T_{m+n}(\boldsymbol{y}, \boldsymbol{x})$ 上的广义字典序 $<_L$ 定义为

$$pq <_L p'q' \text{ 当且仅当 } \begin{cases} p <_{\boldsymbol{y}} p' \text{ 或} \\ p = p' \text{ 且 } q <_{\boldsymbol{x}} q' \end{cases} \tag{6.4.3}$$

其中 $q, q' \in T_n(\boldsymbol{x}), p, p' \in T_m(\boldsymbol{y})$.

命题 6.4.1　如果 $G \subset \Bbbk[y_1, \cdots, y_m, x_1, \cdots, x_n]$ 是理想 I 的关于广义字典序 $<_L$ 的 Gröbner 基, 则 $G \cap \Bbbk[x_1, \cdots, x_n]$ 是理想 $I \cap \Bbbk[x_1, \cdots, x_n]$ 的关于序 $<_{\boldsymbol{x}}$ 的 Gröbner 基.

证明　由广义字典序的定义知, 对于任意的 $f \in \Bbbk[\boldsymbol{x}, \boldsymbol{y}]$, 有

$$\mathrm{lt}(f) \in \Bbbk[x_1, \cdots, x_n] \Leftrightarrow f \in \Bbbk[x_1, \cdots, x_n]$$

因此

$$\begin{aligned} \langle \mathrm{lt}(G \cap \Bbbk[\boldsymbol{x}]) \rangle_{\subseteq \Bbbk[\boldsymbol{x}]} &= \langle \mathrm{lt}(G) \rangle_{\subseteq \Bbbk[\boldsymbol{x}, \boldsymbol{y}]} \cap \Bbbk[\boldsymbol{x}] \\ &= \langle \mathrm{lt}(I) \rangle_{\subseteq \Bbbk[\boldsymbol{x}, \boldsymbol{y}]} \cap \Bbbk[\boldsymbol{x}] = \langle \mathrm{lt}(I \cap \Bbbk[\boldsymbol{x}]) \rangle_{\subseteq \Bbbk[\boldsymbol{x}]} \end{aligned}$$

因为 $G \subset I \Rightarrow G \cap \Bbbk[\boldsymbol{x}] \subset I \cap \Bbbk[\boldsymbol{x}]$, 所以 $G \cap \Bbbk[\boldsymbol{x}]$ 是 $\Bbbk[\boldsymbol{x}]$ 中的理想 $I \cap \Bbbk[\boldsymbol{x}]$ 的关于序 $<$ 的 Gröbner 基. ∎

推论 6.4.1　如果 G 是 $\Bbbk[x_1, \cdots, x_n]$ 中理想 I 的关于字典序的 Gröbner 基, 则 $G \cap \Bbbk[x_{i+1}, \cdots, x_n]$ 是 $\Bbbk[x_{i+1}, \cdots, x_n]$ 中的理想 $I \cap \Bbbk[x_{i+1}, \cdots, x_n]$ 关于字典序的 Gröbner 基.

命题 6.4.2　设 $J_1, J_2, \cdots, J_m$ 都是 $\Bbbk[x_1, x_1, \cdots, x_n]$ 的理想. 令 $y_1, y_2, \cdots, y_m$ 是一组新变元. 在多项式环 $\Bbbk[y_1, \cdots, y_m, x_1, \cdots, x_n]$ 上定义理想

$$J = \left\langle \{1 - (y_1 + y_2 + \cdots + y_m)\} \cup \bigcup_{i=1}^{m} y_i J_i \right\rangle \tag{6.4.4}$$

$T_{n+m}(\boldsymbol{y}, \boldsymbol{x})$ 上的项序取字典序, 其满足

$$y_1 > \cdots > y_m > x_1 > \cdots > x_n$$

此时, 理想 J 的第 m 个消元理想 $I_m = J \cap \Bbbk[x_1, \cdots, x_n]$ 就是理想 $J_1, J_2, \cdots, J_m$ 的交 $\bigcap_{i=1}^{m} J_i$.

证明 假设 $f \in I_m$, 则 $f \in J$. 因此 f 可以表示成

$$f = g\left(1 - \sum_{i=1}^{m} y_i\right) + \sum_{i=1}^{m}\sum_{j=1}^{k_i} g_{ij} y_i s_{ij} \tag{6.4.5}$$

其中 $g, g_{ij} \in \Bbbk[y_1, \cdots, y_m, x_1, \cdots, x_n], s_{ij} \in J_i$. 因为上式左端不含有变元 $y_1, y_2, \cdots,$ y_m, 当给定 $y_1, y_2, \cdots, y_m$ 一组特殊值时, 上式也成立. 对于每个 $k(1 \leqslant k \leqslant m)$, 分别令 $y_k = 1, y_i = 0$, 如果 $i \neq k$. 则上式右端就是 J_k 中的元素, 所以 $f \in J_k$.

反之, 假设 $f \in \bigcap_{i=1}^{m} J_i$, 则由 $f = f\left(1 - \sum_{i=1}^{m} y_i\right) + \sum_{i=1}^{m} y_i f$, 知 $f \in I_m$. ∎

上述命题给出了求理想交的算法: 设 F_i 是理想 J_i 的生成元集, 令

$$F = \left\{1 - \sum_{i=1}^{m} y_i\right\} \cup \bigcup_{i=1}^{m} y_i F_i \tag{6.4.6}$$

求 F 的 Gröbner 基 (关于字典序: $y_1 > y_2 > \cdots > y_m > x_1 > x_2 > \cdots > x_n$)$G$, 则 G 中那些不出现变元 $y_1, y_2, \cdots, y_m$ 的多项式就组成了理想 $\bigcap_{i=1}^{m} J_i$ 的 Gröbner 基.

例如, $I = \langle x_1^2 x_2, x_2^2 \rangle, J = \langle x_1 x_2^2, x_1^2 \rangle \subset \mathbb{Q}[x_1, x_2]$, 为了求理想交 $I \cap J$ 的 Gröbner 基, 可以先求下面多项式集:

$$H = \left\{1 - y_1 - y_2, y_1 x_1^2 x_2, y_1 x_2^2, y_2 x_1 x_2^2, y_2 x_1^2\right\}$$

生成理想的 Gröbner 基 (关于字典序: $y_1 > y_2 > x_1 > x_2$): $\{1 - y_1 - y_2, y_2 x_1^2, x_2^2 - x_2 y_2, x_1 x_2^2, x_1^2 x_2\}$, 由此知 $\{x_1 x_2^2, x_1^2 x_2\}$ 是 $I \cap J$ 的 Gröbner 基.

求两个理想的交的 Gröbner 基, 也可以只引入一个新变元.

命题 6.4.3 设 $G = \{g_1, \cdots, g_l\}, H = \{h_1, \cdots, h_m\}$ 是 $\Bbbk[x_1, \cdots, x_n]$ 中的两个多项式组, z 是一个新变元,

$$F := \{zg_1, \cdots, zg_l, (z-1)h_1, \cdots, (z-1)h_m\}$$

S 是 $\langle F \rangle$ 的关于字典序 $(z > x_1 > \cdots > x_n)$ 的 Gröbner 基, 则 $S \cap \Bbbk[x_1, \cdots, x_n]$ 是 $\langle G \rangle \cap \langle H \rangle$ 的 Gröbner 基.

证明 由命题 6.4.1, 只需证明 $\langle F \rangle \cap \Bbbk[x_1, \cdots, x_n] = \langle G \rangle \cap \langle H \rangle$. 若 $f \in \langle G \rangle \cap \langle H \rangle$, 则 $zf, (z-1)f \in \langle F \rangle$, 因而 $f = zf - (z-1)f \in \langle F \rangle \cap \Bbbk[x_1, \cdots, x_n]$. 反之, 若 $f \in \langle F \rangle \cap \Bbbk[x_1, \cdots, x_n]$, 则存在 $s_1, \cdots, s_l, t_1, \cdots, t_m \in \Bbbk[z, x_1, \cdots, x_n]$, 使得

$$f = \sum_{i=1}^{l} s_i z g_i + \sum_{j=1}^{m} t_j(z-1) h_j$$

在上式中, 令 $z = 1$ 即知 $f \in \langle G \rangle$; 令 $z = 0$ 即知 $f \in \langle H \rangle$. 所以 $f \in \langle G \rangle \cap \langle H \rangle$. ■

求理想的商 $\langle G \rangle : \langle H \rangle$ 的 Gröbner 基, 可以转化成求理想的交的 Gröbner 基问题, 因为有下面公式和命题:

$$\langle G \rangle : \langle H \rangle = \langle G \rangle : \sum_{j=1}^{m} \langle h_j \rangle = \bigcap_{j=1}^{m} (\langle G \rangle : \langle h_j \rangle) \tag{6.4.7}$$

命题 6.4.4 设 I 是理想, $g \in \Bbbk[x_1, \cdots, x_n]$. 如果 $h_1, h_2, \cdots, h_m$ 是理想 $I \cap \langle g \rangle$ 的基, 则 $h_1/g, h_2/g, \cdots, h_m/g$ 是理想 $I : \langle g \rangle$ 的基.

证明 $\langle g \rangle$ 中每个元素都可以表示成 $bg, b \in \Bbbk[x_1, \cdots, x_n]$ 的形式, 所以 h_i/g 是多项式. 任取 $f \in \langle h_1/g, h_2/g, \cdots, h_m/g \rangle$, 则对任意 $a \in \langle g \rangle$ 都有

$$af = bgf \in \langle h_1, h_2, \cdots, h_m \rangle = I \cap \langle g \rangle \subseteq I$$

因而 $f \in I : \langle g \rangle$. 反之, 若 $f \in I : \langle g \rangle$, 则 $fg \in I$, 因而 $fg \in I \cap \langle g \rangle$. 设 $fg = \sum r_i h_i$, 则由 $h_i \in \langle g \rangle$ 知 h_i/g 是多项式, $f = \sum r_i(h_i/g) \in \langle h_1/g, h_2/g, \cdots, h_m/g \rangle$. ■

假设 $H = \{h_1, \cdots, h_k\} \subset \Bbbk[x_1, \cdots, x_n]$, I 是一个理想, 则集合

$$\{f \in \Bbbk[x_1, \cdots, x_n] | \exists \varepsilon_1, \cdots, \varepsilon_k \in \mathbb{N}, \text{ 使得 } h_1^{\varepsilon_1} \cdots h_k^{\varepsilon_k} f \in I\}$$

是一个理想, 称为 I 关于 H 的**饱和理想**, 记作 $I : H^\infty$. 直接验证可知

$$I : H^\infty = ((((I : h_1^\infty) : \cdots) : h_k^\infty)) \tag{6.4.8}$$

所以, 欲求饱和理想 $I : H^\infty$ 的 Gröbner 基, 只需能够求形如 $I : h^\infty$ 的饱和理想的 Gröbner 基.

命题 6.4.5 设 $g, g_1, \cdots, g_l \in \Bbbk[x_1, \cdots, x_n]$, $g \neq 0$, z 为一个新变元, 则

$$\langle g_1, \cdots, g_l \rangle : g^\infty = \langle zg - 1, g_1, \cdots, g_l \rangle \cap \Bbbk[x_1, \cdots, x_n] \tag{6.4.9}$$

证明 若 $f \in \langle zg - 1, g_1, \cdots, g_l \rangle \cap \Bbbk[x_1, \cdots, x_n]$, 则存在 $r_1, \cdots, r_l, r \in \Bbbk[z, x_1, \cdots, x_n]$, 使得

$$f = r(zg - 1) + r_1 g_1 + \cdots + r_l g_l$$

将上式中的变量 z 用 $1/g$ 替换并通分, 则有某个正整数 k 使得

$$g^k f = \tilde{r}_1 g_1 + \cdots + \tilde{r}_l g_l, \text{ 且 } \tilde{r}_1, \cdots, \tilde{r}_l \in \Bbbk[x_1, \cdots, x_n]$$

说明 $f \in \langle g_1, \cdots, g_l \rangle : g^\infty$.

反之, 若 $f \in \langle g_1, \cdots, g_l \rangle : g^\infty$, 必存在非负整数 k 和多项式 $\tilde{r}_1, \cdots, \tilde{r}_l \in$ $\Bbbk[x_1, \cdots, x_n]$, 使得 $g^k f = \tilde{r}_1 g_1 + \cdots + \tilde{r}_l g_l$. 于是

$$f = (-z^{k-1} g^{k-1} - \cdots - zg - 1) f(zg - 1) + (z^k \tilde{r}_1) g_1 + \cdots + (z^k \tilde{r}_l) g_l \in \langle zg - 1, g_1, \cdots, g_l \rangle$$

所以 $f \in \langle zg - 1, g_1, \cdots, g_l \rangle \cap \Bbbk[x_1, \cdots, x_n]$. ■

推论 6.4.2 设 $g, g_1, \cdots, g_l \in \Bbbk[x_1, \cdots, x_n]$, z 是新变元, $H := \{zg - 1, g_1, \cdots, g_l\}$, G 是 $\langle H \rangle$ 关于字典序 $(z > x_1 > \cdots > x_n)$ 的 Gröbner 基, 则 $G \cap \Bbbk[x_1, \cdots, x_n]$ 是 $\langle g_1, \cdots, g_l \rangle : g^\infty$ 的 Gröbner 基.

推论 6.4.3 设 $I = \langle g_1, \cdots, g_l \rangle \subseteq \Bbbk[x_1, \cdots, x_n]$, z 是新变元, $f \in \Bbbk[x_1, \cdots, x_n]$. 则

$$f \in \sqrt{\langle g_1, \cdots, g_l \rangle} \Leftrightarrow 1 \in \langle zf - 1, g_1, \cdots, g_l \rangle \tag{6.4.10}$$

证明 $\Rightarrow$) 当 $f = 0$ 时结论显然成立. 设 $f \neq 0$, 则 $f \in \sqrt{\langle g_1, \cdots, g_l \rangle}$ 意味着存在正整数 k 使得 $f^k \in \langle g_1, \cdots, g_l \rangle$, 即 $1 \in \langle g_1, \cdots, g_l \rangle : f^\infty$, 由命题 6.4.5, $1 \in \langle zf - 1, g_1, \cdots, g_l \rangle$.

$\Leftarrow$) $1 \in \langle zf - 1, g_1, \cdots, g_l \rangle \cap \Bbbk[x_1, \cdots, x_n]$, 由命题 6.4.5, $1 \in \langle g_1, \cdots, g_l \rangle : f^\infty$, 存在非负整数 k, 使得 $f^k = r_1 g_1 + \cdots + r_l g_l$. 因而 $f \in \sqrt{\langle g_1, \cdots, g_l \rangle}$. ■

6.5 解代数方程组

设 $f_1, \cdots, f_r$ 是域 $\Bbbk$ 上的 n 元多项式, $\mathbb{L}$ 是域 $\Bbbk$ 的扩域. 解多项式方程组

$$\begin{cases} f_1(x_1, x_2, \cdots, x_n) = 0, \\ f_2(x_1, x_2, \cdots, x_n) = 0, \\ \quad \cdots \cdots \\ f_r(x_1, x_2, \cdots, x_n) = 0 \end{cases} \tag{6.5.1}$$

就是要确定下面的点集:

$$\{(\xi_1, \xi_2, \cdots, \xi_n) \in \mathbb{L}^n | f_i(\xi_1, \xi_2, \cdots, \xi_n) = 0, 1 \leqslant i \leqslant r\} \tag{6.5.2}$$

称为多项式组 $F := \{f_1, f_2, \cdots, f_r\}$ 在域 $\mathbb{L}$ 上的零点集, 记作 $\mathrm{Zero}(F)$. 值得注意的是, 零点集与所涉及的数域有关. 如, 在理数域 $\mathbb{Q}$ 上, 方程 $x^2 + y^2 + z^2 = -1$ 没有零点, 但在复数域 $\mathbb{C}$ 上, 给定方程有无穷多零点. 解方程组就是要判断给定的多项式组在限定的域 $\mathbb{L} \supseteq \Bbbk$ 上是否有零点, 如果有零点, 如何求出这些零点. 在代数闭域上讨论代数方程组的零点存在问题会简单些.

6.5.1　Hilbert 零点定理

设 $\mathbb{L}$ 是域 $\mathbb{k}$ 的扩域, $V \subset \mathbb{L}^n$ 是非空集合. 则

$$\text{Idea}(V) := \{f \in \mathbb{k}[x_1, x_2, \cdots, x_n] | f(a_1, a_2, \cdots, a_n) = 0, \forall (a_1, a_2, \cdots, a_n) \in V\}$$

是 $\mathbb{k}[x_1, x_2, \cdots x_n]$ 的理想, 称为点集 V 的零化理想. 直接验证可知

$$\text{Zero}(F) = \text{Zero}(\langle F \rangle) = \text{Zero}(\sqrt{\langle F \rangle}) \tag{6.5.3}$$

$$F \subseteq G \Rightarrow \text{Zero}(F) \supseteq \text{Zero}(G) \tag{6.5.4}$$

$$V \subseteq W \Rightarrow \text{Idea}(V) \supseteq \text{Idea}(W) \tag{6.5.5}$$

$$\text{Zero}(\text{Idea}(V)) \supseteq V, \quad \text{Idea}(\text{Zero}(F)) \supseteq \sqrt{\langle F \rangle} \tag{6.5.6}$$

由代数基本定理, 任何次数大于零的一元复系数多项式至少有一个复零点. 这个结论可以推广到多元多项式.

定理 6.5.1 (Hilbert 零点定理)　设 $\mathbb{L}$ 是域 $\mathbb{k}$ 的扩域, $\mathbb{L}$ 是代数闭域, I 是多项式环 $\mathbb{k}[x_1, \cdots, x_n]$ 的理想, 则

$$\text{Zero}(I) = \varnothing \Leftrightarrow I = \mathbb{k}[x_1, \cdots, x_n]$$

证明　充分性是显然的, 因为 $I = \mathbb{k}[x_1, \cdots, x_n]$ 意味着 $1 \in I$, 因而 $\text{Zero}(I) = \varnothing$.

用反证法来证明必要性: 设 $I \subset \mathbb{k}[x_1, \cdots, x_n]$, 因为 $R := \mathbb{k}[x_1, \cdots, x_n]$ 是 Noether 环, 存在包含 I 的极大理想 J, $\mathbb{F} := R/J$ 是一个域. 考虑剩余类 $\bar{x}_1, \bar{x}_2, \cdots, \bar{x}_n$, 它们是自然同态 $R \xrightarrow{\nu} R/J$ 下诸 $x_1, x_2, \cdots, x_n$ 的像, $(\bar{x}_1, \bar{x}_2, \cdots, \bar{x}_n) \in \mathbb{F}^n$. 在这个自然同态映射下, $\forall a \in \mathbb{k}$ 被映射到自身: $\nu(a) = a$, 所以 $\mathbb{F}$ 可以看作是 $\mathbb{k}$ 的扩域. $\forall f \in I \subseteq J, f(\bar{x}_1, \bar{x}_2, \cdots, \bar{x}_n) = \bar{0}$, 即 $(\bar{x}_1, \bar{x}_2, \cdots, \bar{x}_n) \in \mathbb{F}^n$ 是 I 的零点.

因 $\mathbb{L}$ 是代数闭域, 存在 $\mathbb{k}$-同态 $\phi: \mathbb{F} \to \mathbb{L}$, 于是

$$(\forall f \in I) \quad [f(\phi(\bar{x}_1), \phi(\bar{x}_2), \cdots, \phi(\bar{x}_n)) = 0]$$

因此 $(\phi(\bar{x}_1), \phi(\bar{x}_2), \cdots, \phi(\bar{x}_n)) \in \mathbb{L}^n$ 是 I 的零点, 与 $\text{Zero}(I) = \varnothing$ 矛盾. ∎

推论 6.5.1　设 $\mathbb{L}$ 是域 $\mathbb{k}$ 的扩域, $\mathbb{L}$ 是代数闭域, $f_1, \cdots, f_r \in \mathbb{k}[x_1, \cdots, x_n]$, 则

$$\text{Idea}(\text{Zero}(f_1, \cdots, f_r)) = \sqrt{\langle f_1, \cdots, f_r \rangle} \tag{6.5.7}$$

证明　由 (6.5.6) 式, 只需证明 $f \in \text{Idea}(\text{Zero}(f_1, \cdots, f_r)) \Rightarrow f \in \sqrt{\langle f_1, \cdots, f_r \rangle}$. 若 $f = 0$, 则显然成立. 以下假定 $f \neq 0$. 考虑多项式组

$$f_1, \cdots, f_r, 1 - zf \in \mathbb{k}[z, x_1, \cdots, x_n]$$

它们不会有公共零点, 因为, 若 $(\xi, \xi_1, \cdots, \xi_n) \in \mathbb{L}^{n+1}$ 是 $f_1, \cdots, f_r, 1 - zf$ 的公共零点, 则 $(\xi_1, \cdots, \xi_n)$ 是 $f_1, \cdots, f_r$ 的公共零点, 因而是 f 的零点, 于是 $1 - \xi \cdot f(\xi_1, \cdots, \xi_n) = 1 \neq 0$. 由 Hilbert 零点定理, $1 \in \langle f_1, \cdots, f_r, 1 - zf \rangle$, 由推论 6.4.3, $f \in \sqrt{\langle f_1, \cdots, f_r \rangle}$. ∎

推论 6.5.2 设 $\mathbb{L}$ 是域 $\mathbb{k}$ 的扩域, $\mathbb{L}$ 是代数闭域, $f_1, \cdots, f_r \in \mathbb{k}[x_1, \cdots, x_n]$, G 是理想 $\langle f_1, \cdots, f_r \rangle$ 的 Gröbner 基, 则 $f_1, \cdots, f_r$ 在 $\mathbb{L}$ 上没有公共零点的充分必要条件是: 存在非零常数 $c \in \mathbb{k} \cap G$.

6.5.2 零维理想的零点

设 $\mathbb{k}$ 是任意域, I 是多项式环 $\mathbb{k}[x_1, \cdots, x_n]$ 的理想. 如果对于任意部分变量 $x_{i_1}, \cdots, x_{i_k}$, 都有 $I \cap \mathbb{k}[x_{i_1}, \cdots, x_{i_k}] \neq (0)$, 则说理想 I 是零维的. 否则, $\{x_1, \cdots, x_n\}$ 的子集 $\{x_{i_1}, \cdots, x_{i_l}\}$ 称为理想 I 的独立变量集, 如果

$$I \cap \mathbb{k}[x_{i_1}, \cdots, x_{i_l}] = (0)$$

元素最多的独立变量集称为最大独立 (变量) 集, 其中的变量个数 l 称为 I 的维数, 记作 $\dim I$. 而其余的变量称为关于 I 的相关变量, 相关变量的个数 $n - l$ 称为理想 I 的余维数, 记作 $\operatorname{codim} I$.

理想 I 是零维的当且仅当对于每一个 x_i 都有 $I \cap \mathbb{k}[x_i] \neq \{0\}$. 由此给出判定一组多项式生成的理想是否是零维的. 假设理想 I 的维数为 l, 则存在 $\{1, 2, \cdots, n\}$ 的一个置换 π, 使得

$$v_1 = x_{\pi(1)}, \cdots, v_{n-l} = x_{\pi(n-l)} \text{ 是关于 } I \text{ 相关的变量};$$

$$u_1 = x_{\pi(n-l+1)}, \cdots, u_l = x_{\pi(n)} \text{ 是关于 } I \text{ 独立的变量}.$$

对于多项式环 $\mathbb{k}[v_1, \cdots, v_{n-l}, u_1, \cdots, u_l] = \mathbb{k}[\boldsymbol{v}, \boldsymbol{u}]$, 采用纯字典序, 求出理想 I 的 Gröbner 基, 设为 G, 则 $G \cap \mathbb{k}[\boldsymbol{u}]$ 是 $\mathbb{k}[\boldsymbol{u}]$ 中的理想 $I \cap \mathbb{k}[\boldsymbol{u}] = (0)$ 的 Gröbner 基, 因而 $G \cap \mathbb{k}[\boldsymbol{u}]$ 是空集.

反之, 若要求给定理想的维数, 可以对变量的每个子集 $\boldsymbol{u}$, 将其余的变量记为 $\boldsymbol{v}$, 对于多项式环 $\mathbb{k}[\boldsymbol{v}, \boldsymbol{u}]$ 采用广义的字典序, 计算理想 I 的 Gröbner 基, 然后通过 $G \cap \mathbb{k}[\boldsymbol{u}]$ 来获取 I 的维数以及关于 I 的独立变量集.

例如, $\{x^2 - 2xz + 5, xy^2 + yz^2 + yz^3, 3y^2 - 8z^3\}$ 生成零维理想; 而 $\{x^3 - yz^2 + yz^3, y^4 - x^2yz\}$ 生成一维理想.

给定非零多项式集 $G \subset \mathbb{k}[x_1, x_2, \cdots, x_n]$, 可以将 G 分成 $n + 1$ 类

$$G_i = G \cap \mathbb{k}[x_{i+1}, \cdots, x_n] \backslash \mathbb{k}[x_{i+2}, \cdots, x_n], \quad i = 0, 1, \cdots, n - 2$$

$$G_{n-1} = G \cap \mathbb{k}[x_n] \backslash \mathbb{k}, \quad G_n = G \cap \mathbb{k}$$

按照 $G_0, G_1, \cdots, G_n$ 顺序排列的有序多项式组, 称为 G 的三角化分类. 实际上, 这样的形式总是可以排出来的, 不过某些类可能为空. 如果 $G_n = \varnothing$, 而且每个 $G_i, i = n-1, n-2, \cdots, 1, 0$ 均非空, 则说该多项式组是三角化的. 进一步地,

定义 6.5.1 设 $\Bbbk$ 是域, $G \subset \Bbbk[x_1, \cdots, x_n]$ 是非零多项式的有限集. 如果 G 的三角化分类满足:

(1) $G_n = \varnothing$;

(2) 对于每个 $i(0 \leqslant i < n)$, 存在 $g_i \in G_{i-1}$, 其首单项式为 $ax_i^{d_i}, a \neq 0, d_i > 0$. 则称 G 是强三角化的.

例 6.5.1 考察下面的多元多项式组: $G', G'', G''' \subset \mathbb{C}[x_1, x_2]$

$$G' = \left\{x_1x_2 - x_2, x_2^2 - 1\right\}, \quad G'' = \left\{x_1x_2 - x_2, x_2^2\right\}, \quad G''' = \left\{x_1x_2 - x_2\right\}$$

分析它们解的情况: $G': (1,1), (1,-1); G'': (\xi, 0); G''': (\xi, 0), (1, \zeta)$, 事实上, G' 生成的理想 $\langle G' \rangle$ 有一个强三角化的生成元组 $\{x_1 - 1, x_2^2 - 1\}$.

定义 6.5.2 设 $\mathbb{L}$ 是域 $\Bbbk$ 的扩域, $F := \{f_1, \cdots, f_r\} \subset \Bbbk[x_1, x_2, \cdots, x_n]$. 如果 F 在 $\mathbb{L}$ 上有而且只有有限个零点, 则称 F 在 $\mathbb{L}$ 上是有限可解的.

命题 6.5.1 设 $\mathbb{L}$ 是代数闭域, $F = \{f_1, \cdots, f_r\} \subset \mathbb{L}[x_1, x_2, \cdots, x_n]$, 则下列断言等价:

(1) F 在 $\mathbb{L}$ 上是有限可解的;

(2) $\langle F \rangle$ 是非平凡的零维理想;

(3) 如果 G 是 $\langle F \rangle$ 的一个关于字典序 $<_{\mathrm{Lex}}$ 的 Gröbner 基, 则 G 是强三角化集.

证明 (1) $\Rightarrow$ (2) 由于 F 可解, 所以 $\langle F \rangle \cap \mathbb{L} = (0)$. 假定

$$(\xi_{1,1}, \cdots, \xi_{1,i}, \cdots, \xi_{1,n}), \cdots, (\xi_{m,1}, \cdots, \xi_{m,i}, \cdots, \xi_{m,n})$$

是 F 的全部零点. 令

$$f(x_i) = (x_i - \xi_{1,i}) \cdots (x_i - \xi_{m,i})$$

则 $f(x_i)$ 是次数为 m 的一元多项式, 而且 $f(x_i) \in \mathrm{Idea}\,(\mathrm{Zero}(F))$. 由推论 6.5.1,

$$(\exists q > 0) \quad [f(x_i)^q \in \langle F \rangle]$$

这样 $\langle F \rangle \cap \mathbb{L}[x_i] \neq (0)$, $i = 1, 2, \cdots, n$. 说明 $\langle F \rangle$ 是零维理想. 显然 $\langle F \rangle$ 是非平凡的.

(2) $\Rightarrow$ (3) 因为 $\langle F \rangle$ 是非平凡的零维理想, 一定有 $\langle F \rangle \cap \mathbb{L} = (0)$, 而且

$$(\forall x_i) \quad [\mathbb{L}[x_i] \cap \langle F \rangle \neq (0)]$$

设 $0 \neq f(x_i) \in \mathbb{L}[x_i] \cap \langle F \rangle$, 则 $f(x_i)$ 不能是非零常数, 且 $\mathrm{lt}(f(x_i)) = x_i^{d_i'} \in \langle \mathrm{lt}(G) \rangle$. 于是

$$(\exists g_i \in G) \quad \left[\mathrm{lt}(g_i) = x_i^{d_i} \right], \quad 0 < d_i \leqslant d_i'$$

根据字典序的特性, $g_i \in \mathbb{L}[x_i, \cdots, x_n] \backslash \mathbb{L}[x_{i+1}, \cdots, x_n]$. 因而 $g_i \in G_{i-1}$. 所以, G 是强三角化集.

(3) $\Rightarrow$ (1) 令 $I = \langle F \rangle = \langle G \rangle$ 是由 F 生成的理想, 则 $\mathrm{Zero}(I) = \mathrm{Zero}(F) = \mathrm{Zero}(G)$.

以下说明 I 是有限可解的. 显然, I 有零点, 因为 $\langle G \rangle \cap \mathbb{L} = I \cap \mathbb{L} = (0), 1 \notin I$. 为了证明 I 只有有限个零点, 我们对 I 的消元理想归纳论证.

当 $i = n - 1$ 时,

$$I_{n-1} = \langle G_{n-1} \rangle \cap \mathbb{L}[x_n]$$

因为 G_{n-1} 只含有一元 (x_n) 多项式, 取其中次数最高的多项式 $p(x_n)$, 并假定它的次数为 d_n, 则 I_{n-1} 的零点个数 D_n 不会超过 d_n.

对于 $i < n - 1$, 假定消元理想 I_{i+1} 的零点个数 D_{i+2} 是有限的. 考虑 $\mathbb{L}^{n-i}$ 到 $\mathbb{L}^{n-i}$ 的投影

$$\pi : (\xi_{i+1}, \xi_{i+2}, \cdots, \xi_n) \mapsto (\xi_{i+2}, \cdots, \xi_n)$$

利用映射 π 可以将 I_i 的零点分类: $P, Q \in \mathrm{Zero}(I_i), P \sim Q$ 当且仅当 $\pi(P) = \pi(Q)$. 显然, $\pi(\mathrm{Zero}(I_i)) \subseteq \mathrm{Zero}(I_{i+1})$, 所以 $\mathrm{Zero}(I_i)$ 的元素个数 (即等价类的个数) 不超过 D_{i+2}. 假设 $p(x_{i+1}, x_{i+2}, \cdots, x_n) \in \bigcup\limits_{j=i}^{n} G_j$ 是一个含有形如 $a \cdot x_{i+1}^{d_{i+1}}$ $(a \in \mathbb{L}, d_{i+1} > 0)$ 单项式的多项式, 而且是这样多项式中关于 x_{i+1} 的次数最高的. 如果 P 是 I_i 的一个零点, 则 $\mathrm{Zero}(I_i)$ 中含 P 的等价类应是

$$[P]_\sim = \{ Q | \pi(Q) = (\xi_{i+2}, \cdots, \xi_n) \}$$

$Q = (\xi, \xi_{i+2}, \cdots, \xi_n) \in [P]_\sim$ 意味着 ξ 是一元多项式 $p(x_{i+1}, \xi_{i+1}, \cdots, \xi_n)$ 的零点. 因此 $|[P]_\sim| \leqslant d_{i+1}$, 进而推得 I_i 的零点个数不会超过 $d_{i+1} \cdot D_{i+2}$. ■

例 6.5.2 多项式集 $\{x_1 x_2 + 1, x_2^2 - 1\} \subseteq \mathbb{C}[x_1, x_2]$ 是有限可解的, 其关于字典序的 Gröbner 基 $\{x_1 + x_2, x_2^2 - 1\}$ 是强三角化集. 可以据此求出其全部零点.

算法 6.4 求零点算法 (FindZeros)

输入: $F = \{f_1, \cdots, f_r\} \subset \mathbb{L}[x_1, \cdots, x_n]$, # $\mathbb{L}$ 是代数闭域.

输出: F 在 $\mathbb{L}^n$ 的零点 (当 F 有限可解时).

计算 $\langle F \rangle$ 关于字典序的 Gröbner 基 G;

if G 不是强三角化集 **then return** (failure); end{if};

$H := \{g \in G_{n-1}\};\quad p_{n-1} := \gcd(H);\quad X_{n-1} := \big\{(\xi_n) \in \mathbb{L}^1 | p_{n-1}(\xi_n) = 0\big\};$

for i **from** $n-1$ **by** -1 **to** 1 **do**

   $X_{i-1} := \varnothing;$

   for all $(\xi_{i+1}, \cdots, \xi_n) \in X_i$ **do**

      $H := \{g(x_i, \xi_{i+1}, \cdots, \xi_n) | g \in G_{i-1}\};\quad p_{i-1} := \gcd(H);$

      if $p_{i-1} \notin \mathbb{L}$ **then**

         $X_{i-1} := X_{i-1} \cup \big\{(\xi_i, \xi_{i+1}, \cdots, \xi_n) \in \mathbb{L}^{n-i+1} | p_{i-1}(\xi_i) = 0\big\};$

      end{if}

   end{for}

end{for}

return (X_0)

习　题　6

6.1　假定 $w > x > y > z$, 试分别用字典序、逆字典序、分次字典序、分次逆字典序给下列项排序:

$$1, z, z^2, z^5, y, y^3, y^4, x, xy, x^3, w, wz, wx, w^3, wy, xz, yz$$

6.2　假定 $<$ 是一个项序诱导出多项式序, 证明: 任何严格下降的多项式序列

$$g_1 > g_2 > \cdots > g_l > \cdots$$

都是有限的.

6.3　考虑 n 维非负整数向量之集 $\mathbb{N}^n$. 如向量 β 的每个分量都不小于向量 α 的相应分量, 则说向量 β 大于或等于向量 α, 记作 $\alpha \leqslant \beta$. 给定 $\mathbb{N}^n$ 的一个非空子集 S, 证明一定存在 S 的有限子集 F, 使得对于任意 $\beta \in S$, 都有 $\alpha \in F$ 满足 $\alpha \leqslant \beta$.

6.4　已知多项式 $g_1 = 8xy^2 + 2z^3 + 5$, $g_2 = 6xy + 3y + 2z$, $f = 4x^2y^3z + 8xy^2 + 6xy + 4$, $f, g_1, g_2 \in \mathbb{Z}[x, y, z]$. 采用字典序 $(x > y > z)$, 求 f 关于 g_1, g_2 的范式.

6.5　采用分次逆字典序求两个多项式 $x^2 + y^2, xy \in \mathbb{Q}[x, y]$ 生成理想的 Gröbner 基.

6.6　称多项式 f 关于多项式 g 是首约化的, 如果 f 的首项不是 g 的首项的倍式. 多项式集 G 称为自首约化的, 如果对任意 $g \in G$, g 关于 $G \backslash \{g\}$ 都是首约化的.

(1) 证明: 若 G 是理想 I 的自首约化的 Gröbner 基, 则 G 一定是理想 I 的极小 Gröbner 基, 即 G 的任何真子集都不是理想 I 的 Gröbner 基.

(2) 验证 $G = \big\{x^2 - y, xy - 1, y^2 - x\big\} \subset \mathbb{Q}[x, y]$ 是理想 $\langle G \rangle$ 的关于分次字典序的极小 Gröbner 基.

6.7 设 $I \subset \Bbbk[x_1, \cdots, x_n]$ 是一个非平凡理想, 证明 $\mathrm{Zero}(I) = \mathrm{Zero}(\sqrt{I})$. 试说明:

$$\sqrt{\langle x^2, y^3 \rangle} = \langle x, y \rangle, \quad \text{但} \quad \langle x^2, y^3 \rangle \subset \langle x, y \rangle$$

6.8 求下面方程组的解:

$$\begin{cases} x^2 + y + z = 1, \\ x + y^2 + z = 1, \\ x + y + z^2 = 1 \end{cases}$$

6.9 设 $\Bbbk \subset \mathbb{L}$, $\mathbb{L}$ 是代数闭域. 考虑理想 $I \subset \Bbbk[x_1, x_2, \cdots, x_n]$ 的消元理想

$$I_k = I \cap \Bbbk[x_{k+1}, \cdots, x_n], \quad k = 0, 1, \cdots, n-1$$

记 $V_k = \mathrm{Zero}(I_k), V = \mathrm{Zero}(I)$. 若 $(a_1, \cdots, a_k, a_{k+1}, \cdots, a_n) \in V$, 则 $(a_{k+1}, \cdots, a_n) \in V_k$. 反之, 如果已知 $(a_{k+1}, \cdots, a_n) \in V_k$, 那么, $(a_{k+1}, \cdots, a_n)$ 能否成为理想 I 的零点的一部分分量呢? 如果是, 又如何构造这样的零点呢? 试通过下面方程组:

$$\begin{cases} x^2 + y^2 + z^2 = 1, \\ xyz = 1 \end{cases}$$

说明如何用 Gröbner 基和消元理想零点的扩充求解.

6.10 已知 $I = \langle x^2 + y^2 + z^2 - 4, x^2 + 2y^2 - 5, xz - 1 \rangle \subseteq Q[x, y, z]$, 求消元理想 I_1, I_2 的基. 在 $\mathbb{Q}^3$ 中理想 I 有多少个零点?

6.11 设 $I = \langle x^2 + y^2 + z^2 + 2, 3x^2 + 4y^2 + 4z^2 + 5 \rangle$. 令 $V = \mathrm{Zero}(I)$, π_1 是由 (x, y, z) 到 (y, z) 的投影映射. 证明下列结论:

(1) 在复数域 $\mathbb{C}$ 上, $\mathrm{Zero}(I_1) = \pi_1(V)$;

(2) 在实数域 $\mathbb{R}$ 上, $\mathrm{Zero}(I) = \{\}$, 并且 $\mathrm{Zero}(I_1)$ 是无限集合.

6.12 在 Maple 系统上编程实现求多项式范式的算法 $\mathrm{nfm}(f, G)$, 其中 f 是 n 元多项式, G 是一组 n 元多项式 (有限个).

6.13 在 Maple 系统上编程实现求多项式集的约化 Gröbner 基的算法.

6.14 考虑用 Gröbner 基解同余方程组: 给定一组理想 $I_1, I_2, \cdots, I_m \subset \Bbbk[x_1, x_2, \cdots, x_n]$ 以及一组多项式 $f_1, f_2, \cdots, f_m \in \Bbbk[x_1, x_2, \cdots, x_n]$, 求多项式 $f \in \Bbbk[x_1, x_2, \cdots, x_n]$ 满足

$$f \equiv f_i \bmod I_i, \quad 1 \leqslant i \leqslant m \tag{$*$}$$

如果记 $f_i + I_i$ 为 f_i 模 I_i 的剩余类, 则上述问题有解的充分必要条件是 $A := \bigcap_{1 \leqslant i \leqslant m} (f_i + I_i)$ 非空. 令

$$J := \left\langle \{1 - y_1 - y_2 - \cdots - y_m\} \cup \bigcup_{1 \leqslant i \leqslant m} y_i I_i \right\rangle \subseteq \Bbbk[y_1, y_2, \cdots, y_m; x_1, x_2, \cdots, x_n]$$

$$g := \sum_{1 \leqslant i \leqslant m} y_i f_i$$

如果 G 是理想 J 关于广义字典序 $(y_1 > y_2 > \cdots > y_m > x_1 > x_2 > \cdots > x_n)$ 的 Gröbner 基, 则同余方程组 $(*)$ 有解的充分必要条件是 $h := \mathrm{nfm}(g, G) \in \Bbbk[x_1, x_2, \cdots, x_n]$. 有解时, $h := \mathrm{nfm}(g, G)$ 就是一解. 试证明之.

6.15　已知 $I_1 = \langle x_1^2 x_2 + 1 \rangle, I_2 = \langle x_1 x_2^2 + 1 \rangle, f_1 = x_1^3, f_2 = 1$, 试求多项式 f, 满足

$$f \equiv f_1 \bmod I_1, \quad f \equiv f_2 \bmod I_2$$

6.16　考虑多项式环 $\mathbb{Q}[x, y, z]$ 和字典序. $g_1 = x^2 - y, g_2 = y^2 - z, g_3 = z^2 - x$. 检查 s-多项式 $\mathrm{spol}(g_i, g_j)$ 是否有关于 $G = \{g_1, g_2, g_3\}$ 的 $t_{i,j}$-表示, 其中 $t_{i,j}$ 是一个比 $\mathrm{lcm}(\mathrm{lt}(g_i), \mathrm{lt}(g_j))$ 低的项, $1 \leqslant i < j \leqslant 3$.

6.17　已知两个多项式组 $S = \{g_1, g_2, g_3\}, T = \{h_1, h_2\}$, 试求它们生成理想的交 $\langle S \rangle \cap \langle T \rangle$ 和商 $\langle S \rangle : \langle T \rangle$, 其中

$$h_1 = 4x_1 x_4 + 3x_2 x_3, \quad h_2 = 4x_1^2 x_6 + 3x_2^2 x_5$$
$$g_1 = x_2 x_4 x_5 - x_1 x_3 x_6, \quad g_2 = 4x_4^2 x_5 + 3x_3^2 x_6$$
$$g_3 = 175 x_1 x_2^2 x_4 x_5 + 192 x_2^3 x_3 x_5 - 108 x_1^3 x_4 x_6$$

6.18　在 Maple 系统上编程实现求约化的 Gröbner 基的算法.

第7章 实系数多项式的根

在计算机代数中, 关于整数、有理数以及实数的表示和运算是最基本的问题. 我们已经知道关于整数、有理数以及在这些环或域上的多项式的一些运算, 但对于一般实数域的运算, 还不能完全搬到计算机上来. 到目前为止, 人们已经对实代数数的符号计算有了系统的表示方法和算法. 这些符号计算在计算机上的实现, 为实数的无限精确表示提供了很好的途径. 本章主要介绍一元实系数多项式的实根估计、根的个数判定以及实代数数的表示和运算.

7.1 多项式根的界

关于根的界的估计在数值计算中是十分重要的, 对于实代数数的表示也是必需的, 因为, 我们不能指望将非有理数的实代数数具体求出来, 只能用一个多项式和一个只含有这个根的以有理数为界的区间来表示, 或者其他精确表示方法. 本节给出多项式的根的上下界估计. 注意到, 当 u 是多项式 $f(x)$ 的根时, $-u$ 即是多项式 $\tilde{f}(x) = f(-x)$ 的根, 因而只需给出多项式根的绝对值的界.

命题 7.1.1 实系数多项式

$$f(x) = x^n + a_{n-1}x^{n-1} + \cdots + a_1 x + a_0 \tag{7.1.1}$$

的根 u 满足

$$|u| \leqslant M, \quad |u| < N \tag{7.1.2}$$

其中

$$M = \max\{1, |a_{n-1}| + \cdots + |a_0|\}, \quad N = 1 + \max\{|a_{n-1}|, \cdots, |a_0|\} \tag{7.1.3}$$

证明

$$
\begin{aligned}
f(u) = 0 &\Rightarrow u^n + a_{n-1}u^{n-1} + \cdots + a_0 = 0 \\
&\Rightarrow |u|^n \leqslant |a_{n-1}| \cdot |u|^{n-1} + \cdots + |a_0| \\
&\Rightarrow |u|^n \leqslant (|a_{n-1}| + \cdots + |a_0|) \cdot |u|^{n-1} \quad (|u| \geqslant 1) \\
&\Rightarrow |u| \leqslant M \\
f(u) = 0 &\Rightarrow u^n + a_{n-1}u^{n-1} + \cdots + a_0 = 0
\end{aligned}
$$

$$\Rightarrow |u|^n \leqslant |a_{n-1}| \cdot |u|^{n-1} + \cdots + |a_1| \cdot |u| + |a_0|$$

$$\Rightarrow |u|^n \leqslant (N-1) \cdot \left(|u|^{n-1} + \cdots + |u| + 1\right) < \frac{(N-1) \cdot |u|^n}{|u|-1} \quad (|u| > 1)$$

$$\Rightarrow |u| - 1 < N - 1$$

$$\Rightarrow |u| < N \qquad \blacksquare$$

推论 7.1.1(Cauchy 不等式)　实系数多项式

$$f(x) = a_n x^n + a_{n-1} x^{n-1} + \cdots + a_1 x + a_0$$

的非零的根 u 满足不等式

$$\frac{|a_0|}{|a_0| + \max\{|a_n|, \cdots, |a_1|\}} < |u| < \frac{|a_n| + \max\{|a_{n-1}|, \cdots, |a_0|\}}{|a_n|} \tag{7.1.4}$$

$$\frac{\operatorname{minc}(f)}{\operatorname{minc}(f) + \operatorname{maxc}(f)} < |u| < \frac{\operatorname{minc}(f) + \operatorname{maxc}(f)}{\operatorname{minc}(f)} \tag{7.1.5}$$

其中

$$\operatorname{minc}(f) = \min\{|a_i|\colon a_i \neq 0\}, \quad \operatorname{maxc}(f) = \max\{|a_i|\colon a_i \neq 0\} \tag{7.1.6}$$

证明　假设 a_m 是 $f(x)$ 的最后一个不为零的系数, 即 $a_m \neq 0, a_{m-1} = \cdots = a_0 = 0$, 则 u 是多项式

$$a_n x^{n-m} + a_{n-1} x^{n-m-1} + \cdots + a_m$$

的根, 而 u^{-1} 是多项式

$$a_m x^{n-m} + a_{m+1} x^{n-m-1} + \cdots + a_n$$

的根. 由命题 7.1.1 得

$$|u| < 1 + \frac{\max\{|a_{n-1}|, \cdots, |a_m|\}}{|a_n|} \leqslant \frac{\operatorname{minc}(f) + \operatorname{maxc}(f)}{\operatorname{minc}(f)}$$

$$|u^{-1}| < 1 + \frac{\max\{|a_{m+1}|, \cdots, |a_n|\}}{|a_m|} \leqslant \frac{\operatorname{minc}(f) + \operatorname{maxc}(f)}{\operatorname{minc}(f)}$$

综合这两个不等式即得所证. $\blacksquare$

命题 7.1.2　整系数多项式

$$f(x) = a_n x^n + a_{n-1} x^{n-1} + \cdots + a_1 x + a_0$$

的全部实根均在下列区间内:

$$(-1-||f||_\infty,\ 1+||f||_\infty),\quad (-||f||_1,\ ||f||_1),\quad [-||f||_2,\ ||f||_2]$$

进一步地, $f(x)$ 的非零根 u 满足

$$|u| > \frac{1}{1+||f||_\infty}$$

证明　因为 $f(x)$ 是整系数多项式, 所以

$$||f||_1 = |a_n| + |a_{n-1}| + \cdots + |a_1| + |a_0|$$

$$= |a_n| \cdot \left(1 + \frac{|a_{n-1}|}{|a_n|} + \cdots + \frac{|a_1|}{|a_n|} + \frac{|a_0|}{|a_n|}\right)$$

$$\begin{cases} = M, & |a_n| = 1,\ a_{n-1} = \cdots = a_0 = 0, \\ > M, & \text{其他} \end{cases}$$

这里的 $M = \max\left\{1, \dfrac{|a_{n-1}|}{|a_n|}, \cdots, \dfrac{|a_0|}{|a_n|}\right\}$. 在第一种情况下 $f(x) = \pm x^n$, 只有零根, $||f||_1 = 1$, $f(x)$ 的根当然在区间 $(-1,1)$ 中. 在第二种情形下, 由命题 7.1.1 直接获得

$$1 + ||f||_\infty = 1 + \max\{|a_n|, |a_{n-1}|, \cdots, |a_1|, |a_0|\}$$

$$\geqslant 1 + |a_n| \cdot \max\left\{\frac{|a_{n-1}|}{|a_n|}, \cdots, \frac{|a_1|}{|a_n|}, \frac{|a_0|}{|a_n|}\right\}$$

$$\geqslant N$$

其中 N 如命题 7.1.1 中定义. 所以, $f(x)$ 的根在区间 $(-1-||f||_\infty, 1+||f||_\infty)$ 中.

最后, 由 Landau 不等式

$$\prod_{1\leqslant i\leqslant k} |\alpha_i| \leqslant ||f||_2$$

其中 $\alpha_1, \alpha_2, \cdots, \alpha_k$ 是 $f(x)$ 的任一部分根, 可以直接推得: $f(x)$ 的根在区间 $[-||f||_2, ||f||_2]$ 中. ∎

注　命题 7.1.2 中 "整系数多项式" 可以换成 "首项和尾项系数的绝对值都不小于 1 的实系数多项式". 尾项是指系数不为零的最低次项.

定义 7.1.1(半范数)　设 S 是一个整环, S 的半范数是一个函数

$$\nu: S \to \{\, r\geqslant 0 | r \in \mathbb{R} \,\}$$

满足

$$\begin{cases} \nu(a) = 0 \Leftrightarrow a = 0, \\ \nu(a+b) \leqslant \nu(a) + \nu(b), \\ \nu(ab) \leqslant \nu(a)\nu(b) \end{cases}$$

显然, 对于整数环, 绝对值是半范数. S 上的半范数 ν 可以如下扩展到多项式环 $S[x, y, \cdots, z]$ 上:

$$\nu\left(\sum_{i,j,\cdots,k} a_{i,j,\cdots,k} x^i y^j \cdots z^k\right) = \sum_{i,j,\cdots,k} \nu(a_{i,j,\cdots,k})$$

得到 1-范数; 类似地可以得到 2-范数和 ∞-范数, 而且有下述不等式:

$$\|f\|_\infty \leqslant \|f\|_2, \quad \|f\|_\infty \leqslant \|f\|_1$$

命题 7.1.3　设 $f(x) \in S[x], \hat{f}(x, y) = f(x + y) \in S[x, y]$, $n = \deg(f(x))$. 则

$$\|\hat{f}(x, y)\|_1 \leqslant 2^{n+1} \|f(x)\|_\infty \tag{7.1.7}$$

证明　设 $f(x) = a_n x^n + \cdots + a_1 x + a_0$, 则

$$\|\hat{f}(x, y)\|_1 = \|a_n(x+y)^n + \cdots + a_1(x+y) + a_0\|_1$$

$$= \left\| \sum_{i=0}^n a_i \sum_{j=0}^i \binom{i}{j} x^{i-j} y^j \right\|_1$$

$$\leqslant \sum_{i=0}^n \nu(a_i) \sum_{j=0}^i \binom{i}{j}$$

$$\leqslant \|f(x)\|_\infty \sum_{i=0}^n 2^i = 2^{n+1} \|f(x)\|_\infty \qquad\blacksquare$$

整环 S 上的半范数 ν 也可以如下扩展到矩阵模 $S^{m \times n}$ 上:

$$\nu(M(m_{ij})) = \sum_{i=1}^m \sum_{j=1}^n \nu(m_{ij})$$

命题 7.1.4　设 $M \in S^{n \times n}$, ν 是整环 S 上的半范数, 矩阵的半范数如上定义. 则如下的 Hadamard-Collins-Horowitz 不等式成立:

$$\nu(\det M) \leqslant \prod_{1 \leqslant i \leqslant n} \nu(M_i)$$

其中 M_i 是方阵 M 的第 i 行 (看作 $1 \times n$ 矩阵).

证明 考虑行列式按第一行展开的 Laplace 公式以及半范数的性质

$$\nu(\det(M)) \leqslant \sum_{j=1}^{n} \nu(m_{1,j})\nu(\det(M_{1,j}))$$

$$\leqslant \sum_{j=1}^{n} \left(\nu(m_{1,j}) \prod_{i=2}^{n} \nu(M_i) \right) \quad \text{归纳假定}$$

$$= \prod_{i=1}^{n} \nu(M_i) \qquad\blacksquare$$

命题 7.1.5 设 $f(x)$ 是整系数多项式

$$f(x) = a_n x^n + a_{n-1}x^{n-1} + \cdots + a_1 x + a_0$$

实数 γ 满足 $f'(\gamma) = 0, f(\gamma) \neq 0$, 则

$$|f(\gamma)| > \frac{1}{n^n(1 + \|f\|_1)^{2n-1}}$$

证明 考虑多项式 $f'(x), \tilde{f}(x,y) = f(x) - y$. 由于 γ 是 $f'(x)$ 的零点, 而 $(\gamma, f(\gamma))$ 是二元多项式 $\tilde{f}(x,y) = f(x) - y$ 的零点, $f(\gamma)$ 必然是多项式

$$R(y) = \operatorname{res}_x(f'(x), \tilde{f}(x,y))$$

的零点. 采用 1-范数, 由 Hadamard-Collins-Horowitz 不等式得

$$\|R\|_\infty \leqslant (\|f\|_1 + 1)^{n-1}(n\|f\|_1)^n$$

因而

$$1 + \|R\|_\infty \leqslant n^n(\|f\|_1 + 1)^{2n-1}$$

因为 $f(\gamma)$ 是多项式 $R(y)$ 的非零根, 所以

$$|f(\gamma)| > \frac{1}{1 + \|R\|_\infty} > \frac{1}{n^n(1 + \|f\|_1)^{2n-1}} \qquad\blacksquare$$

定理 7.1.1(Rump 界) 设 $f(x)$ 是整系数多项式

$$f(x) = a_n x^n + a_{n-1}x^{n-1} + \cdots + a_1 x + a_0$$

则 $f(x)$ 的任何两个不同实根的距离大于

$$\frac{1}{n^{n+1}(1 + \|f\|_1)^{2n}} \qquad (7.1.8)$$

证明　设 α 是 $f(x)$ 的任一实根, 而实数 h 满足 $f(x)$ 在区间 $(\alpha, \alpha + h)$ 不为零. 令 $F(x) = f(\alpha + h)(x - \alpha) - hf(x)$, 则 $F(\alpha) = F(\alpha + h) = 0$, 由 Rolle 定理, 存在 $\mu \in (\alpha, \alpha + h)$, 使得 $F'(\mu) = 0$, 即

$$h = \frac{|f(\alpha + h)|}{|f'(\mu)|}$$

现在假定 α, β 是 $f(x)$ 的两个最近的实根, 而且 $\alpha < \beta$. 则 $f(x)$ 在区间 (α, β) 中没有实根. 讨论以下三种情况:

(1) $|\alpha|$, $|\beta|$ 中有一个大于 1 而另一个小于 1. 因为 $f(x)$ 与 $f(-x)$ 的根是互为相反数, 所以, 我们不妨假定 $|\alpha| < 1 < |\beta|$, 此时必然是 $-1 < \alpha < 1 < \beta$, (α, β) 中含有 1. 取 $h = 1 - \alpha$, 则 $|f(\alpha + h)| = |f(1)| \geqslant 1$ 因为 $f(1) \neq 0, f(x)$ 是整系数多项式, $|\mu| < 1$. 于是

$$|f'(\mu)| \leqslant |na_n| + |(n-1)a_{n-1}| + \cdots + |a_1| \leqslant n\|f\|_1$$

$$h \geqslant \frac{1}{n\|f\|_1} > \frac{1}{n^{n+1}(1 + \|f\|_1)^{2n-1}}$$

(2) $|\alpha| \leqslant 1$, $|\beta| \leqslant 1$, 由 Rolle 定理, 存在 $\gamma \in (\alpha, \beta)$, 使得 $f'(\gamma) = 0$. $h = \gamma - \alpha$, 由命题 7.1.5 有

$$f(\alpha + h) = f(\gamma) > \frac{1}{n^n(1 + \|f\|_1)^{2n-1}}$$

但 $|\mu| < 1$, 得

$$h > \frac{1}{(n\|f\|_1)n^n(1 + \|f\|_1)^{2n-1}} > \frac{1}{n^{n+1}(1 + \|f\|_1)^{2n}}$$

(3) $|\alpha| \geqslant 1$, $|\beta| \geqslant 1$, 此时考虑多项式 $x^n f(1/x)$, 则 α^{-1}, β^{-1} 是两个相继的根, $|\alpha^{-1}| \leqslant 1, |\beta^{-1}| \leqslant 1$, 而且

$$\beta - \alpha \geqslant \frac{\beta - \alpha}{|\alpha\beta|} = |\alpha^{-1} - \beta^{-1}| > \frac{1}{m^{m+1}(1 + \|\tilde{f}\|_1)^{2m}}$$

其中

$$\tilde{f}(x) = x^n f\left(\frac{1}{x}\right) = a_n + a_{n-1}x + \cdots + a_{n-m}x^m$$

当 a_{n-m} 是 $f(x)$ 的最后一个不为零的系数. 可见 $m \leqslant n$, $\|\tilde{f}\|_1 = \|f\|_1$, 所以

$$\beta - \alpha > \frac{1}{n^{n+1}(1 + \|f\|_1)^{2n}} \qquad \blacksquare$$

设 $r = p/q$ 是既约分数, $p, q \in Z$. 则

$$\text{size}(r) = |p| + |q|$$

称为 r 的规模.

命题 7.1.6 设 $f(x)$ 是次数为 n 的整系数多项式, 则在 $f(x)$ 的任何两个根之间都有一个有理数 r, 满足

$$\text{size}(r) < 2 \cdot n^{n+1}(1 + \|f\|_1)^{2n+1} \tag{7.1.9}$$

证明 设 $\alpha < \beta$ 是 $f(x)$ 的两个相继的实根, 令

$$q = n^{n+1}(1 + \|f\|_1)^{2n}$$

考虑下面的有理数序列:

$$\cdots, -\frac{i}{q}, -\frac{i-1}{q}, \cdots, -\frac{2}{q}, -\frac{1}{q}, 0, \frac{1}{q}, \frac{2}{q}, \cdots, \frac{i-1}{q}, \frac{i}{q}, \cdots$$

因为 $\beta - \alpha > \dfrac{1}{q}$, 存在某个整数 p, 使得

$$-\|f\|_1 < \alpha < \frac{p}{q} < \beta < \|f\|_1$$

于是 p 满足 $|p| < n^{n+1}(1 + \|f\|_1)^{2n+1}$. 取 $r = \dfrac{p}{q}$, 则满足命题 7.1.6 的要求. ∎

整系数多项式 $f(x)$ 的孤立区间是指这样的区间 $(a, b), a, b \in \mathbb{Q}, a < b$, 使得 $f(a)f(b) \neq 0$, 而且 $f(x)$ 在该区间中恰好有唯一的实根.

推论 7.1.2 次数为 n 的整系数多项式 $f(x)$ 的孤立区间可以取成这样的区间 (a, b), 其中 a, b 都是有理数. 满足 $\text{size}(a), \text{size}(b)$ 均小于 $2 \cdot n^{n+1}(1 + \|f\|_1)^{2n+1}$.

7.2 实根个数判定

求出多项式的实根比知道一个区间中实根的个数要难得多, 因为它一般情况下需要因式分解等计算. 但在许多理论分析和实际问题处理中, 知道实根个数也是非常重要的. 自从 1829 年 Sturm 给出用辗转相除法确定实系数多项式的实根个数以来, 已经出现多种不用求解多项式方程而直接给出实根个数的判定方法.

7.2.1 Sturm-Tarski 定理

定义 7.2.1 非零实数序列 $\bar{c}: c_1, c_2, \cdots, c_k$ 的**变号数**是指

$$|\{i \mid 1 \leqslant i < k \text{ 且 } c_i c_{i+1} < 0\}|$$

记作 $V(\bar{c})$. 一般的不全为零的实数序列的变号数是指去掉为零的项后剩下的非零实数序列的变号数, 全为零的实数序列的变号数规定为零. 实数序列的变号数具有如下性质:

(1) 对于任何非零的实数 a, $V(a\bar{c}) = V(\bar{c})$, 这里 $a\bar{c}$ 表示用 a 乘数列 $\bar{c}$ 的每一项;

(2) 如果 $c_i c_{i+1} < 0$, 则 $V(c_1, \cdots, c_i, a, c_{i+1}, \cdots, c_k) = V(c_1, \cdots, c_i, c_{i+1}, \cdots, c_k)$;

(3) 若 $c_i \neq 0$, 则 $V(c_1, \cdots, c_{i-1}, c_i, c_{i+1}, \cdots, c_k) = V(c_1, \cdots, c_{i-1}, c_i) + V(c_i, c_{i+1}, \cdots, c_k)$.

对于实系数多项式序列 S: $f_1(x), f_2(x), \cdots, f_l(x)$, 其在实数 a 处的数值序列 $S(a)$: $f_1(a), f_2(a), \cdots, f_l(a)$ 的变号数记作 $V_a(f_1, f_2, \cdots, f_l)$.

定义 7.2.2   实系数多项式组成的序列

$$S: \quad f(x) = f_0(x), f_1(x), f_2(x), \cdots, f_m(x) \tag{7.2.1}$$

称为 $f(x)$ 在区间 (a, b) 上的一个 Sturm 序列, 如果它满足以下两个条件:

(1) 最后一个多项式 $f_m(x)$ 在 $[a, b]$ 中没有实根;

(2) 若 $c \in [a, b]$ 是序列中某个中间多项式 $f_i(x)(0 < i < m)$ 的根, 则

$$f_{i-1}(c)f_{i+1}(c) < 0.$$

定理 7.2.1(Sturm 定理)   如果实系数多项式 $f(x)$ 在区间 (a, b) 内有如 (7.2.1) 的 Sturm 序列, 且 $f(a)f(b) \neq 0$, 则 $f(x)$ 在区间 (a, b) 中第一类零点个数 β_1 与第二类零点个数 β_2 之差等于其 Sturm 序列在 a, b 两点的变号数之差.

这里, $f(x)$ 的第一类零点是指这样的实零点 c, 它不是 $f_1(x)$ 的零点, 而且存在正数 ε, 使得

$$f_0(x)f_1(x) < 0, 如果 x \in (c - \varepsilon, c); \quad f_0(x)f_1(x) > 0, 如果 x \in (c, c + \varepsilon)$$

$f(x)$ 的第二类零点是指这样的实零点 c, 它不是 $f_1(x)$ 的零点, 而且存在正数 ε, 使得

$$f_0(x)f_1(x) > 0, 如果 x \in (c - \varepsilon, c); \quad f_0(x)f_1(x) < 0, 如果 x \in (c, c + \varepsilon)$$

证明   由 Sturm 序列的定义可知, 序列中任何两个相邻的多项式在 $[a, b]$ 中没有公共零点. 设 Sturm 序列各多项式在区间 (a, b) 内的所有零点为

$$a_1 < a_2 < \cdots < a_k$$

并记 $a_0 = a$, $a_{k+1} = b$. 因为各多项式在每个区间 (a_i, a_{i+1}) 内都不变号, 所以, $V_x(f_0, f_1, \cdots, f_m)$ 在区间 (a_i, a_{i+1}) 内是常数. 每个区间 (a_i, a_{i+1}) 取一个值 x_i, 并记

$$\Delta_i(f_0, f_1, \cdots, f_m) = V_{x_i}(f_0, f_1, \cdots, f_m) - V_{x_{i+1}}(f_0, f_1, \cdots, f_m), \quad i = 0, 1, \cdots, k-1$$

则

$$V_a - V_b = V_a - V_{x_0} + \sum_{i=0}^{k-1} \Delta_i + V_{x_k} - V_b$$

这里 V_x 代表 $V_x(f_0, f_1, \cdots, f_m)$, Δ_i 是 $\Delta_i(f_0, f_1, \cdots, f_m)$ 的缩写.

(1) a_{i+1} 不是 f_0 的根. 此时 a_{i+1} 是某 f_j 的根, $0 < j < m$. 依据 Sturm 序列的性质 (2)$f_{j-1}(a_{i+1})f_{j+1}(a_{i+1}) < 0$, 且 f_{j-1}, f_{j+1} 在 (a_i, a_{i+2}) 内没有根. 所以, 对所有 $x \in (a_i, a_{i+2})$, $f_{j-1}(x)f_{j+1}(x) < 0$, $V_x(f_{j-1}, f_j, f_{j+1}) = 1$. 因此

$$\Delta_i(f_{j-1}, f_j, f_{j+1}) = V_{x_i}(f_{j-1}, f_j, f_{j+1}) - V_{x_{i+1}}(f_{j-1}, f_j, f_{j+1}) = 0$$

当 a_{i+1} 不是两个相邻多项式 f_l, f_{l+1} 的根时, 对所有 $x \in (a_i, a_{i+2})$, $V_x(f_l, f_{l+1}) = \delta$ 是常数, 因而

$$\Delta_i(f_l, f_{l+1}) = V_{x_i}(f_l, f_{l+1}) - V_{x_{i+1}}(f_l, f_{l+1}) = 0$$

至此, 依据实数序列变号数的性质 (2) 和 (3) 可知

$$\begin{aligned}
\Delta_i &= \Delta_i(f_0, \cdots, f_{j-1}, f_j, f_{j+1}, \cdots, f_l, f_{l+1}, \cdots, f_m) \\
&= \cdots + \Delta_i(\cdots, f_{j-1}) + \Delta_i(f_{j-1}, f_j, f_{j+1}) + \Delta_i(f_{j+1}, \cdots) + \cdots \\
&= 0
\end{aligned}$$

(2) a_{i+1} 是 f_0 的根. 此时 a_{i+1} 不是 f_1 的根. 当 a_{i+1} 是 f 的第一类零点时, $V_{x_i}(f_0, f_1) = 1$, $V_{x_{i+1}}(f_0, f_1) = 0$, 从而

$$\Delta_i = \Delta_i(f_0, f_1) + \Delta_i(f_1, \cdots) + \cdots = 1$$

同理, 当 a_{i+1} 是 f 的第二类零点时, $\Delta_i = -1$. 综上分析, 得

$$\sum_{i=0}^{k-1} \Delta_i = \beta_1 - \beta_2$$

再分析 $V_a - V_{x_0}$. 因为 a 不是 f_0 的根, 所以, a 至多是某些中间多项式 f_j 的根, $0 < j < m$. 此时, $f_{j-1}(x)f_{j+1}(x) < 0, x \in [a_0, a_1]$. 由实数序列变号数性质 (2) 得

$$\begin{aligned}
V_a(f_0, \cdots, f_{j-1}, f_j, f_{j+1}, \cdots, f_m) &= V_a(f_0, \cdots, f_{j-1}, f_{j+1}, \cdots, f_m), \\
V_{x_0}(f_0, \cdots, f_{j-1}, f_j, f_{j+1}, \cdots, f_m) &= V_{x_0}(f_0, \cdots, f_{j-1}, f_{j+1}, \cdots, f_m)
\end{aligned}$$

当 a 不是 f_i 的零点时, $f_i(a)f_i(x_0) > 0$. 因此, $V_a - V_{x_0} = 0$. 同理, $V_{x_k} - V_b = 0$. ■

最初构造 Sturm 序列是用多项式 $f(x)$ 与其导数 $f'(x)$ 通过 Euclid 除法而得到的

$$
\begin{aligned}
&f_0(x) = f(x) \\
&f_1(x) = f'(x) \\
&\quad\cdots\cdots \\
&f_{i+1}(x) = -\mathrm{rem}(f_{i-1}(x), f_i(x), x) \quad (\neq 0) \\
&\quad\cdots\cdots \\
&f_m(x) = -\mathrm{rem}(f_{m-2}(x), f_{m-1}(x), x) \quad (\neq 0) \\
&\mathrm{rem}(f_{m-1}(x), f_m(x), x) = 0
\end{aligned} \tag{7.2.2}
$$

这样构造的多项式序列 $f_0(x), f_1(x), \cdots, f_m(x)$ 称为经典 Sturm 序列. 直接验证可知, 当 $f(x)$ 在区间 $[a, b]$ 中没有重根时, 该序列具有 Sturm 序列的两个性质, 而且 $f(x)$ 的所有实零点都是第一类零点.

推论 7.2.1   如果多项式 $f(x)$ 在区间 $[a, b]$ 中没有重根, 而且 $f(a)f(b) \neq 0$, 则 $f(x)$ 在区间 (a, b) 内不同实根的个数恰好等于经典 Sturm 序列在 a, b 两点的变号数之差.

实际上, 将 $f'(x)$ 换成任意一个非零的实系数多项式 $g(x)$, 如上构造的序列

$$
\begin{aligned}
&h_0(x) = f(x) \\
&h_1(x) = g(x) \\
&\quad\cdots\cdots \\
&h_{i+1}(x) = -\mathrm{rem}(h_{i-1}(x), h_i(x), x) \quad (\neq 0) \\
&\quad\cdots\cdots \\
&h_s(x) = -\mathrm{rem}(h_{s-2}(x), h_{s-1}(x), x) \quad (\neq 0) \\
&\mathrm{rem}(h_{s-1}(x), h_s(x), x) = 0
\end{aligned} \tag{7.2.3}
$$

只要 $f(x)$ 和 $g(x)$ 在区间 $[a, b]$ 中没有公共根, 就是 $f(x)$ 在区间 (a, b) 上的 Sturm 序列. 易见, $h_s(x)$ 是 $f(x)$ 和 $g(x)$ 的最大公因式. Tariski 推广并细化了 Sturm 定理. 为叙述方便, 我们称多项式序列 (7.2.3) 为多项式 $f(x)$ 关于 $g(x)$ 的 Sturm 序列, 并记作 $\mathrm{Stm}(f, g)$.

推论 7.2.2   设 $f(x), g(x)$ 是实系数多项式, 区间 $[a, b]$ $(a, b \in \mathbb{R}, a < b)$ 中不含有多项式 $f(x)$ 的根, 则 $V_a(\mathrm{Stm}(f, g)) - V_b(\mathrm{Stm}(f, g)) = 0$.

引理 7.2.1   设 $f(x), g(x) \in \mathbb{R}[x]$, 多项式 $f(x)$ 在区间 (a, b) 内恰有一个单根 c, 而且 $f(a)f(b) \neq 0$, 则

$$
V_a(\mathrm{Stm}(f, f'g)) - V_b(\mathrm{Stm}(f, f'g)) = \mathrm{sgn}(g(c)) \tag{7.2.4}
$$

证明　设 $\mathrm{Stm}(f, f'g)$ 为

$$h_0(x) = f(x), h_1(x) = f'(x)g(x), h_2(x), \cdots, h_s(x) \tag{7.2.5}$$

不失一般性, 假定每个多项式 $h_i(x)$ 在区间 $[a, c), (c, b]$ 中都没有根. 令

$$f(x) = (x - c)^r \varphi(x), \quad g(x) = (x - c)^l \psi(x), \quad r > 0, \quad l \geqslant 0$$

则

$$f'(x) = (x - c)^{r-1}[r\varphi(x) + (x - c)\varphi'(x)]$$

$$f(x)f'(x)g(x) = (x - c)^{2r+l-1}[r\varphi^2(x)\psi(x) + (x - c)\varphi(x)\varphi'(x)\psi(x)] \tag{7.2.6}$$

分两种情况考虑:

(1) $l = 0$, 此时 $g(c) \neq 0$,

$$f(x)f'(x)g(x) = (x - c)^{2r-1}[r\varphi^2(x) + (x - c)\varphi(x)\varphi'(x)] \psi(x)$$

而且 $|(x - c)\varphi(x)\varphi'(x)g(x)|$ 在 c 充分小的邻域内可以任意小. 所以

$$f(x)f'(x)g(x) \approx r \cdot (x - c)^{2r-1}g(x)\varphi^2(x)$$

可见, 当 $g(c) > 0$ 时, c 是 $f(x)$ 的第一类零点; 当 $g(c) < 0$ 时, c 是 $f(x)$ 的第二类零点. 由 Sturm 定理,

$$V_a\left(\mathrm{Stm}(f, f'g)\right) - V_b\left(\mathrm{Stm}(f, f'g)\right) = \mathrm{sgn}(g(c))$$

(2) $l > 0$, 此时, $g(c) = 0$,

$$h_0(x) = f(x) = (x - c)^r \varphi(x),$$
$$h_1(x) = f'(x)g(x) = (x - c)^{r+l-1}[r\varphi(x)\psi(x) + (x - c)\varphi'(x)\psi(x)]$$

注意到 $(x - c)^r$ 是诸 $h_i(x)$ 的因式, 考虑压缩序列

$$\frac{\mathrm{Stm}(f, f'g)}{(x - c)^r} : \tilde{h}_0(x) = \varphi(x),$$
$$\tilde{h}_1(x) = (x - c)^{l-1}[r\varphi(x)\psi(x) + (x - c)\varphi'(x)\psi(x)],$$
$$\tilde{h}_2(x), \cdots, \tilde{h}_s(x)$$

因为 $[a, b]$ 中不含 $\tilde{h}_0(x)$ 的零点, 由推论 7.2.2, 该压缩序列在 a, b 两处的变号差为零, 故由变号数的性质 (1) 得

$$V_a\left(\mathrm{Stm}(f, f'g)\right) - V_b\left(\mathrm{Stm}(f, f'g)\right)$$

$$= V_a \left(\frac{1}{(a-c)^r} \mathrm{Stm}(f, f'g) \right) - V_b \left(\frac{1}{(b-c)^r} \mathrm{Stm}(f, f'g) \right)$$
$$= 0$$ ∎

定理 7.2.2(Sturm-Tarski定理)　设 $f(x), g(x)$ 都是实系数多项式, $a < b$, $f(a)f(b) \neq 0$, $f(x)$ 在 $[a,b]$ 内无重根, 则

$$V\left[\mathrm{Stm}(f, f'g)\right]_a^b = C_f\left[g > 0\right]_a^b - C_f\left[g < 0\right]_a^b \tag{7.2.7}$$

其中 $V\left[\mathrm{Stm}(f,f'g)\right]_a^b = V_a\left(\mathrm{Stm}(f,f'g)\right) - V_b\left(\mathrm{Stm}(f,f'g)\right)$, $C_f\left[P\right]_a^b$ 表示 $f(x)$ 在区间 (a,b) 内的满足条件 P 的根的个数.

证明　只需将区间 $[a,b]$ 分成若干个子区间, 使得每个子区间至多含有 $f(x)$ 的一个根即可应用引理 7.2.1 得到所证结论. ∎

推论 7.2.3　$f(x), g(x)$ 都是实系数多项式, $a < b, f(a)f(b) \neq 0$, $f(x), g(x)$ 在 $[a,b]$ 中没有公共实根, $f(x)$ 在 $[a,b]$ 内无重根. 则 $f(x)$ 在区间 (a,b) 内不同实根的个数为 $V\left[\mathrm{Stm}(f, f'g^2)\right]_a^b$. 特别地, $f(x)$ 的全部不同实根个数为 $V\left[\mathrm{Stm}(f, f')\right]_{-L}^L$, 其中

$$L = \frac{|a_n| + \max\{|a_{n-1}|, \cdots, |a_0|\}}{|a_n|}$$

进一步地, 有

$$\begin{bmatrix} 1 & 1 & 1 \\ 0 & 1 & -1 \\ 0 & 1 & 1 \end{bmatrix} \begin{bmatrix} C_f\left[g = 0\right]_a^b \\ C_f\left[g > 0\right]_a^b \\ C_f\left[g < 0\right]_a^b \end{bmatrix} = \begin{bmatrix} V[\mathrm{Stm}(f, f')]_a^b \\ V[\mathrm{Stm}(f, f'g)]_a^b \\ V[\mathrm{Stm}(f, f'g^2)]_a^b \end{bmatrix} \tag{7.2.8}$$

7.2.2　Fourier 序列

Fourier 序列是指一个实系数多项式和它的全体导数构成的序列

$$f^{(0)}(x) = f(x), f^{(1)}(x) = f'(x), f^{(2)}(x), \cdots, f^{(n)}(x) \tag{7.2.9}$$

记作 $\mathrm{For}(f)$, 这里, n 是多项式 $f(x)$ 的次数. 注意到 Fourier 序列有遗传性, 即 $\mathrm{For}(f)$ 从 $f^{(i)}(x)$ 开始后面部分即是 $f^{(i)}(x)$ 的 Fourier 序列.

定理 7.2.3(Fourier 定理)　如果两个实数 $a < b$ 都不是实系数多项式 $f(x)$ 的根, 那么 $f(x)$ 在区间 (a,b) 中实根个数 (重根计算重数次) 等于 $V_a(\mathrm{For}(f)) - V_b(\mathrm{For}(f))$, 或者比这个数少一个正偶数.

证明　设 Fourier 序列中多项式在区间 (a,b) 内全部实根为 $a_1 < a_2 < \cdots < a_l$, 并令 $a_0 = a$, $a_{l+1} = b$, 则各多项式 $f^{(i)}(x)$ 在区间 (a_i, a_{i+1}) 不变号. 每个区间 (a_i, a_{i+1}) 取一点 x_i, 则

$$V_a - V_b = V_a - V_{x_0} + \sum_{i=0}^{l-1}\left(V_{x_i} - V_{x_{i+1}}\right) + V_{x_l} - V_b$$

这里, V_x 是 $V_x(\text{For}(f))$ 的缩写.

(1) a_{i+1} 是 $f(x)$ 的 k 重根, $k > 0$. 此时, $f^{(j)}(a_{i+1}) = 0, 0 \leqslant j < k, f^{(k)}(a_{i+1}) \neq 0$, 由 $f(x)$ 在 a_{i+1} 附近的 Taylor 展式知

$$f^{(j)}(x) \approx \frac{k(k-1)\cdots(k-j+1)}{k!}(x-a_{i+1})^{k-j}f^{(k)}(a_{i+1}) \quad (0 \leqslant j < k)$$

可见, $V_{x_i}(f, f', \cdots, f^{(k)}) = k$, $V_{x_{i+1}}(f, f', \cdots, f^{(k)}) = 0$.

如果 a_{i+1} 不是 $f^{(k+1)}(x), \cdots, f^{(n)}(x)$ 的根, 则 $f^{(j)}(x)(k+1 \leqslant j \leqslant n)$ 在区间 (a_i, a_{i+2}) 中不变号, 从而 $V_{x_i}(f^{(k)}, f^{(k+1)}, \cdots, f^{(n)}) = V_{x_{i+1}}(f^{(k)}, f^{(k+1)}, \cdots, f^{(n)})$; 如果 a_{i+1} 还是某 $f^{(m)}(x)(m > k)$ 的 $k_m(> 0)$ 重根, 但不是 $f^{(m-1)}(x)$ 的根, 则由前面的讨论可知

$$V_{x_i}(f^{(m)}, \cdots, f^{(m+k_m)}) - V_{x_{i+1}}(f^{(m)}, \cdots, f^{(m+k_m)}) = k_m$$

而且 $f^{(m)}(x) = (x-a_{i+1})^{k_m}h(x)$, $h(x)$ 在区间 (a_i, a_{i+2}) 内没有根. 所以, $f^{(m)}(x_i)f^{(m)}(x_{i+1}) < 0$, 当 k_m 为奇数时; $f^{(m)}(x_i)f^{(m)}(x_{i+1}) > 0$, 当 k_m 为偶数时. 注意到 $f^{(m-1)}(x)$ 在区间 (a_i, a_{i+2}) 内不变号, 所以

$$\begin{aligned}
&V_{x_i}(f^{(m-1)}, f^{(m)}, \cdots, f^{(m+k_m)}) - V_{x_{i+1}}(f^{(m-1)}, f^{(m)}, \cdots, f^{(m+k_m)}) \\
&= V_{x_i}(f^{(m-1)}, f^{(m)}) - V_{x_{i+1}}(f^{(m-1)}, f^{(m)}) + V_{x_i}(f^{(m)}, \cdots, f^{(m+k_m)}) \\
&\quad - V_{x_{i+1}}(f^{(m)}, \cdots, f^{(m+k_m)}) \\
&= \begin{cases} k_m \pm 1, & k_m \text{ 是奇数}, \\ k_m, & k_m \text{ 是偶数} \end{cases}
\end{aligned}$$

总之, 上述变号数是非负的偶数. 注意到 a_{i+1} 不会是 $f^{(n)}(x)$ 的根, 我们得到

$$\begin{aligned}
V_{x_i} - V_{x_{i+1}} &= V_{x_i}(f, f', \cdots, f^{(k)}) - V_{x_{i+1}}(f, f', \cdots, f^{(k)}) \\
&\quad + V_{x_i}(f^{(k)}, \cdots, f^{(k+m)}) - V_{x_{i+1}}(f^{(k)}, \cdots, f^{(k+m)}) + \cdots \\
&= k + e
\end{aligned}$$

其中, e 是非负偶数.

(2) a_{i+1} 不是 $f(x)$ 的根, 同前面的分析知 $V_{x_i} - V_{x_{i+1}} = e$ 是非负偶数.

(3) 如果 a 是某多项式 $f^{(m)}(x)(m \geqslant 1)$ 的 $k_m(> 0)$ 重根, 不是 $f^{(m-1)}(x)$ 的根, 则

$$f^{(m-1)}(a) \neq 0, f^{(m)}(a) = 0, \cdots, f^{(m+k_m-1)}(a) = 0, f^{(m+k_m)}(a) \neq 0$$

$$f^{(m+i)}(x) \approx \frac{k_m(k_m-1)\cdots(k_m-i+1)}{k_m!}(x-a)^{k_m-i}f^{(m+k_m)}(a) \quad (0 \leqslant i < k_m)$$

可见, $V_a(f^{(m-1)}, f^{(m)}, \cdots, f^{(m+k_m)}) - V_{x_0}(f^{(m-1)}, f^{(m)}, \cdots, f^{(m+k_m)}) = 0$. 由此 a 不是 $f(x)$ 的根, 类似前面可推得 $V_a - V_{x_0} = 0$. 类似的讨论可知, $V_{x_l} - V_b$ 是非负偶数.

总结以上讨论, 得 $V_a - V_b = N_s + e$, 其中 N_s 是 $f(x)$ 实根总数 (重根计算重数次), e 是非负偶数.   ■

推论 7.2.4(Cartesian 符号法则)   实系数多项式 $f(x)$ 的正根个数 (重根计算重数次) 等于它的系数序列的变号数, 或是这个数减去一个正偶数.

证明   只需将 Fourier 定理用于区间 $(0, \infty)$ 上即可得到结论.   ■

推论 7.2.5   如果实系数多项式 $f(x)$ 的根都是实根, 那么它的正根个数 (重根计算重数次) 等于它系数序列的变号数.

证明   先假定 0 不是 $f(x)$ 的根. 设 $f(x)$ 第 i 次项的系数为 a_i, 则 $f(-x)$ 第 i 次项的系数为 $b_i = (-1)^i a_i$. 所以 $b_i b_{i+1} = (-1)^{2i+1} a_i a_{i+1}$, 由此知 $f(x)$ 系数序列的变号数 u 与 $f(-x)$ 系数序列的变号数 u' 之和不超过 $f(x)$ 的次数 n. 由推论 7.2.4, $f(x)$ 正根的个数为 $u - 2k$; $f(-x)$ 正根个数为 $u' - 2k'$, 这里 k, k' 都是非负整数. 但 $f(-x)$ 的正根即是 $f(x)$ 的负根, $f(x)$ 所有的根都是实根, 必然有 $u + u' - 2(k + k') = n$. 比较 $u + u' \leqslant n$ 知 $k = k' = 0$.

如果 0 是 $f(x)$ 的 l 重根, 则 $f(x) = x^l g(x)$, 此时 $f(x)$ 与 $g(x)$ 有相同的系数序列和相同的正根个数. 因此 $f(x)$ 正根个数等于其系数序列的变号数.   ■

注   一个只有 m 项的实系数多项式的系数序列最多只有 $m - 1$ 次变号. 根据 Descartes 符号法则, 该多项式最多只有 $2(m - 1)$ 实根 (不计零根, 重根按重数计). 这说明多项式的实根个数的上界可以由其项数确定, 这一点与复根个数不一样, 复根个数是多项式的次数确定的.

Fourier 序列也常用来判定两个实根是否相等.

定义 7.2.3 n 次多项式 $f(x)$ 关于符号序列 $\bar{s} = (s_0, s_1, s_2, \cdots, s_n)$ 的不变区间定义为

$$R_f(\bar{s}) = \left\{ \xi \in \mathbb{R} \,|\, \mathrm{sgn}(f^{(i)}(\xi)) = s_i, \ i = 0, 1, 2, \cdots, n \right\}$$

事实上, $R_f(\bar{s})$ 或是空集, 或是一个区间. 这一结果是由 Thom 给出的.

引理 7.2.2(Thom 引理)   任何实系数多项式的符号不变区间都是连通的.

证明   关于多项式的次数 n 归纳. 当 $n = 0$ 时, 结论显然成立, 因为此时符号不变区间等于空集或整个实数域. 现假定 $n > 0$, 令 $\bar{s}' = (s_1, s_2, \cdots, s_n)$, 则由归纳假设, 多项式 $f'(x) = f^{(1)}(x)$ 符号不变区间 $R'_f(\bar{s}')$ 是连通的. 如果 $R'_f(\bar{s}') = \varnothing$, 则必然 $R_f(\bar{s}) = \varnothing$, 因而是连通的. 现假设 $R'_f(\bar{s}')$ 不是空集, 并且 $R_f(\bar{s})$ 不是连通的, 必然存在 $a, b \in R_f(\bar{s}), a < b$ 使得 $[a, b] \not\subset R_f(\bar{s}), [a, b] \subseteq R'_f(\bar{s})$.

先假定 $s_0 = 1$, 此时 $f(a) > 0, f(b) > 0$, 且 (a, b) 中至少有一点 c 使得 $f(c) \leqslant 0$.

如果 $f(c) < 0$, 则由中值定理, 在区间 $(a,c),(c,b)$ 都有 $f(x)$ 的根, 进而由 Rolle 定理, 存在 $\xi \in [a,b]$, 使得 $f'(\xi) = 0$. 但 $R'_f(\bar{s}')$ 连通, $a,b \in R_f(\bar{s}) \subseteq R'_f(\bar{s}')$, 所以 $[a,b] \subseteq R'_f(\bar{s}')$, $f'(x)$ 在区间 $[a,b]$ 上恒为零, 这与 $\deg(f) = n > 0$ 相悖. 所以 $f(c) = 0$, 此时必存在 $\xi_1 \in (a,c), \xi_2 \in (c,b)$ 使得 $f'(\xi_1) < 0, f'(\xi_2) > 0$(对函数 $F(x) = (f(x) - f(a'))(x - b') + (f(b') - f(x))(x - a')$ 用Rolle定理), 这与 $\mathrm{sgn}(f'(\xi_1)) = s_1 = \mathrm{sgn}(f'(\xi_2))$ 相悖.

对于 $s_0 = -1$ 以及 $s_0 = 0$ 可以类似地推出矛盾. 所以 $R_f(\bar{s})$ 必然是连通的. 由归纳法原理, 所证结论成立. ∎

推论 7.2.6 设 ξ, ς 是两个实数, $f(x)$ 是 $n(n > 0)$ 次实系数多项式. 如果存在整数 $m\,(0 \leqslant m < n)$ 使得

$$f^{(m)}(\xi) = f^{(m)}(\varsigma) = 0$$
$$\mathrm{sgn}\left(f^{(m+1)}(\xi)\right) = \mathrm{sgn}\left(f^{(m+1)}(\varsigma)\right)$$
$$\cdots\cdots$$
$$\mathrm{sgn}\left(f^{(n)}(\xi)\right) = \mathrm{sgn}\left(f^{(n)}(\varsigma)\right)$$

则 $\xi = \varsigma$. 特别地, 若 ξ 和 ζ 都是 $f(x)$ 的实根, 而且 $\mathrm{sgn}_\xi\left(\mathrm{For}(f')\right) = \mathrm{sgn}_\varsigma\left(\mathrm{For}(f')\right)$, 则 $\xi = \varsigma$.

证明 若 $\xi \neq \varsigma$, 考虑符号序列 $\bar{s}^{(m)} = \left(0, \mathrm{sgn}\left(f^{(m+1)}(\xi)\right), \cdots, \mathrm{sgn}\left(f^{(n)}(\xi)\right)\right)$, 此时函数 $f^{(m)}(x)$ 的不变区间 $R_{f^{(m)}}(\bar{s}^{(m)})$ 至少含有两个点 ξ, ς, 因而 $R_{f^{(m)}}(\bar{s}^{(m)})$ 是一个真的区间, $f^{(m)}(x)$ 在这个区间内恒为零, 所以 $f^{(m)}(x)$ 是零多项式. 这与 $\deg(f) = n > m$ 相悖.

7.3 判别式系统

对于二次的和三次的整系数多项式, 其根的分类可以借助于该多项式的系数的多项式表达式给出. 对于高次多项式也有类似的分类方法, 本节介绍由 Yang L 等 [24] 于 1996 年给出的判别式系统, 它给出了整系数多项式实根、虚根个数及重数的一个简明、完备的判定准则.

给定多项式

$$f(x) = a_n x^n + a_{n-1} x^{n-1} + \cdots + a_1 x + a_0 \tag{7.3.1}$$

其系数构成的 $2n$ 阶方阵

$$\mathrm{Discm}(f) := \begin{pmatrix} a_n & a_{n-1} & a_{n-2} & \cdots & a_0 & & & \\ 0 & na_n & (n-1)a_{n-1} & \cdots & a_1 & & & \\ & a_n & a_{n-1} & \cdots & a_1 & a_0 & & \\ & 0 & na_n & \cdots & 2a_2 & a_1 & & \\ & & & & \vdots & & \vdots & \\ & & a_n & a_{n-1} & a_{n-2} & \cdots & a_0 & \\ & & 0 & na_n & (n-1)a_{n-1} & \cdots & a_1 & \end{pmatrix}$$

称为 $f(x)$ 的判别矩阵. 用 D_k 表示判别矩阵的 $2k$ 阶顺序主子式. 约定 $D_0 = 1$, 称

$$\mathrm{Discl}(f) := [D_0, D_1, D_2, \cdots, D_n]$$

为多项式 $f(x)$ 的判别式序列.

用 A 记多项式 $f(x)$ 的判别矩阵, $A(s,j)$ 表示由 A 的前 s 行和前 $s-1$ 列及第 $s+j$ 列构成的子矩阵. 定义

$$\Delta_k = \sum_{j=0}^{k} \det\left(A(2(n-k),j)\right) x^{k-j}, \quad k=0,1,\cdots,n-1$$

称 $\Delta_0, \cdots, \Delta_{n-2}, \Delta_{n-1}$ 为多项式 $f(x)$ 的重因子序列. 直接验证可知

$$\Delta_{n-i} = \mathrm{detp}(x^{i-1}f, x^{i-1}f', \cdots, f, f'), \quad i=1,\cdots,n$$

根据行列式多项式的性质, 可以建立起多项式 $f(x)$ 的重因子序列与其 Sturm 序列 $\mathrm{Stm}(f,f')$ 之间的对应关系. 特别地, 注意到 $D_{n-k} = \det\left(A(2(n-k),0)\right)$, Δ_k 的首项是 $D_{n-k}x^k$, 得以下命题.

命题 7.3.1　设多项式 $f(x)$ 的判别式序列的最后一个非零项为 D_l, 则 Δ_{n-l} 是 f, f' 的一个最大公因式.

考虑压缩序列 $\mathrm{Stm}(f,f')/\Delta_{n-l}$, 它是无平方多项式 $f/\gcd(f,f')$ 的一个 Sturm 序列, 它在 $-\infty, +\infty$ 两点处变号数之差 s 即是 $f(x)$ 不同实根的个数, 因而 $f(x)$ 的不同虚根个数即为 $n-d-s$, 其中 d 是 $\gcd(f,f')$ 的次数. 但实系数多项式虚根是共轭成对出现的, 所以, $f(x)$ 的不同虚根对数为 $\dfrac{n-d-s}{2}$. 注意到一个实系数多项式在 $-\infty, +\infty$ 的符号取决于其首项系数, 由判别式序列可以判定实系数多项式根的个数分布.

对于实数序列 $\bar{c} := [c_1, c_2, \cdots, c_n]$, 称 $\mathrm{sgn}(\bar{c}) := [\mathrm{sgn}(c_1), \mathrm{sgn}(c_2), \cdots, \mathrm{sgn}(c_n)]$ 为它的**符号表**. 给定一个符号表 $\bar{s} := [s_1, s_2, \cdots, s_n]$, 如果中间出现 0-段, 则用该段左端的非零元素的一对相反数、一对该元素从左到右依次替换掉这些零元素, 如此得

到的符号表称为原符号表的修订表. 例如, $[1, -1, 0, 0, 0, 0, 0, 1, 0, 0, -1, 1, 0, 0]$ 的修订表为

$$[1, -1, 1, 1, -1, -1, 1, 1, -1, -1, -1, 1, 0, 0]$$

定理 7.3.1(判别准则)   如果实系数多项式 $f(x)$ 的判别式序列的符号修订表的变号数为 ν, 那么 $f(x)$ 的互异共轭虚根对的数目就是 ν. 如果该符号修订表中非零元的个数是 l, 则 $f(x)$ 的互异实根数目是 $l - 1 - 2\nu$.

给定一个实系数多项式, 容易计算出它的重因子序列, 而重因子序列的每一项又有自己的重因子序列; 所有这些多项式的判别式序列构成了判定原给多项式的实、虚根个数及其重数的一个完备体系, 称为原给多项式的判别式系统.

例 7.3.1   求下面多项式的根的分类 (实根、虚根的个数及其重数):

$$f(x) = x^{18} - x^{16} + 2x^{15} - x^{14} - x^5 + x^4 + x^3 - 3x^2 + 3x - 1$$

解   先计算出判别式序列的符号表

$$[1, 1, 1, -1, -1, -1, 0, 0, 0, -1, 1, 1, -1, -1, 1, -1, -1, 0, 0]$$

它的符号修订表为

$$[1, 1, 1, -1, -1, -1, 1, 1, -1, -1, 1, 1, -1, -1, 1, -1, -1, 0, 0]$$

变号数为 7, 不为零的项共有 17 个. 由判别准则知, $f(x)$ 有 7 对互异的虚根, 2 个互异的实根. 进一步考虑 $\gcd(f, f') = x^2 - x + 1$ 可知, $f(x)$ 有一对二重虚根.

例 7.3.2   对 $(\forall x)[x^6 + ax^2 + bx + c \geqslant 0]$, 求参数 a, b, c 应满足的条件.

解   令 $f(x) = x^6 + ax^2 + bx + c$, 则上述问题等价于求 $f(x)$ 没有实根或实根的重数为偶数的条件. $f(x)$ 的判别式序列为

$$[1, 1, 0, 0, a^3, D_5, D_6]$$

其中 (每项都可能去掉一个正常数倍, 但不影响结果)

$$D_5 = 256a^5 + 1728c^2a^2 - 5400acb^2 + 1875b^4$$
$$D_6 = 1024a^6c + 256a^5b^2 - 13824c^3a^3 + 43200c^2a^2b^2$$
$$- 22500b^4ca + 3125b^6 - 46656c^5$$

由符号修订规则及判别准则, a, b, c 应满足的条件是下列之一:

(1) $D_6 < 0 \wedge D_5 \geqslant 0$;

(2) $D_6 < 0 \wedge a \geqslant 0$;

(3) $D_6 = 0 \wedge D_5 > 0$;

(4) $D_6 = 0 \wedge D_5 = 0 \wedge a > 0$;

(5) $D_6 = 0 \wedge D_5 = 0 \wedge a < 0 \wedge E_2 > 0$;

(6) $D_6 = 0 \wedge D_5 = 0 \wedge a = 0$.

其中 $E_2 = 25b^2 - 96ac$ 是 $\Delta_2(f) = 4ax^2 + 5bx + 6c$ 的判别式.

给定多项式 $f(x) = a_n x^n + a_{n-1} x^{n-1} + \cdots + a_1 x + a_0$ 和另一个多项式 $g(x)$, 设

$$r(x) = \mathrm{rem}(f'g, f) = b_{n-1} x^{n-1} + b_{n-2} x^{n-2} + \cdots + b_1 x + b_0$$

称 $2n$ 阶方阵

$$\mathrm{Discm}(f, g) := \begin{pmatrix} a_n & a_{n-1} & a_{n-2} & \cdots & a_0 & & & \\ 0 & b_{n-1} & b_{n-2} & \cdots & b_0 & & & \\ & a_n & a_{n-1} & \cdots & a_1 & a_0 & & \\ & 0 & b_{n-1} & \cdots & b_1 & b_0 & & \\ & & & & \vdots & & \vdots & \\ & & & a_n & a_{n-1} & a_{n-2} & \cdots & a_0 \\ & & & 0 & b_{n-1} & b_{n-2} & \cdots & b_0 \end{pmatrix}$$

为 $f(x)$ 关于 $g(x)$ 的广义判别矩阵. 令 $D_0 = 1$, $D_k(f, g)$ 为矩阵 $\mathrm{Discm}(f, g)$ 的 $2k$ 阶顺序主子式, 则

$$\mathrm{Discl}(f, g) := [D_0, D_1(f, g), \cdots, D_n(f, g)]$$

称为 $f(x)$ 关于 $g(x)$ 的广义判别式序列.

定理 7.3.2　给定实系数多项式 $f(x), g(x)$, 如果 $\mathrm{Discl}(f, g)$ 的符号修订表的变号数是 ν, 而非零元素的个数是 l, 则

$$l - 1 - 2\nu = f_{g^+} - f_{g^-} \tag{7.3.2}$$

其中

$$\begin{aligned} f_{g^+} &= |\{x \in \mathbb{R} | f(x) = 0, g(x) > 0\}| \\ f_{g^-} &= |\{x \in \mathbb{R} | f(x) = 0, g(x) < 0\}| \end{aligned} \tag{7.3.3}$$

由定理 7.3.2, $f(x)$ 的互异正根个数 f_{x+}、负根个数 f_{x-} 可以通过解下面的线性方程组获得 (假定 $f(0) \neq 0$):

$$
\begin{pmatrix} 1 & 1 \\ 1 & -1 \end{pmatrix} \begin{pmatrix} f_{x+} \\ f_{x-} \end{pmatrix} = \begin{pmatrix} k_1 \\ k_2 \end{pmatrix} \tag{7.3.4}
$$

其中 k_1, k_2 分别由定理 7.3.1 和定理 7.3.2 确定.

7.4 实代数数及其表示

设 $\mathbb{E}$ 是域 $\mathbb{F}$ 的扩域, $u \in \mathbb{E}$, 如果存在域 $\mathbb{F}$ 上的非零多项式 $f(x)$, 使得 $f(u) = 0$, 则说 u 是域 $\mathbb{F}$ 上的代数元, $\mathbb{E}$ 中不是域 $\mathbb{F}$ 上的代数元的元素称为 $\mathbb{F}$ 上的超越元. 若整环 S 是域 $\mathbb{E}$ 的子环, 存在 S 上首项系数为 1 的多项式 $f(x)$, 使得 $f(u) = 0$, 则说 u 是整环 S 上的代数整元. 当 $\mathbb{E}$ 是实数域, $\mathbb{F}$ 是有理数域时, u 称为实代数数; 当 S 是整数环时, u 称为实代数整数. 因为 u 为一个有理系数多项式的根当且仅当其为一个整系数多项式的根, 所以, 实代数数往往都指整系数多项式的实根, 而实代数整数是指首项系数为 1 的整系数多项式的实根.

实代数数及实代数整数的例子如下:

$\beta = \sqrt[n]{p/q}$ 是多项式 $qx^n - p$ 的实根 $(p \geqslant 0, q > 0, p, q \in \mathbb{Z})$.

$\zeta = \dfrac{1 + \sqrt{5}}{2}$ 是多项式 $x^2 - x - 1$ 的实根, 因而是实代数整数.

命题 7.4.1 实代数数可以表示成一个实代数整数与一个整数的商.

证明 设 ξ 是整系数多项式

$$
f(x) = a_n x^n + a_{n-1} x^{n-1} + \cdots + a_1 x + a_0
$$

的实根, 将多项式两端同时乘以 a_n^{n-1} 得多项式

$$
g(y) = y^n + a_{n-1} y^{n-1} + \cdots + a_1 a_n^{n-2} y + a_0 a_n^{n-1}
$$

其中 $y = a_n x$. 因而 $\zeta = a_n \xi$ 是首项系数为 1 的整系数多项式 $g(y)$ 的根, 是一个实代数整数, 而且 $\xi = \dfrac{\zeta}{a_n}$. ∎

命题 7.4.2 实代数数的和、差、积、商仍是实代数数; 实代数整数的和、差、积仍是实代数整数.

证明 (1) 如果 α 是 n 次整系数多项式 $f(x)$ 的实根, 则 $-\alpha$ 是整系数多项式 $\bar{f}(x) = (-1)^n f(-x)$ 的实根, 而且若 $f(x)$ 的首项系数为 1, 则 $\bar{f}(x)$ 的首项系

数也为 1. 这说明 α 是实代数数 (实代数整数) 意味着 $-\alpha$ 也是实代数数 (实代数整数).

(2) 如果 $\alpha \neq 0$ 是 n 次整系数多项式 $f(x)$ 的实根, 则 α^{-1} 是整系数多项式 $\tilde{f}(x) = x^n f\left(\dfrac{1}{x}\right)$ 的实根.

(3) 设 α, β 分别是整系数多项式 $f(x), g(x)$ 的实根, $\deg(g(x)) = k$. 考虑二元多项式 $\hat{f}(x, y) = f(x - y), \hat{g}(x, y) = g(y)$. 显然 $\hat{f}(\alpha + \beta, \beta) = f(\alpha) = 0, \hat{g}(\alpha + \beta, \beta) = g(\beta) = 0$. 将 $\hat{f}(x, y) = f(x - y), \hat{g}(x, y) = g(y)$ 看作 $\mathbb{Z}[x]$ 上 y 的多项式, 则结式 $F(x) = \mathrm{res}_y(\hat{f}, \hat{g})$ 是 x 的整系数多项式, 而且首项系数为 $(-1)^{nk} b_k^n a_n^k$. 因为 $\mathrm{res}_y(\hat{f}, \hat{g})$ 可以表示成

$$\mathrm{res}_y(\hat{f}, \hat{g}) = u(x, y)\hat{f}(x, y) + v(x, y)\hat{g}(x, y)$$

所以, $F(\alpha + \beta) = 0$. 据此得: 如果 α, β 是实代数数 (实代数整数), 则 $\alpha + \beta$ 也是实代数数 (实代数整数).

(4) 设 α, β 分别是整系数多项式 $f(x), g(x)$ 的实根, $\deg(f) = n$. 考虑二元多项式 $\tilde{f}(x, y) = y^n f(x/y)$, $\hat{g}(x, y) = g(y)$, 类似于前面的证明可知 $\alpha\beta$ 是结式

$$G(x) = \mathrm{res}_y(\tilde{f}(x, y), \hat{g}(x, y))$$

的实根, 而且 $G(x)$ 首项系数是 $(-1)^{(n-l)k} b_k^{n-l} a_n^k$. 其中, l 是 $f(x)$ 的最低次数. 据此得: 如果 α, β 是实代数数 (实代数整数), 则 $\alpha\beta$ 也是实代数数 (实代数整数). ■

推论 7.4.1   全体实代数整数构成一个整环; 全体实代数数构成一个域.

对于实代数数 α, 称它的首项系数为 1 且次数最低的有理系数化零多项式为其最小多项式. 在表示一个实代数数时, 我们常常采用它的最小多项式, 如算法输入与输出, 但在一般情况下, 为了避免求最小多项式计算, 任意选一个化零多项式即可. α 的化零多项式可能有不止一个实根, 为使实代数数的表示具有唯一性, 还需要加其他条件. 设整系数多项式

$$f(x) = a_n x^n + a_{n-1} x^{n-1} + \cdots + a_1 x + a_0$$

的全部不同实根为

$$\alpha_1 < \cdots < \alpha_{j-1} < \alpha_j = \alpha < \alpha_{j+1} < \cdots < \alpha_l$$

则 j 称为 α 相对于它的化零多项式 f 的序号. 以后用 $\mathrm{dsep}(f(x))$ 表示多项式 $f(x)$ 两根之间的最短距离, 如果 $f(x)$ 至多有一个实根, 则 $\mathrm{dsep}(f(x)) = \infty$. 实代数数的表示主要有三种方式.

(1) 顺序表示法: $\langle \alpha \rangle_o = \langle f, j \rangle$, 其中 $f(x)$ 是 α 的化零多项式, j 是 α 关于 f 的序号;

(2) 符号表示法: $\langle \alpha \rangle_s = \langle f, \mathrm{sgn}_\alpha (\mathrm{For}(f')) \rangle$, 其中 $f(x)$ 是 α 的化零多项式,

$$\mathrm{sgn}_\alpha (\mathrm{For}(f')) = \Big(\mathrm{sgn}(f'(\alpha)), \mathrm{sgn}(f^{(2)}(\alpha)), \cdots, \mathrm{sgn}(f^{(n)}(\alpha)) \Big)$$

(3) 区间表示法: $\langle \alpha \rangle_i = \langle f, l, r \rangle$, 其中 $f(x)$ 是 α 的化零多项式, (l, r) 是 $f(x)$ 的孤立区间, 且 $\alpha \in (l, r)$, l, r 都是有理数.

这几种表示方法都能保证唯一性, 空间复杂性分别为

$$O(n \lg \|f\|_1 + \lg n), \quad O(n \lg \|f\|_1 + n), \quad O(n \lg \|f\|_1 + n \lg n)$$

此外, 对于区间表示, 还可要求规范化, 即当 $\alpha \neq 0$ 时, 要求包含它的孤立区间 (l, r) 满足 $lr > 0$.

例 7.4.1 代数数 $-\sqrt{2} + \sqrt{3}, \sqrt{2} + \sqrt{3}$ 是多项式 $f(x) = x^4 - 10x^2 + 1$ 的实根. 这个多项式共有四个实根,

$$-\sqrt{2} - \sqrt{3} < \sqrt{2} - \sqrt{3} < -\sqrt{2} + \sqrt{3} < \sqrt{2} + \sqrt{3}$$

所以

$$\langle -\sqrt{2} + \sqrt{3} \rangle_o = \langle x^4 - 10x^2 + 1, \ 3 \rangle$$

$$\langle \sqrt{2} + \sqrt{3} \rangle_o = \langle x^4 - 10x^2 + 1, \ 4 \rangle$$

$$\langle -\sqrt{2} + \sqrt{3} \rangle_s = \langle x^4 - 10x^2 + 1, \ (-1, -1, +1, +1) \rangle$$

$$\langle \sqrt{2} + \sqrt{3} \rangle_s = \langle x^4 - 10x^2 + 1, \ (+1, +1, +1, +1) \rangle$$

$$\langle -\sqrt{2} + \sqrt{3} \rangle_i = \langle x^4 - 10x^2 + 1, \ 1/11, \ 1/2 \rangle$$

$$\langle \sqrt{2} + \sqrt{3} \rangle_i = \langle x^4 - 10x^2 + 1, \ 3, \ 7/2 \rangle$$

7.5 实代数数的计算

实代数数的计算主要采用区间表示法, 因为就目前看来它能很好地表达代数思想, 尽管最近的研究发现符号表示法能够导致有效的并行计算. 本节主要介绍用区间表示法给出实代数数计算的算法及各种表示之间的转换的算法.

先列出关于区间的一些运算性质: 设 $I_1 = (l_1, r_1)$, $I_2 = (l_2, r_2)$ 是两个实区间, 则

$$I_1 + I_2 := (l_1 + l_2, r_1 + r_2)$$

$$= \{x + y | x \in (l_1, r_1), y \in (l_2, r_2)\}$$

$$I_1 - I_2 := (l_1 - r_2, r_1 - l_2)$$

$$= \{x - y | x \in (l_1, r_1), y \in (l_2, r_2)\}$$

$$I_1 \cdot I_2 := (\min\{l_1 l_2, l_1 r_2, r_1 l_2, r_1 r_2\}, \max\{l_1 l_2, l_1 r_2, r_1 l_2, r_1 r_2\})$$

$$= \{xy | x \in (l_1, r_1), y \in (l_2, r_2)\}$$

说明区间的加、减、乘三种仍保持是区间. 以下列出有关实代数数计算的算法.

算法 7.1　根的隔离算法 (RootIsolation)

输入: $f(x) \in \mathbb{Z}[x]$, $\deg(f(x)) = n$.

输出: $f(x)$ 根的一个隔离区间 (a, b) $(a, b \in \mathbb{Q})$.

$\bar{S} = \mathrm{Stm}(f, f')$;　$a := -\|f\|_1$;　$b := \|f\|_1$

if $V_a(\bar{S}) = V_b(\bar{S})$ **then return** failure; **end**\{**if**\}

while $V_a(\bar{S}) - V_b(\bar{S}) > 1$　**do**

　$c := (a + b)/2$;

　if $V_a(\bar{S}) > V_c(\bar{S})$ **then** $b := c$;

　else $a := c$; **end**\{**if**\}

end\{**do**\}

return (a, b)

本算法能够找到多项式 $f(x)$ 某个实根的孤立区间, 但不能同时找到所有实根的不相交的孤立区间. 后者需要多次调用本算法, 并修改起始区间的边界. 注意到 n 次多项式每次取值需要 $O(n)$ 次算术运算, Sturm 序列中共有 $n+1$ 个多项式, 所以每一次的区间细化需要 $O(n^2)$ 时间. 于是根的孤立算法的时间复杂度为

$$O(n^2) \cdot O\left(\lg\left(\frac{2\|f\|_1}{\mathrm{dsep}(f)}\right)\right)$$

$$= O\left(n^2 \lg\left(\frac{2\|f\|_1}{n^{-n-1}(1 + \|f\|_1)^{-2n}}\right)\right)$$

$$= O\left(n^2 \lg\left(2n^{n+1}(1 + \|f\|_1)^{2n+1}\right)\right)$$

$$= O\left(n^3 \left(\lg n + \beta(f)\right)\right)$$

其中 $\beta(f)$ 是计算 $\|f(x)\|_1$ 的复杂度.

算法 7.2 孤立区间规范化算法 (Normalize)

输入: 以区间法表示的一个实代数数 $\alpha = \langle f, l, r \rangle$.
输出: α 的正则区间表示.

$\bar{S} = \mathrm{Stm}(f, f')$; $p := 1/(1 + \|f\|_\infty)$;
 if $V_l(\bar{S}) > V_{-p}(\bar{S})$ **then return** $\alpha = \langle f, l, -p \rangle$;
 elif $V_{-p}(\bar{S}) > V_p(\bar{S})$ **then return** $\alpha = 0$;
  else return $\alpha = \langle f, p, r \rangle$;
  end {if}

由命题 7.1.2, 当 u 是 $f(x)$ 的非零根时, 必然 $|u| > p$, 所以

$$\alpha \in (l, r) \Rightarrow \left\{ \begin{array}{l} \alpha \in (l, -p), \\ \alpha = 0, \\ \alpha \in (p, r) \end{array} \right.$$

算法正确性由此看出. 算法的时间复杂度为 $O(n^2)$.

算法 7.3 孤立区间细化算法 (Refine)

输入: 以区间法表示的一个实代数数 $\alpha = \langle f, l, r \rangle$.
输出: α 的更精细的区间表示 $\alpha = \langle f, l', r' \rangle$ 使得 $2(r' - l') \leqslant (r - l)$.

$\bar{S} = \mathrm{Stm}(f, f')$; $m := (l + r)/2$;
if $f(m) = 0$ **then return** $\langle f, l/2, r/2 \rangle$;
elif $V_l(\bar{S}) > V_m(\bar{S})$ **then return** $\langle f, l, m \rangle$;
else return $\langle f, m, r \rangle$;
end {if}

本算法是将已知的孤立区间加细, 长度不超过原来长度一半, 但所包含的实根没有变. 算法的正确性由 Sturm 定理保证, 时间复杂度为 $O(n^2)$.

算法 7.4 多项式在实代数数处的取值符号算法 (Sign)

输入: 一个以区间表示的实代数数 $\alpha = \langle f, l, r \rangle$ 和一个多项式 $g(x) \in \mathbb{Q}[x]$.
输出: $g(x)$ 在 α 点处的符号 $\mathrm{sgn}(g(\alpha))$.

$\bar{S}_g := \mathrm{Stm}(f, f'g)$;
 return $V_l(\bar{S}_g) - V_r(\bar{S}_g)$;

　　算法的正确性由引理 7.2.2 直接推得, 算法的时间复杂度为 $O(n^2)$. 这个算法使我们在只知道实代数数所在的孤立区间的情况下就能知道任意多项式在该实代数数处的取值符号. 该算法有较多的应用, 如比较一个实代数数 α 与一个有理数 $\dfrac{p}{q}$ 的大小, 只需要考虑多项式 $qx-p$ 在 α 处的符号即可; 判断 α 作为多项式 $f(x)$ 的根的重数, 只需计算多项式 $f', f^{(2)}, \cdots$ 在 α 处的符号即可.

算法 7.5　区间表示法向顺序表示法的转换 (Interval To Order)

输入：一个以区间表示的实代数数 $\alpha = \langle f, l, r \rangle$.

输出：该代数数的顺序表示 $\alpha_o = \langle f, j \rangle$.

　　$\bar{S} := \mathrm{Stm}(f, f')$;

　　return $\langle f,\ V_{-(1+\|f\|_\infty)}(\bar{S}) - V_r(\bar{S}) \rangle$

算法 7.6　区间表示法向符号表示法的转换 (Interval To Sign)

输入：一个以区间表示的实代数数 $\alpha = \langle f, l, r \rangle$.

输出：该代数数的符号表示 $\alpha_s = \langle f, \bar{s} \rangle$.

　　$\bar{s} := (\mathrm{Sign}(\alpha, f'), \mathrm{Sign}(\alpha, f^{(2)}), \cdots, \mathrm{Sign}(\alpha, f^{(n)}))$;

　　return $\langle f,\ \bar{s} \rangle$

　　这两个算法的时间复杂度分别是 $O(n^2)$ 和 $O(n^3)$.

算法 7.7　求代数数的相反数算法 (Addition Inverse)

输入：一个以区间表示的实代数数 $\alpha = \langle f, l, r \rangle$.

输出：该代数数的相反数 α 的区间表示.

　　return $\langle f(-x),\ -r,\ -l \rangle$

　　该算法的正确性基于这样的事实: α 是 $f(x)$ 的根当且仅当 $-\alpha$ 是 $f(-x)$ 的根. 算法的时间复杂度是线性的.

算法 7.8　求代数数的倒数算法 (Multiplicative Inverse)

输入：一个以正则区间表示的非零实代数数 $\alpha = \langle f, l, r \rangle$.

输出：该代数数的倒数 1α 的区间表示.

　　return $\langle x^{\deg(f)} f(1/x),\ 1/r,\ 1/l \rangle$

算法的正确性基于这样的事实: 如果 α 是 $f(x)$ 的根, 则 $1/\alpha$ 是 $x^{\deg(f)}f(1/x)$ 的根. 算法的时间复杂度是线性的.

算法 7.9 求两个代数数的和 (Addition)

输入: 两个以区间表示的实代数数 $\alpha_1 = \langle f_1, l_1, r_1 \rangle$, $\alpha_2 = \langle f_2, l_2, r_2 \rangle$.

输出: 代数数的和 $\alpha_1 + \alpha_2$ 的区间表示 $\langle f_3, l_3, r_3 \rangle$.

$\quad f_3(x) := \operatorname{res}_y(f_1(x-y), f_2(y)); \quad \bar{S} = \operatorname{Stm}(f_3, f');$

$\quad l_3 := l_1 + l_2; \quad r_3 := r_1 + r_2;$

$\quad$ **while** $V_{l_3}(\bar{S}) - V_{r_3}(\bar{S}) > 1$ **do**

$\quad \langle f_1, l_1, r_1 \rangle := \operatorname{Refine}(\langle f_1, l_1, r_1 \rangle);$

$\quad \langle f_2, l_2, r_2 \rangle := \operatorname{Refine}(\langle f_2, l_2, r_2 \rangle);$

$\quad\quad l_3 := l_1 + l_2; \quad r_3 := r_1 + r_2;$

end{while}

return $\langle f_3, l_3, r_3 \rangle$

由命题 7.4.2 可知 $f_3(x)$ 是 $\alpha_1 + \alpha_2$ 的化零多项式, 而且 $f_3(x)$ 的次数为 $n_1 n_2$, 其中 $n_1 = \deg(f_1), n_2 = \deg(f_2)$. 根据孤立区间的加细算法, 本算法一定能够得到 $f_3(x)$ 的包含 $\alpha_1 + \alpha_2$ 的规范孤立区间. 此外

$$\|f_3\|_1 \leqslant 2^{O(n_1 n_2)} \|f_1\|_1^{n_2} \|f_2\|_1^{n_1}$$

由此不难推得算法时间复杂度为

$$O\left(n_1^3 n_2^4 \lg \|f_1\|_1 + n_1^4 n_2^3 \lg \|f_2\|_1\right)$$

算法 7.10 求两个代数数的乘积 (Multiplication)

输入: 两个以区间表示的实代数数 $\alpha_1 = \langle f_1, l_1, r_1 \rangle$, $\alpha_2 = \langle f_2, l_2, r_2 \rangle$.

输出: 该代数数的和 $\alpha_1 \cdot \alpha_2$ 的区间表示 $\langle f_3, l_3, r_3 \rangle$.

$\quad f_3(x) := \operatorname{res}_y(y^{\deg(f_1)} f_1(x/y), f_2(y)); \quad \bar{S} = \operatorname{Stm}(f_3, f_3');$

$\quad l_3 := \min\{l_1 l_2, l_1 r_2, r_1 l_2, r_1 r_2\}; \quad r_3 := \max\{l_1 l_2, l_1 r_2, r_1 l_2, r_1 r_2\};$

$\quad$ **while** $V_{l_3}(\bar{S}) - V_{r_3}(\bar{S}) > 1$ **do**

$\quad\quad \langle f_1, l_1, r_1 \rangle := \operatorname{Refine}(\langle f_1, l_1, r_1 \rangle);$

$\quad\quad \langle f_2, l_2, r_2 \rangle := \operatorname{Refine}(\langle f_2, l_2, r_2 \rangle);$

$$l_3 := \min\{l_1 l_2, l_1 r_2, r_1 l_2, r_1 r_2\};$$

$$r_3 := \max\{l_1 l_2, l_1 r_2, r_1 l_2, r_1 r_2\};$$

end{while}

return $\langle f_3, l_3, r_3 \rangle$

由命题 7.4.2 可知 $f_3(x)$ 是 $\alpha_1 \cdot \alpha_2$ 的化零多项式, 而且 $f_3(x)$ 的次数为 $n_1 n_2$, 其中 $n_1 = \deg(f_1), n_2 = \deg(f_2)$. 根据孤立区间的加细算法, 本算法一定能够得到 $f_3(x)$ 的包含 $\alpha_1 \cdot \alpha_2$ 的规范孤立区间. 此外

$$\|f_3\|_1 \leqslant n_1 n_2 \|f_1\|_1^{n_2} \|f_2\|_1^{n_1}$$

由此不难推得算法时间复杂度为

$$O\left(n_1^3 n_2^4 \lg \|f_1\|_1 + n_1^4 n_2^3 \lg \|f_2\|_1\right)$$

习　题　7

7.1　设 $f(x), g(x) \in \mathbb{Z}[x]$ 具有正次数 m, n, 实数 α 是 $g(x)$ 的零点. 证明

$$f(\alpha) = 0 \quad 或者 \quad |f(\alpha)| > \frac{1}{1 + \|g\|_1^m (1 + \|f\|_1)^n}$$

(提示: 考虑结式 $\operatorname{res}_x(g(x), f(x) - y)$)

7.2　判定多项式 $x^4 + 12x^2 + 5x - 9$ 的实根数和多项式 $x^6 - x^4 + 2x^2 - 3x - 1$ 的正根个数.

7.3　设 $f(x) = x^3 + px + q, p \neq 0$, 证明下列断言:

(1) 序列

$$f_0 = f(x), \quad f_1 = 3x^2 + p, \quad f_2 = -2px - 3q, \quad f_3 = -4p^3 - 27q^2$$

是 $f(x)$ 在区间 $[a, b]$ 上的 Sturm 序列, 只要 $f_3 \neq 0$.

(2) 若 $f_3 < 0$, 则 $f(x)$ 有一个实根; 若 $f_3 > 0$, 则 $f(x)$ 有三个实根.

7.4　设 $f(x)$ 为 n 次实系数多项式, v 是 $f(x)$ 的系数列的变号数, 而 v' 是 $f(-x)$ 的系数列的变号数. 证明 $v + v' \leqslant n$.

7.5　求 p, q, r 满足的条件, 使得

$$(\forall x) \quad [x^4 + px^2 + qx + r \geqslant 0]$$

7.6　给定整系数多项式

$$f(x) = a_n x^n + a_{n-1} x^{n-1} + \cdots + a_1 x + a_0$$

$$g(x) = b_k x^k + b_{k-1} x^{k-1} + \cdots + b_1 x + b_0$$

$n > 0, k > 0$. 令 $\hat{f}(x, y) = f(x - y), \hat{g}(x, y) = g(y)$, 则 $\text{res}_y(\hat{f}, \hat{g})$ 是关于 x 的 nk 次多项式, 而且首项系数为 $(-1)^{nk} b_k^n a_n^k$.

7.7　多项式 $f(x), g(x)$ 如习题 7.6 所示, 并且 $f(x)$ 的最低次数为 l. 令 $\tilde{f}(x, y) = y^n f(x/y)$, $\tilde{g}(x, y) = g(y)$, 则 $\text{res}_y(\tilde{f}, \tilde{g})$ 是一个 nk 次 (关于 x) 的多项式, 且首项系数为 $(-1)^{(n-l)k} b_k^{n-l} a_n^k$.

7.8　设多项式 $f(x), g(x) \in \mathbb{Z}[x]$ 具有正次数 m, n, 而 α, β 分别是这两个多项式的实根, $\alpha \neq \beta$, 证明

$$|\alpha - \beta| > \frac{1}{2^{(n+1)(m+1)} \|g\|_1^m \cdot \|f\|_1^n}$$

7.9　设计一个简单有效算法将实代数数的顺序表示转化为它的区间表示, 其时间复杂度为 $O(n^3 \lg n)$.

7.10　设 $f(x) \in R[x]$ 的次数为 $n \, (> 0)$, ξ, ς 是 $f(x)$ 的两个实根. 证明: $\xi > \varsigma$ 当且仅当存在整数 $m \, (0 \leqslant m < n)$, 使得下述条件成立:

$$\text{sgn}(f^{(m)}(\varsigma)) \neq \text{sgn}(f^{(m)}(\xi))$$
$$\text{sgn}(f^{(m+1)}(\varsigma)) = \text{sgn}(f^{(m+1)}(\xi))$$
$$\cdots \cdots$$
$$\text{sgn}(f^{(n)}(\varsigma)) = \text{sgn}(f^{(n)}(\xi))$$

(1) $\text{sgn}(f^{(m+1)}) = +1, f^{(m)}(\xi) > f^{(m)}(\varsigma)$;

(2) $\text{sgn}(f^{(m+1)}) = -1, f^{(m)}(\xi) < f^{(m)}(\varsigma)$.

根据本题的结论设计一个将实代数数的符号表示转化为区间表示的算法, 其时间复杂度可为 $O(n^3 \lg^2 n)$.

7.11　根据 Cartesian 符号规则设计一个多项式的实根隔离算法, 并且编程在 Maple 系统上实现 (提示: 适当引入变换将实根个数判定转换成正实根个数的判定).

第8章 实闭域上的量词消去

本章介绍实代数几何中一些有效算法, 内容包括实闭域、量词消去问题、柱形代数分解算法以及不等式机器证明等应用. 这方面的研究以 A. Tarski[25] 和 E. George[26] 的原创性工作为开端, 目前已经形成较为系统的理论和有效的算法, 以及丰富的应用内容.

8.1 实 闭 域

我们需要建立关于实数的公理系统作为实代数几何命题推导以及相关运算的依据. 这个公理系统产生的实闭域概念不仅反映了实数的代数性质, 而且刻画了一些重要的非代数性质, 如大小顺序、正负性、绝对值等. 在这个公理体系中, 实数域是实闭域的典型代表.

定义 8.1.1 若域 $\Bbbk$ 中有非空子集 P 满足如下条件:

(1) $0 \notin P$;

(2) $\forall a \in \Bbbk$, $a \in P$, 或 $a = 0$, 或 $-a \in P$, 三者之一成立;

(3) $a, b \in P \Rightarrow a + b \in P, ab \in P$.

则称 $\Bbbk$ 为有序域, P 称为它的正元素集.

对于实数域 $\mathbb{R}$, 全体正实数之集 $\mathbb{R}^+$ 可以取作正元素集, 因而实数域是有序域. 实际上, 可以在有序域中定义一个序 $<$

$$a < b \Leftrightarrow b - a \in P \tag{8.1.1}$$

反之, 如果在特征为零的域 $\Bbbk$ 的元素间有一个线性序 $<$ 满足

$$0 < a, \quad 0 < b \Rightarrow 0 < ab, \quad 0 < a + b \tag{8.1.2}$$

则可以将全体大于零的元素之集作为正元素集, 得到有序域.

把正元素的相反数称为负元素, 负元素集记作 N, 则

$$\Bbbk = P \cup \{0\} \cup N \tag{8.1.3}$$

特别地, 单位元 1 是正元素, 而 -1 是负元素, 因为 $(-1) + (-1)^2 = 0$. 对于上述规定的序, 下述关系成立:

(1) $a \neq 0 \Rightarrow a^2 \in P$;

(2) $a > b \Rightarrow (\forall c \in \Bbbk) \ [a + c > b + c]$;

(3) $a > b \Rightarrow (\forall c \in P) \ [ac > bc]$;

(4) $a, b \in P, a > b \Rightarrow b^{-1} > a^{-1}$.

完全可以像实数域那样, 对于有序域给出区间、绝对值、符号函数的定义. 比如, 绝对值定义为

$$
|a| = \begin{cases} a, & a > 0, \\ 0, & a = 0, \\ -a, & a < 0 \end{cases}
$$

而且, 关于绝对值的三角不等式成立, 即

$$
|a + b| \leqslant |a| + |b|
$$

此外, 有序域还有如下性质:

(5) $\sqrt{-1} \notin \Bbbk$;

(6) $\forall a_1, a_2, \cdots, a_n \in \Bbbk$, 则 $\displaystyle\sum_{i=1}^{n} a_i^2 = 0$ 当且仅当 $a_1 = a_2 = \cdots = a_n = 0$.

定义 8.1.2　域 $\Bbbk$ 称为形式实域, 如果对 $\forall a_1, a_2, \cdots, a_n \in \Bbbk$ 有

$$
\sum_{i=1}^{n} a_i^2 = 0 \quad \text{当且仅当} \quad a_1 = a_2 = \cdots = a_n = 0.
$$

推论 8.1.1　下述结论成立:

(1) 有序域是形式实域;

(2) 域 $\Bbbk$ 是形式实域当且仅当 -1 不能表示成 $\Bbbk$ 中元素的平方和;

(3) 形式实域的特征一定是 0.

证明　(1) 直接推导即得. 至于 (3), 若特征不是 0, 设素数 p 是特征, 则 $p \cdot 1 = 0$, 即 $\underbrace{1^2 + 1^2 + \cdots + 1^2}_{p} = 0$, 矛盾. 对于 (2), 必要性显然, 因为 $1^2 = 1$. 充分性可以假定 $a_1, \cdots, a_n$ 全不为零, 而 $\displaystyle\sum_{i=1}^{n} a_i^2 = 0$. 此时 $\displaystyle\sum_{i=1}^{n-1} \left(\frac{a_i}{a_n}\right)^2 = -1$, 矛盾.　∎

定义 8.1.3　有序域 $\Bbbk$ 称为阿基米德 (Archimedes) 有序域, 如果对于任意元素 $a \in \Bbbk$, 都有正整数 n, 使得 $n \cdot 1 > a$.

由定义不难推得满足 $-n < a$ 及满足 $\dfrac{1}{n} < a \ (a > 0)$ 的 n 的存在性.

推论 8.1.2　设 $\Bbbk$ 是 Archimedes 有序域, 则对 $\forall a, b \in \Bbbk, a < b$, 在 a, b 之间存在无限多个点 ($\Bbbk$ 中的元素).

证明 首先, 在 $\Bbbk$ 中存在无限的严格递增序列

$$1 < n_1 < n_2 < n_3 < \cdots$$

假设 k 是使得 $(b - a) > n_k^{-1}$ 的最小下标, 则

$$a < (b - n_k^{-1}) < (b - n_{k+1}^{-1}) < (b - n_{k+2}^{-1}) < \cdots < b$$ ■

定义 8.1.4(实闭域)   有序域 $\Bbbk$ 称为实闭域, 如果下述两条满足:

(1) $\Bbbk$ 中的每个正元素在 $\Bbbk$ 中都有平方根;

(2) 每个奇数次的多项式 $f(x) \in \Bbbk[x]$ 在 $\Bbbk$ 中都有根.

命题 8.1.1(代数基本定理)   如果 $\Bbbk$ 是实闭域, 则 $\Bbbk\left(\sqrt{-1}\right)$ 是代数闭域.

该命题的证明可以参考文献 [5].

引理 8.1.1   实闭域 $\Bbbk$ 上的首项系数为 1 的二次多项式 $x^2 + bx + c$ 不可约的充分必要条件是 $b^2 < 4c$.

证明   将原多项式配方

$$x^2 + bx + c = \left(x + \frac{b}{2}\right)^2 - \frac{b^2 - 4c}{4}$$

若 $b^2 < 4c$, 则存在 $d \in \Bbbk$ 使得 $4c - b^2 = d^2 = |d|^2 > 0$, 因而

$$(\forall x \in \Bbbk) \quad [x^2 + bx + c > 0] \Rightarrow x^2 + bx + c \text{ 不可约}$$

若 $b^2 = 4c$, 则 $x^2 + bx + c = \left(x + \frac{b}{2}\right)^2$ 是可约的.

若 $b^2 > 4c$, 则存在 $d \in \Bbbk$ 使得 $b^2 - 4c = d^2$, 因而

$$x^2 + bx + c = \left(x + \frac{b+d}{2}\right)\left(x + \frac{b-d}{2}\right)$$

是可约的. ■

引理 8.1.2   实闭域有唯一的序结构, 即实闭域的任何自同构都是序同构.

证明   设 $\Bbbk$ 是实闭域, $\Bbbk^2$ 记 $\Bbbk$ 中所有非零元素的平方之集. 如果 P 是 $\Bbbk$ 的正元素集, 我们证明 $P = \Bbbk^2$. 首先, $\Bbbk^2 \subseteq P$. 反过来, 任意 $b \in P$, 由于 $\Bbbk$ 是实闭域, 存在 $a \in \Bbbk$, 使得 $b = a^2$, 于是 $b \in \Bbbk^2$, 得到 $\Bbbk^2 \supseteq P$.

可见, $b > a \Leftrightarrow b - a \in \Bbbk^2$. 所以, 实闭域有唯一的序结构. ■

命题 8.1.2   域 $\Bbbk$ 是实闭域的充分必要条件是下述两个条件满足:

(1) $\Bbbk$ 是形式实域;

(2) $\Bbbk$ 的任何真代数扩张都不是形式实域.

证明 ⇒) 条件 (1) 由推论 8.1.1 得. 由于实闭域上的不可约多项式只有一次和二次的, 我们只需考虑 $\Bbbk$ 上的代数扩张 $\Bbbk\left(\sqrt{\gamma}\right)$, 其中 $x^2 - \gamma$ 是 $\Bbbk$ 上不可约多项式. 由引理 8.1.1, $0 < -4\gamma$, 因而 $-\gamma \in \Bbbk^2$, 存在 $a \in \Bbbk$, 使得 $-\gamma = a^2$. 但这样会在 $\Bbbk\left(\sqrt{\gamma}\right)$ 中有等式

$$\left(\frac{\sqrt{\gamma}}{a}\right)^2 = -1$$

说明 $\Bbbk\left(\sqrt{\gamma}\right)$ 不是形式实域.

(⇐ 首先证明 $\Bbbk$ 是一个以 $P = \Bbbk^2$ 为正元素集的有序域, 为此只需证明: 对 $\Bbbk$ 的任意非零元素 a, a 与 $-a$ 恰有一个属于 $\Bbbk^2$.

若 $a, -a \in \Bbbk^2$, 设 $a = b^2, -a = c^2, b, c \in \Bbbk$, 则 $b^2 + c^2 = 0$, 由条件 (1), $b = c = 0$, 与 $a \neq 0$ 矛盾.

若 $a \notin \Bbbk^2$, 则 $x^2 - a$ 是 $\Bbbk$ 上不可约多项式, 因而代数扩张 $\Bbbk\left(\sqrt{a}\right)$ 是真扩张, 由条件 (2), 它不是形式实域. 由推论 8.1.1, 存在 $\Bbbk\left(\sqrt{a}\right)$ 中元素 $\alpha_i + \beta_i\sqrt{a}(\alpha_i, \beta_i \in \Bbbk)$, 使得

$$-1 = \sum\left(\alpha_i + \beta_i\sqrt{a}\right)^2 \tag{8.1.4}$$

由条件 (1), β_i 不全为零. 关于 $\sqrt{a}$ 整理得

$$\left(\sum\beta_i^2\right)a + 2\left(\sum\alpha_i\beta_i\right)\sqrt{a} + \left(1 + \sum\alpha_i^2\right) = 0$$

说明 $\sqrt{a}$ 是多项式

$$x^2 + 2\left(\frac{\sum\alpha_i\beta_i}{\sum\beta_i^2}\right)x + \frac{1 + \sum\alpha_i^2}{\sum\beta_i^2} = 0$$

的零点, 因而

$$\sum\alpha_i\beta_i = 0, \quad \frac{1 + \sum\alpha_i^2}{\sum\beta_i^2} = -a \tag{8.1.5}$$

同理, 若 $-a \notin \Bbbk^2$, 则存在 $\xi_i, \varsigma_i \in \Bbbk(\varsigma_i$ 不全为零), 使得

$$\frac{1 + \sum\xi_i^2}{\sum\varsigma_i^2} = a \tag{8.1.6}$$

因此, $a, -a$ 都不属于 $\Bbbk^2$ 便意味着

$$\sum\varsigma_i^2 + \sum\varsigma_i^2\sum\xi_i^2 + \sum\beta_i^2 + \sum\beta_i^2\sum\alpha_i^2 = 0 \tag{8.1.7}$$

由条件 (1), 所有的 β_i, ς_i 必然都为零, 矛盾.

下面证明 $\Bbbk$ 上奇数次多项式在 $\Bbbk$ 中一定有根. 假设结论不成立, 而 $f(x) \in \Bbbk[x]$ 是在 $\Bbbk$ 中没有根的次数最低的奇数次多项式, 则 $f(x)$ 在 $\Bbbk$ 上一定不可约. 假设 ξ 是 $f(x)$ 在 $\Bbbk$ 的某个扩域中一个根, 则 $\Bbbk(\xi)$ 不是形式实域. 注意到 $\Bbbk(\xi)$ 中每个元素都能表示成 $g(\xi)$ 的形式, 其中 $g(x)$ 是 $\Bbbk$ 上次数低于 $\deg(f(x))$ 的多项式, 有

$$-1 = \sum g_i(\xi)^2$$

但是 $\Bbbk(\xi) \cong \Bbbk[x]/(f(x))$, 所以

$$-1 = \sum g_i(x)^2 + h(x)f(x)$$

其中 $h(x) \in \Bbbk[x]$. 但 $\deg(g_i(x)) < \deg(f(x))$, 所以 $h(x)$ 是次数比 $f(x)$ 的次数还低的奇数次多项式, 而且不是常数. 如果 $h(x)$ 在 $\Bbbk$ 中有根 ξ', 则必然有 $-1 = \sum g_i(\xi')^2$, 这与命题的条件 (1) 矛盾. 所以, $h(x)$ 在 $\Bbbk$ 中没有根. 这又与 $f(x)$ 的选取矛盾. ∎

命题 8.1.3   设 $\Bbbk$ 是实闭域, $f(x) \in \Bbbk[x], a, b \in \Bbbk, a < b$. 如果 $f(a)f(b) < 0$, 则存在 $c \in (a, b)$, 使得 $f(c) = 0$.

证明   不妨设 $f(x)$ 是首项系数为 1 的. 因为 $\Bbbk$ 是实闭域, $f(x)$ 在 $\Bbbk$ 上能够分解成

$$f(x) = (x - r_1) \cdots (x - r_m)g_1(x) \cdots g_l(x)$$

其中 $g_i(x) = x^2 + c_i x + d_i (i = 1, \cdots, l)$ 是 $\Bbbk$ 上不可约多项式, 因而

$$(\forall u \in \Bbbk) \quad [g_i(u) > 0]$$

因为 $a \neq r_i, b \neq r_i (i = 1, \cdots, m)$, 于是

$$f(a)f(b) = \prod_{i=1}^{m} (a - r_i)(b - r_i) \prod_{j=1}^{l} g_j(a)g_j(b)$$

因为 $f(a)f(b) < 0, \prod_{j=1}^{l} g_j(a)g_j(b) > 0$, 所以 $\prod_{i=1}^{m} (a - r_i)(b - r_i) < 0$, 说明乘积中至少有一项 $(a - r_i)(b - r_i) < 0$, 得 $r_i \in (a, b)$. ∎

推论 8.1.3   若 $f(x_0) > 0$, 则存在包含 x_0 的区间 $[a, b]$, 使得 $(\forall \xi \in [a, b])$ $[f(\xi) > 0]$.

命题 8.1.4(Rolle 定理)   设 $\Bbbk$ 是实闭域, $f(x) \in \Bbbk[x], a, b \in \Bbbk, a < b$. 如果 $f(a) = f(b)$, 则存在 $c \in (a, b)$, 使得 $f'(c) = 0$.

证明   令 $F(x) = f(x) - f(a)$, 则 $F(a) = F(b) = 0$, 而且 $F'(x) = f'(x)$. 所以不妨设 $f(a) = f(b) = 0$, 并且 a, b 是 $f(x)$ 的两个相继的根. 再设 a, b 作为 $f(x)$ 的根的重数分别是 m, n, 则

$$f(x) = (x - a)^m (x - b)^n g(x)$$

$g(x)$ 在区间 $[a,b]$ 中没有根, 因而 $g(a)g(b) > 0$. 对 $f(x)$ 求导,

$$f'(x) = (x-a)^{m-1}(x-b)^{n-1}h(x)$$

其中 $h(x) = [m(x-b) + n(x-a)]g(x) + (x-a)(x-b)g'(x)$, 进而

$$h(a)h(b) = -mn(a-b)^2 g(a)g(b) < 0$$

由命题 8.1.3, 存在 $c \in (a,b)$, 使得 $h(c) = 0$, 当然 $f'(c) = 0$. ∎

8.2 半代数集

大量的理论和应用问题都可归结为 "求解" 半代数系统, 如构造平面微分系统的小扰动极限环问题, 计算机视觉中的摄像机定位问题, 几何学自动推理中涉及的不等式证明与发现问题, 机器人学中关于刚性机械系统可能构形的动态约束问题等, 许多几何、拓扑、微分系统中的问题通过转化为求解半代数系统而得到了解决.

一个简单半代数系统由一组如下形式的多项式方程和多项式不等式构成:

$$\begin{cases} g_1(x_1, \cdots, x_n) = 0, \\ \qquad \cdots \cdots \\ g_r(x_1, \cdots, x_n) = 0, \\ g_{r+1}(x_1, \cdots, x_n) > 0, \\ \qquad \cdots \cdots \\ g_{r+s}(x_1, \cdots, x_n) > 0 \end{cases} \tag{8.2.1}$$

有限个简单半代数系统构成一个半代数系统. 半代数系统的解是指实点 $P = (\zeta_1, \cdots, \zeta_n)$, 它至少满足其中的一个简单半代数系统. 一个半代数系统所有解的集合称为一个半代数集. 采用符号赋值, 半代数集可以表示为

$$S = \bigcup_{i=1}^{m} \bigcap_{j=1}^{l_i} \{(\zeta_1, \cdots, \zeta_n) \in \mathbb{R}^n | \mathrm{sgn}(g_{i,j}(\zeta_1, \cdots, \zeta_n)) = s_{i,j}\} \tag{8.2.2}$$

其中, $g_{ij}(x_1, \cdots, x_n)$ 是给定的一组多项式, s_{ij} 是给定的一组符号 $(s_{ij} \in \{-1, 0, 1\})$. 直接验证可知: 半代数集的补集、投影, 以及两个半代数集的并与交仍然是半代数集.

例 8.2.1 $(x^4 - 10x^2 + 1 = 0) \wedge (2x < 7) \wedge (x > 3)$ 是一个简单半代数系统, 它的解为 $\sqrt{2} + \sqrt{3}$.

半代数系统 $(x^2 + bx + c = 0) \wedge (y^2 + by + c = 0) \wedge (x \neq y)$ 由两个简单半代数系统构成

$$(x^2 + bx + c = 0) \wedge (y^2 + by + c = 0) \wedge (x - y > 0)$$

$$\left(x^2 + bx + c = 0\right) \wedge \left(y^2 + by + c = 0\right) \wedge (y - x > 0)$$

其有解的充分必要条件是 $b^2 - 4c > 0$.

定义 8.2.1 一个半代数集 S 说是半代数连通的, 如果 S 不能分解成两个不相交的非空半代数集的并. S 的极大半代数连通子集称为 S 的半代数连通分支.

可以证明, 一个半代数集 S 是半代数连通的当且仅当 S 是连通的; 任何一个半代数集都有有限个半代数连通分支. 半代数集 S 的内部 $\mathrm{int}(S)$、闭包 $\bar{S}$ 及边缘 $\partial(S) := \bar{S}\backslash\mathrm{int}(S)$ 都是半代数集 [16].

给定一组多项式 $F = \{f_i | i = 1, \cdots, m\} \subset \mathbb{R}[x_1, \cdots, x_n]$, 定义 $\mathbb{R}^n$ 上的一个等价关系 $\sim$ 如下:

$$(\xi_1, \cdots, \xi_n) \sim (\zeta_1, \cdots, \zeta_n) \Leftrightarrow \mathrm{sgn}(f_i(\xi_1, \cdots, \xi_n)) = \mathrm{sgn}(f_i(\zeta_1, \cdots, \zeta_n)), \quad \forall f_i \in F$$

可见, 每一个等价类恰好是一个简单半代数系统的解集, 称为 F 的一个符号类. F 的所有符号类的所有半代数连通分支, 记作 $\mathfrak{C}$, 构成了 $\mathbb{R}^n$ 的一个连通集分解, 称为 $\mathbb{R}^n$ 关于多项式集 F 的半代数分解.

定义 8.2.2 $\mathbb{R}^n$ 关于多项式集 F 的半代数分解 $\mathfrak{C}$ 称为胞腔分解 (其中的元素称为胞腔), 如果它具有如下性质:

(1) 每个胞腔 C_i 都同胚于一个空间 $\mathbb{R}^{\delta(i)}, 0 \leqslant \delta(i) \leqslant n, \delta(i)$ 称为胞腔 C_i 的维数, C_i 叫作 $\delta(i)$-胞腔;

(2) 每个胞腔 C_i 的闭包 $\bar{C}_i$ 是若干胞腔的并: $\bar{C}_i = \bigcup\limits_j C_j$;

(3) 每个胞腔 C_i 都含于 F 的某个符号类里, 即 $\forall f_j \in F, f_j$ 在 C_i 上不变号.

胞腔分解也常常称为 $\mathbb{R}^n$ 的一个半代数胞腔复形.

定义 8.2.3 集合 $Z \subseteq \mathbb{R}^n$ 称为一个代数集, 如果存在有限个多项式 $f_i \in \mathbb{R}[x_1, \cdots, x_n], i = 1, \cdots, m$, 使得

$$Z = \{(\zeta_1, \cdots, \zeta_n) \in \mathbb{R}^n | f_1(\zeta_1, \cdots, \zeta_n) = \cdots = f_m(\zeta_1, \cdots, \zeta_n) = 0\}$$

例 8.2.2 $Z = \{(x, y) \in \mathbb{R}^2 | x = y^2\}$ 是一个代数集, 它的图像是一条抛物线. 投影映射

$$\pi_x : \mathbb{R}^2 \to \mathbb{R}$$
$$(x, y) \mapsto x$$

的像集 $\pi_x(Z) = \{x \in \mathbb{R} | x \geqslant 0\}$ 不再是代数集.

考虑多项式集 $F = \{f_i | i = 1, \cdots, m\} \subset \mathbb{R}[x_1, \cdots, x_n]$, 将每个多项式表示成 x_n 的多项式

$$f_i(x_1, \cdots, x_{n-1}, x_n) = f_i^{d_i}(x_1, \cdots, x_{n-1})x_n^{d_i} + \cdots + f_i^0(x_1, \cdots, x_{n-1}) \qquad (8.2.3)$$

$P' = (\zeta_1, \cdots, \zeta_{n-1}) \in \mathbb{R}^{n-1}$, 记 $f_{i,P'}(x_n) = f_i^{d_i}(P')x_n^{d_i} + \cdots + f_i^0(P')$.

定义 8.2.4 多项式集 F 是在子集 $C \subseteq \mathbb{R}^{n-1}(C$ 同胚于 $\mathbb{R}^\delta(0 \leqslant \delta \leqslant n-1))$ 上可描绘的, 如果下面的不变性质都能满足:

(1) 对于每个 $i(1 \leqslant i \leqslant m)$, 当 P' 在 C 上变动时, $f_{i,P'}(x_n)$ 的复根个数 (重根计算重数次) 保持不变;

(2) 对于每个 $i(1 \leqslant i \leqslant m)$, 当 P' 在 C 上变动时, $f_{i,P'}(x_n)$ 的不同复根个数保持不变;

(3) 对于每对 $i, j(1 \leqslant i < j \leqslant m)$, 当 P' 在 C 上变动时, $f_{i,P'}(x_n)$ 与 $f_{j,P'}(x_n)$ 的公共复根个数 (重根计算重数次) 保持不变.

命题 8.2.1 设多项式集 F 和 $C \subseteq \mathbb{R}^{n-1}$ 都如前所述. 若 C 是极大的连通 F-可描绘集, 则 C 一定是半代数集.

证明 只需证明可描绘定义中的三个不变性都有半代数刻画.

(1) 第一个条件等价于 $\deg(f_{i,P'})$ 在 C 上不变, 相当于

$$(\forall 1 \leqslant i \leqslant m)\,(\exists 0 \leqslant k_i \leqslant d_i)$$

$$\left[(\forall k > k_i)\left[f_i^k(x_1, \cdots, x_{n-1}) = 0\right] \wedge \left[f_i^{k_i}(x_1, \cdots, x_{n-1}) \neq 0\right]\right]$$

对所有的 $P' = (x_1, \cdots, x_{n-1}) \in C$ 成立.

(2) 第二个条件等价于

$$(\forall 1 \leqslant i \leqslant m)\,(\forall P' \in \mathbb{R}^{n-1}) \quad \left[\left|\mathrm{Zero}\left(f_{i,P'}, \frac{\mathrm{d}}{\mathrm{d}x_n}(f_{i,P'})\right)\right| = \mathrm{invariant}\right]$$

采用子结式的主系数, 由命题 3.4.3 可知, 上述条件可以刻画为

$$(\forall 1 \leqslant i \leqslant m)\,(\exists 0 \leqslant l_i \leqslant d_i - 1)$$

$$\left[(\forall l < l_i)\left[\mathrm{psc}_{x_n}^{(l)}\left(f_i(x_1, \cdots, x_{n-1}, x_n), \frac{\mathrm{d}}{\mathrm{d}x_n}(f_i(x_1, \cdots, x_{n-1}, x_n))\right) = 0\right]\right.$$

$$\left.\wedge \mathrm{psc}_{x_n}^{(l_i)}\left(f_i(x_1, \cdots, x_{n-1}, x_n), \frac{\mathrm{d}}{\mathrm{d}x_n}(f_i(x_1, \cdots, x_{n-1}, x_n))\right) \neq 0\right]$$

对于所有的 $P' = (x_1, \cdots, x_{n-1}) \in C$ 成立. 其中 $\mathrm{psc}_{x_n}^{(l)}$ 表示关于变元 x_n 的 l 阶子结式的主系数.

(3) 第三个条件可以描述为

$$(\forall 1 \leqslant i \neq j \leqslant m)\,(\forall P' \in C) \quad \left[|\mathrm{Zero}(f_{i,P'}, f_{j,P'})| = \mathrm{invariant}\right]$$

由命题 3.4.3 知, 上述条件等价于

$$(\forall 1 \leqslant i < j \leqslant m)\,(\exists 0 \leqslant l_{ij} \leqslant \min(d_i, d_j))$$

$$\left[(\forall l < l_{ij})\left[\operatorname{psc}_{x_n}^{(l)}\left(f_i(x_1, \cdots, x_{n-1}, x_n), f_j(x_1, \cdots, x_{n-1}, x_n)\right) = 0\right]\right.$$

$$\left.\wedge \operatorname{psc}_{x_n}^{(l_{ij})}\left(f_i(x_1, \cdots, x_{n-1}, x_n), f_j(x_1, \cdots, x_{n-1}, x_n)\right) \neq 0\right]$$

对于所有的 $P' = (x_1, \cdots, x_{n-1}) \in C$ 成立. ∎

　　根据命题 8.2.1, 给定一组 n 元多项式 F, 我们可以构造另外一组 $n-1$ 元多项式 $\operatorname{Proj}(F)$, 它能刻画 $\mathbb{R}^{n-1}$ 的极大连通 F-可描绘子集

$$F := \{f_1, f_2, \cdots, f_m\}, \quad d_i = \deg_{x_n}(f_i), \quad i = 1, 2, \cdots, m$$

$$\operatorname{Proj}(F) := \left\{f_i^k(x_1, \cdots, x_{n-1}), 1 \leqslant i \leqslant m, 0 \leqslant k \leqslant d_i\right\}$$

$$\cup \left\{\begin{array}{c} \operatorname{psc}_{x_n}^{(l)}\left(f_i(x_1, \cdots, x_{n-1}, x_n), \dfrac{\mathrm{d}}{\mathrm{d}x_n}(f_i(x_1, \cdots, x_{n-1}, x_n))\right) \\ 1 \leqslant i \leqslant m,\ 0 \leqslant l \leqslant d_i - 1 \end{array}\right\}$$

$$\cup \left\{\begin{array}{c} \operatorname{psc}_{x_n}^{(l)}\left(f_i(x_1, \cdots, x_{n-1}, x_n), f_j(x_1, \cdots, x_{n-1}, x_n)\right) \\ 1 \leqslant i < j \leqslant m,\ 0 \leqslant l \leqslant \min(d_i, d_j) \end{array}\right\}$$

$\operatorname{Proj}(F)$ 称为 F 的投影多项式集. 以下说明, 诸 $f_{i,P'}$ 的不同实根个数在 C 上也是不变的.

　　命题 8.2.2　设 $C \subseteq \mathbb{R}^{n-1}$ 是连通的极大 F-可描绘子集, 则每个 $f_{i,P'}$ 的不同实根个数在 C 上都是不变的.

　　证明　取 $\operatorname{dsep}(f_{i,P'})$ 作为多项式 $f_{i,P'}$ 的根的隔离圆盘 (在复平面上) 的半径, 则由 f_i 的连续性及 $f_{i,P'}$ 在 C 上复根个数的不变性可知, 对于任意取定的正数 ε, $\varepsilon < \dfrac{\operatorname{dsep}(f_{i,P'})}{2}$, 存在正数 δ, 使得 $Q' \in C$, 当 $\|P' - Q'\| < \delta$ 时, 多项式 $f_{i,Q'}$ 的每个根必然落入以 $f_{i,P'}$ 的某个根 α 为中心、以 ε 为半径的圆盘内. 如果 α 是虚根, 而且有 $f_{i,Q'}$ 的某个实根 β 落入这个隔离圆盘内, 则 $\|\beta - \alpha\| < \varepsilon$, 因而 $\|\beta - \bar{\alpha}\| < \varepsilon$, 于是 $\|\alpha - \bar{\alpha}\| < 2\varepsilon < \operatorname{dsep}(f_{i,P'})$. 但 $\bar{\alpha}$ 也是 $f_{i,P'}$ 的根. 矛盾. 所以 $f_{i,Q'}$ 的实根只能落入以 $f_{i,P'}$ 的实根为中心、ε 为半径的圆盘内. 但 $f_{i,P'}$ 与 $f_{i,Q'}$ 的不同复根个数一致, 因此不同的实根个数必然一致. 这说明在 C 上, $f_{i,P'}$ 的不同实根个数具有局部不变性.

　　对于任意两点 $P', Q' \in C$, 设 $\gamma: [0,1] \to C$ 是一条连接它们的道路, $\gamma(0) = P'$, $\gamma(1) = Q'$, 而且 $\Gamma := \gamma([0,1])$ 是紧集. 在每一点 $R' \in \Gamma$ 处, 都有足够小的邻域 $N(R')$, 在其上每个 $f_{i,P'}$ 的不同实根个数保持不变. 设 $N(R_1'), N(R_2'), \cdots, N(R_k')$

是 Γ 的有限覆盖, 在每个邻域上每个 $f_{i,P'}$ 的不同实根个数保持不变. 因而 $f_{i,P'}$ 在 $P',Q' \in C$ 两点处的不同实根个数一致. ∎

推论 8.2.1 设多项式集 $F \subset \mathbb{R}[x_1,\cdots,x_{n-1},x_n]$ 在连通集 $C \subseteq \mathbb{R}^{n-1}$ 上可描绘, 则

(1) $f_{i,P'}$ 的复根在 C 上连续变化;

(2) $f_{i,P'}$ 的实根在 C 上连续变化, 而且保持各根之间的次序, 即第 j 小的实根连续变化为第 j 小的实根.

对于给定的一组多项式 $F \subset \mathbb{R}[x_1,\cdots,x_{n-1},x_n]$ 和点 $P' \in C$, 令

$$g = \prod_{f \in F, f_{P'} \neq 0} f(x_1,\cdots,x_n)$$

则 $g(P',x_n)$ 的实根在 C 上连续变动, 且保持大小次序. 设不同的实根共有 s 个, 则有 s 个连续的实值函数

$$r_1(P'), r_2(P'), \cdots, r_s(P')$$

它们之间没有交叉点. 不妨设它们的大小次序同下标的次序, 则以 C 为基础的柱形空间 $C \times (\mathbb{R} \cup \{\pm\infty\})$ 被这 s 个函数分成 $2s+1$ 个部分.

s 个截面: $\{(P',x_n) | P' \in C, x_n = r_i(P')\}, \quad i = 1,2,\cdots,s$

$s-1$ 个有限扇区: $\{(P',x_n) | P' \in C, r_i(P') < x_n < r_{i+1}(P')\}, \quad i = 1,2,\cdots,s-1$

2 个无限扇区: $\{(P',x_n) | P' \in C, x_n < r_1(P')\}, \quad \{(P',x_n) | P' \in C, x_n > r_s(P')\}$

例 8.2.3 在实平面上, 多项式 $f(x,y) = y^2 - x$ 定义一个抛物线. 注意到

$$f(x,y) = 1 \cdot y^2 + 0 \cdot y + (-x)$$

得 $f^2(x) = 1, f^1(x) = 0, f^0(x) = -x, f' = 2y, f, f'$ 的各阶子结式的主系数为

$$\mathrm{psc}_y^{(1)}(f,f') = 2, \quad \mathrm{psc}_y^{(0)}(f,f') = -4x$$

这样

$$\mathrm{Proj}(\{f\}) = \{1, x\}$$

连通的极大 $\{f\}$-可描绘集有三个: $A = [-\infty, 0), B = [0,0], C = (0,+\infty)$.

在 A 上, 没有截面, 有唯一的无限扇区, 因为 $x \in A, y^2 - x$ 没有零点;

在 B 上, 有一个截面, 两个无限扇区, 因为 $x \in B, y^2 - x$ 有唯一的实零点 $y = 0$;

在 C 上, 有两个截面和三个扇区, 因为 $x \in C, y^2 - x$ 有两个不同实根 $y = \pm\sqrt{x}$.

如图 8.2.1 所示.

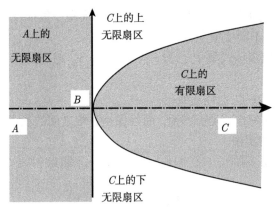

图 8.2.1　扇区与截面

在 x 从 $-\infty$ 变到 $+\infty$ 的过程中, $y^2 - x$ 在 A 上的两个虚根在 $x = 0$ 处合并为一个二重的实根, 然后又分裂成 C 上的两个不同实根. 在每个极大连通 $\{f\}$-可描绘区域中, 复根个数、实根个数都保持不变.

定义 8.2.5　空间 $\mathbb{R}^n$ 到 $\mathbb{R}^m$ 的映射 $\psi: \mathbb{R}^n \to \mathbb{R}^m$ 是半代数映射, 如果对任意半代数集 $S \subseteq \mathbb{R}^n$, ψ 的图像

$$\{(s, \psi(s)) \in \mathbb{R}^{n+m} | s \in S\}$$

是 $\mathbb{R}^{n+m}$ 的半代数集.

定理 8.2.1(Tarski-Seidenberg)　设 $S \subseteq \mathbb{R}^n$ 是一个半代数集, $\psi: \mathbb{R}^n \to \mathbb{R}^m$ 是半代数映射, 则 $\psi(S)$ 是 $\mathbb{R}^m$ 中的半代数集.

证明　关于 n 归纳. 当 $n = 1$ 时, 则 ψ 的图像 V 是 $\mathbb{R}^{m+1}$ 的半代数集. 不妨设 V 由多项式集 $F \subset \mathbb{R}[x_1, \cdots, x_m, x_{m+1}]$ 确定, 而且 $\psi(S)$ 是 V 向前 m 个坐标的投影

$$\pi: \mathbb{R}^{m+1} \to \mathbb{R}^m$$
$$(\zeta_1, \cdots, \zeta_m, \zeta_{m+1}) \mapsto (\zeta_1, \cdots, \zeta_m)$$

考虑多项式集合 $\mathrm{Proj}(F)$, 如果 C 是 $\mathbb{R}^m$ 关于 $\mathrm{Proj}(F)$ 的胞腔分解 $\mathfrak{C}$ 中的一个胞腔, 则 C 是极大连通 F-可描绘子集, 我们断言

$$C \cap \pi(V) \neq \varnothing \Rightarrow C \subseteq \pi(V)$$

事实上, 设 $P \in V$ 使得 $P' := \pi(P) \in C$, 则 P 必然属于某个 F-截面或扇区, 假设这个截面或扇区由两个实值函数 $r_i(P')$ 和 $r_{i+1}(P')$ 定义. 现在考虑任意 $Q' \in C$. 因为 C 是道路连通的, 存在道路 $\sigma: [0,1] \to C$ 使得 $\sigma(0) = P', \sigma(1) = Q'$. 这条道路

可以提升到 V 中的道路

$$\gamma: \quad [0,1] \to V : \gamma(t) = (\sigma(t), r(t))$$

其中

$$r(t) = \frac{r_{i+1}(\sigma(t))[p - r_i(P')] - r_i(\sigma(t))[p - r_{i+1}(P')]}{r_{i+1}(P') - r_i(P')}$$

这里 $t \in [0,1], p$ 是 P 的第 $m+1$ 个分量, 即 $P = (P', p)$.

直接验证可知, $r_i(\sigma(t)) \leqslant r(t) \leqslant r_{i+1}(\sigma(t))$, 因而 $\gamma([0,1]) \subseteq V$, $Q' \in \pi(V)$. 由此, $\psi(S) = \pi(V)$ 可以表示成胞腔分解 $\mathfrak{C}$ 中有限个胞腔的并, 因为

$$\pi(V) \subseteq \cup\{C | C \cap \pi(V) \neq \varnothing\} \subseteq \pi(V)$$

所以, $\psi(S)$ 是半代数集.

对于 $n > 1$, 由于任何投影映射 $\pi: \ \mathbb{R}^{n+m} \to \mathbb{R}^m$ 都可以表示成下面两种特殊投影映射的乘积: $\pi': \mathbb{R}^{n+m} \to \mathbb{R}^{m+1}$, $\pi'': \mathbb{R}^{m+1} \to \mathbb{R}^m$. 根据归纳假设可以证明一般情形. ∎

推论 8.2.2 设 $S \subseteq \mathbb{R}^n$ 是半代数集, $\psi: \mathbb{R}^n \to \mathbb{R}^m$ 是多项式映射, 则 $\psi(S) \subseteq \mathbb{R}^m$ 是半代数集.

证明 设 ψ 是下列多项式定义的映射:

$$g_k(x_1, \cdots, x_n), \quad k = 1, \cdots, m$$

则 ψ 的图像是 $(S \times \mathbb{R}^m) \cap T$, 其中

$$T = \left\{ (\xi_1, \cdots, \xi_n, \zeta_1, \cdots, \zeta_m) \in \mathbb{R}^{n+m} | g_k(\xi_1, \cdots, \xi_n) - \zeta_k = 0, k = 1, \cdots, m \right\}$$

因而是一个半代数集, 所以 ψ 是半代数映射, 由 Tarski-Seidenberg 定理知 $\psi(S)$ 是半代数集. ∎

8.3 柱形代数分解

通过上节的分析, 我们可以给出实空间 $\mathbb{R}^n$ 关于给定有理系数多项式组的胞腔分解方法. 首先考虑一维情形. 给定多项式组

$$F = \{ f_{i,j}(x) \in \mathbb{Q}[x] | i = 1, \cdots, m, \ j = 1, \cdots, l_i \} \tag{8.3.1}$$

令

$$g = \prod_{i,j} f_{i,j}(x) \tag{8.3.2}$$

并假定 g 的不同实根为

$$\xi_1 < \cdots < \xi_{i-1} < \xi_i < \xi_{i+1} < \cdots < \xi_s$$

则 $\mathbb{R} \cup \{\pm\infty\}$ 被分解为如下 $2s+1$ 个初等区间:

$$[-\infty, \xi_1), [\xi_1, \xi_1], \cdots, (\xi_{i-1}, \xi_i), [\xi_i, \xi_i], (\xi_i, \xi_{i+1}), \cdots, [\xi_s, \xi_s], (\xi_s, +\infty]$$

每个区间 C 都是连通的, F 在 C 上不变号, 因而, 由 F 定义的每一个半代数集

$$S = \bigcup_{i=1}^{m} \bigcap_{j=1}^{l_i} \{\xi \in \mathbb{R} \cup \{\pm\infty\} | \mathrm{sgn}(f_{i,j}(\xi)) = s_{i,j}\}$$

都是上述某些区间的并, 而且

$$\text{区间 } C \subseteq S \text{ 当且仅当 } (\forall i, j)\, [\mathrm{sgn}(f_{i,j}(\alpha_C)) = s_{i,j}]$$

其中 α_C 可以是 C 中任意一个点. 作为样本点, 可以将 α_C 取成实代数数

$$\alpha_C = \begin{cases} \xi_1 - 1, & C = [-\infty, \xi_1), \\ \xi_i, & C = [\xi_i, \xi_i], \\ (\xi_i + \xi_{i+1})/2, & C = (\xi_i, \xi_{i+1}), \\ \xi_s + 1, & C = (\xi_s, +\infty] \end{cases} \tag{8.3.3}$$

对于 $n > 1$ 维情形, 我们递归地进行胞腔分解.

定义 8.3.1　实空间 $\mathbb{R}^n$ 的柱形代数分解递归定义如下:

当 $n = 1$ 时, $\mathbb{R} \cup \{\pm\infty\}$ 分解成有限个实代数数以及由这些实代数数界定的有界和无界的开区间

$$[-\infty, \xi_1), [\xi_1, \xi_1], \cdots, (\xi_{i-1}, \xi_i), [\xi_i, \xi_i], (\xi_i, \xi_{i+1}), \cdots, [\xi_s, \xi_s], (\xi_s, +\infty]$$

当 $n > 1$ 时, 归纳假设 $\mathbb{R}^{n-1}$ 有一个柱形代数分解 $\mathfrak{C}'$, 则 $\mathbb{R}^n$ 的柱形代数分解 $\mathbb{C}$ 通过对每一个 $C' \in \mathfrak{C}'$ 给定一个辅助函数

$$g_{C'}(P', x_n) = g_{C'}(x_1, \cdots, x_{n-1}, x_n) \in \mathbb{Q}[x_1, \cdots, x_n]$$

来定义. $\mathfrak{C}$ 的胞腔有以下两种类型:

(1) 对于每一个胞腔 $C' \in \mathfrak{C}'$, 以 C' 为基础的柱形区域 $C' \times (\mathbb{R} \cup \{\pm\infty\})$, 或

(2) 对于每一个胞腔 $C' \in \mathfrak{C}'$, 多项式 $g_{C'}(P', x_n)(P' \in C')$ 有 $s(> 0)$ 个不同的实根

$$r_1(P') < r_2(P') < \cdots < r_s(P') \tag{8.3.4}$$

每个 $r_i(P')$ 都是 C' 上的连续函数, 则下列 C' 上的扇区和截面属于 $\mathfrak{C}$:

$$
\begin{aligned}
C_0^* &= \{(P', x_n) | x_n \in [-\infty, r_1(P')]\} \\
C_1 &= \{(P', x_n) | x_n = r_1(P')\} \\
C_1^* &= \{(P', x_n) | x_n \in (r_1(P'), r_2(P'))\} \\
C_2 &= \{(P', x_n) | x_n = r_2(P')\} \\
&\cdots\cdots \\
C_{s-1}^* &= \{(P', x_n) | x_n \in (r_{s-1}(P'), r_s(P'))\} \\
C_s &= \{(P', x_n) | x_n = r_s(P')\} \\
C_s^* &= \{(P', x_n) | x_n \in (r_s(P'), +\infty]\}
\end{aligned}
\tag{8.3.5}
$$

给定 n 元有理系数多项式的有限集 F,

$$
F = \{f_{i,j}(x_1, \cdots, x_n) \in \mathbb{Q}[x_1, \cdots, x_n] | i = 1, \cdots, m; j = 1, \cdots, l_i\}
\tag{8.3.6}
$$

为了计算 $\mathbb{R}^n$ 的 F-符号不变柱形代数分解, 我们采用下列步骤:

(1) **投影**　对于 $F \subseteq \mathbb{R}[x_1, \cdots, x_n]$ 求投影集 $\mathrm{Proj}(F) \subseteq \mathbb{R}[x_1, \cdots, x_{n-1}]$;

(2) **递归**　递归计算 $\mathbb{R}^{n-1}$ 的 $\mathrm{Proj}(F)$-符号不变柱形代数分解;

(3) **提升**　对每个 $C' \in \mathfrak{C}'$ 使用辅助多项式

$$
g_{C'}(\bar{x}, x_n) = \prod_{f_{i,j,P'} \neq 0} f_{i,j}(x_1, \cdots, x_{n-1}, x_n)
\tag{8.3.7}
$$

将 $\mathrm{Proj}(F)$-符号不变的半代数集 C' 提升为 F-符号不变的代数集, 它们由上柱形空间的截面和扇区组成.

适当改造上述分解过程, 可以在每个胞腔 $C \in \mathfrak{C}$ 中找出样本点 $\alpha_C \in C$, 由这些样本点组成胞腔分解 $\mathfrak{C}$ 的样本点集, 称为 $\mathfrak{C}$ 的代表系.

算法 8.1　柱形代数分解算法 (CAD)

输入: 有限多项式集 $F \subseteq \mathbb{Q}[x_1, \cdots, x_n]$.

输出: $\mathbb{R}^n$ 的 F-符号不变柱形代数分解及其代表系.

1. 如果 $n = 1$, 求出多项式集 F 的各个多项式的所有实根 $r_1 < r_2 < \cdots < r_s$, 则柱形代数分解 $\mathfrak{C}$ 由下列区间

$$
[-\infty, r_1), (r_1, r_2), \cdots, (r_{s-1}, r_s), (r_s, +\infty]
$$

和单点集 $\{r_1\}, \{r_2\}, \cdots, \{r_s\}$ 给出; 代表系可以取为

$$
R = \left\{ r_1 - 1, r_1, \frac{r_1 + r_2}{2}, \cdots, r_{s-1}, \frac{r_{s-1} + r_s}{2}, r_s, r_s + 1 \right\}
\tag{8.3.8}
$$

2. 如果 $n > 1$, 则先求出 $\mathrm{Proj}(F) \subseteq \mathbb{R}[x_1, \cdots, x_{n-1}]$. 假设 $\mathbb{R}^{n-1}$ 的 $\mathrm{Proj}(F)$-符号不
   变柱形代数分解 $\mathfrak{C}'$ 已经作出, $\{\alpha_{C'}\}$ 是 $\mathfrak{C}'$ 的代表系, 构造辅助多项式

$$\Pi(F) = \prod_{f \in F, f_{\alpha_{C'}} \neq 0} f(x_1, \cdots, x_n)$$

求出 $\Pi(F)$ 在 C' 上的实根函数 $r_1(P') < r_2(P') < \cdots < r_s(P')$, 由此确定柱形区域
$C' \times (\mathbb{R} \cup \{\pm\infty\})$ 上的截面和扇区, 这些截面和扇区即构成了 $C' \times (\mathbb{R} \cup \{\pm\infty\})$ 的
半代数胞腔分解 $\mathfrak{C}_{C'}$, 它的代表系取为

$$R_{C'} = \{(\alpha_{C'}, r_1(\alpha_{C'}) - 1), (\alpha_{C'}, r_1(\alpha_{C'})), (\alpha_{C'}, (r_1(\alpha_{C'}) + r_2(\alpha_{C'}))/2), \cdots,$$
$$(\alpha_{C'}, r_{s-1}(\alpha_{C'})), (\alpha_{C'}, (r_{s-1}(\alpha_{C'}) + r_s(\alpha_{C'}))/2), (\alpha_{C'}, r_s(\alpha_{C'}) + 1)\} \quad (8.3.9)$$

3. 由此得到 F-符号不变柱形代数分解和它的代表系

$$\mathfrak{C} = \bigcup_{C' \in \mathfrak{C}'} \mathfrak{C}_{C'}, \quad R = \bigcup_{C' \in \mathfrak{C}'} R_{C'} \tag{8.3.10}$$

定理 8.3.1(Collins 定理)   任给一个有限多项式集合 $F \subseteq \mathbb{Q}[x_1, \cdots, x_n]$, 可以
有效构造出下列对象:

(1) $\mathbb{R}^n$ 的 F-符号不变柱形代数分解 $\mathfrak{C}$, 其中, 每个 $C \in \mathfrak{C}$ 是连通的半代数集,
并且同胚于 $\mathbb{R}^{\delta(C)}, 0 \leqslant \delta(C) \leqslant n$;

(2) $\mathfrak{C}$ 的代表系 $R = \{\alpha_C | \forall C \in \mathfrak{C}, \alpha_C \in C\}$, 并且 α_C 的分量都是实代数数;

(3) 每个胞腔 C 的无量词定义公式 $\varphi_C(x_1, \cdots, x_n)$(将在后面说明).

在柱形代数分解中, 多项式集合 F 称为在 $\mathbb{R}^n$ 中是**良基**的, 如果它具有如下的
非退化性质:

(1) 对于所有的 $P' \in \mathbb{R}^{n-1}$,

$$(\forall f_i \in F) \quad [f_i(P', x_n) \neq 0]$$

(2) $\mathrm{Proj}(F)$ 在 $\mathbb{R}^{n-1}$ 中是良基的, 即, 对于所有的 $P'' \in \mathbb{R}^{n-2}$,

$$(\forall g_j \in \mathrm{Proj}(F)) \quad [g_j(P'', x_{n-1}) \neq 0]$$

8.4   命题代数与量词消去

为了描述数学概念, 我们常常需要形式化的语言. 一阶形式语言 $\mathcal{L}$ 是由有限个
关系符号、函数符号、常量符号、逻辑符号 $\wedge, \vee, \neg, \Rightarrow$(它们分别是与/或/非/蕴涵)、

量词符号 $\forall, \exists$(分别表示任意和存在)、变元 $x_1, \cdots, x_n$ 等组成的. 在实闭域的理论中, 一阶形式语言 $\mathcal{L}$ 常写作 $\mathcal{L}(+, \cdot, <, =, 0, 1)$. 例如, 实闭域的公理系统可以用一阶形式语言描述如下：

(1) $(\forall x \in \Bbbk)[(x > 0) \vee (x = 0) \vee (x < 0)]$;

(2) $(\forall x, y \in \Bbbk)[(x > 0) \wedge (y > 0) \Rightarrow (x + y > 0) \wedge (xy > 0)]$;

(3) $(\forall x \in \Bbbk)\,[(x > 0) \Rightarrow (\exists y \in \Bbbk)[x = y \cdot y]]$;

(4) $(\forall x_0, x_1, \cdots, x_{2k-1} \in \Bbbk, x_{2k-1} \neq 0)\,[(\exists y \in \Bbbk)[x_0 + x_1 \cdot y + x_2 \cdot y^2 + \cdots + x_{2k-1} \cdot y^{2k-1} = 0]]$.

以后我们用 Ams 表示实闭域公理系统. 当一个公式 ϕ 可由该公理系统推出时, 就记为

$$\text{Ams} \vdash \phi$$

A. Tarski 建立了实闭域上的一阶命题理论, 这些命题理论是用命题代数语句表达的. Tarski 命题代数语句是如下构成的:

◇**常数**c, 给定的实闭域 $\mathbb{R}$ 中的元素;

◇有限个**变量**$x_1, \cdots, x_n$, 它们取值于实闭域 $\mathbb{R}$;

◇**代数式**, 它是一个常数, 或者是一个变量, 或者递归地由两个代数式经过加 $(+)$、减 $(-)$、乘 $(\cdot)$、除 $(/)$(分母只能是非零常数) 运算而得到的表达式;

◇**原子语句**, 它是用关系符 "=" 或 ">" 之一连接两个代数式;

◇**命题代数语句**, 它是一个原子语句, 或者是一个原子语句的非 $(\neg)$, 或者递归地由两个命题代数语句的与 $(\wedge)$, 或 $(\vee)$ 及蕴涵 $(\Rightarrow)$ 而产生的语句.

注 我们也常常采用 $f \geqslant g, f < g, f \leqslant g, f \neq g$ 这些语句, 它们分别代表

$$(f > g) \vee (f = g), \quad g > f, \quad (f < g) \vee (f = g), \quad (f > g) \vee (f < g)$$

一个命题代数语句 ϕ 在点 $P = (\xi_1, \cdots, \xi_n) \in \mathbb{R}^n$ 取真值, 当且仅当将语句中出现的变量 x_i 取值 ξ_i 时, 得到的相等或不等关系在实闭域 $\mathbb{R}$ 上是成立的. 可见, 在实数域 $\mathbb{R}$ 上, 一个命题代数语句 ϕ 定义一个半代数集

$$S = \{(\xi_1, \cdots, \xi_n) \in \mathbb{R}^n | \phi(\xi_1, \cdots, \xi_n) = \text{true}\}$$

反之, 每一个半代数集都可以由实数域 $\mathbb{R}$ 上的某一个命题代数语句定义.

为了方便描述一个代数、几何命题, 我们需要对于变量的取值范围、存在性加以刻画, 需要在命题代数语句中加入全称量词 $(\forall)$ 和存在量词 $(\exists)$, 这就构成了 Tarski 语句 (后面统称为命题语句). 在命题语句中没有量词 "限制" 的变量称为该语句的自由变量. 如果命题语句 ϕ 中出现的变量都是自由的, 而且对于所有的点 $P \in \mathbb{R}^n$ 都有 $\phi(P) = \text{true}$, 则说该命题语句为真 (或说命题 ϕ 成立). 一阶命题理论

就是研究判定命题语句真假的问题, 满足实闭域公理的一阶命题理论称为实闭域初等理论. 实数域就是实闭域初等理论的一个模型.

Tarski 原理　任何初等代数的公式 ϕ 如果在实闭域的初等理论的一个模型中成立, 则在其他实闭域模型中也成立.

由 Tarski 原理, 我们只需以实数域为模型讨论实闭域的初等理论.

例 8.4.1　几个实代数几何问题的命题语句表示:

(1) 设多项式 $f(x) \in \mathbb{Z}[x]$ 有下列实根

$$\alpha_1 < \cdots < \alpha_{j-1} < \alpha_j < \cdots$$

代数数 α_j 可以表示如下:

$$
\begin{aligned}
f(y) =& 0 \wedge (\exists x_1, \cdots, x_{j-1})[(x_2 - x_1 > 0) \wedge \cdots \wedge (x_{j-1} - x_{j-2} > 0) \\
& \wedge (f(x_1) = 0 \wedge \cdots \wedge f(x_{j-1}) = 0) \\
& \wedge (\forall z)[(f(z) = 0 \wedge (y - z > 0) \\
& \Rightarrow ((z - x_1 = 0) \vee \cdots \vee (z - x_{j-1} = 0))]]
\end{aligned}
$$

如果知道 (l, r) 是 α_j 的孤立区间, 则实根 α_j 可以用下面的命题语句表示:

$$
\begin{aligned}
& (f(y) = 0) \wedge (y - l > 0) \wedge (r - y > 0) \\
& \wedge (\forall x)\left[((x - y) \neq 0) \wedge (x - l > 0) \wedge (r - x > 0)) \Rightarrow f(x) \neq 0\right]
\end{aligned}
$$

(2) 设 $S \subseteq \mathbb{R}^n$ 是一个半代数集, 则它的闭包可以用下面的命题语句定义:

$$\psi(\boldsymbol{x}) = (\forall \varepsilon)\left[(\varepsilon > 0) \Rightarrow (\exists \boldsymbol{y})\left[\phi_S(\boldsymbol{y}) \wedge (\|\boldsymbol{x} - \boldsymbol{y}\|_2 < \varepsilon)\right]\right]$$

其中, ϕ_S 是半代数集 S 的定义语句, $\bar{S} = \{\boldsymbol{x} | \psi(\boldsymbol{x}) = \text{true}\}$.

(3) 设 C_1, C_2 是 $\mathbb{R}^n$ 的柱形代数分解的两个胞腔, 它们的定义语句分别是 ϕ_{C_1} 和 ϕ_{C_2}. C_1, C_2 称为相邻的, 如果

$$C_1 \cap \bar{C}_2 \neq \varnothing \text{ 或者 } C_2 \cap \bar{C}_1 \neq \varnothing$$

相邻关系可以用下面的命题语句刻画

$$
\begin{aligned}
& (\exists \boldsymbol{x})(\forall \varepsilon)(\exists \boldsymbol{y}) \\
& \quad [(((\varepsilon > 0) \wedge \phi_{C_1}(\boldsymbol{x})) \Rightarrow (\phi_{C_2}(\boldsymbol{y}) \wedge (\|\boldsymbol{x} - \boldsymbol{y}\|_2 < \varepsilon))) \\
& \quad \vee (((\varepsilon > 0) \wedge \phi_{C_2}(\boldsymbol{x})) \Rightarrow (\phi_{C_1}(\boldsymbol{y}) \wedge (\|\boldsymbol{x} - \boldsymbol{y}\|_2 < \varepsilon)))]
\end{aligned}
$$

一个命题语句称为前束语句, 如果它具有形式

$$(Q_1 x_1)(Q_2 x_2) \cdots (Q_n x_n)[\phi(y_1, y_2, \cdots, y_r, x_1, x_2, \cdots, x_n)]$$

其中 Q 代表全称量词 ($\forall$) 或存在量词 ($\exists$), ϕ 是无量词命题代数语句. 任何命题语句都有前束形式. 实际上可以通过下面操作找到已知命题语句的前束形式:

(1) 消去多余的量词, 如果变元 x 在语句 ϕ 中不出现, 则子公式 $(Qx)\phi$ 可用 ϕ 替换;

(2) 重命变量名, 使得同一个变量不能既作为自由变量也作为限制变量;

(3) 把非运算符号向内移动,

$$\neg(\forall x)[\phi(x)] \Rightarrow (\exists x)[\neg\phi(x)]$$
$$\neg(\exists x)[\phi(x)] \Rightarrow (\forall x)[\neg\phi(x)]$$
$$\neg(\phi \wedge \psi) \Rightarrow (\neg\phi \vee \neg\psi) \tag{8.4.1}$$
$$\neg(\phi \vee \psi) \Rightarrow (\neg\phi \wedge \neg\psi)$$
$$\neg\neg\phi \Rightarrow \phi$$

(4) 把量词向左推,

$$(Qx)[\phi(x)] \wedge \psi \Rightarrow (Qx)[\phi(x) \wedge \psi]$$
$$(Qx)[\phi(x)] \vee \psi \Rightarrow (Qx)[\phi(x) \vee \psi]$$
$$\psi \wedge (Qx)[\phi(x)] \Rightarrow (Qx)[\psi \wedge \phi(x)] \tag{8.4.2}$$
$$\psi \vee (Qx)[\phi(x)] \Rightarrow (Qx)[\psi \vee \phi(x)]$$

例 8.4.2 将下面的命题语句变成前束语句:

$$(\forall x)\left[((\forall y)[f(x) = 0] \vee (\forall z)[g(z, y) > 0]) \Rightarrow \neg(\forall y)[h(x, y) \leqslant 0]\right]$$

首先消去多余的量词并重新命名变量, 命题语句变成

$$(\forall x)\left[([f(x) = 0] \vee (\forall z)[g(z, y) > 0]) \Rightarrow \neg(\forall w)[h(x, w) \leqslant 0]\right]$$

经过化简后变成

$$(\forall x)\left[([f(x) \neq 0] \wedge \neg(\forall z)[g(z, y) > 0]) \vee \neg(\forall w)[h(x, w) \leqslant 0]\right]$$

再将非算符 $\neg$ 向内移动变成

$$(\forall x)\left[([f(x) \neq 0] \wedge (\exists z)[g(z, y) \leqslant 0]) \vee (\exists w)[h(x, w) > 0]\right]$$

最后把所有的量词都推到前面

$$(\forall x)(\exists z)(\exists w)\left[((f(x) \neq 0) \wedge (g(z, y) \leqslant 0)) \vee (h(x, w) > 0)\right]$$

在上述命题语句中, y 是自由变量. 在前束语句中, 量词间的先后顺序是不能随意调换的, 它应该与量词在语句出现的前后次序一致.

实闭域初等理论中的量词消去问题即是

给定一个前束式命题语句, 求一个与其等价的无量词命题语句

这里我们利用柱形代数分解给出量词消去算法. 为此, 先来描述一下确定命题语句真假值的过程. 不妨假定命题语句都是前束形式, 而且所有变量都是限制变量, 因为自由变量可以看作是全称量词限制下的变量

$$(Q_1x_1)(Q_2x_2)\cdots(Q_nx_n)[\phi(x_1,x_2,\cdots,x_n)] \tag{8.4.3}$$

对弈中的选手和对手的走子过程可以形象地描述命题代数语句的真假值的确定过程: 假定前 $i-1$ 步已经完成, 并且前 $i-1$ 个变量已经选到值

$$\zeta_1,\cdots,\zeta_{i-1}$$

则第 i 步走子按如下规则进行:

(1) 若第 i 个量词 Q_i 是 $\exists$, 则选手走子; 若第 i 个量词 Q_i 是 $\forall$, 则对手走子;

(2) 如果选手走子, 他选择使自己赢的变量取值, 即他努力使

$$(Q_{i+1}x_{i+1})\cdots(Q_nx_n)[\phi(\zeta_1,\cdots,\zeta_i,x_{i+1},\cdots,x_n)] = \text{true}$$

如果对手走子, 他也选择使自己赢 (让选手输) 的变量取值, 即他努力使

$$(Q_{i+1}x_{i+1})\cdots(Q_nx_n)[\phi(\zeta_1,\cdots,\zeta_i,x_{i+1},\cdots,x_n)] = \text{false}$$

当所有的 $\zeta_j(j=1,\cdots,n)$ 都被选定后, 就把这些值赋给 ϕ 中相应的变量

$$\phi(\zeta_1,\cdots,\zeta_n)$$

若 $\phi(\zeta_1,\cdots,\zeta_n) = \text{true}$, 则选手赢; 否则选手输.

设 $F = \{f_1,\cdots,f_m\} \subseteq \mathbb{Q}[x_1,\cdots,x_n]$ 是命题代数语句 $\phi(x_1,\cdots,x_n)$ 中出现的所有多项式之集, $\mathfrak{C}^{(n)} := \mathfrak{C}$ 为 $\mathbb{R}^n$ 的 F-符号不变柱形代数分解, S 为该分解的代表系. 于是, $\mathfrak{C}$ 的胞腔分别属于不同的柱形区域. 假设 $C_{i,j}^{(n)} \in \mathfrak{C}, j = 1,\cdots,$ $k_i^{(n)}$ 属于以 $C_i^{(n-1)}$ 为基础的柱形区域, $i = 1,\cdots,l_{n-1}$, 令 $\mathfrak{C}^{(n-1)} = \{C_i^{(n-1)}|i=1,$ $\cdots,l_{n-1}\}$. 同样 $\mathfrak{C}^{(n-1)}$ 的每个胞腔分别属于不同的柱形区域. 假设 $C_{i,j}^{(n-1)} \in \mathfrak{C}^{(n-1)}$, $j = 1,\cdots,k_i^{(n-1)}$ 属于以 $C_i^{(n-2)}$ 为基础的柱形区域, $i = 1,\cdots,l_{n-2}$, 令 $\mathfrak{C}^{(n-2)} = \left\{C_i^{(n-2)}|i=1,\cdots,l_{n-2}\right\}$. 如此分析下去, $\mathfrak{C}^{(2)}$ 的每个胞腔分别属于不同的柱形区域. 假设 $C_{i,j}^{(2)} \in \mathfrak{C}^{(2)}, j = 1,\cdots,k_i^{(2)}$ 属于以 $C_i^{(1)}$ 为基础的柱形区域, $i = 1,\cdots,l_1$, 令 $\mathfrak{C}^{(1)} = \{C_i^{(1)}|i=1,\cdots,l_1\}$.

构造命题 "与或树" 随便取一个节点 $\mathfrak{C}^{(0)}$ 作为根节点 (0 级节点), 然后以 $\mathfrak{C}^{(1)}$ 中元素作为 1 级节点, $\mathfrak{C}^{(2)}$ 中元素作为 2 级节点等等, 以 $\mathfrak{C}^{(n-1)}$ 中的元素作为 $n-1$ 级节点, $\mathfrak{C}$ 中的元素作为叶节点 (n 级节点). 根节点与每个 1 级节点有一条边相连, 这些 1 级节点称为根节点的子节点; k 级节点 $C_i^{(k)}$ 只与属于它的胞腔有一条边相连, 这些胞腔称为 $C_i^{(k)}$ 的子节点, $k = 2, \cdots, n$. 其余的节点之间没有边相连. 这样我们构造了一棵树. 除了叶节点外, 所有的节点分为两类: 与节点、或节点. $k-1$ 级节点称为与节点 (或节点) 如果前束形式的命题语句中的量词 Q_k 是全称量词 $\forall$(存在量词 $\vee$). 至此得到一棵 "与或树" T.

对 T 的每个叶节点 $C \in \mathfrak{C}$, 赋逻辑值 $\phi(\alpha_C)$, 其中 $\alpha_C \in S$ 是胞腔 C 的样本点. 假如 T 中 k 级节点都已赋值, 则 $k-1$ 级节点 $C_i^{(k-1)} \in \mathfrak{C}^{(k-1)}$ 按如下规则赋值:

当 $C_i^{(k-1)}$ 为与节点时, 节点 $C_i^{(k-1)}$ 的逻辑值为它的所有子节点的逻辑值的与;

当 $C_i^{(k-1)}$ 为或节点时, 节点 $C_i^{(k-1)}$ 的逻辑值为它的所有子节点的逻辑值的或.

$k = n, n-1, \cdots, 2, 1$. 由前面的分析可知, 命题语句 (8.4.3) 的逻辑值就是与、或树 T 中根节点的赋值. 由柱形代数分解算法, $\mathfrak{C}$ 的每个胞腔都可用一个命题代数语句定义, 它是无量词的, 因而命题语句 (8.4.3) 可以表示成无量词命题语句.

定理 8.4.1 设 ψ 是实闭域语言 $\mathfrak{L}$ 中一个命题, 则有下述事实:

(1) 存在一个有效的判定 ψ 的过程;

(2) 存在一个无量词公式 ϕ 满足

$$\text{Ams} \vdash \psi \Leftrightarrow \varphi$$

其中, Ams 表示实闭域公理系统.

例 8.4.3(例 8.2.3 续) 考虑命题语句

$$(\exists x)(\forall y)\left[y^2 - x > 0\right] \quad \text{和} \quad (\exists x)(\forall y)\left[y^2 - x < 0\right]$$

由例 8.2.3, $\mathbb{R}^2$ 的柱形代数分解为

$$\mathfrak{C}^{(1)}: \quad C_1^{(1)} = [-\infty, 0), \quad C_2^{(1)} = [0, 0], \quad C_3^{(1)} = (0, +\infty]$$

$$\mathfrak{C}^{(2)}: \quad C_{1,1}^{(2)} = [-\infty, 0) \times [-\infty, +\infty]$$

$$C_{2,1}^{(2)} = [0, 0] \times [-\infty, 0), \quad C_{2,2}^{(2)} = \{(0, 0)\}, \quad C_{2,3}^{(2)} = [0, 0] \times (0, +\infty]$$

$$C_{3,1}^{(2)} = \{(x, y) | x \in (0, +\infty], y < -\sqrt{x}\}$$

$$C_{3,2}^{(2)} = \{(x, y) | x \in (0, +\infty], y = -\sqrt{x}\}$$

$$C_{3,3}^{(2)} = \{(x, y) | x \in (0, +\infty], -\sqrt{x} < y < \sqrt{x}\}$$

$$C_{3,4}^{(2)} = \{(x, y) | x \in (0, +\infty], y = \sqrt{x}\}$$

$$C_{3,5}^{(2)} = \{(x, y) | x \in (0, +\infty], y > \sqrt{x}\}$$

$\mathfrak{C} := \mathfrak{C}^{(2)}$ 的代表系可取为

$$S = \{(-1,0); (0,-1),(0,0),(0,1); (1,-2),(1,-1),(1,0),(1,1),(1,2)\}$$

$(\exists x)(\forall y)\left[y^2 - x > 0\right]$ 的 "与或树" 如图 8.4.1 所示.

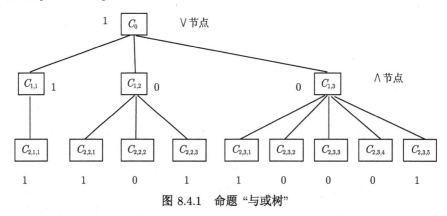

图 8.4.1　命题 "与或树"

从 "与或树" 看出, 命题语句 $(\exists x)(\forall y)\left[y^2 - x > 0\right]$ 取真值, 而且与下面的无量词命题语句等价:

$$(0 > -1) \vee [(1 > 0) \wedge (0 > 0) \wedge (1 > 0)] \vee [(4 > 1) \wedge (1 > 1) \wedge (0 > 1) \wedge (1 > 1) \wedge (4 > 1)]$$

　　命题语句 $(\exists x)(\forall y)\left[y^2 - x < 0\right]$ 的与、或树结构一样, 只是叶节点的赋值有所变化, 它们分别是 (从左向右): 0; 0, 0, 0; 0, 0, 1, 0, 0. 可见, $(\exists x)(\forall y)\left[y^2 - x < 0\right]$ 取假值, 等价的无量词命题语句为

$$(1 < 0) \vee [(1 < 0) \wedge (0 < 0) \wedge (1 < 0)] \vee [(3 < 0) \wedge (0 < 0) \wedge (-1 < 0) \wedge (0 < 0) \wedge (3 < 0)]$$

8.5　两 例 应 用

　　由 Collins 定理和 Tarski 原理可知, 任何初等代数命题, 特别是初等几何定理, 都可由量词消去算法求解. 求解的基本原理是通过柱形代数分解将普通的带有量词的命题代数语句转化成与之等价的无量词命题代数语句, 然后通过无量词命题代数语句的取逻辑真值来断定原命题的正确性.

8.5.1　不等式的机器证明

　　因为柱形代数分解算法能够处理半代数集, 这些半代数集都是由多项式方程和不等式确定的, 所以, 量词消去算法对于有关不等式命题的证明具有潜在优势 (比

较结式方法、特征列方法、Gröbner 基方法, 它们便于处理用方程表示的命题语句),
除非算法的效率不能尽如人意.

例 8.5.1(多项式的半定性) 考虑下面的例子:

$$(\forall x)\,(\forall y)\,\left[y^6 - (x^2 + 1)y^4 - (x^4 - 3x^2 + 1)y^2 + x^6 - x^4 - x^2 + 1 \geqslant 0\right]$$

解 以 F 记上式中出现的多项式, 使用柱形代数分解算法 (CAD). 首先计算
出投影多项式集

$$\begin{aligned}
\mathrm{Proj}(F) = \{ & x^2 + 1, x^4 - 3x^2 + 1, x^6 - x^4 - x^2 + 1, \\
& 64x^6(x - 1)^6(x + 1)^6(32x^4 - 25x^2 + 5)^2\}
\end{aligned}$$

上述多项式的所有实根共有三个: $-1, 0, 1$. 因而, 柱形代数分解的一维样本点可以
取作 $-2, -1, -\dfrac{1}{2}, 0, \dfrac{1}{2}, 1, 2$. 我们考虑的是不等式问题和多项式根函数的连续性, 因
此, 只需考虑区间上的柱形区域分解. 将这四个区间中的样本点分别代入多项式 F,
得到四个 (y 的) 一元多项式, 这些多项式都没有零点, 也就是说这四个多项式在每
个区间上都是保号的. 这样, 每个区间上的柱形区域就是一个二维胞腔, 各个胞腔
内的样本点可分别取作

$$(-2,\ 0), \quad \left(-\frac{1}{2},\ 0\right), \quad \left(\frac{1}{2}, 0\right), \quad (2, 0)$$

在这四个样本点处, F 的值都是大于零的, 因而 $F(x, y) \geqslant 0$ 恒成立.

例 8.5.2 用平面截正四面体使得一个顶点与另外三个分别在平面的两侧. 问
什么样的三角形能够成为这样的截面?

解 以 $1, a, b$ 记三角形三边的长, 并且不失一般性, 可以假定 $1 \leqslant a \leqslant b$. 用
x, y, z 分别表示四面体顶点到三角形三个顶点的距离, 则问题化为求如下带参数的
半代数系统有实解时其参数 a, b 应该满足的条件:

$$\begin{cases}
h_1 = x^2 + y^2 - xy - 1 = 0, \\
h_2 = y^2 + z^2 - yz - a^2 = 0, \\
h_3 = z^2 + x^2 - zx - b^2 = 0, \\
x > 0, y > 0, z > 0, a - 1 \geqslant 0, b - a \geqslant 0, a + 1 - b > 0
\end{cases}$$

这里, 前三个方程是用余弦定理得到的. 本例的问题即是: 求与下面命题语句等价
的无量词命题语句

$$(\exists x)\,(\exists y)\,(\exists z)\,\left[\begin{array}{l}
h_1 = 0 \wedge h_2 = 0 \wedge h_3 = 0 \wedge x > 0 \wedge y > 0 \wedge z > 0 \wedge \\
a - 1 \geqslant 0 \wedge b - a \geqslant 0 \wedge a + 1 - b \geqslant 0
\end{array}\right]$$

这个问题原则上可以用 CAD 算法求解, 但是复杂度太高了, 以至于很难得到答案. 夏壁灿利用其与合作者编写的软件 DISCOVERER(对于半代数系统实解分类的完备算法) 计算出本例问题的答案

$$[R_1 > 0 \land R_2 > 0 \land R_3 \leqslant 0 \land a - 1 > 0 \land b - a \geqslant 0 \land a + 1 - b > 0] \lor$$
$$[R_1 > 0 \land R_3 \geqslant 0 \land a - 1 \geqslant 0 \land b - a \geqslant 0 \land a + 1 - b > 0]$$

其中

$$R_1 = a^2 - b^2 + a + 1, \quad R_2 = a^2 - b^2 + b - 1$$

$$R_3 = 1 - \frac{8}{3}a^2 - \frac{8}{3}b^2 - \frac{16}{9}a^8 - \frac{68}{27}a^2b^6 + \frac{241}{81}a^4b^4 - \frac{68}{27}a^6b^2$$

$$- \frac{68}{27}a^2b^4 - \frac{68}{27}a^4b^2 - \frac{2}{9}b^6 + \frac{16}{9}b^8 - \frac{2}{9}a^6 + \frac{46}{9}a^2b^2$$

$$+ \frac{16}{9}b^4 + \frac{16}{9}a^4 + \frac{46}{9}a^8b^2 + \frac{46}{9}a^2b^8 - \frac{68}{27}a^4b^6 - \frac{68}{27}a^6b^4$$

$$+ \frac{16}{9}a^8b^4 - \frac{8}{3}a^2b^{10} + \frac{16}{9}a^4b^8 - \frac{2}{9}a^6b^6 - \frac{8}{3}a^{10}b^2 - \frac{8}{3}b^{10}$$

$$+ b^{12} - \frac{8}{3}a^{10} + a^{12}$$

8.5.2　机器人的行动规划

判断一个机器人能否从一个地方移动到另外一个地方而不与障碍物发生碰撞属于机器人的行动规划问题. 可以用规则的几何图形, 如椭球、柱体、多面体等, 来刻画机器人的外围轮廓. 因此, 机器人的行动规划问题就化为判断在设定的环境中是否有一条从起点到终点能让一个规则几何体通过的连通路径. 量词消去方法可以用来处理这类问题.

例 8.5.3("搬钢琴" 问题)　确定一把长度为 3、充分细的 "梯子" 能否穿过宽度为 1 的直角走廊的拐角处 (图 8.5.1).

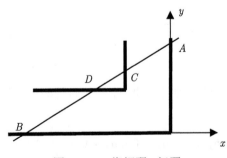

图 8.5.1　"搬钢琴" 问题

在上面引入的坐标系下, 走廊可用下面的不等式组描述:

$$\{(x,y)\in\mathbb{R}^2|x\leqslant 0,\,0\leqslant y\leqslant 1\}\cup\{(x,y)\in\mathbb{R}^2|-1\leqslant x\leqslant 0,\,y\geqslant 0\}$$

通过简单的推理可知, 梯子不能穿过走廊的拐角当且仅当它与所有四面墙

$$\{x=0,\,y\geqslant 0\},\quad \{y=0,\,x<0\},\quad \{x=-1,\,y\geqslant 1\},\quad \{x=0,\,y\geqslant 0\}$$

都相交. 如果梯子与四面墙相交, 可设交点为 $A(0,a)$, $B(b,0)$, $C(-1,c)$ 和 $D(d,1)$.
那么这些点的坐标应满足的约束条件可由下面的等式和不等式给出:

$$\begin{cases} a\geqslant 0,\,b<0,\,c\geqslant 1,\,d<-1 & (A,B,C,D\text{分别位于四面墙上}),\\ a^2+b^2\leqslant 9 & (|AB|\leqslant 3=\text{梯子的长度}),\\ d-(1-a)(d-b)=0 & (A,B,D\text{三点共线}),\\ c-(1+b)(c-a)=0 & (A,C,B\text{三点共线}) \end{cases}$$

于是, 问题化为确定下面的公式是否为真:

$$(\exists a,b,c,d)\left[\begin{array}{l} a\geqslant 0\wedge b<0\wedge c\geqslant 1\wedge d<-1\wedge a^2+b^2\leqslant 9\wedge\\ d-(1-a)(d-b)=0\wedge c-(1+b)(c-a)=0 \end{array}\right]$$

将柱形代数分解方法用于这一公式, 得到一个肯定的答案, 即梯子可以与所有四面
墙同时相交, 因而它不能通过走廊的拐角处.

那么就提出了一个新的问题: 多长的梯子能够从走廊穿过? 假设梯子的长度是
r, 将问题公式化并使用柱形代数分解方法, 可以得到一个等价的无量词公式

$$\left[r^2>8\wedge r>0\right]$$

该公式表明, 梯子能从走廊里穿过当且仅当它的长度不超过 $2\sqrt{2}$.

习　题　8

8.1　设 $\Bbbk$ 是实闭域, $f(x)\in\Bbbk[x]$, $a,b\in\Bbbk$, $a<b$. 证明: 存在 $c\in(a,b)$, 使得 $(b-a)f'(c)=f(b)-f(a)$.

8.2　证明: 半代数集的补集、两个半代数集的交与并都是半代数集.

8.3　证明: 如果 S 是半代数集, 则它的内部 $\text{int}(S)$、闭包 $\bar{S}$ 和边界 $\partial(S):=\bar{S}\backslash\text{int}(S)$ 也都是半代数集.

8.4　计算 $F=\{y^3-xy+1,x^2-2y\}$ 的柱形代数分解.

8.5　用柱形代数分解算法求下面公式:

$$\psi*:=(\exists y)\left[x^2+y^2-4<0\wedge y^2-2x+2<0\right]$$

等价的无量词公式 ψ.

8.6　求解下列量词消去问题:

(1) $(\exists x)(\forall y)\left[(y^3 - 2xy > 0) \wedge (x < y)\right]$;

(2) $(\exists x)\left[(y^2 + 2xy - x^2 > 0) \wedge (x^2 - y > 0)\right]$.

8.7　设 $S \subseteq \mathbb{R}^n$ 是一个半代数集, 证明: 存在某个实代数集 $T \subseteq \mathbb{R}^{n+m}$, 使得 $S = \pi(T)$, 其中 $\pi:\ \mathbb{R}^{n+m} \to \mathbb{R}^n$ 是自然投影

$$\pi:(\xi_1,\cdots,\xi_n,\xi_{n+1},\cdots,\xi_{n+m}) \mapsto (\xi_1,\cdots,\xi_n)$$

(提示: 设 $S = \{(x_1,\cdots,x_n) \in \mathbb{R}^n | \operatorname{sgn}(f_i(x_1,\cdots,x_n)) = s_i, i = 1,\cdots,m\}$, 取

$$T = \left\{(x_1,\cdots,x_n,x_{n+1},\cdots,x_{n+m}) \in \mathbb{R}^{n+m}\ \middle|\ \sum_{j;\,s_j<0}\left(x_{n+j}^2 f_j + 1\right)^2 \right.$$
$$\left. + \sum_{j;\,s_j=0} f_j^2 + \sum_{j;\,s_j>0}\left(x_{n+j}^2 f_j - 1\right)^2 = 0\right\}$$

8.8　考虑中心在 $(c,0)$、两个轴分别平行于坐标轴且半轴长分别为 a,b 的椭圆和圆心在原点的单位圆. 试给出该椭圆完全包含在单位圆内 (包括相切) 的充分必要条件.

第 9 章 形 式 积 分

微积分依据于极限理论, 具有鲜明的分析特性. 但是, 几乎所有的微分计算和积分计算都依靠代数性质, 如线性性质、Leibnitz公式等. 这就可能产生机械化算法, 在计算机上实现微积分的计算. 实际上早在 1953 年就有人给出了形式微分程序 [1,2], 而到 1961 年, 形式积分程序也相继问世 [3]. 本章主要讨论微分代数初步理论和不定积分的代数计算 (简称形式积分), 但仅限于初等函数. 这里主要叙述算法的基本思想和理论依据, 具体算法不难由此给出, 也可参考文献 [11].

9.1 微分域与微分扩张

为了构造微分和积分的机械化算法, 我们首先要从代数角度看待和理解它. 如微分, 可以看作是给函数空间赋予一个算子, 所有的微分计算都依据这个算子的性质, 而积分可看作这个算子的逆算子. 因为大多数的函数计算都涉及加法、减法、乘法和除法, 所以, 从理论完善的角度, 这个函数空间最好是一个域. 例如所有实的有理函数 $\mathbb{R}(x)$, 赋予一个求导算子 $\dfrac{\mathrm{d}}{\mathrm{d}x}$, 这样微分运算就可以在该域内进行, 因为一个有理函数的导数仍然是有理函数. 但是, 积分就没有这样的封闭性了, 如 $\dfrac{1}{x}$ 的积分不再是有理函数, 这又需要扩张域 $\mathbb{R}(x)$, 如添加对数函数后得到微分扩域 $\mathbb{R}(x, \ln x)$.

定义 9.1.1 微分域 $\mathbb{F}$ 是一个特征为零的域, 其上定义了一个映射 $D: \mathbb{F} \to \mathbb{F}$, 具有如下性质: $\forall f, g \in \mathbb{F}$,

$$D(f + g) = D(f) + D(g) \tag{9.1.1}$$

$$D(f \cdot g) = f \cdot D(g) + g \cdot D(f) \tag{9.1.2}$$

D 称为微分算子, $D(f)$ 称为 f 的导数.

例如, $\mathbb{Q}(x)$ 是一个特征为零的域, 满足如下条件:

$$D(x) = 1 \tag{9.1.3}$$

的微分算子 D 使得 $\mathbb{Q}(x)$ 成为一个微分域.

命题 9.1.1 微分域 $\mathbb{F}$ 上的微分算子 D 具有如下性质:

(1) $D(0) = D(1) = 0$;

(2) $D(-f) = -D(f), \ \forall f \in \mathbb{F}$;

(3) $D\left(\dfrac{f}{g}\right) = \dfrac{g \cdot D(f) - f \cdot D(g)}{g^2}, \ \forall f, g \in \mathbb{F} \ (g \neq 0)$;

(4) $D(f^n) = nf^{n-1}D(f), \ \forall f \in \mathbb{F}, n \in \mathbb{Z}$.

证明 由

$$D(1) = D(1 \cdot 1) = 1 \cdot D(1) + 1 \cdot D(1) = D(1) + D(1)$$

得 $D(1) = 0$; 再由

$$0 = D(1) = D(g \cdot g^{-1}) = g \cdot D(g^{-1}) + g^{-1} \cdot D(g)$$

得 $D(g^{-1}) = -\dfrac{D(g)}{g^2}$, 于是

$$D\left(\frac{f}{g}\right) = f \cdot D(g^{-1}) + g^{-1} \cdot D(f) = \frac{g \cdot D(f) - f \cdot D(g)}{g^2}$$

其余类似证明. ■

考虑微分域 $\mathbb{Q}(x)$, 其上的微分算子 D 满足 (9.1.3) 式, 由命题 9.1.1 可知: 对所有的有理数 a, 有 $D(a) = 0$, 而对于有理系数多项式 $f = a_n x^n + \cdots + a_1 x + a_0$ 有

$$D(f) = na_n x^{n-1} + \cdots + a_1 \tag{9.1.4}$$

这是从代数公理推导出的结论.

在微分域中, 导数为零的元素称为常数, 全体常数构成一个子域, 称为该微分域的**常数域**. $\mathbb{Q}(x)$ 的常数域是 $\mathbb{Q}$.

定义 9.1.2 设 $\mathbb{F}, \mathbb{E}$ 是两个微分域, 分别赋予微分算子 $D_{\mathbb{F}}$ 和 $D_{\mathbb{E}}$. 若 $\mathbb{E}$ 为 $\mathbb{F}$ 的一个扩域, 而且, 对所有的 $f \in \mathbb{F}$ 有

$$D_{\mathbb{F}}(f) = D_{\mathbb{E}}(f)$$

则称 $\mathbb{E}$ 为 $\mathbb{F}$ 的一个微分扩域.

命题 9.1.2 对于微分域 $\mathbb{Q}(x)$, 不存在 $r \in \mathbb{Q}(x)$, 使得 $D(r) = \dfrac{1}{x}$.

证明 反假设: $r \in \mathbb{Q}(x)$ 满足 $D(r) = \dfrac{1}{x}$. 设 $r = \dfrac{p}{q}$, $p, q \in \mathbb{Q}[x]$, 且 $\gcd(p, q) = 1$. 由命题 9.1.1 有

$$\frac{q \cdot D(p) - p \cdot D(q)}{q^2} = \frac{1}{x}$$

于是

$$x \cdot q \cdot D(p) - x \cdot p \cdot D(q) = q^2 \tag{9.1.5}$$

所以 $x|q^2$, 进而 $x|q$. 设 $q = x^k q_1$ 满足 $\gcd(x, q_1) = 1$, 则 $k \geqslant 1$. 代入 (9.1.5) 并整理得

$$k \cdot p \cdot q_1 = x \cdot (q_1 \cdot D(p) - p \cdot D(q_1) - x^{k-1} \cdot q_1^2)$$

所以 $x|(p \cdot q_1)$, 但 $\gcd(x, q_1) = 1$, 得 $x|p$. 至此推得 p, q 有公因子 x, 与 $\gcd(p, q) = 1$ 矛盾. ■

作为 $\dfrac{1}{x}$ 的不定积分, 记作 $\ln x$, 其不属于 $\mathbb{Q}(x)$. 这说明微分域 $\mathbb{Q}(x)$ 中元素的积分需在更大的微分域中. 事实上, 对微分域 $\mathbb{F}$ 中元素 f 的求不定积分过程就是确定 $\mathbb{F}$ 的微分扩域

$$\mathbb{E} = \mathbb{F}(\theta_1, \cdots, \theta_n)$$

使得在其中存在元素 g, 满足 $D(g) = f$. 对于微分域 $\mathbb{Q}(x)$, 有理函数 $r \in \mathbb{Q}(x)$ 的不定积分只需要两种域的扩张, 即代数扩张和对数扩张.

定义 9.1.3　设 $\mathbb{F}$ 是微分域, $\mathbb{E}$ 是它的一个微分扩张.

(1) $\mathbb{E}$ 中元素 θ 称为 $\mathbb{F}$ 上的对数元, 如果存在 $u \in \mathbb{F}$, 使得

$$D(\theta) = \frac{D(u)}{u} \tag{9.1.6}$$

记作 $\theta = \log u$;

(2) $\mathbb{E}$ 中元素 θ 称为 $\mathbb{F}$ 上的指数元, 如果存在 $u \in \mathbb{F}$, 使得

$$\frac{D(\theta)}{\theta} = D(u) \tag{9.1.7}$$

记作 $\theta = \exp(u)$;

(3) $\mathbb{E}$ 中元素 θ 称为 $\mathbb{F}$ 上的代数元, 如果存在非零多项式 $p(z) \in \mathbb{F}[z]$, 使得

$$p(\theta) = 0 \tag{9.1.8}$$

$p(z)$ 称为 θ 在 $\mathbb{F}$ 上的一个化零多项式;

(4) $\mathbb{E}$ 中元素 θ 称为 $\mathbb{F}$ 上的超越元, 如果它不是 $\mathbb{F}$ 上的代数元.

在严格的微分代数理论中, 特别在积分的机械化算法中, 超越扩张与代数扩张是需要严格区分的, 在一种情形有效的算法, 未必在另一种情形也有效. 为此, 我们需要如下概念.

定义 9.1.4　设 $\mathbb{F}$ 是微分域, $\mathbb{E}$ 是它的一个微分扩张. $\mathbb{E}$ 称为 $\mathbb{F}$ 的初等超越扩张, 如果它具有如下形式:

$$\mathbb{E} = \mathbb{F}(\theta_1, \cdots, \theta_n)$$

其中每个 θ_i 都是微分域 $\mathbb{F}_{i-1} = \mathbb{F}(\theta_1, \cdots, \theta_{i-1})$ 上的超越元, 而且 θ_i 或者是 $\mathbb{F}_{i-1}$ 上的对数元, 或者是 $\mathbb{F}_{i-1}$ 上的指数元. $\mathbb{E}$ 称为 $\mathbb{F}$ 的初等扩张, 如果它具有如下形式:

$$\mathbb{E} = \mathbb{F}(\theta_1, \cdots, \theta_n)$$

其中每个 θ_i 或者域 $\mathbb{F}_{i-1} = \mathbb{F}(\theta_1, \cdots, \theta_{i-1})$ 上的代数元, 或者是 $\mathbb{F}_{i-1}$ 上的对数元, 或者是 $\mathbb{F}_{i-1}$ 上的指数元.

例如, 在微分域 $\mathbb{Q}(x)$ 上, $\theta_1 = \exp(x)$ 是指数元, 因为 $\dfrac{\theta_1'}{\theta_1} = 1 = x'$, 这里我们用 f' 代表 $D(f)$. 同样, $\theta_2 = \exp(2x)$, $\theta_3 = \exp\left(\dfrac{x}{2}\right)$ 也都是 $\mathbb{Q}(x)$ 上的指数元, 它们当然也分别是 $\mathbb{Q}(x, \theta_1)$ 和 $\mathbb{Q}(x, \theta_1, \theta_2)$ 上的指数元, 因而 $\mathbb{Q}(x, \theta_1, \theta_2, \theta_3)$ 是 $\mathbb{Q}(x)$ 的初等扩张. 注意到 $\theta_2 = \theta_1^2$, $\theta_1 = \theta_3^2$, 所以 θ_1 是 $\mathbb{Q}(x, \theta_2)$ 上的代数元, θ_3 是 $\mathbb{Q}(x, \theta_1)$ 上的代数元, 而且

$$\mathbb{Q}(x, \theta_1, \theta_2, \theta_3) = \mathbb{Q}(x, \theta_3)$$

后者说明, 扩张表示是可以简化的.

定义 9.1.5　元素 θ 称为微分域 $\mathbb{F}$ 上的单项, 如果下述条件均满足:

(1) $\mathbb{F}(\theta)$ 和 $\mathbb{F}$ 有相同的常数域;

(2) θ 是 $\mathbb{F}$ 上的超越元;

(3) θ 或者是 $\mathbb{F}$ 上的指数元, 或者是 $\mathbb{F}$ 上的对数元.

扩张表示的简化过程主要是寻找微分域上的单项, 为此我们需要检验一个新元素何时是单项. 下面的结构定理指出, 这个问题可以通过检验线性方程组是否有解来解决, 可参考文献 [27].

定理 9.1.1(结构定理)　设 $\mathbb{k}$ 是一个常数域, 且有理函数域 $\mathbb{k}(x)$ 的常数域也是 $\mathbb{k}$. $\mathbb{F}_n = \mathbb{k}(x, \theta_1, \cdots, \theta_n)$ 是微分域 $\mathbb{k}(x)$ 的微分扩张. 如果诸 θ_j 是

(1) $\mathbb{F}_{j-1} = (x, \theta_1, \cdots, \theta_{j-1})$ 上的代数元; 或者

(2) 具有形式 $\log(u_j)$, $u_j \in \mathbb{F}_{j-1}$, 或者

(3) 具有形式 $\exp(w_j)$, $w_j \in \mathbb{F}_{j-1}$.

则有下述结论:

(a) $g = \log(f)$ $(f \in \mathbb{F}_n \backslash \mathbb{k})$ 是 $\mathbb{F}_n$ 上的单项当且仅当不存在下列形式的乘积

$$f^k \prod u_j^{k_j} \in \mathbb{k} \quad (k, k_j \in \mathbb{Z}, k \neq 0)$$

(b) $f = \exp(g)$ $(g \in \mathbb{F}_n \backslash \mathbb{k})$ 是 $\mathbb{F}_n$ 上的单项当且仅当不存在下列形式的线性组合

$$g + \sum c_i w_i \in \mathbb{k} \quad (c_i \in \mathbb{Q})$$

给定一个新的对数元 $g = \log(f)$, 为判断它是否是单项, 由结构定理, 只需检验是否存在一组整数 k, k_j, 使得 $f^k \prod u_j^{k_j} \in \mathbb{k}$. 令

$$h = f^k \prod u_j^{k_j}$$

则 $h \in \Bbbk$ 当且仅当 $h' = 0$, 这等价于检查线性方程组

$$0 = \frac{h'}{h} = \frac{f'}{f} \cdot k + \sum \frac{u'_j}{u_j} \cdot k_j$$

是否有解.

例 9.1.1 设

$$g = \log(\sqrt{x^2 + 1} + x) + \log(\sqrt{x^2 + 1} - x)$$

令 $\theta_1 = \sqrt{x^2 + 1}$, 则 $g \in \mathbb{Q}(x, \theta_1, \log(\theta_1 + x), \log(\theta_1 - x))$. 再令 $\theta_2 = \log(\theta_1 + x)$, $\theta_3 = \log(\theta_1 - x)$, 我们来检查 θ_3 是否是 $\mathbb{Q}(x, \theta_1, \theta_2)$ 上的单项.

由结构定理, θ_3 不是单项当且仅当存在整数 $k \neq 0$, k_1, 使得

$$h = (\theta_1 - x)^k (\theta_1 + x)^{k_1} \in \mathbb{Q}$$

微分两端得

$$0 = \frac{h'}{h} = \frac{(\theta_1 - x)'}{\theta_1 - x} k + \frac{(\theta_1 + x)'}{\theta_1 + x} k_1$$

求导并消去分母得 $0 = k - k_1$, 得到一解 $k = k_1 = 1$. 所以, θ_3 不是 $\mathbb{Q}(x, \theta_1, \theta_2)$ 上的单项. 实际上, 由 $(\theta_1 - x)(\theta_1 + x) = 1$ 得 $\theta_3 = \log(\theta_1 - x) = -\log(\theta_1 + x) = -\theta_2 \in \mathbb{Q}(x, \theta_1, \theta_2)$, 即 θ_3 不是 $\mathbb{Q}(x, \theta_1, \theta_2)$ 上的超越元.

定义 9.1.6 设 $\Bbbk$ 是复数域 $\mathbb{C}$ 的一个子域, $\Bbbk(x)$ 是一个以 $\Bbbk$ 为常数域的微分域. 则 $\Bbbk(x)$ 的初等超越扩张 $\mathbb{E}$ 称为初等超越函数域; $\Bbbk(x)$ 的初等扩张 $\mathbb{E}$ 称为初等函数域.

注意到 $\mathbb{C}(x)$ 的初等扩张中包含了所有三角函数. 这是因为, 例如

$$\sin(x) = \frac{1}{2i}(\exp(i \cdot x) - \exp(-i \cdot x))$$

其中, i 是虚数单位: $i = \sqrt{-1}$. 本章只考虑初等函数的积分算法, 为此, 我们需要知道一些导数的性质, 下面的三个命题分别给出了关于对数超越元、指数超越元以及代数元的导数的基本性质.

命题 9.1.3(关于对数超越元) 设 θ 是微分域 $\mathbb{F}$ 上的对数超越元, 微分扩域 $\mathbb{F}(\theta)$ 与 $\mathbb{F}$ 有相同的常数域, $p(\theta) \in \mathbb{F}[\theta]$ 是次数大于或等于 1 的多项式. 则下述性质成立:

(1) $p(\theta)' \in \mathbb{F}[\theta]$;

(2) 若 $p(\theta)$ 的首项系数是常数, 则 $\deg(p(\theta)') = \deg(p(\theta)) - 1$;

(3) 若 $p(\theta)$ 的首项系数不是常数, 则 $\deg(p(\theta)') = \deg(p(\theta))$.

该命题的证明只需按定义直接验证.

命题 9.1.4(关于指数超越元)　设 θ 是微分域 $\mathbb{F}$ 上的指数超越元, 微分扩域 $\mathbb{F}(\theta)$ 与 $\mathbb{F}$ 有相同的常数域, $p(\theta) \in \mathbb{F}[\theta]$ 是次数大于或等于 1 的多项式. 则下述性质成立:

(1) 若 $h \in \mathbb{F}, h \neq 0, n \in \mathbb{Z}$, 则 $(h\theta^n)' = \bar{h} \cdot \theta^n$, 其中 $\bar{h} \neq 0$ 是 $\mathbb{F}$ 中某个元素;

(2) $p(\theta)' \in \mathbb{F}[\theta]$, 而且 $\deg(p(\theta)') = \deg(p(\theta))$;

(3) $p(\theta)$ 整除 $p(\theta)'$ 当且仅当 $p(\theta)$ 是单项式, 即 $p(\theta) = h \cdot \theta^n$, 其中 $h \in \mathbb{F}, n \in \mathbb{Z}$.

证明　设 $\theta'/\theta = u', u \in \mathbb{F}$. 首先, $(h\theta^n)' = h'\theta^n + nh\theta^{n-1}\theta' = (h' + nhu')\theta^n$, 若 $\bar{h} = h' + nhu' = 0$, 则 $(h\theta^n)' = 0$, 说明 $h\theta^n$ 是常数, 因而 $h\theta^n \in \mathbb{F}$(因为 $\mathbb{F}(\theta)$ 与 $\mathbb{F}$ 有相同的常数域), 这与 θ 是 $\mathbb{F}$ 上超越元矛盾. (1) 得证. (2) 直接验证即可. 以下证明 (3). 设

$$p(\theta) = a_n\theta^n + a_{n-1}\theta^{n-1} + \cdots + a_0, \quad a_n \neq 0 \tag{9.1.9}$$

若是单项式, 即 $p(\theta) = a_n\theta^n$, 则由 (1) 知 $p(\theta)$ 整除 $p(\theta)'$. 反之, 设 $p(\theta)$ 整除 $p(\theta)'$, 但 $p(\theta)$ 不是单项式, 则必有某个 $a_m \neq 0$ $(m < n)$, 且存在 $q \in \mathbb{F}[\theta]$, 使得

$$p(\theta)' = q \cdot p(\theta) \tag{9.1.10}$$

由 (2) 知 $q \in \mathbb{F}$. 求导 (9.1.9) 式, 并对照等式 (9.1.10) 两端关于 θ 同次项的系数, 得

$$a_k' + k \cdot u'a_k = q \cdot a_k, \quad \text{当}a_k \neq 0\text{时}$$

于是有

$$\frac{a_n'}{a_n} - \frac{a_m'}{a_m} + (n - m)u' = 0$$

由此得

$$\left(\frac{a_n}{a_m}\theta^{n-m}\right)' = \left(\frac{a_n'}{a_m} - \frac{a_na_m'}{a_m^2}\right)\theta^{n-m} + \frac{a_n}{a_m}(n - m)u'\theta^{n-m}$$

$$= \frac{a_n}{a_m}\theta^{n-m}\left(\frac{a_n'}{a_n} - \frac{a_m'}{a_m} + (n - m)u'\right) = 0$$

说明 $\dfrac{a_n}{a_m}\theta^{n-m}$ 是 $\mathbb{F}(\theta)$ 中的常数, 因而是 $\mathbb{F}$ 中的常数 ($\mathbb{F}(\theta)$ 与 $\mathbb{F}$ 有相同的常数域), $\dfrac{a_n}{a_m}\theta^{n-m} \in \mathbb{F}$, 这与 θ 是 $\mathbb{F}$ 上超越元矛盾. ∎

命题 9.1.5(关于代数元)　设 θ 是微分域 $\mathbb{F}$ 上的代数元, 其最小 (化零) 多项式为

$$p(z) = z^{n+1} + \sum_{i=0}^{n} a_iz^i \in \mathbb{F}[z]$$

则 θ 的导数可以表示成

$$\theta' = -\frac{f(\theta)}{g(\theta)} \in \mathbb{F}(\theta)$$

其中

$$f(z) = \sum_{i=0}^{n} a_i' z^i, \quad g(z) = \sum_{i=0}^{n} (i+1) a_{i+1} z^i$$

这里 $a_{n+1} = 1$.

证明 对 $p(\theta) = 0$ 两端求导即得. ∎

9.2 有理函数的积分

本节主要讨论有理函数域 $\Bbbk(x)$ 中元素的积分, 其中 $\Bbbk$ 是一个常数域, 求导算子 D 满足 $D(x) = 1$. 当 $\Bbbk$ 是通常的有理数域 $\mathbb{Q}$、实数域 $\mathbb{R}$、复数域 $\mathbb{C}$ 或其他数域 (如代数数域) 时, 就是通常的有理函数了. 关于这些函数的不定积分计算, 在微积分教材中都可以看到一些经典的方法, 特别是采用部分分式将积分分成有理部分和对数部分的处理办法, 理论上能够计算所有的有理函数积分. 但是由于涉及多项式因式分解和域的扩张, 手工能计算出的积分只是很少一部分. 我们的目的是基于微分代数理论建立求解有理函数不定积分的有效算法, 这些算法尽量避免因式分解和域的扩张计算.

9.2.1 部分分式

考虑分式 $p(x)/q(x)$, 其中 $p(x), q(x) \in \Bbbk[x], q(x) \neq 0$. 如果 $\gcd(p(x), q(x)) = 1$, 则说该分式是既约的; 如果 $\deg(p(x)) < \deg(q(x))$, 则说该分式是真分式; 如果既是真分式又是既约的, 而且分母的首项系数还是 1, 则说该分式是规范的. 根据带余除法,

$$p(x) = q(x)u(x) + r(x)$$

其中 $r(x) = 0$ 或 $\deg(r(x)) < \deg(q(x))$. 所以, 每个有理函数可以表示成一个多项式与一个规范分式的和

$$\frac{p(x)}{q(x)} = u(x) + \frac{r_1(x)}{q_1(x)} \tag{9.2.1}$$

多项式函数的不定积分易于求出, 所以, 我们可以假定所考虑的有理函数都是规范分式表示的.

命题 9.2.1 设 $p(x)/q(x)$ 是真分式, $q(x) = q_1(x)q_2(x)$, 且

$$\gcd(q_1(x), q_2(x)) = 1, \quad \deg(q_1(x)) < \deg(q(x)), \quad \deg(q_2(x)) < \deg(q(x))$$

则存在多项式 $p_1(x), p_2(x)$, 满足

$$\frac{p(x)}{q(x)} = \frac{p_1(x)}{q_1(x)} + \frac{p_2(x)}{q_2(x)} \tag{9.2.2}$$

其中, $\deg(p_1(x)) < \deg(q_1(x)), \deg(p_2(x)) < \deg(q_2(x))$.

证明　由于 $\gcd(q_1(x), q_2(x)) = 1$, 存在多项式 $u(x), v(x)$ 满足

$$u(x)q_1(x) + v(x)q_2(x) = 1$$

两端乘以 $p(x)$, 得

$$p(x)u(x)q_1(x) + p(x)v(x)q_2(x) = p(x)$$

由带余除法,

$$p(x)u(x) = q_2(x)s(x) + p_2(x), \quad \deg(p_2(x)) < \deg(q_2(x))$$
$$p(x)v(x) = q_1(x)t(x) + p_1(x), \quad \deg(p_1(x)) < \deg(q_1(x))$$

代入上式, 得

$$q_2(x)q_1(x)(s(x) + t(x)) + p_2(x)q_1(x) + p_1(x)q_2(x) = p(x)$$

比较两端的次数可知 $s(x) + t(x) = 0$, 于是

$$p_2(x)q_1(x) + p_1(x)q_2(x) = p(x)$$

两端除以 $q(x) = q_1(x)q_2(x)$, 即得 (9.2.2) 式. ■

命题 9.2.2　设 $\dfrac{r}{q^k}$ 是真分式, k 是正整数, 则存在多项式 r_i, $\deg(r_i) < \deg(q)$ $(i = 1, \cdots, k)$, 满足

$$\frac{r}{q^k} = \frac{r_1}{q} + \frac{r_2}{q^2} + \cdots + \frac{r_k}{q^k} \tag{9.2.3}$$

证明　由带余除法

$$r = q\bar{r} + r_k, \quad r_k = 0, \quad \deg(r_k) < \deg(q)$$

因为 $\deg(r) < \deg(q^k)$, 所以 $\deg(\bar{r}) < \deg(q^{k-1})$. 对 $\bar{r}, q$ 再做带余除法, 得到余式 r_{k-1}. 如此做下去, 最后得

$$r = r_k + r_{k-1}q + \cdots + r_1q^{k-1}$$

两端除以 q^k 即得 (9.2.3) 式. ■

分解式 (9.2.2) 和 (9.2.3) 的获得只涉及求多项式的最大公因式运算和带余除法, 它们都可由 Euclid 除法完成. 由于一个多项式的无平方分解可由多项式的求导计算和求最大公因式计算来完成, 我们得到如下结论.

定理 9.2.1 对于任何真分式 r/q, 都可以只使用 Euclid 除法将其分解成如下形式:

$$\frac{r}{q} = \sum_{i=1}^{k} \sum_{j=1}^{i} \frac{r_{ij}}{q_i^j} \tag{9.2.4}$$

其中 $q = q_1 q_2^2 \cdots q_k^k$ 是 q 的无平方分解, q_i 无平方因子, 首项系数为 1, 而且

$$\deg(r_{ij}) < \deg(q_i), \quad \deg(q_i) > 0; \quad r_{ij} = 0, \quad q_i = 1 \tag{9.2.5}$$

证明 由于 $\gcd(q_i^i \cdots q_{i+s}^{i+s}, q_{i+s+1}^{i+s+1} \cdots q_j^j) = 1$, 由命题 9.2.1, 可以逐步将真分式 $\frac{r}{q}$ 分解成如下形式:

$$\frac{r}{q} = \frac{r_1}{q_1} + \frac{r_2}{q_2^2} + \cdots + \frac{r_k}{q_k^k} \tag{9.2.6}$$

这里, 当 $q_i = 1$ 时, $r_i = 0$, 否则 $\deg(r_i) < \deg(q_i^i)$. 对 (9.2.6) 式右端每一项应用命题 9.2.2 即得到 (9.2.4) 式. ∎

注 由多项式唯一分解定理, q 可以分解成不可约因式方幂之积 $q = p_1^{k_1} \cdots p_s^{k_s}$, 所以 (9.2.4) 式中的 q_i 可以用不可约多项式 p_i 来替换, 我们有

$$\frac{r}{q} = \sum_{i=1}^{s} \sum_{j_i=1}^{k_i} \frac{r_{ij_i}}{p_i^{j_i}} \tag{9.2.7}$$

其中, p_i 是 q 的不可约因式, 而且

$$\gcd(p_i, p_j) = 1, \quad i \neq j, \quad \deg(r_{ij_i}) < \deg(p_i), \quad 1 \leqslant i \leqslant s, \quad 1 \leqslant j_i \leqslant k_i \tag{9.2.8}$$

但是, 获得分解式 (9.2.7) 涉及因式分解, 算法复杂度比较高.

前述求真分式的部分分式过程可以由以下两个子算法完成: ① 无平方分解算法 Sqare Free, 其获得分母多项式 q 的各次无平方因子 $q_1, \cdots, q_k$; ② 部分分式算法 PartialFraction, 其根据分子 r_i 和分母的无平方因子 q_i, 产生部分分式中各项的分子 r_{ij}.

9.2.2 将积分拆为有理部分和对数部分

根据 (9.2.4) 式和积分的可加性, 每个真分式表示的有理函数的积分均可以表示成

$$\int \frac{r}{q} = \sum_{i=1}^{k} \sum_{j=1}^{i} \int \frac{r_{ij}}{q_i^j} \tag{9.2.9}$$

考虑每一项的积分, 我们要把它分拆成有理部分和对数部分.

命题 9.2.3(分部积分公式) 设 $\mathbb{F}$ 是具有微分算子 D 的微分域, 则对任意 $u, v \in \mathbb{F}$ 有

$$\int u \cdot D(v) = u \cdot v - \int v \cdot D(u) \tag{9.2.10}$$

证明　由微分算子定义的第二条性质

$$D(u \cdot v) = u \cdot D(v) + v \cdot D(u)$$

两端取不定积分即得 (9.2.10) 式.　　　　　　　　　　　　　　　　　　■

考虑 (9.2.9) 式中 $r_{ij} \neq 0$ 且 $j > 1$ 的分式 r_{ij}/q_i^j. 因为 q_i 无平方因子, $\gcd(q_i, q_i') = 1$, 存在多项式 u_{ij}, v_{ij} 使得

$$u_{ij} q_i + v_{ij} q_i' = r_{ij}$$

其中, $\deg(u_{ij}) < \deg(q_i') = \deg(q_i) - 1$, $\deg(v_{ij}) < \deg(q_i)$. 于是

$$\int \frac{r_{ij}}{q_i^j} = \int \frac{u_{ij}}{q_i^{j-1}} + \int \frac{v_{ij} q_i'}{q_i^j} = -\frac{v_{ij}/(j-1)}{q_i^{j-1}} + \int \frac{u_{ij} + v_{ij}'/(j-1)}{q_i^{j-1}} \tag{9.2.11}$$

令

$$\bar{r}_{i,j-1} = r_{i,j-1} + u_{ij} + v_{ij}'/(j-1) \tag{9.2.12}$$

则 $\bar{r}_{i,j-1} = 0$ 或 $\deg(\bar{r}_{i,j-1}) < \deg(q_i)$. 若 $\bar{r}_{i,j-1} \neq 0$ 且 $j-1 > 1$, 则上述过程可以继续进行, 如此讨论下去, 最后, 可以将积分 $\sum\limits_{j=1}^{i} \int \frac{r_{ij}}{q_i^j}$ 分拆成如下形式:

$$\sum_{j=1}^{i} \int \frac{r_{ij}}{q_i^j} = -\sum_{j=2}^{i} \frac{v_{ij}/(j-1)}{q_i^{j-1}} + \int \frac{u_i}{q_i} \tag{9.2.13}$$

其中, $\deg(v_{ij}) < \deg(q_i)$, $\deg(u_i) < \deg(q_i)$.

右端第一个和式是有理函数, 而第二部分积分将证明是对数函数. 这样, 一个真分式表示的有理函数的积分能分拆成有理函数部分与对数部分的和

$$\int \frac{r}{q} = \frac{c}{d} + \int \frac{a}{b} \tag{9.2.14}$$

其中 $\deg(c) < \deg(d)$, $\deg(a) < \deg(b)$, b 无平方因子且首项系数为 1. 上述分拆方法称为**Hermite 方法**.

注意到 (9.2.14) 中的两个分式是通过如下计算获得的:

$$\frac{c}{d} = -\sum_{i=2}^{k} \sum_{j=2}^{i} \frac{v_{ij}/(j-1)}{q_i^{j-1}} = \frac{-\sum\limits_{i=2}^{k} \sum\limits_{j=2}^{i} \hat{q}_{ij} v_{ij}/(j-1)}{q_2^1 \cdots q_k^{k-1}}, \quad \hat{q}_{ij} = \frac{\prod\limits_{i=2}^{k} q_i^{i-1}}{q_i^{j-1}}$$

$$\frac{a}{b} = \sum_{i=1}^{k} \frac{u_i}{q_i} = \frac{\sum\limits_{i=1}^{k} \hat{q}_i u_i}{q_1 q_2 \cdots q_k}, \quad \hat{q}_i = \frac{\prod\limits_{i=1}^{k} q_i}{q_i}$$

所以

$$d = \prod_{i=2}^{k} q_i^{i-1} = \gcd(q, q'), \quad b = \prod_{i=1}^{k} q_i = \frac{q}{\gcd(q, q')} = \frac{q}{d} \tag{9.2.15}$$

d, b 可以直接获得. 为了直接获得 c, a, 我们对 (9.2.14) 两端求导,

$$\frac{r}{q} = \frac{c'd - c\,d'}{d^2} + \frac{a}{b} \tag{9.2.16}$$

将 (9.2.16) 式两端乘以 $q = bd$, 并整理得

$$r = b \cdot c' - c \cdot \frac{b \cdot d'}{d} + d \cdot a \tag{9.2.17}$$

注意到 $d|(b \cdot d')$(因为 $q' = b' \cdot d + b \cdot d'$, $d|q'$, 所以 $b \cdot d' = q' - b' \cdot d$, $d|(b \cdot d')$) 是一个关于多项式的等式. 设 $\deg(d) = m$, $\deg(b) = n$, 则

$$\deg(b \cdot d'/d) = n - 1, \quad \deg(q) = m + n, \quad \deg(r) \leqslant m + n - 1$$

通过 (9.2.17) 式可以采用待定系数法确定 c, a. 设

$$r = \sum_{i=0}^{m+n-1} r_i x^i, \quad d = \sum_{j=0}^{m} d_j x^j, \quad b = \sum_{i=0}^{n} b_i x^i, \quad \frac{b \cdot d'}{d} = \sum_{i=0}^{n-1} s_i x^i$$

$$c = \sum_{j=0}^{m-1} c_j x^j, \quad a = \sum_{k=0}^{n-1} a_k x^k$$

代入 (9.2.17) 式, 并比较等式两端同次项的系数, 得到 $m + n - 1$ 阶线性方程组, 由此方程组解出诸 a_i, c_i, 即得到所需的多项式 a 和 c.

这种分拆有理函数积分为有理部分和对数部分的方法是 Horowitz[29] 提出的, 称为**Horowitz 方法**. 该方法不需要完整地进行无平方分解计算, 也不需要进行部分分式步骤, 只需求最大公因式计算和求解一个线性方程组.

9.2.3　求积分的对数部分

如果将对数部分的被积函数的分母 b 在 $\Bbbk$ 的某个代数扩域 $\mathbb{F} = \Bbbk(\alpha_1, \cdots, \alpha_k)$ 中分解为一次因式方幂之积, 则其方指数均为 1, 因为 b 无平方因子. 设 $b = (x - \beta_1) \cdots (x - \beta_n)$, 则前述部分分式过程可以将 a/b 分解为

$$\frac{a}{b} = \frac{s_1}{x - \beta_1} + \frac{s_2}{x - \beta_2} + \cdots + \frac{s_n}{x - \beta_n} \tag{9.2.18}$$

于是, 积分的对数部分为

$$\int \frac{a}{b} = s_1 \ln(x - \beta_1) + s_2 \ln(x - \beta_2) + \cdots + s_n \ln(x - \beta_n) \tag{9.2.19}$$

这样做的弱点是需要做域的代数扩张, 即使是最小的代数扩张——多项式 b 在域 $\Bbbk$ 上的分裂扩张, 其次数最大可能达到 $n!$, 给计算带来很高的复杂度.

例 9.2.1   求积分 $\displaystyle\int \frac{1}{(x^3+x)}$.

解   因为 $b = x^3 + x = x(x-\mathrm{i})(x+\mathrm{i})$, 所以

$$\frac{1}{x^3+x} = \frac{1}{x} - \frac{1}{2}\cdot\frac{1}{x-\mathrm{i}} - \frac{1}{2}\cdot\frac{1}{x+\mathrm{i}}, \quad \int\frac{1}{x^3+x} = \ln x - \frac{1}{2}\ln(x-\mathrm{i}) - \frac{1}{2}\ln(x+\mathrm{i})$$

积分的后两项对数函数的系数相同, 可以合并:

$$\int \frac{1}{x^3+x} = \ln x - \frac{1}{2}\ln(x^2+1)$$

上例中最后一个表达式说明可以不做域的扩张 (前面由有理数域 $\mathbb{Q}$ 扩张到复数域 $\mathbb{C}$) 求出有理函数 $\dfrac{1}{x^3+x}$ 的积分. 但不是所有的有理函数的积分 (其对数部分) 不经过域的扩张都能求出, 从降低算法复杂度角度考虑, 我们应该追求最小的扩张 (复数域不需要代数扩张因为复数域是代数闭域). 为此, 我们先分析积分对数部分的那些系数 s_i, 并假定 $\dfrac{a}{b}$ 是规范的.

因为 b 无平方因子, $\gcd(a,b) = 1$, 函数 a/b 在 b 的一个零点 β 附近的 Laurent 幂级数应该具有如下形式:

$$\frac{a}{b} = \frac{s}{x-\beta} + c_0 + c_1(x-\beta) + c_2(x-\beta)^2 + \cdots \tag{9.2.20}$$

这里 s 就应该是函数 a/b 在 β 处的残数. 设

$$a(x) = a_0 + (x-\beta)\cdot a_1(x), \quad b(x) = (x-\beta)\cdot b_1(x)$$

则 $a_0 = a(\beta)$, $b_1(\beta) = b(\beta)'$. 因为 β 不是 $b_1(x)$ 的零点, 函数 $a_0/b_1(x)$, $a_1(x)/b_1(x)$ 在 β 附近的 Laurent 幂级数应具有如下形式:

$$\frac{a_0}{b_1(x)} = s_0 + s_1(x-\beta) + s_2(x-\beta)^2 + \cdots$$

$$\frac{a_1(x)}{b_1(x)} = t_0 + t_1(x-\beta) + t_2(x-\beta)^2 + \cdots$$

而且 $s_0 = a_0/b_1(\beta) = a(\beta)/b(\beta)'$. 于是

$$\frac{a}{b} = \frac{a_0 + (x-\beta)\cdot a_1(x)}{(x-\beta)\cdot b_1(x)} = \frac{a_0/b_1(x)}{x-\beta} + \frac{a_1(x)}{b_1(x)}$$

$$= \frac{s_0}{x-\beta} + (s_1 + t_0) + (s_2 + t_1)(x-\beta) + (s_3 + t_2)(x-\beta)^2 + \cdots \quad (9.2.21)$$

比较 (9.2.20) 式与 (9.2.21) 式中 $\dfrac{1}{x-\beta}$ 的系数, 得 $s = s_0 = \dfrac{a(\beta)}{b(\beta)'}$. 再由 (9.2.20) 式,

$$\int \frac{a}{b} = s \cdot \ln(x-\beta) + c_0(x-\beta) + \frac{1}{2}c_1(x-\beta)^2 + \cdots$$

可见, 有理函数 $\dfrac{a}{b}$ 积分的对数部分的各个系数 s_i 恰是函数 $\dfrac{a}{b}$ 在 b 的各个零点 β_i 处的残数: $s_i = \dfrac{a(\beta_i)}{b(\beta_i)'}$. 因为 (9.2.20) 式右端具有相同系数的项可以合并, 所以 $\dfrac{a}{b}$ 的积分可以表示成

$$\int \frac{a}{b} = \sum_{i=1}^{k} s_i \ln v_i \quad (9.2.22)$$

其中, s_i 是多项式 $a(\beta_i) - z \cdot b(\beta_i)'$(对于 b 的某个零点 β_i) 的零点. 我们需要求多项式

$$r(z) = \prod_{\beta \in \mathrm{Zero}(b)} \left(a(\beta) - z \cdot b(\beta)' \right)$$

的零点. 由结式的性质, 在相差一个非零常数下,

$$r(z) = \mathrm{res}_x \left(a(x) - z \cdot b(x)', b(x) \right) \quad (9.2.23)$$

定理 9.2.2 设 $\mathbb{F}$ 是常数域 $\Bbbk$ 的代数扩域, $a, b \in \Bbbk[x]$ 是两个互素多项式, 它们的首项系数都是 1, b 无平方因子, 而且 $\deg(a) < \deg(b)$. 假定

$$\int \frac{a}{b} = \sum_{i=1}^{k} s_i \ln v_i$$

其中 $s_i \in \mathbb{F}, v_i \in \mathbb{F}[x]$, 诸 s_i 非零且互不相同, 诸 v_i 具有正次数, 首项系数均为 1, 无平方因子, 且两两互素. 则诸 s_i 恰是多项式

$$r(z) = \mathrm{res}_x \left(a - z \cdot b', b \right)$$

的所有不同的零点, 诸 v_i 由下式确定:

$$v_i = \gcd \left(a - s_i b', b \right), \quad i = 1, \cdots, k \quad (9.2.24)$$

证明 首先, 关于多项式最大公因式有下面两个性质:

$$\begin{aligned} h \mid g &\Rightarrow \gcd(f+g, h) = \gcd(f, h) \\ \gcd(g, h) = 1 &\Rightarrow \gcd(f \cdot g, h) = \gcd(f, h) \end{aligned} \quad (9.2.25)$$

将 (9.2.22) 式两端求导, 则得

$$\frac{a}{b} = \sum_{i=1}^{k} \frac{s_i \cdot v_i'}{v_i} \tag{9.2.26}$$

将 (9.2.26) 式两端乘以 $b \prod_{i=1}^{k} v_i$, 并记 $\hat{v}_i = \prod_{j \neq i} v_j$, 得

$$a \cdot \prod_{i=1}^{k} v_i = b \cdot \sum_{i=1}^{k} s_i \cdot v_i' \cdot \hat{v}_i \tag{9.2.27}$$

而且 $\gcd(v_i, \hat{v}_i) = 1 \ (i = 1, \cdots, k), \ v_i | \hat{v}_j, i \neq j$. 注意到 a 与 b 互素, 所以 (9.2.27) 式意味着 $b | \prod_{i=1}^{k} v_i$. 反之, 每个 v_j 能够整除 (9.2.27) 式右端的多项式, 但因 v_i 无平方因子, $\gcd(v_i, v_i') = 1$, 由多项式性质 (9.2.25) 式得

$$\gcd\left(v_j, \sum_{i=1}^{k} s_i \cdot v_i' \cdot \hat{v}_i\right) = \gcd(v_j, s_j \cdot v_j' \cdot \hat{v}_j) = \gcd(v_j, s_j) = 1 \tag{9.2.28}$$

所以 $v_j | b$, 又诸 v_i 是彼此互素的, 因而 $\prod_{i=1}^{k} v_i$ 能够整除 b. 注意到这两者的首项系数均为 1, 我们得

$$b = \prod_{i=1}^{k} v_i \tag{9.2.29}$$

代入 (9.2.27) 式得

$$a = \sum_{i=1}^{k} s_i \cdot v_i' \cdot \hat{v}_i \tag{9.2.30}$$

于是 $b' = \sum_{i=1}^{k} v_i' \hat{v}_i$, 而且由 (9.2.28) 式得

$$\gcd(a - s_j \cdot b', b) = \gcd\left(\sum_{i=1}^{k} (s_i - s_j) v_i' \hat{v}_i, \prod_{i=1}^{k} v_i\right) = \gcd\left(\sum_{i=1}^{k} (s_i - s_j) v_i' \hat{v}_i, v_j\right) = v_j$$

证明了 (9.2.24) 式.

(9.2.24) 式说明多项式 $a - s_i \cdot b'$ 与 b 有正次数的公因式, 因而 $\operatorname{res}_x(a - s_i \cdot b', b) = 0$, s_i 是多项式 $r(z) = \operatorname{res}_x(a - z \cdot b', b)$ 的零点. 反之, 若 $s \in \mathbb{F}$ 是 $r(z)$ 的零点, 则 $\operatorname{res}_x(a - s \cdot b', b) = 0$, 说明多项式 $a - s \cdot b'$ 与 b 有正次数的公因式. 设 g 是 $\gcd(a - s \cdot b', b)$ 的不可约因式 (看作 $\mathbb{F}$ 上的多项式), 则 $g | b$, 而且由 (9.2.29) 式, g

能够整除某个 v_j. 又 $g|(a - s \cdot b')$, 即 g 整除 $\sum_{i=1}^{k}(s_i - s) \cdot v_i' \cdot \hat{v}_i$, 结合 $g|v_j$ 知 g 整除 $(s_j - s) \cdot v_j' \cdot \hat{v}_j$, 这只有 $s_j - s = 0$, 即 s 一定是多项式 $r(z)$ 的零点. ■

定理 9.2.2 的结论不仅给出求有理函数积分对数部分的方法, 同时也确认了这样的事实: 求出有理函数 $\dfrac{a}{b} \in \Bbbk(x)$ 的积分所需的最小代数扩张是多项式 $r(z) = \mathrm{res}_x(a - z \cdot b', b)$ 在 $\Bbbk$ 上的分裂域. 这种计算有理函数积分对数部分的方法是由 Rothstein 和 Trager 各自独立发现的, 称为 Rothstein/Trager 方法 [30,31].

例 9.2.2 求积分 $\displaystyle\int \frac{1}{x^3 + x}$.

解 被积函数 $b = x^3 + x \in \mathbb{Q}[x]$ 没有平方因子, 因而所求积分只有对数部分. 采用定理 9.2.2 所提供的方法.

$$r(z) = \mathrm{res}_x(1 - z \cdot b', b) = \mathrm{res}_x(-3zx^2 + 1 - z, x^3 + x)$$

$$= \begin{vmatrix} -3z & 0 & 1-z & 0 & 0 \\ 0 & -3z & 0 & 1-z & 0 \\ 0 & 0 & -3z & 0 & 1-z \\ 1 & 0 & 1 & 0 & 0 \\ 0 & 1 & 0 & 1 & 0 \end{vmatrix}$$

$$= -4z^3 + 3z + 1 = -4(z-1)\left(z + \frac{1}{2}\right)^2$$

其在 $\mathbb{Q}$ 上的分裂域仍是 $\mathbb{Q}$(因为 $r(z)$ 的所有零点全在 $\mathbb{Q}$ 中), 我们得到 $s_1 = 1, s_2 = -1/2$. v_1, v_2 可以如下求出:

$$v_1 = \gcd(1 - 1 \cdot b', b) = \gcd(-3x^2, x^3 + x) = x$$

$$v_2 = \gcd\left(1 - \frac{-1}{2} \cdot b', b\right) = \gcd\left(\frac{3}{2} + \frac{3}{2}x^2, x^3 + x\right) = x^2 + 1$$

因而, $\displaystyle\int \frac{1}{x^3 + x} = \ln x - \frac{1}{2}\ln(x^2 + 1)$.

9.3 初等函数的积分

9.3.1 Liouville 原理

上节的结论表明, 任何一个有理函数的不定积分都可以表示为一个有理函数与一些对数函数的常数倍的和, 这一结论被 Liouville 推广到初等函数 [32], Liouville 原理成为求初等函数积分算法的基础.

定理 9.3.1(Liouville 原理)   设 $\mathbb{F}$ 是一个微分域, $\mathbb{k}$ 是它的常数域. 若对于 $f \in \mathbb{F}$, 方程 $g' = f$ 在 $\mathbb{F}$ 的某个初等微分扩域 $\mathbb{E}$ 中有解 $g \in \mathbb{E}$, 且 $\mathbb{E}$ 的常数域也是 $\mathbb{k}$, 则存在 $v_0, v_1, \cdots, v_m \in \mathbb{F}$ 及常数 $c_1, \cdots, c_m \in \mathbb{k}$, 使得

$$f = v_0' + \sum_{i=1}^{m} c_i \frac{v_i'}{v_i} \tag{9.3.1}$$

即

$$\int f = v_0 + \sum_{i=1}^{m} c_i \log v_i \tag{9.3.2}$$

证明   根据定理假设, 存在元素 $\theta_1, \theta_2, \cdots, \theta_n$, 使得

$$\mathbb{E} = \mathbb{F}(\theta_1, \theta_2, \cdots, \theta_n) \tag{9.3.3}$$

其中, $\theta_i (1 \leqslant i \leqslant n)$ 是微分域 $\mathbb{F}_{i-1} = \mathbb{F}(\theta_1, \cdots, \theta_{i-1})$ 上的对数元、指数元或是代数元, 每个扩域 $\mathbb{F}(\theta_1, \cdots, \theta_{i-1})$ 的常数域都是 $\mathbb{k}$, 而且存在 $g \in \mathbb{E}$, 使得 $g' = f$. 我们对扩张元的个数 n 进行归纳, 证明本定理, 为此先讨论单扩域的情况: $\mathbb{E} = \mathbb{F}(\theta)$.

(1) θ 是 $\mathbb{F}$ 的对数超越元, 并设 $\theta' = \dfrac{u'}{u}$, $u \in \mathbb{F}$.

此时 $g \in \mathbb{F}(\theta)$ 可以表示为分式 $\dfrac{a(\theta)}{b(\theta)}$, 即

$$\int f = \frac{a(\theta)}{b(\theta)}$$

其中, $a(\theta), b(\theta) \in \mathbb{F}[\theta]$, $b(\theta)$ 的首项系数为 1. 根据多项式唯一分解定理, $b(\theta)$ 有分解式

$$b(\theta) = \prod_{i=1}^{m} b_i(\theta)^{r_i}$$

其中, $b_i(\theta)$ 是 $\mathbb{F}$ 上两两互素的多项式, 而且首项系数均为 1. 由定理 9.2.1, $a(\theta)/b(\theta)$ 可表示成部分分式

$$\frac{a(\theta)}{b(\theta)} = a_0(\theta) + \sum_{i=1}^{m} \sum_{j=1}^{r_i} \frac{a_{ij}(\theta)}{b_i(\theta)^j} \tag{9.3.4}$$

其中, $a_0(\theta), a_{ij}(\theta), b_i(\theta) \in \mathbb{F}[\theta]$, 且 $\deg(a_{ij}(\theta)) < \deg(b_i(\theta))$. 将上式两端求导,

$$f = a_0(\theta)' + \sum_{i=1}^{m} \sum_{j=1}^{r_i} \left[\frac{a_{ij}(\theta)'}{b_i(\theta)^j} - \frac{j\, a_{ij}(\theta)\, b_i(\theta)'}{b_i(\theta)^{j+1}} \right] \tag{9.3.5}$$

如果某个 $r_i \neq 0$, 由命题 9.1.3, $b_i(\theta)' \in \mathbb{F}[\theta]$, 而且 $\deg(b_i(\theta)') < \deg(b_i(\theta))$, 因而 $b_i(\theta)$ 不能整除 $b_i(\theta)'$, 在 (9.3.5) 的右端恰有一项其分母为 $b_i(\theta)^{r_i+1}$ 且不能被其他任何项消去, 其必然也在左端出现, 这与 $f \in \mathbb{F}$ 矛盾. 所以, 所有的 r_i 均为零,

$$f = a_0(\theta)'$$

但 f 与 θ 无关, 由命题 9.1.3 知

$$a_0(\theta) = c\theta + d, \quad c \in \mathrm{k}, \, d \in \mathbb{F}$$

于是

$$\int f = d + c \log u$$

具有定理中所陈述的形式.

(2) θ 是 $\mathbb{F}$ 的指数超越元, 并设 $\dfrac{\theta'}{\theta} = u', \, u \in \mathbb{F}$.

同于情形 (1) 的讨论, 我们有 (9.3.5) 式. 这时, 若某个 $r_i > 0$ 且 $b_i(\theta)$ 不是单项式, 则 $b_i(\theta)$ 不能整除 $b_i(\theta)'$, 同样得出矛盾. 所以还需另外讨论所有的 $b_i(\theta)$ 均为单项式的情形, 因为这时 $b_i(\theta) = \theta$ 能够整除 $b_i(\theta)' = \theta$. 但此种情形必然 $m = 1$, f 具有形式

$$f = \left(\sum_{i=-k}^{l} h_i \theta^i \right)'$$

其中 $h_i \in F \, (-k \leqslant i \leqslant l)$. 由命题 9.1.4, 当 $i \neq 0$ 时, $(h_i \theta^i)'$ 必产生一项 $\bar{h}_i \theta^i \, (\bar{h}_i \in \mathbb{F})$, 但 f 与 θ 无关, 所以, $f = h_0'$, 即 $\int f = h_0$ 具有定理所陈述的形式.

(3) θ 是 $\mathbb{F}$ 的代数元, 假定 $p(z)$ 是 θ 的最小多项式, 且 $\deg(p(z)) = k$.

因为 θ 是 $\mathbb{F}$ 的代数元, 所以 $\mathbb{F}[\theta] = \mathbb{F}(\theta)$, 而且 $\mathbb{F}[\theta]$ 中每个多项式 $a(\theta)$ 可以唯一表示成如下形式:

$$a_0 + a_1\theta + \cdots + a_{k-1}\theta^{k-1}, \quad a_i \in F$$

其中的系数是由 $a(\theta)$ 和 θ 的最小多项式 $p(z)$ 唯一确定的. 设

$$\int f = a(\theta), \quad 即 f = a(\theta)'$$

则对于 $p(z) = 0$ 的所有根 $\eta_1, \eta_2, \cdots, \eta_k$ 都有

$$f = \left(\frac{1}{k} \sum_{i=1}^{k} a(\eta_i) \right)'$$

注意右端括弧中是关于 $p(z) = 0$ 根 $\eta_1, \eta_2, \cdots, \eta_k$ 的对称多项式, 可以表示成 $p(z)$ 的系数在 $\mathbb{F}$ 上的多项式, 因而是 $\mathbb{F}$ 中元素. 即有 $h \in \mathbb{F}$, 使得 $f = h'$, 所以 $\int f = h \in \mathbb{F}$.

(4) 一般情况.

由前面的证明, 当 $n = 1$ 时, 结论成立; 当 $n > 1$ 时,

$$\mathbb{E} = \mathbb{F}(\theta_1, \theta_2, \cdots, \theta_n) = \mathbb{F}(\theta_1)(\theta_2, \cdots, \theta_n)$$

记 $\theta = \theta_1$, $\mathbb{G} = \mathbb{F}(\theta)$, 则 $\mathbb{E} = \mathbb{G}(\theta_2, \cdots, \theta_n)$, 而且 $f \in \mathbb{F} \subset \mathbb{G}$. 采用归纳假设, 存在 $v_i(\theta) \in E(i = 0, 1, \cdots, m)$, $c_j \in \Bbbk(j = 1, \cdots, m)$, 使得

$$f = v_0(\theta)' + \sum_{i=1}^{m} c_i \frac{v_i(\theta)'}{v_i(\theta)} \tag{9.3.6}$$

即

$$\int f = v_0(\theta) + \sum_{i=1}^{m} c_i \log(v_i(\theta)) \tag{9.3.7}$$

当 θ 是 $\mathbb{F}$ 上的对数超越元时, 根据对数的性质

$$\log(p \cdot q) = \log p + \log q, \quad \log\left(\frac{p}{q}\right) = \log p - \log q$$

我们可以假定 $v_i(\theta)$ 是 $\mathbb{F}$ 上不可约多项式, 因为 $v_i(\theta) \in \mathbb{F}(\theta)$ 可以表示为

$$v_i(\theta) = \frac{a_i(\theta)}{b_i(\theta)}, \quad a_i(\theta), b_i(\theta) \in \mathbb{F}[\theta]$$

设 $v_0(\theta) = a(\theta)/b(\theta)$, 其中 $a(\theta), b(\theta) \in \mathbb{F}[\theta]$, 且 $b(\theta)$ 的首项系数为 1. 于是 $v_0(\theta)$ 可以表示成如下的部分分式:

$$v_0(\theta) = a_0(\theta) + \sum_{i=1}^{\mu} \sum_{j=1}^{r_i} \frac{a_{ij}(\theta)}{b_i(\theta)^j}$$

其中, $a_0(\theta), a_{ij}(\theta), b_i(\theta) \in \mathbb{F}[\theta]$, 而且 $b_i(\theta)(i = 1, \cdots, \mu)$ 是 $b(\theta)$ 的全部不同的不可约因式, 首项系数为 1, $\deg(a_{ij}(\theta)) < \deg(b_i(\theta))$. 方程 (9.3.6) 变为

$$f = a_0(\theta)' + \sum_{i=1}^{\mu} \sum_{j=1}^{r_i} \left[\frac{a_{ij}(\theta)'}{b_i(\theta)^j} - \frac{j\, a_{ij}(\theta)\, b_i(\theta)'}{b_i(\theta)^{j+1}} \right] + \sum_{i=1}^{m} c_i \frac{v_i(\theta)'}{v_i(\theta)} \tag{9.3.8}$$

类似于情形 (1) 的分析, 首先断定 (9.3.8) 式右端中间的加项不该出现, 进而最后的加项中的分母 $v_i(\theta)$ 与 θ 无关, 记 $v_i = v_i(\theta)$, 则 $v_i \in \mathbb{F}$. 最后得 $a_0(\theta)'$ 与 θ 无关 (因为 f 与 θ 无关). 由命题 9.1.3,

$$a_0(\theta) = c \cdot \theta + d, \quad c \in \Bbbk, \, d \in \mathbb{F}$$

综上所述, f 可以表示为

$$f = d' + \frac{c \cdot u'}{u} + \sum_{i=1}^{m} c_i \frac{v_i'}{v_i}$$

其中 $d, u, v_i \in \mathbb{F}, c, c_i \in \mathbb{k}, \theta' = u'/u.$

当 θ 是 $\mathbb{F}$ 上的指数超越元或代数元时, 都可以类似地推证. ∎

9.3.2 对数函数积分

假定 θ 是初等微分域 $\mathbb{F}$ 上对数超越元, 被积函数为 $f(\theta) \in \mathbb{F}(\theta)$. 因为 $f(\theta)$ 可以表示成 θ 多项式的商

$$f(\theta) = \frac{p(\theta)}{q(\theta)}, \quad p(\theta), q(\theta) \in \mathbb{F}[\theta]$$

采用 Euclid 带余除法, 存在 $s(\theta), r(\theta) \in \mathbb{F}[\theta], \deg(r(\theta)) < \deg(q(\theta))$, 使得

$$p(\theta) = s(\theta)q(\theta) + r(\theta)$$

于是,

$$\int f(\theta) = \int s(\theta) + \int \frac{r(\theta)}{q(\theta)}$$

这里, 我们可以假定 $q(\theta)$ 的首项系数为 1. 原积分被分成多项式部分和有理部分. 由于 $\mathbb{F}$ 未必是常数域, 所以, 多项式部分的积分不再是简单的事情, 我们将在后面讨论. 但对于有理部分则可以先做出部分分式, 然后采用 Hermite 方法进行积分. 假定 $q(\theta)$ 的无平方分解为

$$q(\theta) = \prod_{i=1}^{m} q_i(\theta)^i$$

这里, $q_i(\theta) = 1$ 或者是 $\mathbb{F}$ 上的首项系数为 1 的不可约多项式, 而且 $\gcd\left(q_i(\theta),\right.$ $\left.\frac{\mathrm{d}}{\mathrm{d}\theta}q_i(\theta)\right) = 1$. 但是, 使用 Hermite 方法需要 $\gcd(q_i(\theta), q_i(\theta)') = 1$, 这一点也满足, 证明如下:

首先, 由命题 9.1.3, $q_i(\theta)' \in F[\theta]$. 其次, 考虑 $q_i(\theta)$ 在其分裂域 $\mathbb{F}_a$ 上的分解

$$q_i(\theta) = \prod_{j=1}^{N} (\theta - a_j)$$

两端求导,

$$q_i(\theta)' = \sum_{l=1}^{N} (\theta' - a_j') \prod_{j \neq l}^{N} (\theta - a_j)$$

如果有某个 $\theta' - a_j' = 0$, 则 $\theta - a_j = c$ 是一个常数, 因而属于 $\mathbb{k} \subset \mathbb{F}$, 这与 θ 是 $\mathbb{F}$ 上的超越元矛盾. 因此, 每个 $\theta' - a_j' \neq 0$. 注意到 $\theta' = u'/u$, $u \in F$, $q(\theta)$ 与 $q(\theta)'$ 互素, 采用 Hermite 算法, 可以将有理部分积分表示成

$$\int \frac{r(\theta)}{q(\theta)} = \frac{c(\theta)}{d(\theta)} + \int \frac{a(\theta)}{b(\theta)}$$

其中, $c(\theta), d(\theta), a(\theta), b(\theta) \in F[\theta]$, $\gcd(a(\theta), b(\theta)) = 1, \deg(a(\theta)) < \deg(b(\theta))$, $b(\theta)$ 的

首项系数为 1. 采用 Rothstein/Trager 方法求积分 $\int a(\theta)/b(\theta)$ 时, 需求多项式

$$R(z) = \mathrm{res}_\theta(a(\theta) - z \cdot b(\theta)', b(\theta)) \in \mathbb{F}[\theta]$$

的所有根. 但是, 与有理系函数情形不同的是, 这里的多项式 $R(z)$ 的根未必是常数. 设若 $R(z)$ 的全部不同根都是常数 $c_i(1 \leqslant i \leqslant m)$, 则像有理函数情形一样, 所述积分可以表示为

$$\int \frac{a(\theta)}{b(\theta)} = \sum_{i=1}^{m} c_i \log(v_i(\theta))$$

其中, $v_i(\theta)(1 \leqslant i \leqslant m)$ 由下式确定:

$$v_i(\theta) = \gcd(a(\theta) - c_i \cdot b(\theta)', \ b(\theta)) \in \mathbb{F}(c_1, \cdots, c_m)[\theta]$$

更详尽的事实由下面的定理给出 [29,30].

定理 9.3.2(Rothstein/Trager 方法-对数情形)　设 $\mathbb{F}$ 是初等函数域, 其常数域为 $\mathbb{k}$; θ 是 $\mathbb{F}$ 上对数超越元 $\left(\exists u \in \mathbb{F}, \exists \theta' = \dfrac{u'}{u} \right)$. 再设 $a(\theta), b(\theta) \in \mathbb{F}[\theta]$, $\deg(a(\theta)) < \deg(b(\theta))$, $b(\theta)$ 首项系数为 1 且无平方因子, 则有下述结论:

(1) $\displaystyle\int \frac{a(\theta)}{b(\theta)}$ 是初等的当且仅当下面多项式的根全是常数:

$$R(z) = \mathrm{res}_\theta(a(\theta) - z \cdot b(\theta)', \ b(\theta)) \in \mathbb{F}[z]$$

(2) 如果 $\displaystyle\int \frac{a(\theta)}{b(\theta)}$ 是初等的, 则

$$\frac{a(\theta)}{b(\theta)} = \sum_{i=1}^{m} c_i \frac{v_i(\theta)'}{v_i(\theta)} \tag{9.3.9}$$

其中 $c_i(1 \leqslant i \leqslant m)$ 是 $R(z)$ 的不同根, $v_i(\theta)(1 \leqslant i \leqslant m)$ 如下定义:

$$v_i(\theta) = \gcd(a(\theta) - c_i \cdot b(\theta)', \ b(\theta)) \in \mathbb{F}(c_1, \cdots, c_m)[\theta]$$

(3) 设 $\mathbb{F}*$ 是域 $\mathbb{F}$ 的最小代数扩张, 使得 $a(\theta)/b(\theta)$ 能够表示成 (9.3.9) 式, 且 $c_i \in \mathbb{F}*$, 则 $\mathbb{F}* = \mathbb{F}(c_1, \cdots, c_m)$.

例 9.3.1 积分 $\displaystyle\int \frac{1}{x \, \log(x)}$ 的被积函数为 $f(\theta) = \dfrac{1/x}{\theta} \in \mathbb{Q}(x, \theta)$, 其中, $\theta = \log(x)$. 采用 Rothstein/Trager 方法, 先计算多项式

$$R(z) = \mathrm{res}_\theta \left(\frac{1}{x} - \frac{z}{x}, \ \theta \right) = \frac{1}{x} - \frac{z}{x} \in \mathbb{Q}(x)[z]$$

由于 $\bar{R}(z) = \mathrm{pp}(R(z)) = 1 - z$ 有一常数零点 $c_1 = 1$, 所以, 所述积分是初等的, 而且

$$v_1(\theta) = \gcd \left(\frac{1}{x} - \frac{1}{x}, \ \theta \right) = \theta$$

$$\int \frac{1}{x \, \log(x)} = c_1 \log(v_1(\theta)) = \log(\log(x))$$

最后考虑多项式部分的积分, 设

$$s(\theta) = s_l \theta^l + s_{l-1} \theta^{l-1} + \cdots + s_1 \theta + s_0$$

其中, $s_i \in \mathbb{F} (0 \leqslant i \leqslant l)$. 由 Liouville 原理, 如果 $\displaystyle\int s(\theta)$ 是初等的, 则

$$s(\theta) = v_0(\theta)' + \sum_{i=1}^{m} c_i \frac{v_i(\theta)'}{v_i(\theta)}$$

其中, $c_i (1 \leqslant i \leqslant m)$ 属于 $\Bbbk$($\mathbb{F}$ 的常数域) 的某个代数扩域 $\bar{\Bbbk}$, $v_i(\theta) \in \bar{\mathbb{F}}(\theta) (1 \leqslant i \leqslant m)$, 这里 $\bar{\mathbb{F}}$ 是 $\mathbb{F}$ 把它的常数域 $\Bbbk$ 扩张成 $\bar{\Bbbk}$ 而得. 类似于Liouville原理证明中所做的讨论, 我们可以推得 $v_0(\theta) \in \bar{\mathbb{F}}[\theta]$, 诸 $v_i(\theta)$ 与 θ 无关. 因而

$$s(\theta) = v_0(\theta)' + \sum_{i=1}^{m} c_i \frac{v_i'}{v_i} \tag{9.3.10}$$

其中 $c_i, v_i \in \bar{\mathbb{F}} (1 \leqslant i \leqslant m), v_0(\theta) \in \bar{\mathbb{F}}[\theta]$. 根据对数超越元的性质, θ 的 k 次多项式的导数依据其首项系数是常数与否分别是 $k-1$ 次或 k 次多项式, 因此, 由 (9.3.10) 式及 $s(\theta)$ 是 l 次多项式可知, $v_0(\theta)$ 可以表示成如下的形式:

$$v_0(\theta) = t_{l+1} \theta^{l+1} + t_l \theta^l + \cdots + t_1 \theta + t_0$$

其中, $t_{l+1} \in \bar{\Bbbk}, t_i \in \bar{\mathbb{F}} (0 \leqslant i \leqslant l)$. 于是, (9.3.10) 式变成

$$s_l \theta^l + s_{l-1} \theta^{l-1} + \cdots + s_1 \theta + s_0 = (t_{l+1} \theta^{l+1} + t_l \theta^l + \cdots + t_1 \theta + t_0)' + \sum_{i=1}^{m} c_i \frac{v_i'}{v_i}$$

比较关于 θ 的同次项的系数, 得如下方程组:

$$0 = t'_{l+1}$$
$$s_l = (l+1) \cdot t_{l+1}\theta' + t'_l$$
$$s_{l-1} = l \cdot t_l \theta' + t'_{l-1}$$
$$\cdots\cdots \qquad (9.3.11)$$
$$s_1 = 2 \cdot t_2 \theta' + t'_1$$
$$s_0 = t_1 \theta' + (\bar{t}_0)'$$

这里 $\bar{t}_0 = t_0 + \sum_{i=1}^{m} c_i \log(v_i)$. 剩下的任务就是从方程组 (9.3.11) 中依次解出诸系数

$t_i (1 \leqslant i \leqslant l+1)$ 和 $\bar{t}_0$. 从第一个方程得 t_{l+1} 可取任意常数 b_{l+1}, 再将第二个方程
两端积分,

$$\int s_l = (l+1) \cdot b_{l+1} \cdot \theta + t_l$$

为了确定 b_{l+1}, t_l, 积分 $\int s_l$ 需满足以下条件:

(1) 积分是初等的;

(2) 积分最多出现 $\mathbb{F}$ 上一种对数扩张;

(3) 如果对数扩张出现, 它必须是特殊情形 $\theta = \log(u)$.

如果这三个条件满足, 则积分 $\int s_l$ 具有如下形式:

$$\int s_l = c_l \theta + d_l$$

其中 $c_l \in \bar{\mathbb{k}}$, $d_l \in \bar{\mathbb{F}}$. 据此得

$$b_{l+1} = \frac{c_l}{l+1}, \quad t_l = d_l + b_l$$

其中 $b_l \in \bar{\mathbb{k}}$ 是积分常数. 代入第三个方程, 并注意到 $\theta' = \dfrac{u'}{u}$, 得

$$\int \left(s_{l-1} - l \cdot d_l \frac{u'}{u} \right) = l \cdot b_l \theta + t_{l-1}$$

这里, 我们同样假定左端积分满足上述三个条件, 此时左端的积分具有下面的形式:

$$\int \left(s_{l-1} - l \cdot d_l \frac{u'}{u} \right) = c_{l-1} \theta + d_{l-1}$$

其中, $c_{l-1} \in \bar{\mathbb{k}}$, $d_{l-1} \in \bar{\mathbb{F}}$. 由此得

$$b_l = \frac{c_{l-1}}{l}, \quad t_{l-1} = d_{l-1} + b_{l-1}$$

其中, $b_{l-1} \in \bar{\mathbb{k}}$ 是任意常数. 上述过程可以递推下去, 以致获得

$$b_2 = \frac{c_1}{2}, \quad t_1 = d_1 + b_1$$

代入方程组 (9.3.11) 的最后一个方程,

$$\int \left(s_0 - d_1 \frac{u'}{u} \right) = b_1 \theta + \bar{q}_0$$

这里只需要左端的积分是初等的, 设为 d_0, 则 $\bar{q}_0 = d_0 - b_1 \log(u)$.

如果在上述过程中某一步的左端积分不满足所述条件之一, 则积分 $\int s(\theta)$ 不是初等的.

例 9.3.2 积分 $\int \log(\log(x))$ 的被积函数可表示为

$$f(\theta_2) = \theta_2 \in \mathbb{Q}(x, \theta_1, \theta_2)$$

其中, $\theta_1 = \log(x)$, $\theta_2 = \log(\theta_1)$. 如果积分是初等的, 则

$$\int \theta_2 = b_2 \theta_2^2 + t_1 \theta_2 + \bar{q}_0$$

由此得到方程组

$$0 = b_2'$$
$$1 = 2b_2 \theta_2' + t_1'$$
$$0 = t_1 \theta_2' + (\bar{t}_0)'$$

由第一个方程, b_2 是常数, 代入第二个方程并对两端积分 $\int 1 = 2b_2\theta_2 + (\bar{t}_0)'$. 因为 $\int 1 = x + b_1$, b_2 是任意常数, 得 $b_2 = 0, t_1 = x + b_1$. 代入第三个方程, 得 $-x\theta_2' = b_1\theta_2' + (\bar{t}_0)'$, 两端取积分, 并注意到 $\theta_2' = \frac{\theta_1'}{\theta_1} = \frac{1}{x\log(x)}$, 得

$$\int \frac{-1}{\log(x)} = b_1\theta_2 + \bar{q}_0$$

但左端的积分不是初等的, 所以, 原积分不是初等的.

9.3.3 指数函数积分

假定 θ 是初等函数域 $\mathbb{F}$ 上的指数超越元, $\frac{\theta'}{\theta} = u'$, 其中 $u \in \mathbb{F}$. 我们考虑 $\mathbb{F}(\theta)$ 中函数 $f(\theta)$ 的积分. 因为 θ 是 $\mathbb{F}$ 上的超越元, 可设 $f(\theta) = p(\theta)/q(\theta)$, $p(\theta), q(\theta) \in \mathbb{F}[\theta]$. 将 $f(\theta)$ 分成多项式部分和有理部分

$$f(\theta) = s(\theta) + \frac{r(\theta)}{q(\theta)}$$

采用Hermite方法求分式部分的有理积分时, 我们仍然需要 $q(\theta)$ 的每个首项系数为 1 的无平方因子 $q_i(\theta)$ 与自身导数 $q_i(\theta)'$ 互素. 但对于指数超越元这结论不是经常成立的, 例如

$$\gcd(\theta, \theta') = \gcd(\theta, \theta \cdot u') = \theta$$

事实上, 只有 $q_i(\theta)$ 含有 θ 因子时, $q_i(\theta)$ 才与自身导数不互素. 这一事实证明如下:

首先, $q_i(\theta)' \in F[\theta]$. 其次, 考虑 $q_i(\theta)$ 在分裂域 $\mathbb{F}_a$ 上的分解

$$q_i(\theta) = \prod_{j=1}^{N} (\theta - a_j) \tag{9.3.12}$$

其中, $a_j \in \mathbb{F}_a (1 \leqslant j \leqslant N)$ 是互不相同的. 现在

$$q_i(\theta)' = \sum_{j=1}^{N} (u'\theta - a_j') \prod_{k \neq j} (\theta - a_j) \tag{9.3.13}$$

如果有某 j, 使得 $(\theta - a_j)|(u'\theta - a_j')$, 则必然 $u'\theta - a_j' = u'(\theta - a_j)$, 我们得到 $a_j' = u'a_j$, 于是

$$\left(\frac{\theta}{a_j}\right)' = \frac{a_j\theta' - a_j'\theta}{a_j^2} = \frac{a_j\theta \cdot u' - a_ju' \cdot \theta}{a_j^2} = 0$$

说明 θ/a_j 是 $\mathbb{F}_a(\theta)$ 中的常数, 因此, $\theta/a_j = c \in \mathbb{F}_a$, 说明 $\theta = c \cdot a_j$ 是 $\mathbb{F}$ 上代数元, 与 θ 是 $\mathbb{F}$ 上超越元矛盾. 既然, $(\theta - a_j)|(u'\theta - a_j')$ 对每个 j 都不成立, 由 (9.3.12) 式和 (9.3.13) 式可知, $q_i(\theta)$ 与 $q_i(\theta)'$ 互素.

由上面分析, 为采用 Hermite 方法求分式部分的有理积分, 需要将分母 $q(\theta)$ 中的 θ 因子去掉. 设 $q(\theta) = \theta^l \cdot \bar{q}(\theta)$, $\bar{q}(\theta)$ 不含 θ 因子, 则

$$f(\theta) = s(\theta) + \frac{w(\theta)}{\theta^l} + \frac{\bar{r}(\theta)}{\bar{q}(\theta)} = \bar{s}(\theta) + \frac{\bar{r}(\theta)}{\bar{q}(\theta)}$$

$\bar{s}(\theta)$ 是可能带有负幂的多项式. 应用 Hermite 方法计算分式部分的积分, 得

$$\int \frac{\bar{r}(\theta)}{\bar{q}(\theta)} = \frac{c(\theta)}{d(\theta)} + \int \frac{a(\theta)}{b(\theta)}$$

其中, $a(\theta), b(\theta), c(\theta), d(\theta) \in \mathbb{F}[\theta]$, $\deg(a(\theta)) < \deg(b(\theta))$, $\theta \nmid b(\theta)$, 而且 $b(\theta)$ 首项系数为 1, 没有平方因子. 对于积分 $\int \frac{a(\theta)}{b(\theta)}$ 的处理, 完全类似于对数超越扩张的情形, 先计算结式

$$R(z) = \mathrm{res}_\theta(a(\theta) - z \cdot b(\theta)', b(\theta)) \in \mathbb{F}[z]$$

则 $\int \frac{a(\theta)}{b(\theta)}$ 是初等的当且仅当 $R(z)$ 能够表示成

$$R(z) = a \cdot R_0(z), \quad a \in \mathbb{F}, \quad R_0(z) \in \Bbbk[z]$$

此时, 若 $R_0(z)$ 的全部非零的不同根 (都是常数) 为 $c_i(1 \leqslant i \leqslant m)$, 则

$$\int \frac{a(\theta)}{b(\theta)} = -\left(\sum_{i=1}^{m} c_i \deg(v_i(\theta)) \right) u + \sum_{i=1}^{m} c_i \log(v_i(\theta))$$

其中, $v_i(\theta)(1 \leqslant i \leqslant m)$ 由下式确定:

$$v_i(\theta) = \gcd(a(\theta) - c_i \cdot b(\theta)', b(\theta)) \in \mathbb{F}(c_1, \cdots, c_m)[\theta]$$

剩下要求的是 "多项式" 部分的积分, 设

$$\bar{s}(\theta) = \sum_{j=-k}^{l} s_j \theta^j, \quad s_j \in \mathbb{F} \tag{9.3.14}$$

由 Liouville 原理, 如果 $\bar{s}(\theta)$ 有初等积分, 则

$$\bar{s}(\theta) = v_0(\theta)' + \sum_{i=1}^{m} c_i \frac{v_i(\theta)'}{v_i(\theta)}$$

其中, $c_i \in \bar{\mathbb{k}}(1 \leqslant i \leqslant m)$, $v_i(\theta) \in \bar{\mathbb{F}}[\theta](0 \leqslant i \leqslant m)$. 类似于 Liouville 原理证明中的讨论, 不失一般性, 可以假定 $v_i(\theta)(1 \leqslant i \leqslant m)$ 或者是 $\bar{\mathbb{F}}$ 中元素, 或者是 $\mathbb{F}[\theta]$ 中首项系数为 1 的不可约多项式. 当把 $v_0(\theta)$ 表示成既约分式时, 其分母不应该含有非单项式的因子. 同样, $v_i(\theta)$ 表示成既约分式时, 其分母也不含有非单项式因子. 因而 $v_i(\theta)(1 \leqslant i \leqslant m)$ 或者是 $\bar{\mathbb{F}}$ 中元素, 或者就是 θ. 对于 $v_i(\theta) = \theta$, 和式中的项

$$c_i \frac{v_i(\theta)'}{v_i(\theta)} = c_i u'$$

可以归到 $v_0(\theta)'$. 于是, $\bar{s}(\theta)$ 可以表示成

$$\bar{s}(\theta) = \left(\sum_{j=-k}^{l} t_j \theta^j \right) + \sum_{i=1}^{m} c_i \frac{v_i'}{v_i} \tag{9.3.15}$$

将 $(t_j \theta^j)' = (t_j' + j u' t_j)\theta^j(-k \leqslant j \leqslant l)$ 代入 (9.3.15) 式的右端, 并比较 (9.3.14) 式和 (9.3.15) 式中 θ 的同次项的系数, 得到如下方程组

$$\begin{aligned} s_j &= t_j' + j u' t_j, \quad -k \leqslant j \leqslant l, j \neq 0 \\ s_0 &= (\bar{t}_0)' \end{aligned} \tag{9.3.16}$$

其中, $\bar{t}_0 = t_0 + \sum_{i=1}^{m} c_i \log(v_i)$. 由最后一个方程我们可以给出 $\bar{t} = \int s_0$, 这要求 s_0 有

初等积分. 否则, 我们就给出结论: $\bar{s}(\theta)$ 没有初等积分. 为确定诸系数 t_j, 我们需要求解形如

$$y' + fy = g \tag{9.3.17}$$

的一阶微分方程. 其中, $f, g \in \mathbb{F}$, 而要求的解 y 也应该在 $\mathbb{F}$ 中. 方程 (9.3.17) 称为 **Risch 微分方程**. 乍看起来, 我们把原来的积分问题变成了求解更困难的 Risch 方程问题, 但因为方程的系数和解都限制在同一个微分域 $\mathbb{F}$ 内, 极有可能求解该微分方程或证明该方程不存在所要求的解. 如果 (9.3.16) 式的某个方程在 $\mathbb{F}$ 内无解, 则可断言积分 $\int \bar{s}(\theta)$ 不是初等的. 若 (9.3.16) 式中的所有方程在 $\mathbb{F}$ 内都有解, 则

$$\int \bar{s}(\theta) = \sum_{j \neq 0} t_j \theta^j + \bar{t}_0$$

关于 Risch 微分方程的求解可参看文献 [32].

9.3.4　代数函数积分

对数超越扩张和指数超越扩张都是处理超越元, 因而, 对数函数的积分和指数函数的积分同有理函数的积分在处理上没有太大的差别, 但代数函数的积分需要处理代数扩张问题, 算法上虽然有相似之处, 但数学理论依据却有很大的差别. 对于一般初等微分域 $\mathbb{F}$ 上的代数元 θ, 求 $\mathbb{F}(\theta)$ 中函数的积分 (即使初等积分存在) 算法是比较复杂的, 本节只简述 $\mathbb{F} = \mathbb{Q}(x)$ 情形下, 求代数函数 $f(\theta) \in \mathbb{F}(\theta)$ 的积分的方法. 这样的函数也常常以形式

$$f(\theta) = \frac{g(x, \theta)}{h(x, \theta)}, \quad g(x, \theta), h(x, \theta) \in \mathbb{Q}[x, \theta]$$

出现. 但 θ 是域 $\mathbb{Q}(x)$ 上的代数元, 其最小多项式也可以表示成如下形式:

$$p(x, z) = p_0(x) + p_1(x)z + \cdots + p_k(x)z^k, \quad p_i(x) \in \mathbb{Q}[x]$$

因为 $h(x, \theta) \neq 0$, $h(x, z)$ 与 $p(x, z)$ 是域 $\mathbb{Q}(x)$ 上两个互素多项式 (关于 z 的), 采用扩展的 Euclid 除法, 可以找到 $\mathbb{Q}(x)$ 上两个多项式 (关于 z 的)s, t, 使得

$$s \cdot h + t \cdot p = 1 \tag{9.3.18}$$

s, t 的系数都可以表示成如下形式:

$$\frac{a(x)}{b(x)}, \quad a(x), b(x) \in \mathbb{Q}[x]$$

将 (9.3.18) 式去掉分母, 并仍以 s, t 记所得到的 h, p 的乘积系数

$$s(x, z)h(x, z) + t(x, z)p(x, z) = d(x) \tag{9.3.19}$$

注意到 $p(x, \theta) = 0$, 我们得到

$$f(\theta) = \frac{s(x, \theta)g(x, \theta)}{d(x)} = \frac{c(x, \theta)}{d(x)}, \quad d(x) \in \mathbb{Q}[x], \quad c(x, \theta) \in \mathbb{Q}[x, \theta] \qquad (9.3.20)$$

而且, $\deg_\theta(c(x, \theta)) < \deg_\theta(p(x, \theta))$.

例 9.3.3 被积函数为

$$f = \frac{2x^4 + 1}{(x^5 + x)\sqrt{x^4 + 1}}$$

令 $\theta = \sqrt{x^4 + 1}$, 则 θ 是 $\mathbb{Q}(x)$ 上的代数元, 其最小多项式为

$$p(x, z) = z^2 - x^4 - 1$$

被积函数化为

$$f = \frac{2x^4 + 1}{(x^5 + x)\sqrt{x^4 + 1}} = \frac{(2x^4 + 1)\theta}{x(x^4 + 1)^2}$$

像对待超越对数函数那样, 采用 Hermite 方法, 可以将积分变成一个分式与一个无平方多项式作分母的分式的积分

$$\int f = \int \frac{(2x^4 + 1)\theta}{x(x^4 + 1)^2} = \frac{-\theta}{2(x^4 + 1)} + \int \frac{\theta}{x(x^4 + 1)}$$

右端第二个积分即所谓积分的对数部分. 但是, 这里我们要求 f 的形如 (9.3.20) 式中的分子 $c(x, \theta)$ 不含有极点, f 的极点恰是分母多项式 $d(x)$ 的全部零点, 因为, 当我们准备采用 Rothstein/Trager 方法去求对数部分的积分时, 需要明确被积函数在极点处的残数. 这对于代数扩张来说, 需要更多的代数几何背景. 关于代数函数形式积分的算法请参看 Trager[34] 的博士学位论文.

习 题 9

9.1 设 $\mathbb{F}$ 是一个具有微分算子 D 的微分域, 证明

$$\mathbb{k} = \{c \in \mathbb{F} | D(c) = 0\}$$

是 $\mathbb{F}$ 的子域.

9.2 分别采用 Hermite 方法和 Horowitz 方法求下面积分的有理部分

$$\int \frac{x^5 - x^4 + 4x^3 + x^2 - x + 5}{x^4 - 2x^3 + 5x^2 - 4x + 4}$$

9.3 设既约分式 $p(x)/q(x)$ 满足 $\deg(p(x)) < \deg(q(x))$, 而且 $q(x)$ 的无平方分解为 $q = q_1 q_2^2 \cdots q_k^k$, 记 $q = c \cdot q_k^k$. 证明: 存在多项式 d 和 e 使得

$$\int \frac{p}{q} = \frac{d}{c \cdot q_k^{k-1}} + \int \frac{e}{c \cdot q_k^{k-1}}, \quad \deg(d) < \deg(q_k)$$

9.4 计算下列积分:

$$\int \frac{8x^9 + x^8 - 12x^7 - 4x^6 - 26x^5 - 6x^4 + 30x^3 + 23x^2 - 2x - 7}{10x^{10} - 2x^8 - 2x^7 - 4x^6 + 7x^4 + 10x^3 + 3x^2 - 4x - 2}$$

$$\int \frac{6x^7 + 7x^6 - 38x^5 - 53x^4 + 40x^3 + 96x^2 - 38x - 39}{10x^8 - 10x^6 - 8x^5 + 23x^4 + 42x^3 + 11x^2 - 10x - 5}$$

9.5 首先计算不定积分, 然后再求出定积分

$$\int_1^2 \frac{x^4 - 3x^2 + 6}{x^6 - 5x^4 + 5x^2 + 4}$$

9.6 说明积分 $\int \frac{1}{\log(x)}$ 和 $\int \frac{x}{1 + \exp(x)}$ 都不是初等的.

9.7 根据本章关于指数元的定义证明:

(1) $\exp(f + g) = \exp(f) \exp(g)$;

(2) $\exp(n \cdot f) = \exp(f)^n, n \in \mathbb{Z}$.

9.8 设 $\mathbb{F}$ 是微分域, θ 是 $\mathbb{F}$ 上超越元, 证明下列结论:

(1) 对于给定的 $u \in \mathbb{F}$, 恰存在一种方式将 $\mathbb{F}$ 上的微分算子扩张成域 $\mathbb{F}(\theta)$ 的微分算子, 且满足 $\theta' = u'/u$.

(2) 对于给定的 $u \in \mathbb{F}$, 恰存在一种方式将 $\mathbb{F}$ 上的微分算子扩张成域 $\mathbb{F}(\theta)$ 的微分算子, 且满足 $\theta'/\theta = u'$.

9.9 证明下面的 Risch 微分方程:

$$y' - 2xy = 1$$

没有有理函数解.

9.10 确定下列积分是否是初等的, 如果是, 请计算出来:

$$\int \log^3(x), \quad \int \frac{\log^4(x)}{x}, \quad \int (1 + \log(x)) \cdot x^x$$

9.11 确定下面函数:

$$f = \frac{2\exp(x)^2 + (3 - \log^2(x) + 2\log(x)/x)\exp(x) + 2\log(x)/x + 1}{\exp(x)^2 + 2\exp(x) + 1}$$

是否有初等积分 (看作 $\mathbb{Q}(x, \log(x), \exp(x))$ 中元素).

9.12 试说明积分 $\int x^x$ 不是初等的 (提示: 令 $\theta_1 = \log(x)$, $\theta_2 = \exp(x\theta_1)$, 则 $x^x = \exp(x\log(x)) = \theta_2 \in \mathbb{Q}(x, \theta_1, \theta_2)$).

参 考 文 献

[1] Kahrimanian H G. Analytical Differentiation by a Digital Computer. Philadelphia: Temple University, 1953.

[2] Nolan J F. Analytical Differentiation on a Digital Computer. Cambridge: Massachusetts Institute Technology, 1953.

[3] Slagle J R. A heuristic program that solves symbolic integration problems in freshman calculus, Symbolic Automatic Integrator (SAINT). Lincoln Lab. Report 5G-0001, Mass. Inst. Technology (May 10, 1961).

[4] Grabmeier J, Kaltofen E, Weispfenning V. Computer Algebra Handbook—Foundation, Application and Systems. Berlin, Heideberg, New York: Springer-Verlag, 2003.

[5] van der Waerden B L. Algebra. Vol. I, II. New York: Ungar, 1970.

[6] von zur Gathen, J, Gerhard J. Modern Computer Algebra. Cambridge: Cambridge University Press, 1999.

[7] Karatsuba A. Multiplication of multidigit numbers on autmata. Soviet Physics Doklady, 1963(7): 595-596.

[8] Mishra B. Algorithmic Algebra. New York: Springer-Verlag, 1993.

[9] Dixon A L. The eliminant of three quantics in two independent variables. Proc. London Math. Soc., 1908(6): 468-478.

[10] Macaulay F S. The Algebraic Theory of Modular Systems. Cambridge: Cambridge University Press, 1916.

[11] Geddes K O, Czapor S R, Labahn G. Algorithm for Computer Algebra. Dordrecht: Kluwer Academic Publishers, 1999.

[12] Berlekamp E R. Factoring Polynomials over Finite Fields. Bell System Technical Journal, 1967(46): 1853-1859.

[13] Ritt J F. Differential Algebra. New York: American Mathematical Society, 1950.

[14] Kolchin E R. Differential Algebra and Algebraic Groups. New York: Academic Press, 1973.

[15] Wu Wen-tsun. Mathematics Mechanization. Beijing: Science Press, Dordrecht: Kluwer Academic Publishers, 2000.

[16] Bochnak J, Coste M, Roy M F. Real Algebraic Geometry. Berlin: Springer-Verlag, 1998.

[17] 高小山, 王定康, 裘宗燕, 等. 方程求解与机器证明. 北京: 科学出版社, 2006.

[18] Wu Wen-tsun. On the foundation of algebraic differential geometry. Sys. Math. Scis.,

1989，2(4): 289-312.

[19] Boulier F, Lazard D, Ollivier F, et al. Representation for the radical of a finitely generated differential ideal//Levelt A H M，ed. Proc. Int. Symp. on Symbolic and Algebraic Computation, Montreal, Canada, ACM Press, 1995: 158-166.

[20] Li Z M, Wang D M. Coherent, regular and simple systems in zero decom- positions of partial differential systems. Sys. Math. Scis., 1999(12): 43-60.

[21] Chen Y F, Gao X S. Involutive characteristic sets of algebraic partial differential equation systems. Science in China, 2003, 46(4): 469-487.

[22] Buchberger B. Bruno Buchberger's PhD thesis 1965: An algorithm for finding the basis elements of the residue class ring of a zero-dimensional polynomial ideal. Journal of Symbolic Computation, 2006(41): 475-511.

[23] Cox D, Little J, O'Shea D. Ideals, Varieties and Algorithms. New York: Springer-Verlag, 1997.

[24] Yang L, Hou X, Zeng Z. A complete discrimination system for polynomials. Science in China(E), 39(6), 1996: 628-646.

[25] Tarski A. A Decision Method for Elementary Algebra and Geometry. Berkeley: University of California Press, 1951.

[26] Collins G. Quantifier elimination for real closed fields by cylindrical algebraic decomposition. Berlin: Springer-Verlag, 1975.

[27] Risch R H. The solution of the problem of integration in finite terms. Bull. AMS, 1970(76): 605-608.

[28] Kaplansky I, Higman G. An introduction to differential algebra. Paris: Herman, 1976.

[29] Horowitz E. Algorithm for partial fraction decomposition and rational function Integration//Petrick S R, ed. Proc. SYMSAM'71, ACM Press, 1971: 441-457.

[30] Trager B M. Algebraic factoring and rational function integration//Jenks R D, ed. Proc. SYMSAM'76, ACM Press, 1976: 219-226.

[31] Rothstein M. Aspects of Symbolic Integration and Simplification of Exponential and Primitive Functions. Madison: University of Wisconsin, 1976.

[32] Rosenlicht M. On Liouville's theory of elementary functions. Pacific J. Math, 1976(65): 485-492.

[33] Risch R H. The algebraic properties of the elementary functions of analysis. Amer. Jour. Of Math., 1979(101): 743-759.

[34] Trager B M. Integration of Algebraic Functions. Cambridge: Massachusetts Institute Technology, 1984.

[35] 王东明, 夏壁灿. 李子明. 计算机代数. 2 版. 北京: 清华大学出版社, 2007.

[36] 张树功, 雷娜, 刘停战. 计算机代数基础. 北京: 科学出版社, 2005.

索　　引